Collana di Fisica e Astronomia

G. G. N. Angilella

Esercizi di metodi matematici della fisica

Springer

G.G.N. ANGILELLA
Dipartimento di Fisica e Astronomia
Università di Catania

UNITEXT - Collana di Fisica e Astronomia
ISSN print edition: 2038-5730
ISSN electronic edition: 2038-5765

ISBN 978-88-470-1952-2
ISBN 978-88-470-1953-9 (eBook)
DOI 10.1007/978-88-470-1953-9

Springer Milan Dordrecht Heidelberg London New York

Riprodotto da copia camera-ready fornita dall'Autore
Progetto grafico della copertina: Simona Colombo, Milano
Stampa: Grafiche Porpora, Segrate (Mi)

Springer-Verlag Italia s.r.l., Via Decembrio, 28 - I-20137 Milano
Springer-Verlag fa parte di Springer Science+Business Media (www.springer.com)

Indice

Prefazione

Questo volume raccoglie alcuni argomenti trattati durante le esercitazioni per il corso di Metodi matematici della fisica (per Fisici) presso l'Università di Catania dal 2001 al 2006.

Gli argomenti presentati includono: elementi di algebra lineare (con applicazioni alla Meccanica quantistica); sviluppo in serie di Fourier; equazioni alle derivate parziali; funzioni di variabile complessa; trasformate di Fourier e di Laplace; equazioni integrali di Fredholm e di Volterra, funzioni di Green.

Le esercitazioni integrano il corso di teoria in alcuni dettagli o applicazioni, e lo approfondiscono per quanto riguarda gli esercizi veri e propri. Ove necessario, sono richiamati elementi di teoria utili alla comprensione ed allo svolgimento di un esercizio.

Una parte specifica alla fine di ogni capitolo è dedicata allo svolgimento di quesiti assegnati durante alcuni compiti d'esame. In ogni caso, molte soluzioni indicano almeno il procedimento ed il risultato finale.

Ringrazio tutti gli studenti che, nel corso degli anni, hanno animato le lezioni e stimolato la stesura di questi appunti, e soprattutto quelli di loro che hanno puntualmente segnalato errori nel testo.

Il simbolo di curva pericolosa[1] a margine della pagina indica un'affermazione o un risultato indicato nel testo, che può essere verificato per esercizio.

Catania, gennaio 2011 *G. G. N. Angilella*

[1] Tale simbolo è stato disegnato da Knuth (1993), ma per primo utilizzato da N. Bourbaki nel suo celebre *Trattato di matematica.* Vedi Pagli (1996).

Elenco dei simboli e delle abbreviazioni

$0, 0_K$, elemento nullo del corpo K.

$\mathbf{0}, \mathbf{0}_n$, vettore nullo di V_n.

$\mathbb{1}, \mathbb{1}_n$, matrice identità $n \times n$; endomorfismo identità su V_n.

$A^\top$, trasposta della matrice A.

A^{-1}, inversa della matrice A.

$A^\dagger$, hermitiana coniugata della matrice A.

$[A, B]$, commutatore tra A e B, $[A, B] := AB - BA$.

$\{A, B\}$, anticommutatore tra A e B, $\{A, B\} := AB + BA$.

a_{ij}, elemento di posto ij della matrice A.

A_{ij}, minore complementare dell'elemento a_{ij} della matrice A; elemento di posto ij della matrice A.

$\boldsymbol{a}, \boldsymbol{v}, \boldsymbol{x}$, vettori.

$\boldsymbol{a} \cdot \boldsymbol{b}$, prodotto scalare fra i vettori $\boldsymbol{a}$ e $\boldsymbol{b}$ (notazione comune, che qui verrà usata solo occasionalmente).

$\boldsymbol{a} \times \boldsymbol{b}$, prodotto vettoriale fra i vettori $\boldsymbol{a}$ e $\boldsymbol{b}$ (notazione comune, che qui verrà usata solo occasionalmente).

$\langle \boldsymbol{a} | \boldsymbol{b} \rangle$, prodotto scalare fra i vettori $\boldsymbol{a}$ e $\boldsymbol{b}$ (notazione di Dirac).

$|\boldsymbol{a}\rangle\langle\boldsymbol{a}|$, operatore di proiezione sul vettore $\boldsymbol{a}$ (notazione di Dirac).

$\mathrm{ch}_A(\lambda)$, polinomio caratteristico associato alla matrice A.

$\chi_\Omega(t)$, funzione caratteristica relativa all'insieme Ω: $\chi_\Omega(t) = 1$, se $t \in \Omega$, $\chi_\Omega(t) = 0$, se $t \notin \Omega$.

$C^k([-\pi, \pi])$, spazio delle funzioni $f : [-\pi, \pi] \to \mathbb{C}$ con derivata continua fino all'ordine k incluso.

c.l., combinazione lineare.

δ_{ij}, simbolo di Kronecker.

$\det A$, determinante della matrice A.

$\mathrm{diag}(\lambda_1, \ldots \lambda_n)$, matrice diagonale $n \times n$, avente lungo la diagonale principale gli scalari $\lambda_1, \ldots \lambda_n$ e tutti gli altri elementi nulli.

$\partial\Omega$, frontiera dell'insieme Ω.

$\boldsymbol{\nabla} u$, gradiente di u.

Δu, laplaciano di u.

$\dfrac{\partial(u, v)}{\partial(x, y)}$, matrice jacobiana o (secondo il contesto) determinante della matrice jacobiana (jacobiano) relativa alla trasformazione di coordinate $u = u(x, y)$, $v = v(x, y)$.

$\dim W$, dimensione di uno spazio vettoriale W.

$\mathcal{E} = \{\boldsymbol{e}_i\}$, base canonica di uno spazio vettoriale.

$\mathcal{E} = \{\boldsymbol{E}_i\}$, base canonica in $\mathfrak{M}_{n,n}(\mathbb{C})$.

ε_{ijk}, simbolo di Levi-Civita (tensore completamente antisimmetrico).

$\exp A$, esponenziale della matrice A.

$E_T(\lambda)$, $E(\lambda)$, autospazio associato all'autovalore λ (dell'endomorfismo T).

$\hat{f}(k)$, trasformata di Fourier di $f(x)$.

$\mathcal{F}[f;k]$, trasformata di Fourier $\hat{f}(k)$ di $f(x)$.

$F(s)$, trasformata di Laplace di $f(t)$.

$f * g$, convoluzione fra le funzioni f e g.

$g_{\mu\nu}$, tensore metrico.

$H_n(x)$, polinomio di Hermite.

$\mathrm{Hom}(V_n, W_m)$, insieme degli omomorfismi di V_n in W_m.

$\mathrm{Im}\, z$, parte immaginaria del numero complesso z.

K, corpo algebrico.

$K^n[\lambda]$, spazio vettoriale (a $n+1$ dimensioni) dei polinomi di grado non superiore ad n nella variabile $\lambda \in K$, con K corpo algebrico.

$\ker T$, nucleo dell'omomorfismo T.

$L^k(a,b)$, spazio delle funzioni $f : (a,b) \to \mathbb{C}$ tali che esista finito l'integrale $\int_a^b |f(x)|^k \,\mathrm{d}x$. (Può essere $a = -\infty$ e/o $b = \infty$.)

$\mathcal{L}[f;s]$, trasformata di Laplace $F(s)$ di $f(t)$.

l.d., linearmente dipendenti.

l.i., linearmente indipendenti.

γ_μ, $\boldsymbol{\gamma}$, matrici di Dirac.

$\mathfrak{M}_{p,q}(\mathbb{C})$, spazio vettoriale delle matrici $p \times q$ (a p righe e q colonne) ad elementi complessi.

$\mathfrak{M}_{p,q}(K)$, spazio vettoriale delle matrici $p \times q$ (a p righe e q colonne) ad elementi nel corpo K.

$\mathfrak{M}^{\pm}_{n,n}(\mathbb{R})$, sottospazio vettoriale delle matrici reali $n \times n$ simmetriche (+) o antisimmetriche (−).

$\mathring{\Omega}$, interno dell'insieme Ω.

$\mathbb{R}^n[x]$, spazio vettoriale (a $n+1$ dimensioni) dei polinomi reali di variabile reale x di grado non superiore ad n.

$\mathrm{rank}\, A$, $\mathrm{rank}\, T$, rango o caratteristica della matrice A; rango dell'omomorfismo T.

$\mathrm{Re}\, z$, parte reale del numero complesso z.

σ_i, $\boldsymbol{\sigma}$, matrici di Pauli.

$\mathcal{S}_a^b[g;N]$, valore approssimato di $\int_a^b g(x)\,\mathrm{d}x$ secondo la regola di Simpson (del trapezoide) ad N punti, Eq. (6.16).

$\mathrm{Tr}\, A$, traccia della matrice A.

$T \circ S$, composizione di due operatori T, S.

$T(V_n)$, immagine di V_n secondo l'omomorfismo T.

$\mathcal{U} = \{\boldsymbol{u}_i\}$, base di uno spazio vettoriale.

$U + V$, spazio somma dei (sotto)spazi U, V.

$U \oplus V$, spazio somma diretta dei (sotto)spazi U, V.

$U \times V$, spazio prodotto cartesiano dei (sotto)spazi U, V.

$U \otimes V$, spazio prodotto tensoriale dei (sotto)spazi U, V.

$u_x, u_{xx}, u_{xt}, \ldots$, derivate parziali della funzione di più variabili u, rispetto alle variabili indicate.

V_n, spazio vettoriale di dimensione n.

$\boldsymbol{x}_{\mathcal{U}}$, $(\boldsymbol{x})_{\mathcal{U}}$, (vettore colonna delle) componenti del vettore $\boldsymbol{x}$ rispetto alla base $\mathcal{U}$.

z^*, coniugato del numero complesso z.

1

Spazi vettoriali

Per questo capitolo, fare riferimento ad esempio a Fano e Corsini (1976), Bernardini *et al.* (1998), Lay (1997) per la teoria, e ad Ayres, Jr. (1974) per gli esercizi e alcuni complementi.

1.1 Definizioni e richiami

Cominciamo col richiamare alcune definizioni dal corso di Geometria I. Altre verranno date sotto forma di richiami quando se ne presenterà l'occasione. La trattazione degli argomenti presentati in questo capitolo è necessariamente incompleta, e andrebbe integrata con quella, piú sistematica, di un buon manuale di Algebra lineare (ad es., Fano e Corsini, 1976; Accascina e Villani, 1980; Lang, 1988; Lay, 1997). Per approfondire argomenti di algebra, vedi invece, ad es., Herstein (1989).

Definizione 1.1 (Corpo). *Sia $K \neq \emptyset$ un insieme non vuoto di elementi di natura qualsiasi (detti* scalari*), sul quale siano definite due leggi di composizione interna, ossia due applicazioni binarie, che ad ogni coppia (ordinata) di elementi $a, b \in K$ fanno corrispondere rispettivamente gli elementi $a + b \in K$ e $a \cdot b \in K$, detti rispettivamente* somma *e* prodotto *di a e b. Si dice che $(K, +, \cdot)$ (leggere: l'insieme K munito delle operazioni interne di somma e prodotto) è un* corpo *se risultano verificate le seguenti proprietà:*

K1. proprietà associativa della somma:

$$a + (b + c) = (a + b) + c, \quad \forall a, b, c \in K;$$

K2. proprietà commutativa della somma:

$$a + b = b + a, \quad \forall a, b \in K;$$

K3. esistenza dello zero:

$$\exists 0 \in K : a + 0 = a, \quad \forall a \in K;$$

Angilella G. G. N.: Esercizi di metodi matematici della fisica.

K4. esistenza dell'opposto:

$$\forall a \in K, \exists -a \in K \colon a + (-a) = 0;$$

K5. proprietà associativa del prodotto:

$$a \cdot (b \cdot c) = (a \cdot b) \cdot c, \quad \forall a, b, c \in K;$$

K6. esistenza dell'unità:

$$\exists 1 \in K \colon 1 \cdot a = a, \quad \forall a \in K;$$

K7. esistenza dell'inverso:

$$\forall a \in K, a \neq 0, \exists a^{-1} \colon a \cdot a^{-1} = 1;$$

K8. proprietà distributiva:

$$a \cdot (b + c) = a \cdot b + a \cdot c, \quad \forall a, b, c \in K.$$

L'insieme $\mathbb{R}$ dei numeri reali, $\mathbb{C}$ dei numeri complessi, e $\mathbb{Q}$ dei numeri razionali, muniti delle usuali operazioni di somma e prodotto, sono corpi.

Un corpo commutativo, per il quale cioè valga inoltre:

$$a \cdot b = b \cdot a, \quad \forall a, b \in K,$$

è anche detto un campo.[1]

Definizione 1.2 (Spazio vettoriale). *Sia K un corpo, e V un insieme non vuoto di elementi (detti* vettori*) di natura qualsiasi. Su V sia definita una legge di composizione interna binaria detta* addizione *o* somma, *che ad ogni coppia $\boldsymbol{u}, \boldsymbol{v} \in V$ fa corrispondere un elemento $\boldsymbol{w} = \boldsymbol{u} + \boldsymbol{v} \in V$. Sia poi definita un'altra operazione, detta* prodotto per uno scalare, *che ad ogni coppia $a \in K$, $\boldsymbol{v} \in V$ associa l'elemento $a\boldsymbol{v} \in V$.*

L'insieme V si dice uno spazio vettoriale *o* spazio lineare *sul corpo K se le suddette operazioni godono delle seguenti proprietà:*

[1] Nella letteratura anglosassone, si incontra il termine *field* (trad. letterale: campo) per corpo commutativo e *sfield* per corpo (non necessariamente commutativo). Lang (1988) costruisce uno spazio vettoriale su un corpo (non necessariamente commutativo); Accascina e Villani (1980) includono la commutatività nella definizione stessa di corpo, e costruisce uno spazio vettoriale su un corpo commutativo (che qui indichiamo con "campo", ma che Accascina e Villani chiamano "corpo", tout court); Herstein (1989), invece, costruisce uno spazio vettoriale su di un campo (commutativo), ma precisa che si può costruire una struttura algebrica più generale di uno spazio vettoriale (un *modulo*) su un anello, cioè un gruppo abeliano rispetto all'addizione, in cui sia definita una legge di moltiplicazione interna che gode delle proprietà associativa e distibutiva rispetto all'addizione. Nella pratica, avremo a che fare principalmente con spazi vettoriali costruiti su corpi commutativi, cioè su campi, come $\mathbb{R}$ e $\mathbb{C}$, tuttavia, manteniamo la definizione seguente di "spazio vettoriale costruito su un corpo (non necessariamente commutativo)".

SV1. proprietà associativa della somma:

$$\boldsymbol{u} + (\boldsymbol{v} + \boldsymbol{w}) = (\boldsymbol{u} + \boldsymbol{v}) + \boldsymbol{w}, \quad \forall \boldsymbol{u}, \boldsymbol{v}, \boldsymbol{w} \in V;$$

SV2. proprietà commutativa della somma:

$$\boldsymbol{u} + \boldsymbol{v} = \boldsymbol{v} + \boldsymbol{u}, \quad \forall \boldsymbol{u}, \boldsymbol{v} \in V;$$

SV3. esistenza dell'elemento neutro della somma:

$$\exists \boldsymbol{0} \in V : \boldsymbol{0} + \boldsymbol{v} = \boldsymbol{v}, \quad \forall \boldsymbol{v} \in V;$$

SV4. esistenza dell'opposto:

$$\forall \boldsymbol{v} \in V, \exists -\boldsymbol{v} \in V : \boldsymbol{v} + (-\boldsymbol{v}) = \boldsymbol{0};$$

SV5. proprietà associativa del prodotto rispetto ad uno scalare:

$$a(b\boldsymbol{v}) = (a \cdot b)\boldsymbol{v}, \quad \forall a, b \in K, \forall \boldsymbol{v} \in V;$$

SV6.

$$1\boldsymbol{v} = \boldsymbol{v}, \quad \forall \boldsymbol{v} \in V;$$

SV7. proprietà distributiva:

$$(a + b)\boldsymbol{v} = a\boldsymbol{v} + b\boldsymbol{v}, \quad \forall a, b \in K, \forall \boldsymbol{v} \in V;$$

$$a(\boldsymbol{u} + \boldsymbol{v}) = a\boldsymbol{u} + a\boldsymbol{v}, \quad \forall a \in K, \forall \boldsymbol{u}, \boldsymbol{v} \in V.$$

1.2 Vettori linearmente indipendenti

Siano $\boldsymbol{x}_1 = (x_{11}, \ldots x_{1n})^\top, \ldots \boldsymbol{x}_m = (x_{m1}, \ldots x_{mn})^\top$ m vettori di uno spazio lineare V_n a n dimensioni sul corpo K. Tali vettori si dicono *linearmente dipendenti* se esistono m scalari $k_1, \ldots k_m \in K$ non tutti nulli tali che:

$$k_1\boldsymbol{x}_1 + \ldots + k_m\boldsymbol{x}_m = \boldsymbol{0}. \tag{1.1}$$

In caso contrario, tali vettori si dicono *linearmente indipendenti.*

Teorema 1.1 (Vettori linearmente indipendenti). *Consideriamo la matrice $A \in \mathfrak{M}_{m,n}(\mathbb{C})$ le cui righe sono formate dagli elementi degli m vettori $\boldsymbol{x}_1, \ldots \boldsymbol{x}_m \in V_n$:*

$$A = \begin{pmatrix} x_{11} & \cdots & x_{1n} \\ \vdots & & \vdots \\ x_{m1} & \cdots & x_{mn} \end{pmatrix}. \tag{1.2}$$

Sia $r = \operatorname{rank} A$ la caratteristica di A. Se risulta $r < m \leq n$, allora esistono esattamente r vettori del sistema considerato che sono linearmente indipendenti, mentre i rimanenti $m - r$ possono essere espressi come combinazione lineare dei precedenti.

Dimostrazione. Per l'ipotesi che $\operatorname{rank} A = r$, esiste un minore invertibile B di ordine r che è possibile estrarre dalla matrice A. A meno di scambiare opportunamente le righe fra loro e le colonne fra loro, possiamo sempre supporre che tale minore sia formato dall'intersezione delle prime r righe e delle prime r colonne di A:

$$B = \begin{pmatrix} x_{11} & \dots & x_{1r} \\ \vdots & & \vdots \\ x_{r1} & \dots & x_{rr} \end{pmatrix}, \qquad \det B \neq 0.$$

Adesso orliamo il minore B con la generica colonna di posto q e la generica riga di posto p, non incluse in B. Otteniamo il minore C di ordine $r+1$ che per ipotesi ha determinante nullo:

$$C = \begin{pmatrix} x_{11} & \dots & x_{1r} & x_{1q} \\ \vdots & & \vdots & \vdots \\ x_{r1} & \dots & x_{rr} & x_{rq} \\ x_{p1} & \dots & x_{pr} & x_{pq} \end{pmatrix}, \qquad \det C = 0.$$

Consideriamo l'ultima colonna di C, e denotiamo con $c_1, \dots c_{r+1}$ i complementi algebrici dei suoi elementi. Chiaramente, $c_{r+1} = \det B \neq 0$. Per una nota proprietà delle matrici quadrate, costruendo la combinazione lineare degli elementi di una qualsiasi colonna coi complementi algebrici di una qualsiasi *altra* colonna si ottiene zero, cioè:

$$c_1 x_{1i} + \dots + c_r x_{ri} + c_{r+1} x_{pi} = 0, \qquad i = 1, \dots r.$$

D'altronde, sviluppando il $\det C$ mediante la regola di Laplace proprio secondo l'ultima colonna, si ottiene:

$$c_1 x_{1q} + \dots + c_r x_{rq} + c_{r+1} x_{pq} = \det C = 0.$$

Ripetendo tale ragionamento orlando B con un'altra colonna, non contenuta in B, i complementi algebrici $c_1, \dots c_r$ sono sempre gli stessi, sicché si ha:

$$c_1 x_{1i} + \dots + c_r x_{ri} + c_{r+1} x_{pi} = 0,$$

stavolta per ogni $i = 1, \dots n$, purché $p \neq 1, \dots r$. Dunque, dato che tale ultima relazione vale per ogni componente, si può scrivere:

$$c_1 \boldsymbol{x}_1 + \dots + c_r \boldsymbol{x}_r + c_{r+1} \boldsymbol{x}_p = 0,$$

per ogni $p \neq 1, \dots r$, e siccome $c_{r+1} \neq 0$:

$$\boldsymbol{x}_p = -\frac{c_1}{c_{r+1}} \boldsymbol{x}_1 - \dots - \frac{c_r}{c_{r+1}} \boldsymbol{x}_r.$$

□

Richiamo (Rango di una matrice). Il *rango* o *caratteristica* di una matrice A è il massimo ordine con cui si può estrarre un minore invertibile dalla matrice A. Se $r = \operatorname{rank} A$, è possibile estrarre da A almeno un minore di ordine r con determinante diverso da zero, ed ogni minore di ordine $r+1$ (se ne esistono) deve avere determinante nullo. Di fatto, basta provare che esiste un minore B di ordine r invertibile, e che tutti i minori di ordine $r+1$ (se esistono), ottenuti *orlando* questo con una riga ed una colonna di A non già contenute in B, abbiano determinante nullo.

Esercizio 1.1. Dati i vettori in $\mathbb{R}^4$:

$$\begin{aligned} \boldsymbol{x}_1 &= (1,2,-3,4)^\top, \\ \boldsymbol{x}_2 &= (3,-1,2,1)^\top, \\ \boldsymbol{x}_3 &= (1,-5,8,-7)^\top, \end{aligned}$$

stabilire quanti formano un sistema di vettori l.i. ed esprimere i rimanenti come c.l. di questi.

Risposta: $\boldsymbol{x}_3 = -2\boldsymbol{x}_1 + \boldsymbol{x}_2$.

Esercizio 1.2. Dati i vettori in $\mathbb{R}^4$:

$$\begin{aligned} \boldsymbol{x}_1 &= (2,3,1,-1)^\top, \\ \boldsymbol{x}_2 &= (2,3,1,-2)^\top, \\ \boldsymbol{x}_3 &= (4,6,2,-3)^\top, \end{aligned}$$

stabilire quanti formano un sistema di vettori l.i. ed esprimere i rimanenti come c.l. di questi.

Risposta: $\boldsymbol{x}_3 = \boldsymbol{x}_1 + \boldsymbol{x}_2$.

Esercizio 1.3. Dati i vettori in $\mathbb{R}^4$:

$$\begin{aligned} \boldsymbol{x}_1 &= (2,-1,3,2)^\top, \\ \boldsymbol{x}_2 &= (1,3,4,2)^\top, \\ \boldsymbol{x}_3 &= (3,-5,2,2)^\top, \end{aligned}$$

stabilire quanti formano un sistema di vettori l.i. ed esprimere i rimanenti come c.l. di questi.

Risposta: $\boldsymbol{x}_3 = 2\boldsymbol{x}_1 - \boldsymbol{x}_2$.

Esercizio 1.4. Dati i vettori in $\mathbb{R}^3$:

$$\begin{aligned} \boldsymbol{x}_1 &= (1,2,1)^\top, \\ \boldsymbol{x}_2 &= (2,1,4)^\top, \\ \boldsymbol{x}_3 &= (4,5,6)^\top, \\ \boldsymbol{x}_4 &= (1,8,-3)^\top, \end{aligned}$$

stabilire quanti formano un sistema di vettori l.i. ed esprimere i rimanenti come c.l. di questi.

Risposta: $\boldsymbol{x}_3 = 2\boldsymbol{x}_1 + \boldsymbol{x}_2$, $\boldsymbol{x}_4 = 5\boldsymbol{x}_1 - 2\boldsymbol{x}_2$.

Esercizio 1.5. Dati i vettori in $\mathbb{R}^5$:

$$\begin{aligned}
\boldsymbol{x}_1 &= (2, 1, 3, 2, -1)^\top, \\
\boldsymbol{x}_2 &= (4, 2, 1, -2, 3)^\top, \\
\boldsymbol{x}_3 &= (0, 0, 5, 6, -5)^\top, \\
\boldsymbol{x}_4 &= (6, 3, -1, -6, 7)^\top,
\end{aligned}$$

stabilire quanti formano un sistema di vettori l.i. ed esprimere i rimanenti come c.l. di questi.

Risposta: $\boldsymbol{x}_3 = 2\boldsymbol{x}_1 - \boldsymbol{x}_2$, $\boldsymbol{x}_4 = 2\boldsymbol{x}_2 - \boldsymbol{x}_1$.

Esercizio 1.6. Dati i polinomi

$$\begin{aligned}
p_1(x) &= x^3 - 3x^2 + 4x - 2, \\
p_2(x) &= 2x^2 - 6x + 4, \\
p_3(x) &= x^3 - 2x^2 + x,
\end{aligned}$$

stabilire quanti sono l.i. ed esprimere i rimanenti come c.l. di questi.

Risposta: Pensare ai polinomi $p_i(x)$ come a vettori dello spazio 4-dimensionale $\mathbb{R}^3[x] \sim \mathbb{R}^4$ dei polinomi reali a coefficienti reali di grado *non superiore* al terzo, ed scriverne le componenti rispetto alla base canonica $\mathcal{E} = \{1, x, x^2, x^3\}$.

(Perché l'insieme dei polinomi di grado *uguale* a tre non costituisce uno spazio vettoriale?)

Risulta: $2p_1(x) + p_2(x) - 2p_3(x) = 0$.

1.2.1 Matrici di Pauli

Consideriamo l'insieme $\mathfrak{M}_{2,2}(\mathbb{C})$ delle matrici quadrate di ordine 2 ad elementi complessi. Ci si convince facilmente che tale insieme, con l'usuale somma fra matrici e prodotto di una matrice per un numero complesso, è uno spazio vettoriale di dimensione 4 sul corpo $\mathbb{C}$ dei numeri complessi. La base canonica $\mathcal{E} = \{\boldsymbol{E}_i\}$ ha elementi:

$$\boldsymbol{E}_1 = \begin{pmatrix} 1 & 0 \\ 0 & 0 \end{pmatrix}, \quad \boldsymbol{E}_2 = \begin{pmatrix} 0 & 1 \\ 0 & 0 \end{pmatrix}, \quad \boldsymbol{E}_3 = \begin{pmatrix} 0 & 0 \\ 1 & 0 \end{pmatrix}, \quad \boldsymbol{E}_4 = \begin{pmatrix} 0 & 0 \\ 0 & 1 \end{pmatrix}. \tag{1.3}$$

Rispetto a tale base, il generico elemento M di $\mathfrak{M}_{2,2}(\mathbb{C})$,

$$M = \begin{pmatrix} m_{11} & m_{12} \\ m_{21} & m_{22} \end{pmatrix}, \tag{1.4}$$

con $m_{ij} \in \mathbb{C}$, ha componenti:

$$M = m_{11}\boldsymbol{E}_1 + m_{12}\boldsymbol{E}_2 + m_{21}\boldsymbol{E}_3 + m_{22}\boldsymbol{E}_4. \tag{1.5}$$

Particolarmente importante (ad es., per le applicazioni in Teoria dei gruppi ed in Meccanica quantistica) è la base formata dalla matrice identità,

$$\mathbb{1} = \begin{pmatrix} 1 & 0 \\ 0 & 1 \end{pmatrix}, \tag{1.6}$$

e dalle *matrici di Pauli:*

$$\sigma_1 = \begin{pmatrix} 0 & 1 \\ 1 & 0 \end{pmatrix}, \quad \sigma_2 = \begin{pmatrix} 0 & -i \\ i & 0 \end{pmatrix}, \quad \sigma_3 = \begin{pmatrix} 1 & 0 \\ 0 & -1 \end{pmatrix}, \tag{1.7}$$

per le quali si usa anche la notazione: $\sigma_x = \sigma_1$, $\sigma_y = \sigma_2$, $\sigma_z = \sigma_3$ (e $\sigma_0 = \mathbb{1}$ per la matrice identità, in questo contesto), e la notazione compatta

$$\boldsymbol{\sigma} = (\sigma_x, \sigma_y, \sigma_z). \tag{1.8}$$

La matrice identità e le matrici di Pauli sono *matrici hermitiane,* essendo $\sigma_i^\top = \sigma_i^*$.

Pensate come vettori di $\mathfrak{M}_{2,2}(\mathbb{C})$, la matrice identità e le matrici di Pauli hanno componenti rispetto alla base canonica:

$$(\sigma_0)_\mathcal{E} = \begin{pmatrix} 1 \\ 0 \\ 0 \\ 1 \end{pmatrix}, \quad (\sigma_1)_\mathcal{E} = \begin{pmatrix} 0 \\ 1 \\ 1 \\ 0 \end{pmatrix}, \quad (\sigma_2)_\mathcal{E} = \begin{pmatrix} 0 \\ -i \\ i \\ 0 \end{pmatrix}, \quad (\sigma_3)_\mathcal{E} = \begin{pmatrix} 1 \\ 0 \\ 0 \\ -1 \end{pmatrix}. \tag{1.9}$$

Ordinando tali componenti per riga, è possibile formare la matrice

$$P = \begin{pmatrix} 1 & 0 & 0 & 1 \\ 0 & 1 & 1 & 0 \\ 0 & -i & i & 0 \\ 1 & 0 & 0 & -1 \end{pmatrix}. \tag{1.10}$$

Essendo $\det P = -4i \neq 0$ e quindi $\operatorname{rank} P = 4$, segue che $\{\sigma_0, \sigma_1, \sigma_2, \sigma_3\}$ è un sistema di vettori l.i. in $\mathfrak{M}_{2,2}(\mathbb{C})$, e quindi una base (cfr. § 1.2). La matrice $P^\top$ è proprio la matrice relativa al cambiamento di base, dalla base canonica alla base $\{\sigma_0, \boldsymbol{\sigma}\}$ in $\mathfrak{M}_{2,2}(\mathbb{C})$ (cfr. § 1.4).

Si verificano le seguenti proprietà [Cohen-Tannoudji *et al.* (1977a), Complement A_{IV}; Messiah (1964), Ch. XIII, § 19; Landau e Lifšits (1991), § 55]:

Proprietà 1.1 (Invarianti delle matrici di Pauli). Risulta:

$$\operatorname{Tr} \sigma_0 = 2, \qquad \det \sigma_0 = 1, \tag{1.11a}$$

$$\operatorname{Tr} \sigma_i = 0, \qquad \det \sigma_i = -1, \qquad (i = 1, 2, 3). \tag{1.11b}$$

Richiamo (Invarianti di una matrice). Ricordiamo che gli *invarianti* S_i $(i = 1, \ldots n)$ di una matrice quadrata $M \in \mathfrak{M}_{n,n}(\mathbb{C})$ sono i coefficienti del *polinomio caratteristico* in λ:

$$\det(M - \lambda\mathbb{1}) = (-1)^n \lambda^n + (-1)^{n-1} S_1 \lambda^{n-1} + \ldots + S_n. \tag{1.12}$$

Le quantità S_i sono infatti invarianti per trasformazioni di similarità. È facile convincersi che $S_n = \det M$ e che $S_1 = \mathrm{Tr}\, M$. Gli invarianti di ordine intermedio m $(0 < m < n)$ possono costruirsi sommando i determinanti di tutti i minori di ordine m la cui diagonale principale si trovi lungo la diagonale principale di M (minori principali). (Vedi anche più avanti, al § 1.5.)

Proprietà 1.2. Risulta:

$$\sigma_i^2 = \mathbb{1}, \qquad (i = 1, 2, 3), \tag{1.13}$$

da cui segue che:

$$\sigma_0 = \frac{1}{3}(\sigma_x^2 + \sigma_y^2 + \sigma_z^2), \tag{1.14}$$

ovvero, con notazione compatta,

$$\boldsymbol{\sigma}^2 = \boldsymbol{\sigma} \cdot \boldsymbol{\sigma} = 3\sigma_0 \tag{1.15}$$

(dove $\cdot$ denota l'usuale prodotto scalare).

Proprietà 1.3 (Commutatore e anticommutatore). Risulta:

$$\sigma_x \sigma_y = -\sigma_y \sigma_x = i\sigma_z, \tag{1.16a}$$

$$\sigma_y \sigma_z = -\sigma_z \sigma_y = i\sigma_x, \tag{1.16b}$$

$$\sigma_z \sigma_x = -\sigma_x \sigma_z = i\sigma_y. \tag{1.16c}$$

Segue che due matrici di Pauli distinte *anticommutano:*

$$\{\sigma_i, \sigma_j\} := \sigma_i \sigma_j + \sigma_j \sigma_i = 0, \qquad (i \neq j), \tag{1.17}$$

ma non *commutano:*

$$[\sigma_i, \sigma_j] := \sigma_i \sigma_j - \sigma_j \sigma_i = 2i\sigma_k, \tag{1.18}$$

con i, j, k permutazione pari di $1, 2, 3$.

Con notazione compatta, le (1.13) e (1.16) possono riassumersi come:

$$\sigma_j \sigma_k = i\varepsilon_{jk\ell}\sigma_\ell + \delta_{jk}\sigma_0, \tag{1.19}$$

dove δ_{jk} è il simbolo di Kronecker e ε_{ijk} il simbolo di Levi-Civita (o tensore completamente antisimmetrico), ed è sottintesa la sommatoria sull'indice ripetuto $\ell = 1, 2, 3$:

$$\sigma_j \sigma_k = \delta_{jk}\sigma_0 + i \sum_{\ell=1}^{3} \varepsilon_{jk\ell}\sigma_\ell. \tag{1.20}$$

Richiamo (Simboli di Kronecker e di Levi Civita). Il *simbolo di Kronecker* è definito ponendo:

$$\delta_{ij} = \begin{cases} 0, \text{ se } i \neq j, \\ 1, \text{ se } i = j. \end{cases} \tag{1.21}$$

Il simbolo di Levi-Civita (o tensore completamente antisimmetrico) è definito ponendo:

$$\varepsilon_{ijk} = \begin{cases} 0, & \text{se almeno due degli indici } i,j,k \text{ sono uguali,} \\ 1, & \text{se gli indici } i,j,k \text{ formano una permutazione pari di } 1,2,3, \\ -1, & \text{se gli indici } i,j,k \text{ formano una permutazione dispari di } 1,2,3. \end{cases} \tag{1.22}$$

Mediante il simbolo di Levi-Civita, il determinante di una matrice, ad es. 3×3, può essere scritto come:

$$M = \begin{pmatrix} a_1 & a_2 & a_3 \\ b_1 & b_2 & b_3 \\ c_1 & c_2 & c_3 \end{pmatrix} \Rightarrow \det M = \boldsymbol{a} \times \boldsymbol{b} \cdot \boldsymbol{c} = \varepsilon_{ijk} a_i b_j c_k, \tag{1.23}$$

con la solita convenzione sugli indici ripetuti.

Esercizio 1.7. Provare le seguenti identità relative ai simboli di Kronecker e di Levi-Civita (somme da 1 ad n sottintese sugli indici ripetuti):

$$\begin{aligned} \varepsilon_{ikj}\varepsilon_{rkj} &= (n-1)\delta_{ir} \\ \varepsilon_{ikj}\varepsilon_{ikj} &= n(n-1) \\ \varepsilon_{ijk}\varepsilon_{prk} &= \delta_{ip}\delta_{jr} - \delta_{ir}\delta_{jp} \\ \varepsilon_{ijk}\varepsilon_{rjk}\varepsilon_{rpq} &= (n-1)\varepsilon_{ipq} \\ \varepsilon_{ijk}\varepsilon_{jkp}\varepsilon_{kpi} &= 0. \end{aligned}$$

Proprietà 1.4. Risulta:

$$\sigma_x \sigma_y \sigma_z = i\mathbb{1}. \tag{1.24}$$

Segue da (1.16a) e (1.13). Ma verificatela anche esplicitamente, per esercizio.

Proprietà 1.5 (Autovalori ed autovettori). Verificare che gli autovalori di ciascuna matrice di Pauli sono $\lambda = \pm 1$, e che gli autovettori sono, rispettivamente, $\{(-1,1)^\top, (1,1)^\top\}$ per σ_x, $\{(i,1)^\top, (-i,1)^\top\}$ per σ_y, $\{(0,1)^\top, (1,0)^\top\}$ per σ_z (il primo autovettore di ciascuna coppia appartiene all'autovalore $\lambda = -1$, il secondo a $\lambda = 1$).

Per la definizione di autovalori ed autovettori, vedi § 1.6.

Proprietà 1.6. Dati due vettori $\boldsymbol{a}, \boldsymbol{b} \in \mathbb{C}^3$, verificare che (Cohen-Tannoudji *et al.*, 1977a, Complement A_{IV}):

$$(\boldsymbol{\sigma} \cdot \boldsymbol{a})(\boldsymbol{\sigma} \cdot \boldsymbol{b}) = \sigma_0 (\boldsymbol{a} \cdot \boldsymbol{b}) + i \boldsymbol{\sigma} \cdot \boldsymbol{a} \times \boldsymbol{b}. \tag{1.25}$$

Servendosi della (1.19), si ha (sommatoria sottintesa sugli indici ripetuti):

$$\begin{aligned}(\boldsymbol{\sigma}\cdot\boldsymbol{a})(\boldsymbol{\sigma}\cdot\boldsymbol{b}) &= \sigma_j a_j \sigma_k b_k = \sigma_j\sigma_k a_j b_k \\ &= (i\varepsilon_{jk\ell}\sigma_\ell + \delta_{jk}\mathbb{1})a_j b_k \\ &= i\varepsilon_{jk\ell}a_j b_k \sigma_\ell + a_j b_j \mathbb{1} \\ &= i\boldsymbol{\sigma}\cdot\boldsymbol{a}\times\boldsymbol{b} + (\boldsymbol{a}\cdot\boldsymbol{b})\mathbb{1}.\end{aligned}$$

La relazione sussiste anche nel caso in cui $[\boldsymbol{a},\boldsymbol{b}]\neq 0$, mantenendo però l'ordine dato.

Abbiamo provato che $\{\mathbb{1},\boldsymbol{\sigma}\}$ è una base di $\mathfrak{M}_{2,2}(\mathbb{C})$. Data la generica matrice M come in (1.4), avente coordinate $(m_{11},m_{12},m_{21},m_{22})^\top$ rispetto alla base canonica, quali sono le coordinate di M rispetto alla base $\{\mathbb{1},\boldsymbol{\sigma}\}$?

Scriviamo:

$$M = a_0\mathbb{1} + a_x\sigma_x + a_y\sigma_y + a_z\sigma_z = a_0\mathbb{1} + \boldsymbol{a}\cdot\boldsymbol{\sigma} \tag{1.26}$$

in tale nuova base. Prendendo la traccia di ambo i membri, per le (1.11), si ha:

$$\operatorname{Tr} M = a_0 \operatorname{Tr}\mathbb{1} + \boldsymbol{a}\cdot\operatorname{Tr}\boldsymbol{\sigma} = 2a_0, \tag{1.27}$$

mentre per la traccia di $M\boldsymbol{\sigma}$ (s'intende prodotto righe per colonne), componente per componente, risulta:

$$\begin{aligned}\operatorname{Tr}(M\sigma_i) &= \operatorname{Tr}[a_0\sigma_i + (\boldsymbol{a}\cdot\boldsymbol{\sigma})\sigma_i] \\ &= \operatorname{Tr}[(\boldsymbol{a}\cdot\boldsymbol{\sigma})\sigma_i] \\ &= \operatorname{Tr}[a_x\sigma_x\sigma_i + a_y\sigma_y\sigma_i + a_z\sigma_z\sigma_i] \\ &= 2a_i,\end{aligned}$$

ove s'è fatto uso delle (1.13) e (1.16). Segue, in definitiva, che:

$$a_0 = \frac{1}{2}\operatorname{Tr} M, \tag{1.28a}$$

$$\boldsymbol{a} = \frac{1}{2}\operatorname{Tr}(M\boldsymbol{\sigma}). \tag{1.28b}$$

Esplicitamente,

$$M = \frac{m_{11}+m_{22}}{2}\mathbb{1} + \frac{m_{12}+m_{21}}{2}\sigma_x + i\frac{m_{12}-m_{21}}{2}\sigma_y + \frac{m_{11}-m_{22}}{2}\sigma_z. \tag{1.29}$$

Tale ultima relazione si sarebbe potuta ricavare dalla forma di $P^\top$ in (1.10) e dalla legge di cambiamento di base (§ 1.4).

Osservazione 1.1. Rileggete attentamente dall'inizio questa sezione e distinguete i casi in cui la matrice identità e le matrici di Pauli sono state pensate come:

- semplici matrici quadrate 2×2 ad elementi complessi;
- elementi (vettori) dello spazio vettoriale 4-dimensionale $\mathfrak{M}_{2,2}(\mathbb{C})$;
- in tale spazio, un sistema di vettori l.i., anzi una base;
- (rappresentazione matriciale di) operatori lineari sullo spazio vettoriale $\mathfrak{M}_{2,1}(\mathbb{C})$ degli spinori a due componenti;
- insieme di una matrice (l'identità), e di tre matrici (le tre matrici di Pauli propriamente dette) ordinate come le componenti x, y, z di un vettore di uno spazio vettoriale a tre componenti.

1.2.2 Equazione di Pauli

In Meccanica quantistica, le matrici di Pauli servono a rappresentare lo spin di un fermione.[2] Consideriamo il caso in cui la proiezione dello spin di una particella (ad es., un elettrone) lungo una direzione prefissata (ad es., lungo l'asse z) abbia gli autovalori $+\frac{1}{2}\hbar$ e $-\frac{1}{2}\hbar$. Gli autostati corrispondenti vengono solitamente indicati con $|\uparrow\rangle$ e $|\downarrow\rangle$. Dato che i possibili autovalori per la componente dello spin lungo z sono soltanto due, è conveniente rappresentare gli autostati corrispondenti mediante i vettori colonna (*spinori* a due componenti):

$$|\uparrow\rangle := \begin{pmatrix} 1 \\ 0 \end{pmatrix} \quad \text{e} \quad |\downarrow\rangle := \begin{pmatrix} 0 \\ 1 \end{pmatrix}. \tag{1.30}$$

Più in generale, uno stato di spin sarà rappresentato dal generico vettore colonna di $\mathfrak{M}_{2,1}(\mathbb{C})$. L'operatore di spin si identifica allora con una matrice 2×2 ad elementi complessi. Date le proprietà di commutazione ed anticommutazione delle matrici di Pauli, discusse precedentemente, è conveniente allora identificare le componenti cartesiane dell'operatore di spin con le tre matrici di Pauli, moltiplicate per $\frac{1}{2}\hbar$:

$$\hat{\boldsymbol{S}} = \frac{\hbar}{2}\boldsymbol{\sigma}. \tag{1.31}$$

In particolare, dalle proprietà delle matrici di Pauli, rimane verificato che $\hat{S}_z|\uparrow\rangle = +\frac{1}{2}\hbar|\uparrow\rangle$ e che $\hat{S}_z|\downarrow\rangle = -\frac{1}{2}\hbar|\downarrow\rangle$, che $[\hat{S}_x, \hat{S}_y] = i\hbar\hat{S}_z$ e cicliche, mentre $\{\hat{S}_i, \hat{S}_j\} = 0$ $(i \neq j)$.

Una volta definiti gli operatori di spin, occorre estendere l'equazione di Schrödinger in modo da tener conto anche dell'esistenza di questa osservabile. Si conviene di rappresentare lo stato di una particella dotata di spin $\frac{1}{2}$ (ad esempio, di un elettrone) mediante lo spinore:

---

[2] Si consiglia di rileggere questo paragrafo dopo avere studiato il problema agli autovalori di una matrice e le proprietà di una matrice hermitiana. L'equazione di Schrödinger è argomento, fra gli altri, dei corsi di Meccanica quantistica (Istituzioni di fisica teorica) e di Struttura della materia, mentre le equazioni differenziali alle derivate parziali, il principio di sovrapposizione ed il metodo di separazione delle variabili verranno trattati nel Cap. 3. Per approfondimenti, vedi Caldirola (1960); Cohen-Tannoudji *et al.* (1977a,b).

$$\boldsymbol{\psi}(x,y,z,t) = \begin{pmatrix} \psi_\uparrow(x,y,z,t) \\ \psi_\downarrow(x,y,z,t) \end{pmatrix},$$

dove $\psi_\uparrow$, $\psi_\downarrow$ sono funzioni ordinarie delle variabili di posizione e del tempo. In virtù della (1.30), è possibile scrivere:

$$\boldsymbol{\psi}(x,y,z,t) = \psi_\uparrow(x,y,z,t)|\uparrow\rangle + \psi_\downarrow(x,y,z,t)|\downarrow\rangle.$$

La condizione di normalizzazione per tale spinore si esprime come:

$$\int \boldsymbol{\psi}^\dagger \boldsymbol{\psi}\, \mathrm{d}^3\boldsymbol{r} = \int (|\psi_\uparrow(x,y,z,t)|^2 + |\psi_\downarrow(x,y,z,t)|^2)\, \mathrm{d}^3\boldsymbol{r} = 1, \qquad \forall t,$$

dove $\boldsymbol{\psi}^\dagger = (\psi_\uparrow^*, \psi_\downarrow^*)$ denota lo spinore hermitiano coniugato di $\boldsymbol{\psi}$.

L'operatore hamiltoniano che descrive l'evoluzione temporale di una particella dotata di carica elettrica $-e$ in un campo elettromagnetico si esprime come:

$$\hat{H} = \hat{H}_0 + \hat{H}_1,$$

dove $\hat{H}_0$ è l'hamiltoniano in assenza di campo magnetico, e

$$\hat{H}_1 = \mu_0 \boldsymbol{H} \cdot \boldsymbol{\sigma} = \mu_0 \begin{pmatrix} H_z & (H_x - iH_y) \\ (H_x + iH_y) & -H_z \end{pmatrix}$$

è il termine dovuto al campo magnetico $\boldsymbol{H}$. La costante di accoppiamento della particella col campo magnetico è data dal suo momento magnetico μ_0. Notiamo che stiamo implicitamente supponendo che l'unico termine dell'hamiltoniano che dipenda esplicitamente dallo spin è appunto $\hat{H}_1$. Osserviamo che esso è espresso mediante una matrice hermitiana che agisce sullo spazio degli spinori a due componenti.

L'equazione di Schrödinger si scrive allora come:

$$i\hbar \frac{\partial}{\partial t} \boldsymbol{\psi} = \hat{H} \boldsymbol{\psi},$$

ed è quindi equivalente al sistema di equazioni differenziali (alle derivate parziali) accoppiate:

$$\begin{aligned} i\hbar \frac{\partial}{\partial t} \psi_\uparrow &= \hat{H}_0 \psi_\uparrow + \mu_0 H_z \psi_\uparrow + \mu_0 (H_x - iH_y) \psi_\downarrow \\ i\hbar \frac{\partial}{\partial t} \psi_\downarrow &= \hat{H}_0 \psi_\downarrow + \mu_0 (H_x + iH_y) \psi_\uparrow - \mu_0 H_z \psi_\downarrow . \end{aligned}$$

Nel caso in cui il campo magnetico $\boldsymbol{H}$ sia uniforme (cioè, non dipende dalle coordinate spaziali) e costante (cioè, non dipende dalla coordinata temporale), allora è possibile separare le variabili spaziali e temporali da quelle di spin. Per il principio di sovrapposizione (vedi il Cap. 3), la soluzione generale può essere posta sotto la forma dello sviluppo in serie:

$$\psi = \sum_n \boldsymbol{u}_n e^{-\frac{i}{\hbar}E_n t},$$

dove

$$\hat{H}\boldsymbol{u}_n = E_n \boldsymbol{u}_n$$

è l'equazione per gli stati stazionari $\boldsymbol{u}_n = \boldsymbol{u}_n(x, y, z)$. Con n indichiamo globalmente l'insieme dei numeri quantici orbitali e di spin.

La dipendenza di $\boldsymbol{u}_n$ dalle coordinate spaziali e da quelle di spin può essere ulteriormente separata come:

$$\boldsymbol{u}_n = u_{n'}(x, y, z)\boldsymbol{\varphi}_s,$$

ove $u_{n'}$ è una funzione delle sole coordinate spaziali (la *stessa* per entrambe le componenti dello spinore), con

$$\hat{H}_0 u_{n'} = E^0_{n'} u_{n'},$$

e

$$\boldsymbol{\varphi}_s = \begin{pmatrix} a_s \\ b_s \end{pmatrix}$$

è uno spinore che non dipende né dalle coordinate spaziali, né dal tempo, con

$$\hat{H}_1 \boldsymbol{\varphi}_s = E'_s \boldsymbol{\varphi}_s. \tag{1.32}$$

Ovviamente, risulta:

$$E_n = E^0_{n'} + E'_s,$$

con $n = (n', s)$.

L'*equazione di Pauli* (1.32) è sostanzialmente l'equazione per gli autovettori della matrice $\hat{H}_1$, ed equivale infatti al sistema di equazioni (algebriche, lineari ed omogenee):

$$\begin{aligned} \mu_0 H_z a_s + \mu_0 (H_x - iH_y) b_s &= E'_s a_s \\ \mu_0 (H_x + iH_y) a_s - \mu_0 H_z b_s &= E'_s b_s. \end{aligned}$$

Per il teorema di Rouché-Capelli (Teorema 1.3) esso ammette soluzioni non banali se e solo se è nullo il determinante dei coefficienti, cioè se:

$$E'^2_s = \mu_0^2 (H_x^2 + H_y^2 + H_z^2) = \mu_0^2 H^2,$$

da cui

$$\begin{aligned} E'_\uparrow &= \mu_0 H \\ E'_\downarrow &= -\mu_0 H \end{aligned}$$

che denotano le correzioni all'energia totale dovute alle due possibili orientazioni dello spin (rispetto al campo magnetico):

$$E_n = E^0_{n'} \pm \mu_0 H.$$

Sostituendo tali valori ad E_s nel sistema precedente, e tenendo conto della condizione di normalizzazione, che separatamente per la parte di spin si esprime come $|a_s|^2 + |b_s|^2 = 1$, si trova

$$\boldsymbol{\varphi}_\uparrow = \begin{pmatrix} a_\uparrow \\ b_\uparrow \end{pmatrix},$$

per $s = \uparrow$, con

$$a_\uparrow = \sqrt{\frac{H + H_z}{2H}} e^{i\alpha},$$
$$b_\uparrow = \sqrt{\frac{H - H_z}{2H}} e^{i\left(\alpha + \arctan \frac{H_y}{H_x}\right)},$$

con α reale arbitrario, e

$$\boldsymbol{\varphi}_\downarrow = \begin{pmatrix} a_\downarrow \\ b_\downarrow \end{pmatrix},$$

per $s = \downarrow$, con

$$a_\downarrow = \sqrt{\frac{H - H_z}{2H}} e^{i\alpha},$$
$$b_\downarrow = -\sqrt{\frac{H + H_z}{2H}} e^{i\left(\alpha + \arctan \frac{H_y}{H_x}\right)}.$$

La presenza di un fattore arbitrario $e^{i\alpha}$ deriva dal fatto (generale) che l'equazione di Schrödinger non determina la fase di uno stato. (La fase dello stato di un sistema non è, in generale, osservabile.)

Il campo magnetico, di fatto, introduce una direzione "preferenziale" nello spazio, ed induce a scegliere l'asse z orientato come il vettore $\boldsymbol{H}$. Cosa accade se si effettua tale scelta, e dunque si pone $H = H_z$, $H_x = H_y = 0$?

Particelle con spin 1

In tal caso, si può rappresentare l'operatore di spin con $\boldsymbol{S} = \hbar\boldsymbol{\sigma}$, ove stavolta le matrici $\boldsymbol{\sigma} = (\sigma_x, \sigma_y, \sigma_z)$ sono matrici unitarie 3×3:

$$\sigma_x = \frac{1}{\sqrt{2}} \begin{pmatrix} 0 & 1 & 0 \\ 1 & 0 & 1 \\ 0 & 1 & 0 \end{pmatrix}, \quad \sigma_y = \frac{1}{\sqrt{2}} \begin{pmatrix} 0 & -i & 0 \\ i & 0 & -i \\ 0 & i & 0 \end{pmatrix}, \quad \sigma_z = \begin{pmatrix} 1 & 0 & 0 \\ 0 & 0 & 0 \\ 0 & 0 & -1 \end{pmatrix},$$

che agiscono sullo spazio degli spinori a tre componenti:

$$\boldsymbol{\psi} = \begin{pmatrix} \psi_\uparrow \\ \psi^0 \\ \psi_\downarrow \end{pmatrix}.$$

Si verifica che tali tre nuove matrici verificano stavolta le regole di commutazione:

$$[\sigma_i, \sigma_j] = i\sigma_k.$$

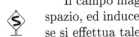

1.2.3 Matrici di Dirac

Nella teoria relativistica dello spin (equazione di Dirac), si fa uso delle *matrici di Dirac* $\{\gamma_0, \boldsymbol{\gamma}\} = \{\gamma_0, \gamma_1, \gamma_2, \gamma_3\}$. Esse si possono pensare come elementi (vettori) di $\mathfrak{M}_{4,4}(\mathbb{C}) = \mathfrak{M}_{2,2}(\mathbb{C}) \otimes \mathfrak{M}_{2,2}(\mathbb{C})$, ovvero come (rappresetanzione matriciale di) operatori lineari sullo spazio $\mathfrak{M}_{4,1}(\mathbb{C})$ degli spinori a 4 componenti.

Nella rappresentazione di Dirac, tali matrici (e le matrici ausiliarie $\boldsymbol{\alpha}$ e γ_5) sono definite come matrici a blocchi in termini delle matrici di Pauli come (Itzykson e Zuber, 1980, Appendice A-2):[3]

$$\gamma_0 = \sigma_3 \otimes \sigma_0 = \begin{pmatrix} \sigma_0 & 0 \\ 0 & -\sigma_0 \end{pmatrix} = \begin{pmatrix} 1 & 0 & 0 & 0 \\ 0 & 1 & 0 & 0 \\ 0 & 0 & -1 & 0 \\ 0 & 0 & 0 & -1 \end{pmatrix}, \tag{1.33a}$$

$$\boldsymbol{\alpha} = \sigma_1 \otimes \boldsymbol{\sigma} = \begin{pmatrix} 0 & \boldsymbol{\sigma} \\ \boldsymbol{\sigma} & 0 \end{pmatrix}, \tag{1.33b}$$

$$\boldsymbol{\gamma} = i\sigma_2 \otimes \boldsymbol{\sigma} = \gamma_0 \boldsymbol{\alpha} = \begin{pmatrix} 0 & \boldsymbol{\sigma} \\ -\boldsymbol{\sigma} & 0 \end{pmatrix}, \tag{1.33c}$$

$$\gamma_5 = \sigma_1 \otimes \sigma_0 = \begin{pmatrix} 0 & \sigma_0 \\ \sigma_0 & 0 \end{pmatrix}. \tag{1.33d}$$

Si prova che le matrici di Dirac anticommutano,

$$\{\gamma_\mu, \gamma_\nu\} := \gamma_\mu \gamma_\nu + \gamma_\nu \gamma_\mu = 2 g_{\mu\nu}, \tag{1.34a}$$

$$\{\gamma_5, \gamma_\mu\} = 0, \tag{1.34b}$$

ove $\mu = 0, 1, 2, 3$ e $g_{\mu\nu}$ è il *tensore metrico*

$$g_{\mu\nu} = \begin{pmatrix} 1 & 0 & 0 & 0 \\ 0 & -1 & 0 & 0 \\ 0 & 0 & -1 & 0 \\ 0 & 0 & 0 & -1 \end{pmatrix}. \tag{1.35}$$

Esercizio 1.8. Determinare traccia, determinante, autovalori ed autovettori delle matrici di Dirac.

Oltre che nella rappresentazione di Dirac (D), le matrici di Dirac vengono anche usate nella rappresentazione di Majorana (M) e nella rappresentazione chirale (ch) (Itzykson e Zuber, 1980). Tali rappresentazioni sono legate da una trasformazione unitaria:

$$\gamma_\mu^{\mathrm{M}} = U_{\mathrm{M}} \gamma_\mu^{\mathrm{D}} U_{\mathrm{M}}^\dagger, \quad \text{e} \quad \gamma_\mu^{\mathrm{ch}} = U_{\mathrm{ch}} \gamma_\mu^{\mathrm{D}} U_{\mathrm{ch}}^\dagger, \tag{1.36}$$

[3] Qui, non insistiamo sul fatto che gli indici sono controvarianti e andrebbero scritti in alto (Itzykson e Zuber, 1980).

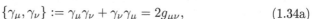

dove

$$U_{\mathrm{M}} = \frac{1}{\sqrt{2}} \begin{pmatrix} \sigma_0 & \sigma_2 \\ \sigma_2 & -\sigma_0 \end{pmatrix}, \tag{1.37}$$

$$U_{\mathrm{ch}} = \frac{1}{\sqrt{2}} \begin{pmatrix} \mathbb{1} & -\mathbb{1} \\ \mathbb{1} & \mathbb{1} \end{pmatrix} = \frac{1}{\sqrt{2}}(\mathbb{1} - \gamma_5\gamma_0) \tag{1.38}$$

(dove nell'ultima relazione $\mathbb{1}$ indica la matrice unità 2×2 o 4×4, seconda i casi).

Esercizio 1.9. Determinare esplicitamente la forma delle matrici di Dirac in tali altre rappresentazioni, e dimostrare che le trasformazioni associate a U_{M} e U_{ch} sono effettivamente unitarie. Determinare la trasformazione (unitaria) tra la rappresentazione di Majorana e la rappresentazione chirale:

$$\gamma_\mu^{\mathrm{ch}} = V \gamma_\mu^{\mathrm{M}} V^\dagger. \tag{1.39}$$

1.3 Sistemi lineari

Il sistema

$$\begin{aligned} a_{11}x_1 + a_{12}x_2 + \ldots + a_{1q}x_q &= c_1 \\ a_{21}x_1 + a_{22}x_2 + \ldots + a_{2q}x_q &= c_2 \\ &\ldots \\ a_{p1}x_1 + a_{p2}x_2 + \ldots + a_{pq}x_q &= c_p \end{aligned} \tag{1.40}$$

costituisce il più generale *sistema lineare* di p equazioni nelle q *variabili* (o incognite, o indeterminate) $x_1, \ldots x_q$. Solitamente, si intende $x_1, \ldots x_q \in \mathbb{C}$. Risolvere il sistema lineare (1.40) significa quindi determinare, se esistono, tutte e sole le q-uple di numeri complessi $x_1, \ldots x_q$ che lo verificano.

Con i $p \cdot q$ numeri complessi a_{ij} si usa formare la matrice $A = (a_{ij}) \in \mathfrak{M}_{p,q}(\mathbb{C})$, detta *matrice dei coefficienti* relativa al sistema (1.40).

Con i p numeri complessi c_i si usa formare il vettore $C = (c_i)^\top \in \mathfrak{M}_{p,1}(\mathbb{C})$, detto *vettore dei termini noti.*

La matrice $A' = (A\ C) \in \mathfrak{M}_{p,q+1}(\mathbb{C})$, ottenuta aumentando la matrice dei coefficienti col vettore dei termini noti prende il nome di *matrice completa.*

Denotando infine con $X = (x_j)^\top \in \mathfrak{M}_{q,1}(\mathbb{C})$ il vettore colonna delle variabili, il sistema lineare (1.40) assume la forma compatta:

$$A \cdot X = C, \tag{1.41}$$

ove $\cdot$ denota l'usuale prodotto righe per colonne tra matrici.

Se $p = q = n$ sussiste il seguente:

Teorema 1.2 (di Cramer). *Un sistema lineare di n equazioni in n variabili tale che la sua matrice dei coefficienti A è invertibile ammette una sola soluzione $x_1, \ldots x_n$ data da:*

$$x_j = \sum_{i=1}^{n} (-1)^{i+j} \frac{\det A_{ij}}{\det A} c_i. \tag{1.42}$$

In altre parole, le soluzioni x_j si ottengono calcolando i rapporti che hanno come denominatore il determinante di A e come numeratori i determinanti delle matrici che si ottengono da A sostituendo la j-sima colonna con la colonna dei termini noti.

Dimostrazione. Da $AX = C$, data l'invertibilità di A, segue che $X = A^{-1}C$. Ma la matrice inversa della matrice A ha elementi:

$$(A^{-1})_{\ell k} = (-1)^{\ell+k} \frac{\det A_{k\ell}}{\det A}, \tag{1.43}$$

cioè è la matrice ottenuta prendendo la trasposta della matrice formata dai complementi algebrici, diviso il determinante di A (supposto diverso da zero). Pertanto,

$$\begin{aligned} x_j &= \sum_{i=1}^{n} (A^{-1})_{ji} c_i \\ &= \sum_{i=1}^{n} (-1)^{i+j} \frac{\det A_{ij}}{\det A} c_i. \end{aligned}$$

□

Nel caso generale, sussiste il:

Teorema 1.3 (di Rouché-Capelli).

1. *Condizione necessaria e sufficiente affinché il sistema* (1.40) *di p equazioni in q variabili ammetta soluzioni è che*

$$\operatorname{rank} A = \operatorname{rank} A'. \tag{1.44}$$

2. *In tal caso, sia $n = \operatorname{rank} A = \operatorname{rank} A'$ e B un minore invertibile di A di ordine n. Siano $A_{i_1}, \ldots A_{i_n}$ le righe di A che servono a comporre il minore B. Allora il sistema* (1.40) *è equivalente al* sistema ridotto:

$$\begin{cases} a_{i_1 1} x_1 + \ldots + a_{i_1 q} x_q = & c_{i_1} \\ & \ldots \\ a_{i_n 1} x_1 + \ldots + a_{i_n q} x_q = & c_{i_n} \end{cases} \tag{1.45}$$

3. *Siano $A^{j_1}, \dots A^{j_n}$ le colonne di A che servono a comporre il minore B. Tutte le soluzioni del sistema ridotto si ottengono allora assegnando valori arbitrari alle x_j tali che $j \neq j_1, \dots j_n$ e risolvendo il sistema lineare completo di n equazioni nelle rimanenti n variabili (mediante il teorema di Cramer).*

Dimostrazione. Omessa (cfr. qualsiasi testo di algebra lineare, e anche il Teorema 1.1).

Ci limitiamo ad osservare che, se $c_i = 0$, $i = 1, \dots n$, ossia nel caso di un *sistema omogeneo,* risulta sempre $\operatorname{rank} A = \operatorname{rank} A'$. Infatti, un sistema lineare omogeneo ammette sempre la soluzione banale, $\boldsymbol{x} = \mathbf{0}$. Se $q < n$, esso non ammette altre soluzioni, mentre se $q > n$ esso ammette ∞^{q-n} soluzioni (cioè, una soluzione dipendente da $q - n$ parametri). Tra i metodi di soluzione, è opportuno ricordare il metodo di riduzione della matrice completa alla forma canonica o *metodo di Gauss-Jordan.* □

Esercizio 1.10. Risolvere il sistema completo

$$\begin{cases} 2x_1 + x_2 + 5x_3 + x_4 = 5 \\ x_1 + x_2 - 3x_3 - 4x_4 = -1 \\ 3x_1 + 6x_2 - 2x_3 + x_4 = 8 \\ 2x_1 + 2x_2 + 2x_3 - 3x_4 = 2 \end{cases}$$

Risposta: $X = \left(2,\, \frac{1}{5},\, 0,\, \frac{4}{5}\right)^\top$.

Esercizio 1.11. Risolvere il sistema omogeneo

$$\begin{cases} 2x_1 - x_2 + 3x_3 = 0 \\ 3x_1 + 2x_2 + x_3 = 0 \\ x_1 - 4x_2 + 5x_3 = 0 \end{cases}$$

Risposta: $X = (-a,\, a,\, a)^\top$.

Esercizio 1.12. Risolvere il sistema omogeneo

$$\begin{cases} x_1 + x_2 + x_3 + x_4 = 0 \\ x_1 + 3x_2 + 2x_3 + 4x_4 = 0 \\ 2x_1 + x_3 - x_4 = 0 \end{cases}$$

Risposta: $X = \left(-\frac{1}{2}a + \frac{1}{2}b,\, -\frac{1}{2}a - \frac{3}{2}b,\, a,\, b\right)^\top$.

Esercizio 1.13. Risolvere il sistema omogeneo

$$\begin{cases} 4x_1 - x_2 + 2x_3 + x_4 = 0 \\ 2x_1 + 3x_2 - x_3 - 2x_4 = 0 \\ 7x_2 - 4x_3 - 5x_4 = 0 \\ 2x_1 - 11x_2 + 7x_3 + 8x_4 = 0 \end{cases}$$

Risposta: $X = \left(-\frac{5}{8}a + \frac{3}{8}b,\, a,\, \frac{7}{4}a - \frac{5}{4}b,\, b\right)^\top$.

1.4 Cambiamenti di base

Sia V_n uno spazio vettoriale sul corpo K. Se esiste un numero finito n di vettori l.i. di V_n tali che ogni altro vettore dipenda linearmente da essi, tale numero si dice *dimensione* dello spazio, e si scrive

$$n = \dim V_n. \tag{1.46}$$

Un insieme di n vettori l.i. $\mathcal{U} = \{\boldsymbol{u}_1, \ldots \boldsymbol{u}_n\}$ nello spazio V_n si dice una *base* per V_n.

Teorema 1.4. *Ogni vettore $\boldsymbol{x} \in V_n$ può essere espresso in modo unico come c.l. dei vettori di una base $\mathcal{U}$.*

Dimostrazione. Facile ed omessa. □

Siano allora $x_1, \ldots x_n \in K$ gli n scalari tali che

$$\boldsymbol{x} = x_1\boldsymbol{u}_1 + \ldots + x_n\boldsymbol{u}_n. \tag{1.47}$$

Tali scalari prendono il nome di *coordinate* o *componenti controvarianti* del vettore $\boldsymbol{x}$ rispetto alla base $\mathcal{U}$, e converremo di ordinarli come un vettore colonna $\boldsymbol{x}_{\mathcal{U}} \in \mathfrak{M}_{n,1}(K)$:

$$\boldsymbol{x}_{\mathcal{U}} = \begin{pmatrix} x_1 \\ \vdots \\ x_n \end{pmatrix}. \tag{1.48}$$

Ricordiamo che le componenti degli elementi della *base canonica* $\mathcal{E} = \{\boldsymbol{e}_1, \ldots \boldsymbol{e}_n\}$ di V_n si definiscono come:

$$\boldsymbol{e}_{1\mathcal{E}} = \begin{pmatrix} 1 \\ \vdots \\ 0 \end{pmatrix}, \quad \ldots \quad \boldsymbol{e}_{n\mathcal{E}} = \begin{pmatrix} 0 \\ \vdots \\ 1 \end{pmatrix}. \tag{1.49}$$

Teorema 1.5 (Cambiamento di base). *Siano $\mathcal{U} = \{\boldsymbol{u}_1, \ldots \boldsymbol{u}_n\}$, $\mathcal{V} = \{\boldsymbol{v}_1, \ldots \boldsymbol{v}_n\}$ due basi di V_n ed $\boldsymbol{x} \in V_n$. Allora esiste una matrice quadrata non singolare $P \in \mathfrak{M}_{n,n}(K)$, dipendente soltanto dalla scelta delle due basi, tale che*

$$\boldsymbol{x}_{\mathcal{U}} = P\boldsymbol{x}_{\mathcal{V}}. \tag{1.50}$$

Dimostrazione. Siano $\boldsymbol{x}_{\mathcal{U}} = (x_1, \ldots x_n)^\top$ e $\boldsymbol{x}_{\mathcal{V}} = (y_1, \ldots y_n)^\top$ le componenti di $\boldsymbol{x}$ rispetto alle basi $\mathcal{U}$ e $\mathcal{V}$, rispettivamente. Si ha, cioè:

$$\boldsymbol{x} = x_1\boldsymbol{u}_1 + \ldots + x_n\boldsymbol{u}_n,$$
$$\boldsymbol{x} = y_1\boldsymbol{v}_1 + \ldots + y_n\boldsymbol{v}_n.$$

Ciascuno dei vettori $\boldsymbol{v}_i$ della base $\mathcal{V}$ ammette rappresentazione in termini dei vettori della base $\mathcal{U}$, e siano v_{ij} le sue coordinate, cioè:

$$\begin{aligned} \boldsymbol{v}_1 &= v_{11}\boldsymbol{u}_1 + \ldots + v_{1n}\boldsymbol{u}_n, \\ \vdots\ &\ \ \vdots \\ \boldsymbol{v}_n &= v_{n1}\boldsymbol{u}_1 + \ldots + v_{nn}\boldsymbol{u}_n. \end{aligned} \tag{1.51}$$

Sostituendo nelle espressioni per $\boldsymbol{x}$:

$$\begin{aligned} \boldsymbol{x} = \sum_{i=1}^n x_i \boldsymbol{u}_i = \sum_{i=1}^n y_i \boldsymbol{v}_i = \sum_{i=1}^n y_i \left(\sum_{j=1}^n v_{ij} \boldsymbol{u}_j \right) \\ =^* \sum_{j=1}^n \sum_{i=1}^n y_i v_{ij} \boldsymbol{u}_j =^{**} \sum_{i=1}^n \sum_{j=1}^n y_j v_{ji} \boldsymbol{u}_i, \end{aligned} \tag{1.52}$$

ove al passaggio $*$ s'è fatto uso della proprietà distributiva della somma rispetto alla moltiplicazione, ed al passaggio $**$ si sono permutati gli indici i e j su cui si somma (indici *muti*). Confrontando primo ed ultimo membro, segue che:

$$\sum_{i=1}^n \left(x_i - \sum_{j=1}^n v_{ji} y_j \right) \boldsymbol{u}_i = \mathbf{0}. \tag{1.53}$$

Ma $\mathcal{U}$ è una base, quindi un sistema di vettori l.i., quindi i coefficienti tra parentesi di tale loro c.l. devono essere identicamente nulli, cioè

$$x_i = \sum_{j=1}^n v_{ji} y_j, \tag{1.54}$$

ovvero, con notazione matriciale,

$$\boldsymbol{x}_{\mathcal{U}} = P \boldsymbol{x}_{\mathcal{V}}, \tag{1.55}$$

ove la matrice P è la matrice avente per elementi gli scalari v_{ji}, ossia avente per colonne le componenti dei vettori della base $\mathcal{V}$ rispetto alla base $\mathcal{U}$:

$$P = \begin{pmatrix} v_{11} & \cdots & v_{n1} \\ \vdots & & \vdots \\ v_{1n} & \cdots & v_{nn} \end{pmatrix}. \tag{1.56}$$

Tale matrice è detta *matrice di passaggio* dalla base $\mathcal{U}$ alla base $\mathcal{V}$.

La matrice P è invertibile. Infatti, per $\boldsymbol{x} = \mathbf{0}$, si ha $\boldsymbol{x}_{\mathcal{U}} = (0, \ldots 0)^\top$ e $\boldsymbol{x}_{\mathcal{V}} = (0, \ldots 0)^\top$, rispetto ad entrambe le basi. Quindi, il sistema di equazioni lineari $\sum_{j=1}^n v_{ji} y_j = 0$ $(i = 1, \ldots n)$ ha l'unica soluzione $y_j = 0$ $(j = 1, \ldots n)$, ossia, per il teorema di Rouché-Capelli, $\operatorname{rank} P = n$, che comporta $\det P \neq 0$, come volevasi. La matrice inversa P^{-1} è infatti associata al cambiamento di base inverso da $\mathcal{V}$ a $\mathcal{U}$, e si può scrivere:

$$\boldsymbol{x}_{\mathcal{V}} = P^{-1}\boldsymbol{x}_{\mathcal{U}}. \tag{1.57}$$

□

Osservazione 1.2. Mentre gli elementi della base $\mathcal{U}$ si trasformano mediante le (1.51), che coinvolgono gli scalari v_{ij}, le coordinate del generico vettore $\boldsymbol{x}$ rispetto a tale base si trasformano secondo gli scalari v_{ji}. Simbolicamente,

$$\begin{pmatrix}\boldsymbol{v}_1 \dots \boldsymbol{v}_n\end{pmatrix} = \begin{pmatrix}\boldsymbol{u}_1 \dots \boldsymbol{u}_n\end{pmatrix} \cdot P, \tag{1.58}$$

mentre

$$\boldsymbol{x}_{\mathcal{U}} = P\boldsymbol{x}_{\mathcal{V}}. \tag{1.59}$$

Ciò si esprime dicendo che la legge di trasformazione (1.50) delle coordinate di un vettore rispetto ad una base è *controvariante,* ossia mentre gli elementi della base si trasformano secondo una legge (lineare) che coinvolge la matrice P in un certo modo, la legge (anch'essa lineare) che descrive la trasformazione delle coordinate di un vettore rispetto a tale base coinvolge la matrice P nel modo contrario.

Osservazione 1.3. Gli elementi di uno spazio vettoriale (i vettori) sono oggetti "assoluti". Un vettore $\boldsymbol{x} \in V_n$ è quel certo vettore $\boldsymbol{x}$ qualsiasi sia la base rispetto alla quale si diano le sue coordinate. Rappresentare un vettore $\boldsymbol{x}$ mediante le sue coordinate rispetto ad una base (opportuna) è solo un modo (opportuno) di specificare il vettore $\boldsymbol{x}$. In base alle applicazioni, può essere più conveniente esprimere un vettore rispetto ad una piuttosto che ad un'altra base, ma il vettore rimane "se stesso" (in tal senso è un oggetto "assoluto").

Le coordinate di un vettore $\boldsymbol{x}$ rispetto ad una base sono invece enti "relativi", nel senso che "dipendono" dalla base alla quale si fa riferimento: se si cambia base, *cambiano* le coordinate del vettore, *non* il vettore stesso.

I vertici di un poligono disegnato su un piano sono certi punti (vettori) di quel piano, ed il poligono ne rimane ben definito. Se si riferiscono tali punti (vettori) a due diversi sistemi di riferimento (basi) su quel piano, ciascun punto (vettore) rimarrà individuato da due diverse coppie di numeri reali (le coordinate). Ma il punto (vettore), il vertice del poligono rimane sempre quello, e così il poligono.

In Relatività speciale, il tensore del campo elettromagnetico si trasforma secondo una legge di controvarianza (tensoriale) analoga a quella che abbiamo derivato per i vettori. Cambiando sistema di riferimento (base), cambiano i valori delle "coordinate" (componenti del tensore), associate alle componenti dei campi elettrico e magnetico, separatamente. In particolare, è possibile porsi in un sistema di riferimento in cui sia nullo il campo elettrico o sia nullo il campo magnetico. L'ente "assoluto" è in questo caso il tensore campo elettromagnetico, ed infatti si preferisce fare riferimento ai suoi "invarianti" per caratterizzarlo, ossia fare riferimento a proprietà, che si possono calcolare in particolare in un riferimento, ma il cui valore non varia quando si passa da un riferimento ad un altro.

In Meccanica quantistica, le diverse rappresentazioni (rappresentazione di Schrödinger, rappresentazione di Heisenberg, rappresentazione d'interazione) corrispondono, in pratica, ad un modo diverso di descrivere la dipendenza dal tempo delle ampiezze di probabilità. Più in generale, il valore di aspettazione $\langle\phi|\hat{O}|\psi\rangle$ di un operatore $\hat{O}$ tra due stati rappresentati dai vettori $|\psi\rangle$ e $|\phi\rangle$ (notazione di Pauli) è una certa funzione $O(t)$ del tempo t.

Nella rappresentazione di Schrödinger, si sceglie di attribuire tutta la dipendenza dal tempo agli stati di base nello spazio di Hilbert, e quindi agli stati $|\psi\rangle$ e $|\phi\rangle$, che sono c.l. di tali stati di base. Nella rappresentazione di Schrödinger risulta quindi:

$$O(t) = {}_S\langle\phi(t)|\hat{O}_S|\psi(t)\rangle_S,$$

ove il pedice S indica che gli stati $|\psi\rangle$ e $|\phi\rangle$, e l'operatore $\hat{O}_S$ sono espressi in tale rappresentazione.

Nella rappresentazione di Heisenberg, si sceglie invece di attribuire tutta la dipendenza dal tempo agli operatori, e di riferire invece gli stati ad una base fissa, cioè non dipendente dal tempo. Nella rappresentazione di Heisenberg risulta quindi:

$$O(t) = {}_H\langle\phi|\hat{O}_H(t)|\psi\rangle_H.$$

Nella rappresentazione d'interazione, parte della dipendenza dal tempo è assegnata ai vettori di base, parte agli operatori.

Ma le rappresentazioni fra loro sono equivalenti: il valore di aspettazione $O(t)$ dell'osservabile è lo stesso.

Esercizio 1.14. Dato il vettore $\boldsymbol{x} \in \mathbb{R}^3$ avente componenti rispetto alla base canonica $\boldsymbol{x}_\mathcal{E} = (1, 2, 1)^\top$, determinarne le coordinate rispetto alla base $\mathcal{V} = \{\boldsymbol{v}_1, \boldsymbol{v}_2, \boldsymbol{v}_3\}$, i cui elementi hanno componenti rispetto alla base canonica: $\boldsymbol{v}_1 = (1, 1, 0)^\top$, $\boldsymbol{v}_2 = (1, 0, 1)^\top$, $\boldsymbol{v}_3 = (1, 1, 1)^\top$.

Risposta: La matrice di passaggio da $\mathcal{E}$ a $\mathcal{V}$ è la matrice P avente per colonne le componenti dei vettori $\boldsymbol{v}_i$ rispetto ad $\mathcal{E}$, cioè la matrice:

$$P = \begin{pmatrix} 1 & 1 & 1 \\ 1 & 0 & 1 \\ 0 & 1 & 1 \end{pmatrix}. \tag{1.60}$$

La legge di trasformazione cercata è data da $\boldsymbol{x}_\mathcal{E} = P\boldsymbol{x}_\mathcal{V}$, ovvero, essendo P invertibile (i vettori $\boldsymbol{v}_i$ sono l.i.), $\boldsymbol{x}_\mathcal{V} = P^{-1}\boldsymbol{x}_\mathcal{E}$, dove l'inversa di P è:

$$P^{-1} = \begin{pmatrix} 1 & 0 & -1 \\ 1 & -1 & 0 \\ -1 & 1 & 1 \end{pmatrix}. \tag{1.61}$$

Svolgendo i calcoli, si trova quindi $\boldsymbol{x}_\mathcal{V} = (0, -1, 2)^\top$.

Si sarebbe potuto procedere anche direttamente, e scrivere $\boldsymbol{v} = (a, b, c)^\top$. Allora la legge di trasformazione $P\boldsymbol{x}_\mathcal{V} = \boldsymbol{x}_\mathcal{E}$ comporta che $(a, b, c)^\top$ sia soluzione del sistema lineare (completo):

$$\begin{aligned} a + b + c &= 1 \\ a \quad\;\; + c &= 2 \\ b + c &= 1, \end{aligned}$$

la cui soluzione col metodo di Cramer dà il risultato già trovato.

Osservazione 1.4. Abbiamo osservato che la matrice di passaggio da una base ad un'altra dipende soltanto dalle basi di partenza e di arrivo. In effetti, supponiamo di avere tre basi $\mathcal{U} = \{\boldsymbol{u}_1, \ldots \boldsymbol{u}_n\}$, $\mathcal{V} = \{\boldsymbol{v}_1, \ldots \boldsymbol{v}_n\}$ e $\mathcal{W} = \{\boldsymbol{w}_1, \ldots \boldsymbol{w}_n\}$.

Sia $P = \left(\boldsymbol{v}_{1\mathcal{U}} \ldots \boldsymbol{v}_{n\mathcal{U}}\right)$ la matrice relativa al passaggio dalla base $\mathcal{U}$ alla base $\mathcal{V}$: essa è la matrice avente per colonne i vettori colonna formati dalle coordinate degli elementi della base $\mathcal{V}$ rispetto alla base $\mathcal{U}$. Analogamente, sia $Q = \left(\boldsymbol{w}_{1\mathcal{U}} \ldots \boldsymbol{w}_{n\mathcal{U}}\right)$ la matrice relativa al passaggio dalla base $\mathcal{U}$ alla base $\mathcal{W}$. Dunque, se $\boldsymbol{x} \in V_n$,

$$\begin{matrix} \boldsymbol{x}_\mathcal{U} = P\boldsymbol{x}_\mathcal{V} \\ \boldsymbol{x}_\mathcal{U} = Q\boldsymbol{x}_\mathcal{W} \end{matrix} \Rightarrow P\boldsymbol{x}_\mathcal{V} = Q\boldsymbol{x}_\mathcal{W} \Rightarrow \boldsymbol{x}_\mathcal{V} = P^{-1}Q\boldsymbol{x}_\mathcal{W} \equiv R\boldsymbol{x}_\mathcal{W},$$

e, per l'arbitrarietà del vettore $\boldsymbol{x} \in V_n$, segue che

$$R = P^{-1}Q \tag{1.62}$$

è la matrice associata al cambiamento di base da $\mathcal{V}$ a $\mathcal{W}$.

Simbolicamente:

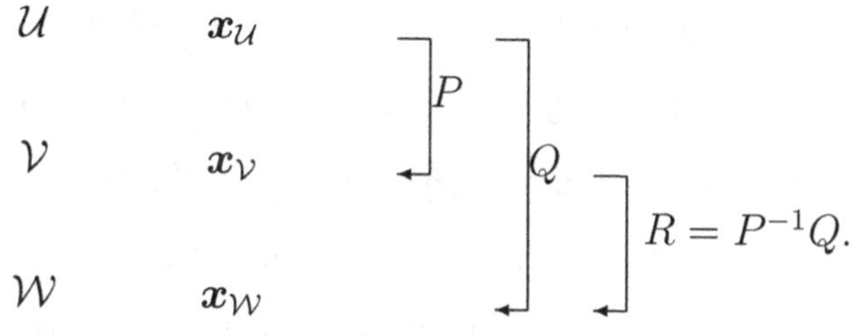

Esercizio 1.15. In $\mathbb{R}^3$, date le basi $\mathcal{V} = \{\boldsymbol{v}_1, \boldsymbol{v}_2, \boldsymbol{v}_3\}$ e $\mathcal{W} = \{\boldsymbol{w}_1, \boldsymbol{w}_2, \boldsymbol{w}_3\}$, con $\boldsymbol{v}_1 = (1,0,0)^\top$, $\boldsymbol{v}_2 = (1,0,1)^\top$, $\boldsymbol{v}_3 = (1,1,1)^\top$, e $\boldsymbol{w}_1 = (0,1,0)^\top$, $\boldsymbol{w}_2 = (1,2,3)^\top$, $\boldsymbol{w}_3 = (1,-1,1)^\top$, rispetto alla base canonica, determinare la matrice R tale che $\boldsymbol{x}_\mathcal{V} = R\boldsymbol{x}_\mathcal{W}$.

Risposta: $R = \begin{pmatrix} 0 & -2 & 0 \\ -1 & 1 & 2 \\ 1 & 2 & -1 \end{pmatrix}$.

Esercizio 1.16. In $\mathbb{R}^3$, date le basi $\mathcal{V} = \{\boldsymbol{v}_1, \boldsymbol{v}_2, \boldsymbol{v}_3\}$ e $\mathcal{W} = \{\boldsymbol{w}_1, \boldsymbol{w}_2, \boldsymbol{w}_3\}$, con $\boldsymbol{v}_1 = (0,1,0)^\top$, $\boldsymbol{v}_2 = (1,1,0)^\top$, $\boldsymbol{v}_3 = (1,2,3)^\top$, e $\boldsymbol{w}_1 = (1,1,0)^\top$, $\boldsymbol{w}_2 = (1,1,1)^\top$, $\boldsymbol{w}_3 = (1,2,1)^\top$, rispetto alla base canonica, determinare la matrice R tale che $\boldsymbol{x}_\mathcal{V} = R\boldsymbol{x}_\mathcal{W}$.

Risposta: $R = \begin{pmatrix} 0 & -\frac{1}{3} & \frac{2}{3} \\ 1 & \frac{2}{3} & \frac{2}{3} \\ 0 & \frac{1}{3} & \frac{1}{3} \end{pmatrix}$.

Esercizio 1.17. In $\mathbb{R}^3$, date le basi $\mathcal{V} = \{\boldsymbol{v}_1, \boldsymbol{v}_2, \boldsymbol{v}_3\}$ e $\mathcal{W} = \{\boldsymbol{w}_1, \boldsymbol{w}_2, \boldsymbol{w}_3\}$, con $\boldsymbol{v}_1 = (1,1,0)^\top$, $\boldsymbol{v}_2 = (1,0,1)^\top$, $\boldsymbol{v}_3 = (1,1,1)^\top$, e $\boldsymbol{w}_1 = (1,1,2)^\top$, $\boldsymbol{w}_2 = (2,2,1)^\top$, $\boldsymbol{w}_3 = (1,2,2)^\top$, rispetto alla base canonica, determinare la matrice R tale che $\boldsymbol{x}_\mathcal{V} = R\boldsymbol{x}_\mathcal{W}$.

Risposta: $R = \begin{pmatrix} -1 & 1 & -1 \\ 0 & 0 & -1 \\ 2 & 1 & 3 \end{pmatrix}$.

1.5 Applicazioni lineari (omomorfismi)

Siano V_n e W_m due spazi vettoriali di dimensioni finite n ed m, rispettivamente, sul medesimo corpo K. Un'applicazione $T : V_n \to W_m$ si dice *lineare* o un *omomorfismo* se essa lascia invariati la somma tra due vettori ed il prodotto di un vettore per uno scalare nei due spazi, ossia se:

AL1. $T(\boldsymbol{u}+\boldsymbol{v}) = T\boldsymbol{u} + T\boldsymbol{v}$, $\forall \boldsymbol{u}, \boldsymbol{v} \in V_n$;
AL2. $T(k\boldsymbol{u}) = kT\boldsymbol{u}$, $\forall \boldsymbol{u} \in V_n$, $\forall k \in K$.

Attenzione. Le somme fra vettori ai primi membri sono somme fra vettori di V_n, così i prodotti per uno scalare, mentre le somme e i prodotti per uno scalare che figurano ai secondi sono fra vettori di W_m, ottenuti mediante l'applicazione di T a vettori di V_n.

L'*immagine* (o *range*) di un omomorfismo T è l'insieme (Fig. 1.1):

$$T(V_n) = \{\boldsymbol{y} \in W_m \colon \exists \boldsymbol{x} \in V_n \colon T(\boldsymbol{x}) = \boldsymbol{y}\} \subseteq W_m. \tag{1.63}$$

Il *nucleo* (o *kernel*) di un omomorfismo T è l'insieme (Fig. 1.1):

$$\ker T = \{\boldsymbol{x} \in V_n \colon T\boldsymbol{x} = \boldsymbol{0} \in W_m\} \subseteq V_n. \tag{1.64}$$

Osservazione 1.5. Siano $\boldsymbol{0}_n \in V_n$ il vettore nullo di V_n e $\boldsymbol{0}_m \in W_m$ il vettore nullo di W_m. Risulta senz'altro $\boldsymbol{0}_n \in \ker T$. Infatti, scelto $\boldsymbol{a} \in V_n$, per la linearità di T si ha:

$$T(\boldsymbol{0}_n) = T(\boldsymbol{a}-\boldsymbol{a}) = T(\boldsymbol{a}) - T(\boldsymbol{a}) = \boldsymbol{0}_m.$$

Pertanto, anche $\boldsymbol{0}_m \in T(V_n)$.

Definizione 1.3. *Sia $T\colon V_n \to W_m$ un omomorfismo tra gli spazi vettoriali V_n e W_m. Si dice che T è*

- iniettivo *o un* monomorfismo *se* $\ker T = \{\boldsymbol{0}\}$, *ossia se ogni elemento dell'immagine $T(V_n)$ è il corrispondente di un solo elemento di V_n;*

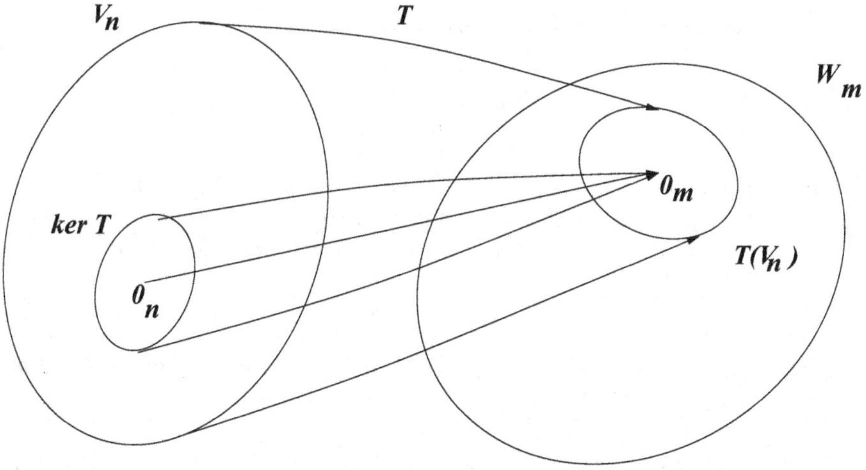

Fig. 1.1. Immagine e nucleo di un omomorfismo T

- suriettivo *o un* epimorfismo *se* $T(V_n) = W_m$*, cioè se ogni elemento di* W_m *è il corrispondente di almeno un elemento di* V_n*;*[4]
- biiettivo *o un* isomorfismo *se esso è sia iniettivo, sia suriettivo. Un isomorfismo è altresí* invertibile, *ossia esiste un unico elemento di* V_n *da cui proviene ciascun elemento di* W_m*. Ciò consente di definire un'applicazione (anch'essa lineare, suriettiva ed iniettiva, cioè un isomorfismo)* $T^{-1}: W_m \to V_n$ *che ad ogni* $\boldsymbol{w} \in W_m$ *associa quell'elemento* $\boldsymbol{v} \in V_n$ *tale che* $T\boldsymbol{v} = \boldsymbol{w}$*. Le applicazioni composte* $T^{-1} \circ T: V_n \to W_m$ *e* $T \circ T^{-1}: W_m \to V_n$ *coincidono entrambe con l'applicazione identità (tra gli spazi indicati).*

Definizione 1.4 (Matrice associata).
Sia $T : V_n \to W_m$ *un omomorfismo. Siano* $\mathcal{V} = \{\boldsymbol{v}_1, \dots \boldsymbol{v}_n\}$ *una base in* V_n *e* $\mathcal{W} = \{\boldsymbol{w}_1, \dots \boldsymbol{w}_m\}$ *una base in* W_m*. Si definisce* matrice associata *a* T relativamente *alle basi* $\mathcal{V}$ *e* $\mathcal{W}$ *la matrice* $A = (a_{ij}) \in \mathfrak{M}_{m,n}(K)$ *(a* m *righe ed* n *colonne ad elementi* a_{ij} *nel corpo* K*) avente come* j*-sima colonna le componenti dell'immagine* $T\boldsymbol{v}_j$ *del* j*-simo vettore della base* $\mathcal{V}$ *rispetto alla base* $\mathcal{W}$*:*

$$T\boldsymbol{v}_j = a_{1j}\boldsymbol{w}_1 + \ldots + a_{mj}\boldsymbol{w}_m, \quad j = 1, \ldots n. \tag{1.65}$$

Viceversa, data una matrice $A \in \mathfrak{M}_{m,n}(K)$*, rimane univocamente definito l'omomorfismo* $T: V_n \to W_m$ *definito dalla* (1.65)*. Invero, se* $\boldsymbol{x} = x_1\boldsymbol{v}_1 + \ldots + x_n\boldsymbol{v}_n \in V_n$*, in virtù della linearità di* T*, risulta:*

$$T\boldsymbol{x} = T\left(\sum_{j=1}^{n} x_j \boldsymbol{v}_j\right) = \sum_{j=1}^{n} x_j T\boldsymbol{v}_j = \sum_{j=1}^{n} x_j \sum_{i=1}^{m} a_{ij}\boldsymbol{w}_i, \tag{1.66}$$

[4] In generale, infatti, in $T(V_n)$ stanno 'meno' elementi di W_m.

cioè la componente i-sima di $T\boldsymbol{x}$ rispetto alla base $\mathcal{W}$ è:

$$(T\boldsymbol{x})_i = \sum_{j=1}^{n} x_j a_{ij}. \tag{1.67}$$

In altri termini, le componenti di $T\boldsymbol{x}$ rispetto alla base $\mathcal{W}$, ordinate per colonna, si ottengono dal prodotto righe per colonne della matrice A associata a T per il vettore colonna delle componenti di $\boldsymbol{x}$ relative alla base $\mathcal{V}$:

$$(T\boldsymbol{x})_{\mathcal{W}} = A \cdot (\boldsymbol{x})_{\mathcal{V}}. \tag{1.68}$$

In particolare, rimane verificato che gli indici sono contratti nel modo corretto, essendo $(m,1) = (m,\overbrace{n)\cdot(n},1)$.

Teorema 1.6. *Sia $T\colon V_n \to W_m$ un omomorfismo, $\mathcal{V} = \{\boldsymbol{v}_1, \ldots \boldsymbol{v}_n\}$ una base di V_n, $\mathcal{W} = \{\boldsymbol{w}_1, \ldots \boldsymbol{w}_m\}$ una base di W_m, ed $A \in \mathfrak{M}_{m,n}(K)$ la matrice associata a T relativamente a $\mathcal{V}$ e $\mathcal{W}$. Allora:*

1. *$T(V_n)$ è un sottospazio vettoriale di W_m, generato dai vettori $T\boldsymbol{v}_1, \ldots T\boldsymbol{v}_n$.*
2. *La dimensione di $T(V_n) \leq n$ si chiama* rango *dell'omomorfismo T, e coincide col rango della matrice associata A:*

$$\dim T(V_n) \equiv \operatorname{rank} T = \operatorname{rank} A. \tag{1.69}$$

3. *Risulta:*

$$\dim V_n = \dim\ker T + \operatorname{rank} T. \tag{1.70}$$

4. *Esistono due basi $\mathcal{V}'$ e $\mathcal{W}'$ tali che la matrice A' associata a T relativamente a tali basi è del tipo:*

$$A' = \begin{pmatrix} \mathbb{1}_r & O \\ O & O \end{pmatrix}, \tag{1.71}$$

ove $\mathbb{1}_r$ è la matrice identità $r \times r$, con $r = \operatorname{rank} T$, ed O sono matrici nulle.

Dimostrazione.

1. Sia $\boldsymbol{y} \in T(V_n)$ un generico vettore dell'immagine di T. Allora $\exists \boldsymbol{x} \in V_n$ tale che $\boldsymbol{y} = T\boldsymbol{x}$, con $\boldsymbol{x} = x_1\boldsymbol{v}_1 + \ldots + x_n\boldsymbol{v}_n$. Dunque, in virtù della linearità di T, si ha che $\boldsymbol{y} = x_1 T\boldsymbol{v}_1 + \ldots + x_n T\boldsymbol{v}_n$, ossia ogni vettore di $T(V_n)$ può essere espresso come c.l. dei vettori $T\boldsymbol{v}_1, \ldots T\boldsymbol{v}_n$. Segue che $T(V_n)$ è generato linearmente dai vettori $T\boldsymbol{v}_1, \ldots T\boldsymbol{v}_n$.
2. Avendo provato che $T(V_n)$ è generato linearmente dagli n vettori $T\boldsymbol{v}_1, \ldots T\boldsymbol{v}_n$, osserviamo intanto che $\dim T(V_n) \leq n$. Inoltre, essendo $T(V_n) \subseteq W_m$, risulta anche $\dim T(V_n) \leq m$. Dunque $\dim T(V_n) \leq \min(n,m)$.

Per determinare una base di $T(V_n)$ basta scegliere tra $T\boldsymbol{v}_1, \ldots T\boldsymbol{v}_n$ il massimo numero di vettori l.i., seguendo ad esempio la procedura indicata dal Teorema 1.1. Formiamo allora la matrice che ha per colonne le componenti degli n vettori $T\boldsymbol{v}_j$ rispetto alla base $\mathcal{W}$. Ma questa è proprio la matrice A associata all'omomorfismo T relativamente alle basi $\mathcal{V}$ e $\mathcal{W}$. Il numero massimo di colonne l.i. è proprio $\operatorname{rank} A$, che è ciò che si voleva dimostrare.

Richiamo (Somma e somma diretta di due sottospazi). Siano $U, V \subseteq V_n$ due sottospazi di V_n. Il *sottospazio somma* $U + V$ è il sottospazio:

$$U + V = \{\boldsymbol{x} = \boldsymbol{u} + \boldsymbol{v},\ \forall \boldsymbol{u} \in U, \boldsymbol{v} \in V\}. \tag{1.72}$$

Si prova che $U + V$ è un effettivo sottospazio di V_n, e che inoltre risulta:

$$\dim(U + V) = \dim U + \dim V - \dim(U \cap V). \tag{1.73}$$

Se in particolare risulta[5] $U \cap V = \{\boldsymbol{0}\}$, e quindi $\dim(U \cap V) = 0$, allora la somma fra U e V si dice *somma diretta* e si indica con $U \oplus V$. In tal caso, U prende il nome di *sottospazio supplementare* di V in V_n, e analogamente V si dice (sottospazio) supplementare di U (in V_n). Inoltre, se $\boldsymbol{v} \in V_n = U \oplus V$, allora $\boldsymbol{v}$ si può rappresentare in modo unico come somma di un vettore di U e di un vettore di V.

3. Sia V' un supplementare di $\ker T$:

$$V_n = V' \oplus \ker T,$$

e sia $s = \dim V'$. Sia $\mathcal{V}' = \{\boldsymbol{v}'_1, \ldots \boldsymbol{v}'_n\}$ una base di V_n tale che i primi s vettori $\boldsymbol{v}'_1, \ldots \boldsymbol{v}'_s \in V'$, mentre i successivi $\boldsymbol{v}'_{s+1}, \ldots \boldsymbol{v}'_n \in \ker T$. Cominciamo col provare che $T\boldsymbol{v}'_1, \ldots T\boldsymbol{v}'_s$ sono l.i. Infatti, se consideriamo la loro generica c.l. e la poniamo uguale al vettore nullo, in virtù della linearità di T risulta:

$$a_1 T\boldsymbol{v}'_1 + \ldots + a_s T\boldsymbol{v}'_s = \boldsymbol{0} \Rightarrow T(a_1\boldsymbol{v}'_1 + \ldots + a_s\boldsymbol{v}'_s) = \boldsymbol{0},$$

ossia $a_1\boldsymbol{v}'_1 + \ldots + a_s\boldsymbol{v}'_s \in \ker T$. Ma il vettore $a_1\boldsymbol{v}'_1 + \ldots + a_s\boldsymbol{v}'_s$ è anche un elemento di V', in quanto c.l. di vettori del sottospazio V'. Dunque $a_1\boldsymbol{v}'_1 + \ldots + a_s\boldsymbol{v}'_s \in V' \cap \ker T = \{\boldsymbol{0}\}$, in quanto supplementari per costruzione, cioè $a_1\boldsymbol{v}'_1 + \ldots + a_s\boldsymbol{v}'_s = \boldsymbol{0}$. Ma i vettori $\boldsymbol{v}'_1, \ldots \boldsymbol{v}'_s$ sono l.i., in quanto fanno parte della base $\mathcal{V}'$, e quindi necessariamente $a_1 = \ldots = a_s = 0$. Rimane così provato che i vettori $T\boldsymbol{v}'_1, \ldots T\boldsymbol{v}'_s$ sono l.i.
D'altronde $T(V')$ è generato linearmente dai vettori $T\boldsymbol{v}'_1, \ldots T\boldsymbol{v}'_s$, che dunque ne costituiscono una base. Pertanto $\dim T(V') = s$, $\dim V_n = \dim(V' \oplus \ker T) = \dim V' + \dim \ker T$, e $\dim V_n = \dim T(V') + \dim \ker T$.

[5] Può mai essere che due sottospazi di uno stesso spazio vettoriale abbiano intersezione uguale all'insieme vuoto?

Rimane da provare che $s = \dim T(V') = \dim T(V_n) = r$. Addirittura è possibile provare che $T(V') = T(V_n)$. Due insiemi sono uguali se e solo se uno include l'altro, e viceversa.
Proviamo dapprima che $T(V') \subseteq T(V_n)$. Sia $\boldsymbol{y} \in T(V')$. Allora esiste $\boldsymbol{x} \in V' \subseteq V_n$ tale che $T\boldsymbol{x} = \boldsymbol{y}$. Dunque è possibile determinare un $\boldsymbol{x} \in V_n$ del quale $\boldsymbol{y}$ è l'immagine mediante T, ossia $\boldsymbol{y} \in T(V_n)$. Rimane così provato che $T(V') \subseteq T(V_n)$.
Proviamo adesso che $T(V_n) \subseteq T(V')$. Sia $\boldsymbol{y} \in V_n$, allora esiste un $\boldsymbol{x} \in V_n$ tale che $T\boldsymbol{x} = \boldsymbol{y}$. Esprimendo $\boldsymbol{x}$ in termini delle sue componenti rispetto alla base $\mathcal{V}'$, facendo uso del fatto che gli ultimi $n - s$ vettori di tale base appartengono al $\ker T$, e sfruttando la linearità di T, si ha:

$$\begin{aligned} T(\boldsymbol{x}) = & \\ & = T\big(x_1\boldsymbol{x}'_1 + \ldots + x_s\boldsymbol{x}'_s + \underbrace{x_{s+1}\boldsymbol{x}'_{s+1} + \ldots + x_n\boldsymbol{x}'_n}_{\in \ker T}\big) = \\ & = T\big(\underbrace{x_1\boldsymbol{x}'_1 + \ldots + x_s\boldsymbol{x}'_s}_{\in V'}\big). \end{aligned}$$

Dunque esiste un vettore $\boldsymbol{x}' = x_1\boldsymbol{x}'_1 + \ldots + x_s\boldsymbol{x}'_s \in V'$ tale che $T(\boldsymbol{x}') = T(\boldsymbol{x}) = \boldsymbol{y}$, ossia $\boldsymbol{y} \in T(V')$. Rimane così provato anche che $T(V_n) \subseteq T(V')$, e quindi in definitiva che $T(V') = T(V_n)$, come volevasi.

4. Sia $\mathcal{V}'$ la base $\boldsymbol{v}'_1, \ldots \boldsymbol{v}'_n$ del numero precedente. Si è visto che i vettori $T\boldsymbol{v}'_1, \ldots T\boldsymbol{v}'_r$ sono l.i., con $r = \dim T(V_n)$. Completando tale sistema di vettori l.i. in modo che formi una base di W_m, si determina così la base rispetto alla quale la matrice associata a T è del tipo diagonale a blocchi (1.71).

□

1.5.1 Cambiamento di base per gli omomorfismi

Abbiamo osservato che, dato un omomorfismo $T : V_n \to W_m$, esiste una matrice A che ne caratterizza il modo di agire sul generico vettore $\boldsymbol{x} \in V_n$, quando questo sia espresso mediante le sue componenti rispetto ad una base $\mathcal{V}$ di V_n, e si desiderano le componenti del vettore immagine $T\boldsymbol{x}$ rispetto ad una base $\mathcal{W}$ di W_m. Specificamente, risulta $(T\boldsymbol{x})_{\mathcal{W}} = A \cdot (\boldsymbol{x})_{\mathcal{V}}$. Viceversa, data una matrice $A \in \mathfrak{M}_{m,n}(K)$, questa individua un unico omomorfismo tra V_n e W_m rispetto alle basi $\mathcal{V}$ e $\mathcal{W}$. Tale corrispondenza costituisce un isomorfismo tra l'insieme (spazio vettoriale) degli omomorfismi tra gli spazi V_n e W_m sul corpo K e l'insieme (spazio vettoriale) delle matrici $m \times n$ a elementi in K, $\mathfrak{M}_{m,n}(K)$.

Tale corrispondenza è fondamentale, in quanto consente di rappresentare applicazioni lineari definite da leggi astratte tra spazi vettoriali (finito dimensionali) ad elementi astratti mediante il prodotto righe per colonne di una

$$
\begin{array}{ccc}
V_n \ni \boldsymbol{x} & \xrightarrow{T} & T\boldsymbol{x} \in W_m \\
\downarrow & & \downarrow \\
\mathbb{C}^n \ni (\boldsymbol{x})_{\mathcal{V}} & \xrightarrow{A} & (T\boldsymbol{x})_{\mathcal{W}} \in \mathbb{C}^m
\end{array}
$$

Fig. 1.2. L'isomorfismo canonico fra uno spazio n-dimensionale V_n sul corpo $\mathbb{C}$ (ad esempio) e $\mathbb{C}^n$, cioè l'isomorfismo che associa ogni vettore $\boldsymbol{x} \in V_n$ con le sue componenti (che sono vettori colonna di numeri complessi) relativamente ad una base, $(\boldsymbol{x})_{\mathcal{V}} \in \mathbb{C}^n$, *induce* un isomorfismo fra l'insieme (spazio vettoriale) degli omomorfismi T tra V_n e W_m e l'insieme (spazio vettoriale) $\mathfrak{M}_{m,n}(\mathbb{C})$ delle matrici $m \times n$ delle matrici ad elementi complessi

matrice (numerica, se $K = \mathbb{C}$) per il vettore colonna costituito dalle componenti del generico vettore di V_n rispetto ad una prefissata base. Considereremo, in particolare, l'esempio dell'operatore di derivazione nello spazio vettoriale dei polinomi di grado non superiore ad n. Tale procedura è facilmente implementabile in modo algoritmico, e vale a prescindere dalla natura astratta degli spazi V_n e W_m, ovvero della legge astratta che definisce T: altro è calcolare una derivata, altro è calcolare un semplice prodotto righe per colonne. Un operatore T agisce tra spazi (finito dimensionali) di natura astratta, la matrice ad esso associata agisce fra vettori n-dimensionali, ad esempio di $\mathbb{C}^n$ (Fig. 1.2).

L'identificazione fra operatori e matrici è altresí alla base della originaria formulazione della "meccanica delle matrici" da parte di W. Heisenberg (1925), che costituisce la prima costituzione formale della meccanica quantistica. Avremo modo di tornare su questo argomento.

Ci chiediamo adesso in quale modo si trasformi la matrice A associata all'omomorfismo $T : V_n \to W_m$ relativamente alle basi $\mathcal{V} = \{\boldsymbol{v}_1, \ldots \boldsymbol{v}_n\}$ in V_n e $\mathcal{W} = \{\boldsymbol{w}_1, \ldots \boldsymbol{w}_m\}$ in W_m al variare di tali basi. Siano cioè $\mathcal{V}' = \{\boldsymbol{v}'_1, \ldots \boldsymbol{v}'_n\}$ e $\mathcal{W}' = \{\boldsymbol{w}'_1, \ldots \boldsymbol{w}'_m\}$ due nuove basi in V_n e W_m, rispettivamente. Ci chiediamo quale sia l'espressione della matrice A' associata allo *stesso* operatore (lineare) T relativamente a tali nuove basi.

È quindi chiaro che, mentre l'operatore T è un ente assoluto, ossia non dipende dalla scelta delle basi (ad esempio, può essere definito mediante una legge astratta, come nel caso della derivazione di un polinomio), la matrice associata che lo rappresenta è un ente *relativo,* ossia in generale cambia al cambiare del sistema di riferimento (sia in V_n, sia in W_m). Il modo in cui cambia non è però arbitrario, ma rimane stabilito dal carattere assoluto dell'operatore e dei vettori su cui opera e che restituisce come risultato dell'operazione, e dalle proprietà di linearità degli spazi e dell'operatore stesso.

Sia P la matrice associata al cambiamento di base da $\mathcal{V}$ a $\mathcal{V}'$, e Q la matrice associata al cambiamento di base da $\mathcal{W}$ a $\mathcal{W}'$ (§ 1.4). Ricordiamo che

$P \in \mathfrak{M}_{n,n}(K)$, $Q \in \mathfrak{M}_{m,m}(K)$, e che, se $\boldsymbol{x} \in V_n$, allora:

$$(\boldsymbol{x})_{\mathcal{V}} = P \cdot (\boldsymbol{x})_{\mathcal{V}'},$$

e $\boldsymbol{y} \in W_m$, allora:

$$(\boldsymbol{y})_{\mathcal{W}} = Q \cdot (\boldsymbol{y})_{\mathcal{W}'}.$$

In base alla definizione della matrice associata A, inoltre:

$$(T\boldsymbol{x})_{\mathcal{W}} = A \cdot (\boldsymbol{x})_{\mathcal{V}}.$$

Ma $(T\boldsymbol{x})_{\mathcal{W}} = Q \cdot (T\boldsymbol{x})_{\mathcal{W}'}$, mentre $(\boldsymbol{x})_{\mathcal{V}} = P \cdot (\boldsymbol{x})_{\mathcal{V}'}$, pertanto

$$Q(T\boldsymbol{x})_{\mathcal{W}'} = A \cdot P \cdot (\boldsymbol{x})_{\mathcal{V}'},$$

e poiché Q è invertibile,

$$(T\boldsymbol{x})_{\mathcal{W}'} = Q^{-1} \cdot A \cdot P \cdot (\boldsymbol{x})_{\mathcal{V}'}, \quad \forall \boldsymbol{x} \in V_n. \tag{1.74}$$

Segue che la matrice A' associata all'omomorfismo T relativamente alle basi $\mathcal{V}'$ e $\mathcal{W}'$ è:

$$A' = Q^{-1} \cdot A \cdot P. \tag{1.75}$$

In particolare, rimane verificato che gli indici delle matrici coinvolte nei prodotti righe per colonne sono contratti correttamente, avendosi: $(m, n) = (m, \overbrace{m) \cdot (m}, \overbrace{n) \cdot (n}, n)$.

1.5.2 Spazio duale

Siano V_n, W_m due spazi vettoriali sul corpo K. L'insieme degli omomorfismi di V_n in W_m si denota con $\mathrm{Hom}(V_n, W_m)$. In modo naturale, è possibile definire in $\mathrm{Hom}(V_n, W_m)$ delle operazioni di somma interna e moltiplicazione per uno scalare, con le quali $\mathrm{Hom}(V_n, W_m)$ assume la struttura di uno spazio vettoriale. In particolare, risulta

$$\dim \mathrm{Hom}(V_n, W_m) = n \cdot m.$$

Tale ultimo risultato concorda col fatto che ad ogni omomorfismo $T : V_n \to W_m$ è possibile associare in modo unico una matrice $A \in \mathfrak{M}_{m,n}(K)$.

Casi particolarmente interessanti sono $\mathrm{Hom}(V_n, K)$ e $\mathrm{Hom}(V_n, V_n)$.

Per quanto riguarda $\mathrm{Hom}(V_n, V_n)$, si dimostra che esso forma un'algebra, detta *algebra degli endomorfismi di* V_n (Herstein, 1989).

Si dimostra invece che $\mathrm{Hom}(V_n, K)$ è un anello, detto *spazio duale* di V_n. I suoi elementi sono applicazioni lineari che associano ad un vettore uno scalare, e vengono detti *funzionali lineari*. In particolare, essendo $\dim K = 1$ (come spazio vettoriale), segue che $\dim \mathrm{Hom}(V_n, K) = n$. Dunque, $\mathrm{Hom}(V_n, K)$ è isomorfo a V_n.

Tale isomorfismo non sussiste se V_n non ha dimensione finita. Nel caso di uno spazio vettoriale V di dimensione qualsiasi, tuttavia, si prova che V è isomorfo a $\mathrm{Hom}(\mathrm{Hom}(V, K), K)$, detto anche *secondo duale di* V.

1.5.3 Trasformazioni di similarità

Nel caso particolare in cui l'omomorfismo sia a valori nello stesso spazio vettoriale in cui è definito, $T : V_n \to V_n$, si parla di *endomorfismo*. In tal caso, è ragionevole considerare la matrice A associata all'endomorfismo relativamente alla base $\mathcal{V}$ ed alla ***stessa base*** $\mathcal{V}$, pensata come base nello spazio di arrivo. Cambiamo base da $\mathcal{V}$ a $\mathcal{V}'$. In base alla (1.75), la matrice associata all'endomorfismo T relativamente a tale nuova base è allora:

$$A' = P^{-1} \cdot A \cdot P. \tag{1.76}$$

Due matrici legate da una relazione di tale tipo, con P matrice invertibile, si dicono *simili*, e tale trasformazione prende il nome di *trasformazione di similarità*.

Teorema 1.7. *Le trasformazioni di similarità conservano le proprietà algebriche.*

Dimostrazione. Siano $A' = P^{-1}AP$ e $B' = P^{-1}BP$ le trasformate per similarità delle matrici A e B secondo la matrice (invertibile) P. Si tratta di provare che il trasformato per similarità della somma e del prodotto di tali matrici, e del prodotto di una matrice per un numero complesso, è rispettivamente uguale alla somma, al prodotto e al prodotto per un numero complesso delle matrici trasformate. Invero, si ha ($c \in \mathbb{C}$):

$$\begin{aligned} cA' &= cP^{-1}AP = P^{-1}(cA)P = (cA)'; \\ A' + B' &= P^{-1}AP + P^{-1}BP = P^{-1}(A+B)P = (A+B)'; \\ A'B' &= P^{-1}A\underbrace{P\,P^{-1}}_{\mathbb{1}}BP = P^{-1}(AB)P = (AB)'. \end{aligned}$$

□

Definizione 1.5 (Polinomio caratteristico). *Sia $A \in \mathfrak{M}_{n,n}(K)$ una matrice quadrata. Si definisce* polinomio caratteristico *associato alla matrice A il polinomio nella variabile $\lambda \in K$:*

$$\mathrm{ch}_A(\lambda) = \det(A - \lambda\mathbb{1}). \tag{1.77}$$

Svolgendo i calcoli, si trova che:

$$\mathrm{ch}_A(\lambda) = (-1)^n\lambda^n + (-1)^{n-1}S_1\lambda^{n-1} + \ldots + S_n, \tag{1.78}$$

dove la quantità S_k ($k = 1, \ldots n$) risulta uguale alla somma dei determinanti dei minori principali *di ordine k, ossia dei minori di ordine k aventi la diagonale principale sulla diagonale principale di A. In particolare, risulta:*

$$\begin{aligned} S_1 &= \operatorname{Tr} A, \\ S_n &= \det A. \end{aligned}$$

Gli zeri del polinomio caratteristico prendono il nome di radici caratteristiche *della matrice A.*

Teorema 1.8. *Il polinomio caratteristico di una matrice A è invariante per similarità. Pertanto, anche le quantità S_k sono invarianti per similarità, e si chiamano semplicemente* invarianti *della matrice A. Analogamente, sono invarianti per similarità le radici caratteristiche di una matrice.*

Dimostrazione. Se P è una matrice invertibile, e $A' = P^{-1}AP$, si ha:

$$\begin{aligned} \mathrm{ch}_{A'}(\lambda) &= \det(A' - \lambda \mathbb{1}) = \\ &= \det(P^{-1}AP - \lambda P^{-1}\mathbb{1}P) = \det[P^{-1}(A - \lambda\mathbb{1})P] = (\text{per il T. di Binet}) \\ &= \det(P^{-1}) \det(A - \lambda\mathbb{1}) \det P = \mathrm{ch}_A(\lambda), \end{aligned} \tag{1.79}$$

ove si è fatto uso del fatto che il determinante dell'inversa di una matrice è il reciproco del determinante della matrice. Per il principio di identità dei polinomi, segue inoltre che $S'_k = S_k$ $(k = 1, \dots n)$. In particolare, sono invarianti la traccia (S_1) e il determinante (S_n) di una matrice. □

Lo studio del polinomio caratteristico è essenziale per determinare gli autovalori di una matrice (§ 1.6). Vedi anche, più avanti, il teorema di Cayley-Hamilton (Teorema 1.16).

Esercizio 1.18 (Matrice associata). Sia $p(t) = a_0 + a_1 t + \dots + a_{n-1}t^{n-1} + t^n$ un polinomio monico di grado n a coefficienti reali. (Si dice *monico* un polinomio in cui il coefficiente del termine di grado massimo è uguale a uno.) La matrice $C_p \in \mathfrak{M}_{n,n}(\mathbb{R})$ definita come:

$$C_p = \begin{pmatrix} 0 & 1 & 0 & \cdots & 0 \\ 0 & 0 & 1 & \cdots & 0 \\ \vdots & & & \ddots & \vdots \\ 0 & 0 & 0 & \cdots & 1 \\ -a_0 & -a_1 & -a_2 & \cdots & -a_{n-1} \end{pmatrix}$$

si chiama *matrice associata* (*companion matrix*) del polinomio $p(t)$.

1. Provare che
$$\det(C_p - \lambda\mathbb{1}) = (-1)^n p(\lambda).$$
(Procedere per induzione. Sviluppare il determinante secondo la prima colonna e mostrare che $\det(C_p - \lambda\mathbb{1})$ è del tipo $-\lambda q(t) + (-1)^n a_n$, dove $q(t)$ è un polinomio di un certo tipo, per l'ipotesi induttiva.)
2. Sia λ uno zero di $p(t)$. Mostrare che $(1, \lambda, \lambda^2, \dots \lambda^{n-1})^\top$ è un autovettore per C_p appartenente all'autovalore λ.
3. Supponiamo che $p(t)$ abbia n zeri distinti $\lambda_1, \dots \lambda_n$. Sia V la matrice (*matrice o anche determinante di Vandermonde*):

$$V = \begin{pmatrix} 1 & 1 & \cdots & 1 \\ \lambda_1 & \lambda_2 & \cdots & \lambda_n \\ \vdots & & & \vdots \\ \lambda_1^{n-1} & \lambda_2^{n-1} & \cdots & \lambda_n^{n-1} \end{pmatrix}.$$

Mostrare che V è invertibile e che $V^{-1}C_pV$ è diagonale.

(Mostrare gli ultimi due quesiti almeno nel caso $n = 3$.)

Esercizio 1.19. Consideriamo lo spazio vettoriale $\mathbb{R}^n[x]$ dei polinomi di variabile reale x a coefficienti reali di grado non superiore ad n, e l'applicazione $D : \mathbb{R}^n[x] \to \mathbb{R}^{n-1}[x]$ che ad ogni polinomio $p \in \mathbb{R}^n[x]$ associa il polinomio di grado non superiore ad $n-1$ ottenuto derivando il polinomio p:

$$Dp = \frac{d}{dx}p(x) \in \mathbb{R}^{n-1}[x].$$

Tale applicazione è effettivamente lineare, dunque un omomorfismo, tra due spazi vettoriali, il primo di dimensione $\dim \mathbb{R}^n[x] = n+1$ ed il secondo di dimensione $\dim \mathbb{R}^{n-1}[x] = n$.[6] Determiniamo la matrice associata a D relativamente alle basi canoniche $\mathcal{E} = \{1, x, \ldots x^n\}$ in $\mathbb{R}^n[x]$ e $\mathcal{F} = \{1, x, \ldots x^{n-1}\}$ in $\mathbb{R}^{n-1}[x]$. Occorre determinare l'azione dell'operatore D su ciascuno degli elementi della base $\mathcal{E}$ ed esprimere il risultato mediante le componenti rispetto alla base $\mathcal{F}$. Si ha:

$$\begin{aligned}
D(1) &= \frac{d}{dx}1 = 0 \to (\overbrace{0, 0, \ldots 0}^{n})^\top \\
D(x) &= \frac{d}{dx}x = 1 \to (1, 0, \ldots 0)^\top \\
D(x^2) &= \frac{d}{dx}x^2 = 2x \to (0, 2, \ldots 0)^\top \\
\ldots & \quad \ldots \\
D(x^n) &= \frac{d}{dx}x^n = nx^{n-1} \to (0, 0, \ldots n)^\top,
\end{aligned}$$

per cui la matrice cercata (n righe, $n+1$ colonne) ha componenti:

$$A = \begin{pmatrix} 0\,1\,0\,0 \ldots 0 \\ 0\,0\,2\,0 \ldots 0 \\ 0\,0\,0\,3 \ldots 0 \\ \vdots \qquad \ddots \; \vdots \\ 0\,0\,0\,0 \ldots n \end{pmatrix}.$$

Esercizio 1.20 (Polinomi di Hermite). Un'altra base in $\mathbb{R}^n[x]$ è costituita dai *polinomi di Hermite*, $\mathcal{H} = \{H_0, \ldots H_n\}$.[7] Essi possono essere definiti mediante la formula di Rodrigues:

---

[6] Poiché risulta $\mathbb{R}^{n-1}[x] \subset \mathbb{R}^n[x]$, è facile pensare il risultato della derivazione di un polinomio di grado non superiore ad n come un polinomio di $\mathbb{R}^n[x]$ a sua volta. In tal caso, l'applicazione $D : \mathbb{R}^n[x] \to \mathbb{R}^n[x]$ che rimane così definita sarebbe un endomorfismo.

[7] Ogni insieme di $n+1$ polinomi di grado crescente da 0 ad n costituisce un sistema l.i. di $n+1$ vettori, dunque una base di $\mathbb{R}^n[x]$. Verificate tale affermazione servendovi del principio di identità dei polinomi.

$$H_n(x) = (-1)^n e^{x^2} \frac{d^n}{dx^n} e^{-x^2}, \tag{1.80}$$

dalla quale si trova:

$$H_n(x) = 2^n x^n - 2^{n-1} \binom{n}{2} x^{n-2} + 2^{n-2} \cdot 1 \cdot 3 \cdot \binom{n}{4} x^{n-4} - 2^{n-3} \cdot 1 \cdot 3 \cdot 5 \cdot \binom{n}{6} x^{n-6} + \ldots \tag{1.81}$$

I primi polinomi di Hermite sono:

$$\begin{aligned} H_0(x) &= 1, \\ H_1(x) &= 2x, \\ H_2(x) &= 4x^2 - 2, \\ H_3(x) &= 8x^3 - 12x, \\ H_4(x) &= 16x^4 - 48x^2 + 12, \\ &\ldots \end{aligned}$$

da cui in particolare si vede che il grado di $H_n(x)$ è proprio n.

Si dimostra poi che i polinomi di Hermite godono della *proprietà di ortogonalità in* $(-\infty, \infty)$ *rispetto al peso* e^{-x^2} (Smirnov, 1988a):

$$\int_{-\infty}^{\infty} e^{-x^2} H_n(x) H_m(x) \, \mathrm{d}x = \begin{cases} 0, & m \neq n, \\ 2^n n! \sqrt{\pi}, & m = n. \end{cases} \tag{1.82}$$

È possibile inoltre dimostrare la formula di ricorrenza (Smirnov, 1988a):

$$H_n'(x) = 2n H_{n-1}(x), \tag{1.83}$$

dalla quale segue che la matrice associata all'operatore di derivazione D dell'esercizio precedente, relativamente alla base formata dei polinomi di Hermite è:

$$A = \begin{pmatrix} 0 & 2 & 0 & 0 & \ldots & 0 \\ 0 & 0 & 4 & 0 & \ldots & 0 \\ 0 & 0 & 0 & 6 & \ldots & 0 \\ \vdots & & & & \ddots & \vdots \\ 0 & 0 & 0 & 0 & \ldots & 2n \end{pmatrix}.$$

Esercizio 1.21. Sia $T : \mathbb{R}^2[x] \to \mathbb{R}^2[x]$ l'endomorfismo definito ponendo

$$Tp(x) = p''(x) + 2p'(x) + p(x), \qquad \forall p(x) \in \mathbb{R}^2[x].$$

1. Verificare che T è un effettivo endomorfismo.
2. Determinarne le matrici caratteristiche A e A_H relativamente alla base canonica $\mathcal{E} = \{1, x, x^2\}$ ed alla base dei (primi tre) polinomi di Hermite $\mathcal{H} = \{1, 2x, 4x^2 - 2\}$.
3. Detta P la matrice di passaggio da $\mathcal{E}$ ad $\mathcal{H}$, verificare che $A_H = P^{-1}AP$.

Risposta: Si trova: $A = \begin{pmatrix} 1 & 2 & 2 \\ 0 & 1 & 4 \\ 0 & 0 & 1 \end{pmatrix}$, $P = \begin{pmatrix} 1 & 0 & -2 \\ 0 & 2 & 0 \\ 0 & 0 & 4 \end{pmatrix}$.

Esercizio 1.22. Sia $\eta : \mathfrak{M}_{n,n}(\mathbb{R}) \to \mathfrak{M}_{n,n}(\mathbb{R})$ l'applicazione che associa ad ogni matrice $A = (a_{ij})$ la sua parte simmetrica:

$$(\eta A)_{ij} = \frac{a_{ij} + a_{ji}}{2}. \tag{1.84}$$

Provare che tale applicazione è un endomorfismo, e determinarne la matrice associata relativamente alla base canonica, ad esempio nei casi $n = 2$ ed $n = 3$.

Risposta: Ad esempio, nel caso $n = 2$, la base canonica di $\mathfrak{M}_{2,2}(\mathbb{R})$ è data da:

$$\mathcal{E} = \{\boldsymbol{E}_1, \boldsymbol{E}_2, \boldsymbol{E}_3, \boldsymbol{E}_4\} = \left\{ \left(\begin{smallmatrix} 1 & 0 \\ 0 & 0 \end{smallmatrix}\right), \left(\begin{smallmatrix} 0 & 1 \\ 0 & 0 \end{smallmatrix}\right), \left(\begin{smallmatrix} 0 & 0 \\ 1 & 0 \end{smallmatrix}\right), \left(\begin{smallmatrix} 0 & 0 \\ 0 & 1 \end{smallmatrix}\right) \right\}.$$

Poiché risulta:

$$\eta \boldsymbol{E}_1 = \boldsymbol{E}_1, \; \eta \boldsymbol{E}_2 = \frac{1}{2}(\boldsymbol{E}_2 + \boldsymbol{E}_3), \; \eta \boldsymbol{E}_3 = \frac{1}{2}(\boldsymbol{E}_2 + \boldsymbol{E}_3), \; \eta \boldsymbol{E}_4 = \boldsymbol{E}_4,$$

si ha che la matrice associata ad η relativamente alla base canonica quando $n = 2$ è:

$$A = \begin{pmatrix} 1 & 0 & 0 & 0 \\ 0 & \frac{1}{2} & \frac{1}{2} & 0 \\ 0 & \frac{1}{2} & \frac{1}{2} & 0 \\ 0 & 0 & 0 & 1 \end{pmatrix}.$$

Ripetendo il ragionamento in modo analogo, si trova che la matrice associata all'endomorfismo η relativamente alla base canonica quando $n = 3$ è la matrice $3^2 \times 3^2 = 9 \times 9$:

$$A = \begin{pmatrix} 1 & 0 & 0 & 0 & 0 & 0 & 0 & 0 & 0 \\ 0 & \frac{1}{2} & 0 & \frac{1}{2} & 0 & 0 & 0 & 0 & 0 \\ 0 & 0 & \frac{1}{2} & 0 & 0 & 0 & \frac{1}{2} & 0 & 0 \\ 0 & \frac{1}{2} & 0 & \frac{1}{2} & 0 & 0 & 0 & 0 & 0 \\ 0 & 0 & 0 & 0 & 1 & 0 & 0 & 0 & 0 \\ 0 & 0 & 0 & 0 & 0 & \frac{1}{2} & 0 & \frac{1}{2} & 0 \\ 0 & 0 & \frac{1}{2} & 0 & 0 & 0 & \frac{1}{2} & 0 & 0 \\ 0 & 0 & 0 & 0 & 0 & \frac{1}{2} & 0 & \frac{1}{2} & 0 \\ 0 & 0 & 0 & 0 & 0 & 0 & 0 & 0 & 1 \end{pmatrix}.$$

Proviamo a ragionare più in generale. Lo spazio vettoriale $\mathfrak{M}_{n,n}(\mathbb{R})$ può essere pensato come *prodotto tensoriale* dello spazio $\mathbb{R}^n$ delle n-uple ordinate di numeri reali, per se stesso (Lang, 1988):

$$\mathfrak{M}_{n,n}(\mathbb{R}) = \mathbb{R}^n \otimes \mathbb{R}^n. \tag{1.85}$$

In altri termini, la generica matrice reale $n \times n$ può essere pensata come il prodotto (righe per colonne) del generico vettore riga ad elementi reali (matrice ad una riga ed n colonne) per il generico vettore colonna (matrice ad n righe ed una colonna).[8] In particolare, il generico elemento della base canonica di $\mathfrak{M}_{n,n}(\mathbb{R})$ si ottiene come

[8] Il prodotto righe per colonne di un vettore riga per un vettore colonna produce una matrice 1×1, cioè un numero, ed è appunto quel che accade nel caso del

prodotto tensoriale dei generici elementi della base canonica di $\mathbb{R}^n$, cioè come il prodotto righe per colonne:

$$\boldsymbol{E}_{(i-1)n+j} = \boldsymbol{e}_i \otimes \boldsymbol{e}_j \Leftrightarrow \begin{pmatrix} 0 \dots 1_i \dots 0 \end{pmatrix} \cdot \begin{pmatrix} 0 \\ \vdots \\ 1_j \\ \vdots \\ 0 \end{pmatrix} = \begin{pmatrix} 0 \dots & 0 & \dots 0 \\ \vdots & \vdots & \vdots \\ 0 \dots & 1_{ij} & \dots 0 \\ \vdots & \vdots & \vdots \\ 0 \dots & 0 & \dots 0 \end{pmatrix}.$$

Segue infatti che: $\dim \mathfrak{M}_{n,n}(\mathbb{R}) = (\dim \mathbb{R}^n) \cdot (\dim \mathbb{R}^n) = n^2$. Pensata come matrice $n \times n$, l'elemento di posto (hk) di $\boldsymbol{e}_i \otimes \boldsymbol{e}_j$ è:

$$(\boldsymbol{e}_i \otimes \boldsymbol{e}_j)_{hk} = \delta_{ih}\delta_{jk},$$

ossia la matrice $\boldsymbol{e}_i \otimes \boldsymbol{e}_j$ ha tutti gli elementi nulli, tranne quello di posto (ij).

La generica matrice $A \in \mathfrak{M}_{n,n}(\mathbb{R})$ si può allora esprimere come:

$$A = \sum_{i,j=1}^{n} a_{ij} \boldsymbol{e}_i \otimes \boldsymbol{e}_j,$$

e l'azione dell'operatore di simmetrizzazione η sul generico elemento di base restituisce:

$$\eta(\boldsymbol{e}_i \otimes \boldsymbol{e}_j) = \frac{1}{2}[(\boldsymbol{e}_i \otimes \boldsymbol{e}_j)_{hk} + (\boldsymbol{e}_i \otimes \boldsymbol{e}_j)_{kh}]\boldsymbol{e}_h \otimes \boldsymbol{e}_k = \frac{1}{2}(\delta_{ih}\delta_{jk} + \delta_{ik}\delta_{jh})\boldsymbol{e}_h \otimes \boldsymbol{e}_k$$

(sommatoria sottintesa sugli indici h e k ripetuti). La matrice associata all'operatore η (una matrice $n^2 \times n^2$) ha allora elementi dati da

$$\frac{1}{2}(\delta_{ih}\delta_{jk} + \delta_{ik}\delta_{jh}).$$

Esercizio 1.23. Ripetere l'esercizio precedente nel caso dell'applicazione $\zeta : \mathfrak{M}_{n,n}(\mathbb{R}) \to \mathfrak{M}_{n,n}(\mathbb{R})$, che associa ad ogni matrice $A = (a_{ij})$ la sua parte antisimmetrica:

$$(\zeta A)_{ij} = \frac{a_{ij} - a_{ji}}{2}. \tag{1.86}$$

Risposta: Si trova $\zeta(\boldsymbol{e}_i \otimes \boldsymbol{e}_j) = \frac{1}{2}\varepsilon_{ijs}\varepsilon_{hks}\boldsymbol{e}_h \otimes \boldsymbol{e}_k$ (cfr. l'Esercizio 1.7).

Esercizio 1.24. Sia $P : V_n \to V_n$ l'*operatore permutazione,* ossia quell'operatore che al generico vettore $\boldsymbol{x} = x_1\boldsymbol{e}_1 + \ldots + x_n\boldsymbol{e}_n \in V_n$ associa il vettore $P\boldsymbol{x} = x_{j_1}\boldsymbol{e}_1 + \ldots + x_{j_n}\boldsymbol{e}_n \in V_n$, ove $j_1, \ldots j_n$ denota una particolare permutazione degli interi $1, \ldots n$. Verificare che tale operatore è un endomorfismo. In

prodotto scalare: $(1, \widehat{n) \cdot (n}, 1) = (1, 1)$. Il prodotto righe per colonne di un vettore colonna per un vettore riga produce invece una matrice $n \times n$, che può essere pensata come matrice associata di un operatore: $(n, \widehat{1) \cdot (1}, n) = (n, n)$. Nella notazione di Dirac, ciò si traduce col dire che il prodotto scalare $\langle \boldsymbol{a}|\boldsymbol{b}\rangle$ è un numero, mentre il prodotto $|\boldsymbol{a}\rangle\langle \boldsymbol{b}|$ è un operatore.

particolare, verificare che $Pe_i = e_{j_i}$ e che dunque la matrice associata a tale operatore rispetto alla base canonica è la matrice formata dai vettori colonna $e_{j_1}, \ldots e_{j_n}$.

Per ogni scelta della permutazione $j_1, \ldots j_n$ rimane definito un diverso operatore di permutazione P. Verificare che se P_1 e P_2 sono operatori di permutazione, allora anche $P_1 \circ P_2$ è un operatore di permutazione.

Esercizio 1.25. Sia $T : \mathbb{R}^3 \to \mathbb{R}^3$ l'endomorfismo che associa ad ogni $\boldsymbol{x} \in \mathbb{R}^3$ il vettore $\boldsymbol{y} = T\boldsymbol{x}$ le cui componenti rispetto alla base $\mathcal{V}$ sono date da:

$$(\boldsymbol{y})_{\mathcal{V}} = A(\boldsymbol{x})_{\mathcal{V}} = \begin{pmatrix} 1 & 1 & 0 \\ 0 & 1 & 1 \\ 1 & 0 & 1 \end{pmatrix} (\boldsymbol{x})_{\mathcal{V}},$$

essendo $\mathcal{V}$ la base formata dai vettori:

$$\mathcal{V} = \{(0, -1, 2)^\top, (4, 1, 0)^\top, (-2, 0, -4)^\top\}.$$

Determinare la matrice associata a T relativamente alla base

$$\mathcal{V}' = \{(1, -1, 1)^\top, (1, 0, -1)^\top, (1, 2, 1)^\top\}.$$

Risposta: Si ha $A' = R^{-1}AR$, con $R = P^{-1}Q$, $P = \begin{pmatrix} 0 & 4 & -2 \\ -1 & 1 & 0 \\ 2 & 0 & -4 \end{pmatrix}$, $Q = \begin{pmatrix} 1 & 1 & 1 \\ -1 & 0 & 2 \\ 1 & -1 & 1 \end{pmatrix}$, con cui in definitiva $A' = \begin{pmatrix} -1 & 0 & 3 \\ 2 & 2 & -5 \\ -1 & 0 & 2 \end{pmatrix}$.

1.6 Autovalori ed autovettori

Sia $T : V_n \to V_n$ un endomorfismo definito sullo spazio vettoriale V_n sul corpo K.[9] In generale, tanto gli elementi di V_n quanto la legge di definizione di T possono essere definiti in modo astratto. Abbiamo già osservato in che modo tali definizioni possano essere rese "concrete", facendo riferimento ad una base di V_n, e specificando in tale base le componenti del vettore $\boldsymbol{x} \in V_n$ e la matrice associata all'endomorfismo T. In tal caso, è immediato calcolare le coordinate del vettore $T\boldsymbol{x}$, immagine di $\boldsymbol{x}$ mediante l'endomorfismo T, rispetto alla base fissata. Tale modo di procedere è del tutto legittimo, e in particolare semplifica il calcolo di $T\boldsymbol{x}$, riducendolo ad un ben preciso algoritmo (banalmente, il prodotto righe per colonne di una matrice per un vettore), qualsiasi sia V_n o T (purché finito-dimensionale il primo, e lineare il secondo).

Tale modo di procedere è però un modo *relativo,* nel senso che dipende dalla particolare base di riferimento in V_n. Se si desidera ripetere il procedimento rispetto ad un'altra base, occorre prima effettuare un opportuno cambiamento di base per quanto riguarda le componenti del vettore e la matrice associata all'operatore.

---

[9] Al solito, saremo spesso interessati specificamente al caso in cui K è un corpo numerico, come $K = \mathbb{R}$ o $K = \mathbb{C}$.

Esiste un altro modo per caratterizzare il modo di agire di un endomorfismo in uno spazio vettoriale, che vogliamo discutere qui. Si tratta di un modo *assoluto,* che si presta pertanto a delle considerazioni ben più generali. In particolare, se si immagina di associare a T un ben preciso significato geometrico o fisico (T può rappresentare una ben precisa trasformazione geometrica, come una traslazione o una rotazione, in V_n, oppure T, in Meccanica quantistica, può essere associato ad una ben precisa variabile fisica, come l'impulso o il momento angolare), è interessante chiedersi, piuttosto che il modo in cui T *modifichi* il vettore su cui agisce, se esistano vettori che T *lasci invariati.* Se T ha un significato geometrico, i vettori invarianti rispetto alle trasformazioni descritte da T descriveranno delle ben precise proprietà di simmetria di V_n. Se T ha un significato fisico, allora tali vettori saranno legati a ben precise proprietà di conservazione del sistema.

A parte queste considerazioni di carattere del tutto generale, scopriremo che aver determinato tutti e soli i vettori lasciati (praticamente) invariati dall'azione di T caratterizza T in modo stringente: una volta noto il modo di agire di T su tali particolari vettori, è addirittura possibile ricostruire il modo di agire di T su ogni altro vettore dello spazio. Un po' quel che consentiva di fare la conoscenza della matrice associata. Stavolta, però, T è univocamente determinato non da una tabella di scalari associati ad una particolare base (dunque, un ente relativo, come la matrice associata), bensì da un sistema di vettori (gli *autovettori*) e da un insieme di scalari (gli *autovalori*), che sono chiaramente degli enti intrinseci o assoluti.

Definizione 1.6 (Autovalore ed autovettore). *Sia $T : V_n \to V_n$ un endomorfismo definito sullo spazio vettoriale V_n sul corpo K. Si dice che $\lambda \in K$ è un* autovalore *per T se esiste un $\boldsymbol{v} \in V_n$, $\boldsymbol{v} \neq \mathbf{0}$ tale che*

$$T\boldsymbol{v} = \lambda \boldsymbol{v}. \tag{1.87}$$

Un tale vettore si dice allora autovettore *di T associato o appartenente all'autovalore λ.*

In altri termini, l'azione di un endomorfismo T su un suo autovettore è particolarmente semplice, in quanto restituisce un vettore proporzionale (o parallelo) a $\boldsymbol{v}$. (L'autovettore $\boldsymbol{v}$ sarebbe davvero invariante se appartenesse all'autovalore $\lambda = 1$.)

Osserviamo inoltre che, se $\boldsymbol{v}_1$ e $\boldsymbol{v}_2$ sono autovettori dell'operatore T appartenenti all'autovalore λ, in virtù della linearità di T, anche ogni loro combinazione lineare $a\boldsymbol{v}_1 + b\boldsymbol{v}_2$ è autovettore di T, appartenente allo stesso autovalore λ, essendo $T(a\boldsymbol{v}_1 + b\boldsymbol{v}_2) = aT\boldsymbol{v}_1 + bT\boldsymbol{v}_2 = \lambda(a\boldsymbol{v}_1 + b\boldsymbol{v}_2)$. (Dato un autovalore, è tutt'altro che unico l'autovettore associato.) È dunque possibile dare la seguente:

Definizione 1.7 (Autospazio). *Sia T un endomorfismo su V_n e λ un suo autovalore. L'insieme formato dagli autovettori appartenenti a tale autovalore* *e dal vettore nullo*[10] *è un sottospazio vettoriale di* V_n*, chiamato* autospazio *appartenente all'autovalore* λ*, e denotato con*

$$E_T(\lambda) = \{\boldsymbol{v} \in V_n \colon T\boldsymbol{v} = \lambda\boldsymbol{v}\}. \tag{1.88}$$

Tale insieme è un effettivo sottospazio vettoriale, essendo $E_T(\lambda) = \ker(T - \lambda I)$.

Più in generale, un sottospazio $W \subseteq V_n$ si dice *invariante* rispetto a T se risulta $T\boldsymbol{w} \in W$, $\forall \boldsymbol{w} \in W$.

Nello specificare il modo di agire di un operatore mediante la sua matrice associata, le componenti del vettore immagine di $\boldsymbol{x}$ rispetto ad una base prefissata sono espresse come c.l. delle componenti del vettore $\boldsymbol{x}$ di partenza rispetto a tale base. Una opportuna scelta della base può fare in modo che in tale c.l. figuri soltanto una componente alla volta, ossia che $(T\boldsymbol{x})_i$ dipenda soltanto da x_i. In tal caso, la matrice associata all'endomorfismo T assume la forma particolarmente semplice di una matrice diagonale.

Teorema 1.9. *Un endomorfismo* T *su* V_n *è diagonalizzabile se e solo se esiste una base di* V_n *formata da autovettori di* T.

Dimostrazione. Se T è diagonalizzabile, sia $\mathcal{V} = \{\boldsymbol{v}_1, \ldots \boldsymbol{v}_n\}$ la base rispetto alla quale la matrice associata a T assume forma diagonale, $A = \mathrm{diag}(a_1, \ldots a_n)$. Allora, $T\boldsymbol{v}_i = a_i\boldsymbol{v}_i$ ($i = 1, \ldots n$, non si sottintende alcuna somma sull'indice i ripetuto), e quindi $\boldsymbol{v}_i$ è autovettore di T appartenente all'autovalore a_i. Analogamente si prova il viceversa. □

Teorema 1.10. *Un endomorfismo* T *su* V_n *possiede un autovettore con autovalore* λ *se e solo se* λ *è radice caratteristica di* T.

Dimostrazione. Sia $\boldsymbol{v} \neq \boldsymbol{0}$ un autovettore di T associato all'autovalore λ, $T\boldsymbol{v} = \lambda\boldsymbol{v}$. Sia $\mathcal{U} = \{\boldsymbol{u}_1, \ldots \boldsymbol{u}_n\}$ una base di V_n ed A la matrice associata a T relativamente a tale base. Allora $\boldsymbol{v} = v_i\boldsymbol{u}_i$ e $T\boldsymbol{v} = v_iA_{ij}\boldsymbol{u}_j$ (somme sottintese sugli indici ripetuti; A_{ij} qui e in seguito indica l'elemento di posto (ij) della matrice A, e non il minore algebrico). Ma $T\boldsymbol{v} = \lambda\boldsymbol{v} = \lambda v_i\boldsymbol{u}_i = \lambda v_i\delta_{ij}\boldsymbol{u}_j$, e quindi $v_iA_{ij}\boldsymbol{u}_j = \lambda v_i\delta_{ij}\boldsymbol{u}_j$, da cui $v_i(A_{ij} - \lambda\delta_{ij})\boldsymbol{u}_j = \boldsymbol{0}$ ed, essendo i vettori $\boldsymbol{u}_j$ vettori di base, $v_i(A_{ij} - \lambda\delta_{ij}) = 0$ ($j = 1, \ldots n$). Quest'ultimo è un sistema lineare omogeneo nelle indeterminate v_i che, per costruzione, ammette una soluzione non banale data appunto dalle coordinate v_i dell'autovettore $\boldsymbol{v} \neq \boldsymbol{0}$ rispetto alla base $\mathcal{U}$. Pertanto, per il teorema di Rouché-Capelli, il determinante della matrice dei coefficienti di tale sistema deve essere nullo, $\det(A - \lambda\mathbb{1}) = 0$, ovvero $\mathrm{ch}_A(\lambda) = 0$, cioè l'autovalore λ è radice caratteristica della matrice A, come volevasi.

---

[10] Il vettore nullo, per definizione, non può essere considerato un autovettore. Pertanto, per rendere l'autospazio un effettivo spazio vettoriale, occorre includere esplicitamente il vettore nullo.

Osserviamo che la scelta della base $\mathcal{U}$ utilizzata per la dimostrazione è del tutto arbitraria. Allo stesso risultato si sarebbe pervenuti utilizzando un'altra base. D'altronde, il passaggio da una base all'altra comporta una trasformazione di similarità per A, e le radici caratteristiche di A sono invarianti rispetto a tali trasformazioni (Teorema 1.8).

Analogamente si prova il viceversa. □

Teorema 1.11. *Sia T un endomorfismo su V_n. Se T ha n autovalori distinti, allora è diagonalizzabile.*

Dimostrazione. Siano $\lambda_1, \ldots \lambda_n$, $\lambda_i \neq \lambda_j$ $(i \neq j)$ gli n autovalori distinti di T, e $\boldsymbol{v}_i$ n autovettori ordinatamente appartenenti a tali autovalori, $T\boldsymbol{v}_i = \lambda_i \boldsymbol{v}_i$ (nessuna somma sottintesa). Proviamo che tali autovettori formano una base di V_n. Essendo già in numero di n, basta provare che essi formano un sistema l.i. Supponiamo, per assurdo, che non lo siano, e che ad esempio soltanto i primi $m < n$ di essi siano l.i., mentre i rimanenti $n-m$ siano l.d. da questi, ossia che per ogni $j > m$ esistano degli opportuni scalari tali che $\boldsymbol{v}_j = \sum_{i=1}^{m} a_{ij} \boldsymbol{v}_i$. Ma $T\boldsymbol{v}_j = \lambda_j \boldsymbol{v}_j$, quindi

$$\mathbf{0} = T\boldsymbol{v}_j - \lambda_j \boldsymbol{v}_j = \sum_{i=1}^{m} a_{ij} T\boldsymbol{v}_i - \lambda_j \boldsymbol{v}_j = \sum_{i=1}^{m} a_{ij} \lambda_i \boldsymbol{v}_i - \lambda_j \boldsymbol{v}_j = \sum_{i=1}^{m} a_{ij} (\lambda_i - \lambda_j) \boldsymbol{v}_i.$$

Ma i primi m vettori sono l.i., quindi $a_{ij}(\lambda_i - \lambda_j) = 0$ ed, essendo $\lambda_i \neq \lambda_j$ per $j > m \geq i$, segue che $\boldsymbol{v}_j = \mathbf{0}$, ciò che è assurdo, essendo $\boldsymbol{v}_j$ autovettore di T. Dunque gli n autovettori $\boldsymbol{v}_1, \ldots \boldsymbol{v}_n$ formano una base di V_n, ed in tale base T è diagonale, essendo $A = \operatorname{diag}(\lambda_1, \ldots \lambda_n)$ la matrice associata. □

Nelle ipotesi dei teoremi precedenti, la procedura per diagonalizzare un endomorfismo T consiste dunque nel determinare le radici caratteristiche della matrice A associata all'endomorfismo relativamente ad una base assegnata, ossia determinare le radici dell'*equazione secolare:*

$$\operatorname{ch}_A(\lambda) = \det(A - \lambda \mathbb{1}) = 0. \tag{1.89}$$

Le radici $\lambda_1, \ldots \lambda_n$ costituiscono gli autovalori dell'endomorfismo T.

Ricordiamo che $\lambda \in K$, e non sempre tutti gli zeri di $\operatorname{ch}_A(\lambda)$ sono in K. Se $K = \mathbb{C}$ è il corpo dei numeri complessi, $\operatorname{ch}_A(\lambda) = 0$ è un'equazione di grado n a coefficienti complessi, che per il teorema fondamentale dell'algebra ammette n radici (variamente coincidenti) in $\mathbb{C}$. Ciò si esprime dicendo che il corpo dei numeri complessi è algebricamente chiuso.

Si sostituiscono poi una alla volta tali radici nell'equazione per gli autovettori. Per ogni $j = 1, \ldots n$, cioè, si discute il sistema omogeneo

$$\sum_{k=1}^{n} A_{ik} v_k^{(j)} = \lambda_j v_i^{(j)} \tag{1.90}$$

nelle indeterminate $v_i^{(j)}$, componenti dell'autovettore $\boldsymbol{v}^{(j)}$ associato all'autovalore λ_j rispetto alla base fissata. Per il teorema di Rouché-Capelli, tale sistema ha senz'altro soluzione distinta dalla banale, in quanto, per costruzione, la matrice dei coefficienti $A - \lambda_j \mathbb{1}$ ha determinante nullo. Con gli autovettori $\boldsymbol{v}^{(j)}$ così determinati si costruisce la matrice P del passaggio dalla base rispetto alla quale A è definita (ad esempio, la base canonica), alla base formata dagli n autovettori di T. In tale base, la matrice associata a T è diagonale e contiene gli autovalori di T lungo la diagonale principale.

Esercizio 1.26. Sia $T : \mathbb{R}^3 \to \mathbb{R}^3$ l'endomorfismo definito ponendo

$$T\begin{pmatrix} a \\ b \\ c \end{pmatrix} = \begin{pmatrix} a+c \\ b \\ a+c \end{pmatrix}.$$

Determinare la matrice associata a T relativamente alla base canonica. Verificare che T ammette tre autovalori distinti e determinare la matrice che diagonalizza A.

Risposta: Si ha $A = \begin{pmatrix} 1 & 0 & 1 \\ 0 & 1 & 0 \\ 1 & 0 & 1 \end{pmatrix}$ (si tratta di una matrice ortogonale, vedi oltre), con autovalori $\lambda_1 = 0$, $\lambda_2 = 1$, $\lambda_3 = 2$, distinti, ai quali appartengono ad esempio gli autovettori $\boldsymbol{v}_1 = (-\frac{\sqrt{2}}{2}, 0, \frac{\sqrt{2}}{2})^\top$, $\boldsymbol{v}_2 = (0, 1, 0)^\top$, $\boldsymbol{v}_3 = (\frac{\sqrt{2}}{2}, 0, \frac{\sqrt{2}}{2})^\top$, che costituiscono una base in $\mathbb{R}^3$ (inoltre sono tra loro ortonormali, vedi oltre). La matrice di passaggio dalla base canonica a tale base è data da $P = \begin{pmatrix} -\frac{\sqrt{2}}{2} & 0 & \frac{\sqrt{2}}{2} \\ 0 & 1 & 0 \\ \frac{\sqrt{2}}{2} & 0 & \frac{\sqrt{2}}{2} \end{pmatrix}$, mentre la matrice A diagonalizzata è $A' = P^{-1}AP = \mathrm{diag}(0, 1, 2)$.

Esercizio 1.27. Determinare autovalori ed autovettori dell'endomorfismo in $\mathbb{R}^3$ definito dalla seguente matrice associata alla base canonica:

$$\begin{pmatrix} 1 & 0 & -1 \\ 1 & 2 & 1 \\ 2 & 2 & 3 \end{pmatrix}.$$

Risposta: $\lambda_1 = 1$, $\boldsymbol{v}_1 = (1, -1, 0)^\top$; $\lambda_2 = 2$, $\boldsymbol{v}_2 = (2, -1, -2)^\top$; $\lambda_3 = 3$, $\boldsymbol{v}_3 = (1, -1, -2)^\top$.

Esercizio 1.28. Determinare autovalori ed autovettori dell'endomorfismo in $\mathbb{C}^3$ definito dalla seguente matrice associata alla base canonica:

$$\begin{pmatrix} 2-i & 0 & i \\ 0 & 1+i & 0 \\ i & 0 & 2-i \end{pmatrix}.$$

Risposta: $\lambda_1 = 2$, $\boldsymbol{v}_1 = (1, 0, 1)^\top$; $\lambda_2 = 1 + i$, $\boldsymbol{v}_2 = (0, 1, 0)^\top$; $\lambda_3 = 2(1 - i)$, $\boldsymbol{v}_3 = (1, 0, -1)^\top$.

Esercizio 1.29. Determinare autovalori ed autovettori dell'endomorfismo in $\mathbb{R}^4$ definito dalla seguente matrice associata alla base canonica:

$$\begin{pmatrix} 3 & 2 & 2 & -4 \\ 2 & 3 & 2 & -1 \\ 1 & 1 & 2 & -1 \\ 2 & 2 & 2 & -1 \end{pmatrix}.$$

Risposta: $\lambda_{1,2} = 1$, $\boldsymbol{v}_1 = (1, 0, -1, 0)^\top$, $\boldsymbol{v}_2 = (1, -1, 0, 0)^\top$; $\lambda_3 = 2$, $\boldsymbol{v}_3 = (-2, 4, 1, 2)^\top$; $\lambda_4 = 3$, $\boldsymbol{v}_4 = (0, 3, 1, 2)^\top$.

Esercizio 1.30. Determinare autovalori ed autovettori dell'endomorfismo in $\mathbb{R}^4$ definito dalla seguente matrice associata alla base canonica:

$$\begin{pmatrix} 5 & 6 & -10 & 7 \\ -5 & -4 & 9 & -6 \\ -3 & -2 & 6 & -4 \\ -3 & -3 & 7 & -5 \end{pmatrix}.$$

Risposta: $\lambda_1 = 1$, $\boldsymbol{v}_1 = (1, 2, 3, 2)^\top$; $\lambda_2 = -1$, $\boldsymbol{v}_2 = (-3, 0, 1, 4)^\top$.

1.6.1 Rappresentazione spettrale di un endomorfismo

Definizione 1.8 (Operatore idempotente). *Un endomorfismo P su V_n si dice* idempotente *o un* proiettore *se*

$$P^2 = P \circ P = P,$$

ossia se $P^2\boldsymbol{x} = P\boldsymbol{x}$, $\forall \boldsymbol{x} \in V_n$.

Osservazione 1.6. Se P è idempotente, anche $I - P$ è idempotente:

$$(I - P)^2 = I^2 - IP - PI + P^2 = I - 2P + P = I - P.$$

Teorema 1.12. *Un endomorfismo idempotente $P : V_n \to V_n$ induce la decomposizione di V_n nella somma diretta di due sottospazi, $V_n = E_1 \oplus E_2$, con*

$$\begin{aligned} E_1 &= \{\boldsymbol{x} \in V_n \colon P\boldsymbol{x} = \boldsymbol{x}\} = \ker(I - P), \\ E_2 &= \{\boldsymbol{x} \in V_n \colon P\boldsymbol{x} = \boldsymbol{0}\} = \ker P. \end{aligned}$$

Dimostrazione. Gli insiemi E_1, E_2 sono manifestamente dei sottospazi, in quanto nuclei di endomorfismi.

Sia poi $\boldsymbol{z} \in V_n$, allora $\boldsymbol{z}$ può venire decomposto come:

$$\boldsymbol{z} = P\boldsymbol{z} + (I - P)\boldsymbol{z},$$

dove $P\boldsymbol{z} \in E_1$ mentre $(I - P)\boldsymbol{z} \in E_2$. Dunque $V_n = E_1 + E_2$. Affinché sia anche $V_n = E_1 \oplus E_2$ occorre anche provare che $E_1 \cap E_2 = \{\boldsymbol{0}\}$.

Invero, supponiamo per assurdo che esista un vettore $\boldsymbol{v} \neq \boldsymbol{0}$ appartenente sia ad E_1, sia ad E_2. Allora

$$\begin{aligned} \boldsymbol{v} \in E_1 &\Rightarrow P\boldsymbol{v} = \boldsymbol{v} \\ \boldsymbol{v} \in E_2 &\Rightarrow P\boldsymbol{v} = \boldsymbol{0}. \end{aligned}$$

cioè $\boldsymbol{v} = \boldsymbol{0}$, contro l'ipotesi. □

Definizione 1.9. *Si dice che m proiettori $P_1, \ldots P_m$ su V_n costituiscono un* sistema di proiettori ortonormale *o una* risoluzione spettrale dell'identità *se*

$$P_i P_j = \delta_{ij} P_i, \quad i, j = 1, \ldots m, \tag{1.91}$$

$$\sum_{i=1}^{m} P_i = I. \tag{1.92}$$

Il Teorema 1.12 può allora essere generalizzato come:

Teorema 1.13. *Un sistema di proiettori ortonormale $P_1, \ldots P_m$ su V_n induce la decomposizione di V_n nella somma diretta di m sottospazi, $V_n = E_1 \oplus \ldots \oplus E_m$, con*

$$E_k = \{\boldsymbol{x} \in V_n \colon P_k \boldsymbol{x} = \boldsymbol{x}\}, \quad k = 1, \ldots m.$$

In tal caso, $\boldsymbol{x} \in E_k \Leftrightarrow P_h \boldsymbol{x} = \delta_{hk} \boldsymbol{x}$. □

Consideriamo adesso un endomorfismo diagonalizzabile T su V_n. Supponiamo che esso ammetta n autovettori l.i. $\boldsymbol{v}_1, \ldots \boldsymbol{v}_n$, ciò che ad esempio accade se T possiede n autovalori distinti λ_i, con $\lambda_i \neq \lambda_j$ per $i \neq j$ (Teorema 1.11). Allora, relativamente alla base formata dagli autovettori, la matrice A' associata a T assume forma diagonale, e può essere espressa come:

$$A' = \sum_{i=1}^{n} \lambda_i P'_i, \tag{1.93}$$

dove $P'_i = \mathrm{diag}(0, \ldots 1_i, \ldots 0)$ è la matrice avente tutti gli elementi nulli, tranne l'elemento di posto (ii) lungo la diagonale, che è uno. La (1.93) prende il nome di *rappresentazione spettrale* dell'operatore T.

Ciascuna matrice P'_i è idempotente ed esse formano chiaramente un sistema ortonormale che risolve l'identità. Tale sistema ortonormale induce la decomposizione di V_n nella somma diretta di n sottospazi, che si riconoscono essere proprio gli autospazi associati agli n autovalori:

$$V_n = E(\lambda_1) \oplus \ldots \oplus E(\lambda_n).$$

Cambiamo adesso base, e dalla base formata dagli autovettori di T torniamo ad una base generica (per fissare le idee, possiamo pensare che sia ad esempio quella canonica). Tale trasformazione di similarità è generata dalla matrice invertibile Q che ha per colonne le componenti degli autovettori rispetto alla base considerata,

$$A' = Q^{-1} A Q.$$

Applicando la trasformazione inversa alla rappresentazione spettrale di T, si ha:

$$A = Q A' Q^{-1} = \sum_{i=1}^{n} \lambda_i Q P'_i Q^{-1} \equiv \sum_{i=1}^{n} \lambda_i P_i, \tag{1.94}$$

dove le nuove matrici $P_i = QP'_iQ^{-1}$ costituiscono ancora un sistema di proiettori ortonormali, sebbene non più diagonali. Infatti, le trasformazioni di similarità lasciano l'algebra delle matrici inalterata, ossia, esplicitamente:

$$P_iP_j = QP'_iQ^{-1}QP'_jQ^{-1} = QP'_iP'_jQ^{-1} = \delta_{ij}QP'_iQ^{-1} = \delta_{ij}P_i,$$

e analogamente $\sum_{i=1}^{n} P_i = I$. L'Eq. (1.94) mostra esplicitamente il comportamento dell'endomorfismo T sul generico vettore $\boldsymbol{x} \in V_n$. Esso consiste nel decomporre il vettore $\boldsymbol{x}$ nelle sue proiezioni $P_i\boldsymbol{x} \in E(\lambda_i)$, moltiplicare ciascuna proiezione per l'autovalore λ_i e ricombinare i risultati:

$$T\boldsymbol{x} = \sum_{i=1}^{n} \lambda_i P_i \boldsymbol{x}.$$

La risoluzione spettrale (1.94) è inoltre suscettibile di generalizzazione al caso di spazi infinito-dimensionali.

1.6.2 Diagonalizzabilità

Dato un endomorfismo T su V_n, nel numero precedente si è supposto che

1. T ammetta n autovettori l.i.;
2. T ammetta n autovalori distinti,

e si è provato che 2. $\Rightarrow$ 1. (Teorema 1.11). In tale caso, si è mostrato che T è diagonalizzabile, ossia esiste una base in cui la matrice associata a T sia diagonale. Tale base è quella formata dagli n autovettori l.i. e la matrice in forma diagonale ha per elementi lungo la diagonale proprio gli autovalori di T.

Non sempre però, in generale, un endomorfismo è diagonalizzabile, come mostra il seguente controesempio. Consideriamo l'endomorfismo su $\mathbb{R}^2$ la cui matrice associata relativamente alla base canonica sia

$$B = \begin{pmatrix} 0 & -1 \\ 1 & 0 \end{pmatrix}.$$

Si trova $\mathrm{ch}_B(\lambda) = \lambda^2 + 1$, le cui radici caratteristiche sono $\pm i \notin \mathbb{R}$. Dunque l'endomorfismo non è diagonalizzabile in $\mathbb{R}^2$.

Delle condizioni per la diagonalizzabilità sono fornite dal seguente:

Teorema 1.14. *Sia $T : V_n \to V_n$ un endomorfismo sullo spazio vettoriale V_n sul corpo K, e siano $\lambda_1, \ldots \lambda_p$ i suoi autovalori distinti, aventi rispettivamente molteplicità $n_1, \ldots n_p$. Allora T è diagonalizzabile se e solo se:*

1. *tutti gli autovalori λ_k sono in K;*
2. $\dim E(\lambda_k) = n_k$.

Dimostrazione. Omessa. □

Osservazione 1.7. L'ipotesi 2. è importante. Se fosse vera soltanto la 1., ossia se $\lambda_k \in K$, ma $\dim E(\lambda_k) < n_k$, allora T sarebbe non diagonalizzabile ma solo *triangolabile.* Sarebbe possibile, cioè, determinare una base (base a ventaglio) rispetto alla quale la matrice associata a T avrebbe forma triangolare, superiore o inferiore (tutti gli elementi sopra o sotto la diagonale principale sono diversi da zero, e gli altri sono tutti nulli).

Poiché nel caso $K = \mathbb{C}$ la 1. è sempre verificata (esistono sempre n radici dell'equazione $\text{ch}_A(\lambda) = 0$, variamente coincidenti – teorema fondamentale dell'algebra), segue che ogni endomorfismo $T : \mathbb{C}^n \to \mathbb{C}^n$ è almeno triangolabile.

Nella pratica, per stabilire se $\dim E(\lambda_k) = n_k$, si fa ricorso al seguente:

Teorema 1.15. *Sia $T : V_n \to V_n$ un endomorfismo sullo spazio vettoriale V_n sul corpo K, e siano $\lambda_1, \ldots \lambda_p$ i suoi autovalori distinti, rispettivamente aventi molteplicità $n_1, \ldots n_p$. Supponiamo che $\lambda_k \in K$ $(k = 1, \ldots p)$. Sia $r_k = \text{rank}(T - \lambda_k I)$, $k = 1, \ldots p$. Detto $d_k = n - r_k$ il* difetto *dell'applicazione $T_k = T - \lambda_k I$, allora esistono d_k autovettori l.i. associati all'autovalore λ_k, i quali formano una base per $E(\lambda_k)$. Quindi*

$$\dim E(\lambda_k) = d_k. \tag{1.95}$$

Dimostrazione. Omessa. Tuttavia, pensiamo a $T_k = T - \lambda_k I$ come ad un nuovo endomorfismo su V_n. Per costruzione, esso ammette l'autovalore nullo, ed $E_{T_k}(0) = \ker T_k = E_T(\lambda_k)$. Facendo dunque uso dell'Eq. (1.70), si ha che $d_k = \dim E_{T_k}(0) = \dim \ker T_k = \dim V_n - \text{rank}\, T_k = n - r_k$. □

Il teorema precedente consente di distinguere due possibilità.

1. Se $d_k = n - r_k = n_k$, per ogni $k = 1, \ldots p$, allora $\dim E(\lambda_k) = n_k$, e T è diagonalizzabile.
2. Se $n_k \neq n - r_k$ per qualche k, allora T non è diagonalizzabile.

Il numero n_k si dice *molteplicità algebrica* dell'autovalore, mentre d_k si dice *molteplicità geometrica:* il primo è infatti definito come la molteplicità dello zero di un polinomio algebrico, mentre il secondo è la dimensione di un sottospazio.

Esercizio 1.31. Discutere la diagonalizzabilità della matrice

$$A = \begin{pmatrix} 1 & -4 & -1 & -4 \\ 2 & 0 & 5 & -4 \\ -1 & 1 & -2 & 3 \\ -1 & 4 & -1 & 6 \end{pmatrix}.$$

Risposta: Risulta $\text{ch}_A(\lambda) = (\lambda - 1)^3(\lambda - 2)$. Gli autovalori distinti di A sono dunque $\lambda_1 = 1$, con molteplicità $n_1 = 3$, e $\lambda_2 = 2$, $n_2 = 1$. Per $\lambda = \lambda_1 = 1$, l'endomorfismo $T_1 = T - \lambda_1 I$ ha matrice associata

$$A - \mathbb{1} = \begin{pmatrix} 0 & -4 & -1 & -4 \\ 2 & -1 & 5 & -4 \\ -1 & 1 & -3 & 3 \\ -1 & 4 & -1 & 5 \end{pmatrix}.$$

Tale matrice ha rango $r_1 = 3$, poiché il minore formato dall'intersezione delle prime tre righe e delle prime tre colonne ha determinante $-5 \neq 0$, mentre il suo orlato ($A - \mathbb{1}$ stessa) ha determinante nullo, per costruzione. Il difetto $d_1 = n - r_1 = 4 - 3 \neq n_1 = 3$, e quindi A non è diagonalizzabile.

Esercizio 1.32. Discutere la diagonalizzabilità della matrice

$$A = \begin{pmatrix} 1 & 2 & 2 \\ 0 & 2 & 1 \\ -1 & 2 & 2 \end{pmatrix}.$$

Risposta: Si ha $\mathrm{ch}_A(\lambda) = (1-\lambda)(2-\lambda)^2$, da cui $\lambda_1 = 1$, con $n_1 = 1$, e $\lambda_2 = 2$, con $n_2 = 2$. Risulta $\mathrm{rank}(A - \lambda_2 \mathbb{1}) = 2$, quindi $d_2 = n - r_2 = 3 - 2 = 1 \neq n_2 = 2$, e la matrice A non è diagonalizzabile.

Esercizio 1.33. Discutere la diagonalizzabilità della matrice

$$A = \begin{pmatrix} 7 & -2 & 1 \\ -2 & 10 & -2 \\ 1 & -2 & 7 \end{pmatrix}.$$

Risposta: La matrice è reale e simmetrica. Risulta $\lambda_1 = 6$ con $n_1 = 2$, e $\lambda_2 = 12$, con $n_2 = 1$. Si verifica che la matrice è diagonalizzabile. Due autovettori l.i. appartenenti a λ_1 son ad esempio $(1,1,1)^\top$ e $(2,1,0)^\top$, mentre un autovettore appartenente a λ_2 (certamente l.i. dagli altri due trovati, anzi ortogonale ad essi, essendo autovettori appartenenti ad autovettori distinti, $\lambda_1 \neq \lambda_2$) è ad esempio $(1,-2,1)^\top$.

1.7 Funzioni di endomorfismi

1.7.1 Potenze e polinomi

Sia $T \colon V_n \to V_n$ un endomorfismo sullo spazio vettoriale V_n, sul corpo K. Essendo $T\boldsymbol{x} \in V_n$ per ogni $\boldsymbol{x} \in V_n$ (T è un *endo*morfismo), ha senso calcolare nuovamente l'immagine di $T\boldsymbol{x}$ mediante T:

$$T(T\boldsymbol{x}) = T \circ T\boldsymbol{x} \equiv T^2\boldsymbol{x}.$$

Rimane così definito il *quadrato* dell'endomorfismo T. Allo stesso modo si definisce la potenza n-sima ($n \in \mathbb{N}$) di un endomorfismo T:

$$T^n\boldsymbol{x} = \underbrace{T \circ \ldots \circ T}_{n \text{ volte}}\boldsymbol{x}, \quad \forall \boldsymbol{x} \in V_n.$$

Sia poi $p \in K^n[\lambda]$ un polinomio di grado non superiore ad n nella variabile $\lambda \in K$:

$$p(\lambda) = a_0\lambda^n + a_1\lambda^{n-1} + \ldots + a_{n-1}\lambda + a_n, \quad \forall \lambda \in K,$$

con $a_0, \ldots a_n \in K$ scalari. Rimane definito allora il *polinomio* $p(T)$ dell'endomorfismo T nel senso:

$$p(T)\boldsymbol{x} \equiv a_0 T^n \boldsymbol{x} + a_1 T^{n-1}\boldsymbol{x} + \ldots + a_{n-1}T\boldsymbol{x} + a_n \boldsymbol{x}, \quad \forall \boldsymbol{x} \in V_n,$$

la somma al secondo membro essendo una c.l. di vettori $a_k T^k \boldsymbol{x} \in V_n$, che è ben definita.

Se la definizione di potenza e polinomio di un endomorfismo non presenta particolari difficoltà concettuali (si tratta di iterare un numero finito di volte un certo operatore, e costruirne la c.l. secondo dei coefficienti scalari), il calcolo effettivo della potenza, specie se l'esponente è elevato, o di un polinomio di un endomorfismo può presentare delle difficoltà pratiche. Nel caso di un endomorfismo diagonalizzabile, ci viene in aiuto la sua rappresentazione spettrale.

Sia T un endomorfismo diagonalizzabile su V_n. Siano $\lambda_1, \ldots \lambda_n$ i suoi autovalori, e $\lambda_1, \ldots \lambda_p$ i suoi autovalori distinti, aventi molteplicità rispettivamente $n_1, \ldots n_p$. Nella base degli autovettori, la matrice A' associata a T ha forma diagonale, ed ammette la rappresentazione spettrale in termini dei proiettori $P'_i = \mathrm{diag}(0, \ldots 1_i, \ldots 0)$:

$$A' = \sum_{i=1}^{n} \lambda_i P'_i.$$

Raggruppando i proiettori corrispondenti ai soli autovalori distinti, ciascuno con le rispettive molteplicità, si ha:

$$A' = \sum_{k=1}^{p} \lambda_k \sum_{i_k=1}^{n_k} P'_{i_k} = \sum_{k=1}^{p} \lambda_k \mathcal{P}'_k,$$

ove $\mathcal{P}'_k = \sum_{i_k=1}^{n_k} P'_{i_k}$ è una somma di proiettori, dunque un proiettore a sua volta. È immediato provare che, se i P'_i costituiscono un sistema ortonormale di proiettori, anche i $\mathcal{P}'_k$ $(k = 1, \ldots p)$ costituiscono un sistema ortonormale di proiettori. I proiettori $\mathcal{P}'_k$ non sono altro che matrici diagonali $n \times n$, aventi lungo la diagonale principale n_k elementi uguali ad 1 (in posizioni opportune), e tutti gli altri elementi nulli.

Facendo uso della proprietà caratteristica di un sistema ortonormale di proiettori, $\mathcal{P}'_h \mathcal{P}'_k = \delta_{hk} \mathcal{P}'_k$, è immediato calcolare il quadrato di A':

$$A'^2 = \sum_{h,k=1}^{p} \lambda_h \lambda_k \mathcal{P}'_h \mathcal{P}'_k = \sum_{h,k=1}^{p} \lambda_h \lambda_k \delta_{hk} \mathcal{P}'_k = \sum_{k=1}^{p} \lambda_k^2 \mathcal{P}'_k.$$

In altri termini, la matrice A'^2 ammette una rappresentazione spettrale analoga a quella di A', dove si utilizzano gli stessi proiettori $\mathcal{P}'_k$, pesati però col *quadrato* dell'autovalore corrispondente, λ_k^2.

Analogamente, iterando, per la potenza n-sima di A' si trova:

$$A'^n = \sum_{k=1}^{p} \lambda_k^n \mathcal{P}'_k,$$

e così per un polinomio, raccogliendo $\mathcal{P}'_k$ a fattore comune:

$$p(A') = \sum_{k=1}^{p} p(\lambda_k) \mathcal{P}'_k.$$

Utilizzando la matrice di passaggio Q per tornare dalla base degli autovettori ad una base generica, osservando che le trasformazioni di similarità non alterano l'algebra delle matrici ed in particolare che il trasformato per similarità di un proiettore, $\mathcal{P}_k = Q\mathcal{P}'_k Q^{-1}$, è ancora un proiettore, e che il loro insieme costituisce ancora un sistema ortonormale, si ha:

$$\begin{aligned}
A &= \sum_{k=1}^{p} \lambda_k \mathcal{P}_k, \\
A^2 &= \sum_{k=1}^{p} \lambda_k^2 \mathcal{P}_k, \\
&\vdots \qquad \vdots \\
A^n &= \sum_{k=1}^{p} \lambda_k^n \mathcal{P}_k, \\
p(A) &= \sum_{k=1}^{p} p(\lambda_k) \mathcal{P}_k.
\end{aligned} \tag{1.96}$$

Dunque, data una matrice (diagonalizzabile), per calcolarne ad esempio una sua potenza, piuttosto che iterare $A \cdot \ldots \cdot A$ il numero di volte richiesto, si diagonalizza la matrice, cioè se ne determinano autovalori ed autovettori. Dati gli autovalori, è immediato calcolare la potenza richiesta nella base degli autovettori: $A'^m = \operatorname{diag}(\lambda_1^m, \ldots \lambda_n^m)$. Dati gli autovettori, è possibile scrivere la matrice Q di passaggio dalla base assegnata (ad esempio, quella canonica) alla base degli autovettori, ed utilizzarla invece per trasformare la potenza della matrice nella base di partenza.

A proposito dei polinomi di matrice, sussiste il seguente notevole:

Teorema 1.16 (di Cayley-Hamilton). *Sia $A \in \mathfrak{M}_{n,n}(K)$. Allora*

$$\operatorname{ch}_A(A) = O, \tag{1.97}$$

dove O è la matrice nulla $n \times n$.

Dimostrazione. Il teorema si dimostra in generale anche per una matrice non diagonalizzabile [vedi ad es. Lang (1988)]. Per una matrice diagonalizzabile, esso segue subito dalla definizione data di polinomio di un endomorfismo:

$$\mathrm{ch}_A(A) = Q\,\mathrm{ch}_A(A')Q^{-1} = \sum_{k=1}^{p} \mathrm{ch}_A(\lambda_k)\mathcal{P}_k = O,$$

essendo $\mathrm{ch}_A(\lambda_k) = 0$, per costruzione. Ma verificate direttamente il teorema nel caso della generica matrice 2×2, $A = \left(\begin{smallmatrix} a & b \\ c & d \end{smallmatrix}\right)$. □

1.7.2 Funzioni di endomorfismi

Successioni di matrici

Una *successione* di matrici è una applicazione che ad ogni $k \in \mathbb{N}$ associa una matrice, ad esempio elemento di $\mathfrak{M}_{n,n}(\mathbb{C})$ (ci limiteremo a considerare matrici quadrate $n \times n$ ad elementi complessi). Per evitare confusione con i pedici che indicano gli elementi di matrice, indicheremo la dipendenza da k con un indice superiore, tra parentesi, da non confondere con un'elevazione a potenza:

$$A^{(1)}, A^{(2)}, \ldots A^{(k)}, \ldots.$$

Se il generico elemento $A_{ij}^{(k)}$ converge ad un numero $A_{ij} \in \mathbb{C}$ per $k \to \infty$ diremo che la successione di matrici converge alla matrice A avente per elementi gli A_{ij} e scriveremo:

$$\lim_{k\to\infty} A^{(k)} = A.$$

Esercizio 1.34 (Matrici stocastiche). Consideriamo la matrice:

$$A = \begin{pmatrix} a & b \\ 1-a & 1-b \end{pmatrix},$$

dove $0 \leq a, b \leq 1$ (ma non contemporaneamente $a = b = 0$ oppure $a = b = 1$). Verificare che tale matrice ha autovalori $\lambda_1 = 1$ e $\lambda_2 = a - b$, e che la matrice di passaggio alla base degli autovettori che diagonalizza A è:

$$P = \begin{pmatrix} b & 1 \\ 1-a & -1 \end{pmatrix}.$$

Verificare che

$$\lim_{k\to\infty} A^k = \frac{1}{b-a+1}\begin{pmatrix} b & b \\ 1-a & 1-a \end{pmatrix}$$

(qui l'esponente k indica effettivamente l'elevazione a potenza).

Risposta: Invero, poiché sotto le ipotesi fatte è $|a - b| \leq 1$, nel sistema di riferimento degli autovettori risulta

$$\lim_{k\to\infty} A'^k = \lim_{k\to\infty} \begin{pmatrix} 1^k & 0 \\ 0 & (a-b)^k \end{pmatrix} = \begin{pmatrix} 1 & 0 \\ 0 & 0 \end{pmatrix} \equiv A'_\infty,$$

che tornando alla base originaria con $A_\infty = PA'_\infty P^{-1}$ restituisce il risultato.

La matrice dell'esempio considerato è una *matrice stocastica,* ossia serve a descrivere un processo stocastico o *catena di Markov.*

Piuttosto che dare una definizione formale di processo stocastico, consideriamo i seguenti esempi.

1. Siano a e b le popolazioni di una città e della campagna circostante, rispettivamente. Supponiamo di voler descrivere le variazioni di a e b durante cicli di un anno, ad esempio. Supponiamo inoltre che ogni anno il 40% della popolazione cittadina si sposti in campagna, mentre il 30% della popolazione suburbana si trasferisca in città. Allora, dopo un anno, si avrà:

$$0.6a + 0.3b \to a$$
$$0.4a + 0.7b \to b,$$

ossia

$$\begin{pmatrix} 0.6 & 0.3 \\ 0.4 & 0.7 \end{pmatrix} \begin{pmatrix} a \\ b \end{pmatrix} \to \begin{pmatrix} a \\ b \end{pmatrix}.$$

In tale esempio, si può identificare uno *stato* con un numero finito di componenti (nell'esempio, due, in generale, si può anche trattare di una infinità numerabile), che variano nell'ambito dello *spazio degli stati* o *spazio delle fasi.* Dopo un *ciclo* (qui definito dal periodo di un anno), un qualche processo dinamico (il trasferimento della popolazione dalla città alla campagna, e viceversa) provoca un cambiamento o *transizione* dello stato. In generale, una descrizione "microscopica" del processo dinamico risulta complessa ed irrilevante da un punto di vista statistico. Per molti scopi è allora sufficiente "modellizzare" il processo assegnando la probabilità che, dopo un ciclo, le componenti dello stato si trasformino secondo una data legge. L'ipotesi essenziale che si formula è che lo stato dopo un ciclo dipenda dallo stato nel ciclo immediatamente precedente, e non dagli stati passati (dalla *storia* del processo). Ciò può convenientemente essere descritto mediante una matrice del tipo considerato nell'esempio precedente, in cui gli elementi $p_{ij} \geq 0$ sono normalizzati in modo che $\sum_{i=1}^n p_{ij} = 1$. La matrice è cioè tale che le sue colonne possono essere pensate come valori di probabilità.
2. Lo stato può avere più di due componenti, ovviamente. Ad esempio, a, b, c possono rappresentare le percentuali di cittadini statunitensi che votino per il Partito Democratico, il Partito Repubblicano, o il Partito Indipendente. Un processo stocastico può allora essere il modo in cui le variabili a, b, c cambiano da una generazione all'altra (il ciclo).
3. Ancora, la distribuzione dell'età degli alberi in una foresta. Supponiamo di campionare gli alberi di una foresta in base all'età. In un dato momento,

siano a, b, c, d il numero di alberi di età minore di 15 anni, compresa fra 16 e 30, compresa fra 31 e 45, e maggiore di 45 anni, rispettivamente. Supponiamo di essere interessati a descrivere il modo in cui varino a, b, c, d in cicli di 15 anni. Assumiamo che: un certo numero di alberi muoia per ogni fascia di età ad ogni ciclo, gli alberi che sopravvivono entrino nella fascia di età successiva, gli alberi 'vecchi' (fascia d) rimangano tali, gli alberi morti vengano rimpiazzati da nuovi alberi. La catena di Markov che descrive un tale processo stocastico può essere allora parametrizzata da quattro probabilità $0 < p_1, p_2, p_3, p_4 < 1$:

$$\begin{aligned} p_1 a + p_2 b + p_3 c + p_4 d &\to a \\ (1-p_1)a &\to b \\ (1-p_2)b &\to c \\ (1-p_3)c + (1-p_4)d &\to d, \end{aligned}$$

ovvero

$$\begin{pmatrix} p_1 & p_2 & p_3 & p_4 \\ 1-p_1 & 0 & 0 & 0 \\ 0 & 1-p_2 & 0 & 0 \\ 0 & 0 & 1-p_3 & 1-p_4 \end{pmatrix} \begin{pmatrix} a \\ b \\ c \\ d \end{pmatrix} \to \begin{pmatrix} a \\ b \\ c \\ d \end{pmatrix}.$$

Anche in questo caso, la matrice alla base del processo è una matrice stocastica, ossia una matrice ad elementi non negativi, le cui somme per colonna danno uno.

4. (Modello di Bernoulli-Laplace per la diffusione) Immaginiamo r palline nere ed r palline bianche distribuite fra due scatole comunicanti, col vincolo che ciascuna scatola contenga sempre r palline, tra bianche e nere. Lo stato del sistema è allora chiaramente specificato dal numero di palline bianche nella prima scatola, ad esempio. Tale numero può variare nell'insieme $S = \{0, 1, \dots r\}$, che contiene un numero finito di stati possibili, e costituisce lo spazio delle fasi, in quest'esempio.
Il meccanismo di transizione è il seguente: ad ogni ciclo, si scelgono a caso una palla da ciascuna scatola, e le si cambiano di posto. Se lo stato presente è descritto dal valore $i \in S$, la probabilità della transizione allo stato $i-1$ (cioè, la prima scatola contiene $i-1$ palline bianche) è costituita ovviamente dalla probabilità i/r di estrarre una delle i palline bianche dalla prima scatola (che ne contiene sempre r, in totale), moltiplicato la probabilità i/r di estrarre una pallina nera dalla seconda scatola. Dunque, $p_{i,i-1} = (i/r)^2$. Analogamente si calcolano le probabilità di transizione agli altri stati possibili:

$$p_{i,i-1} = \left(\frac{i}{r}\right)^2, \qquad p_{ii} = 2\frac{i(r-i)}{r^2}, \qquad p_{i,i+1} = \left(\frac{r-i}{r}\right)^2,$$

le probabilità della transizione ad ogni altro stato essendo nulle. Con tali valori, è possibile costruire la matrice stocastica [una matrice $(r+1) \times$

$(r+1)$, in questo caso] che descrive il processo. Tale matrice ha diversi da zero soltanto gli elementi dalla diagonale principale e delle due diagonali immediatamente sopra e sotto la diagonale principale. Inoltre, si verifica subito che $\sum_{i=1}^{n} p_{ij} = 1$.

5. (Moto browniano in una dimensione fra pareti completamente assorbenti.) Suddividiamo un segmento negli $r+1$ punti $S = \{0, 1, \dots r\}$. Una particella si trova inizialmente su uno di questi siti, e ad ogni intervallo di tempo Δt (il ciclo in questione) ha la possibilità o di saltare a destra con probabilità p, o di saltare a sinistra con probabilità $q = 1-p$. Escludiamo, per semplicità, che la particella possa stazionare in alcun sito intermedio, mentre assumiamo che, se essa raggiunge uno dei siti estremi, 0 o r, vi rimanga indefinitamente (pareti completamente assorbenti). In tal caso, le probabilità che descrivono i processi possibili sono:
$$\begin{aligned} p_{i,i+1} &= p, \quad p_{i,i-1} = q = 1-p, \qquad 0 < i < r, \\ p_{00} &= p_{rr} = 1, \end{aligned}$$
tutte le altre essendo nulle. La matrice stocastica che descrive il processo in questione è allora la matrice $(r+1) \times (r+1)$:
$$\begin{pmatrix} 1 & 0 & 0 & 0 & \dots & 0 & 0 & 0 & 0 \\ q & 0 & p & 0 & \dots & 0 & 0 & 0 & 0 \\ 0 & q & 0 & p & \dots & 0 & 0 & 0 & 0 \\ 0 & 0 & q & 0 & \ddots & 0 & 0 & 0 & 0 \\ \vdots & \vdots & \vdots & \ddots & \ddots & \ddots & \vdots & \vdots & \vdots \\ 0 & 0 & 0 & 0 & \ddots & 0 & p & 0 & 0 \\ 0 & 0 & 0 & 0 & \dots & q & 0 & p & 0 \\ 0 & 0 & 0 & 0 & \dots & 0 & q & 0 & p \\ 0 & 0 & 0 & 0 & \dots & 0 & 0 & 0 & 1 \end{pmatrix}.$$
La restrizione costituita dall'esistenza di pareti (completamente assorbenti) può essere eliminata considerando $S = \mathbb{Z}$ e $p_{i,i+1} = p$, $p_{i,i-1} = 1-p$, $\forall i \in \mathbb{Z}$. Il cammino si dice simmetrico se $p = q = \frac{1}{2}$. Una generalizzazione ulteriore a d dimensioni è costituita dal caso in cui $S = \mathbb{Z}^d$.

6. L'analisi di processi stocastici è alla base anche di modelli per lo studio del prezzo dei titoli azionari in matematica finanziaria.

Sia A la matrice che descrive un dato processo stocastico, ed $\boldsymbol{x}_0$ il vettore degli stati ad un dato istante. Allora la transizione allo stato successivo dopo un ciclo è data da $A\boldsymbol{x}_0 \to \boldsymbol{x}_1$. Al ciclo successivo, $A\boldsymbol{x}_1 = A^2\boldsymbol{x}_0 \to \boldsymbol{x}_2$, e così via. Ha pertanto importanza chiedersi se esistano stati $A\boldsymbol{x} = \boldsymbol{x}$, ossia *stati stazionari*. Tali stati sono autovettori della matrice A con autovalore 1.

Nel caso considerato nell'esempio, partendo da uno stato $\boldsymbol{x}_0 = (x_1, x_2)^\top$, il risultato della catena di Markov dopo infinite iterazioni è dato da $\boldsymbol{x}_\infty = A_\infty \boldsymbol{x}_0 = PA'_\infty P^{-1}\boldsymbol{x}_0$, cioè

$$\frac{x_1 + x_2}{b - a + 1} \begin{pmatrix} b \\ 1 - a \end{pmatrix},$$

cioè $\boldsymbol{x}_\infty$ è proporzionale alla prima colonna di P, cioè è esso stesso un autovettore corrispondente all'autovalore 1.

Serie di matrici

Consideriamo adesso la serie numerica costruita a partire dagli elementi $A_{ij}^{(k)}$. Se tali serie convergono, ossia se, posto $S_{ij}^{(m)} = \sum_{k=1}^{m} A_{ij}^{(k)}$, $\exists \lim_{m\to\infty} S_{ij}^{(m)} = S_{ij}$, allora diremo che la serie delle matrici $A^{(1)}, A^{(2)}, \ldots A^{(k)}, \ldots$ converge alla matrice S avente per elementi gli S_{ij}, e scriveremo:

$$\sum_{k=1}^{\infty} A^{(k)} = S.$$

Come caso particolare, consideriamo la serie di potenze:

$$\sum_{r=0}^{\infty} c_r A^r, \tag{1.98}$$

dove $c_r \in \mathbb{C}$, e vediamo per quali matrici A sia possibile dare senso a tale serie. Consideriamo a tal proposito la serie di potenze numerica $\sum_{r=0}^{\infty} c_r \lambda^r$, $\lambda \in \mathbb{C}$. Sia $R > 0$ il raggio di convergenza di tale serie, ed $f(\lambda)$ la somma della serie, per $|\lambda| < R$. Intendiamo determinare delle condizioni (sufficienti) per la convergenza della serie (1.98) di potenze della matrice A. Sia $M = \max_{ij} |A_{ij}|$. Allora, per ogni $i, j = 1, \ldots n$:

$$\begin{aligned}
|A_{ij}| &\leq M, \\
|(A^2)_{ij}| &= \left| \sum_{k=1}^{n} A_{ik} A_{kj} \right| \leq \sum_{k=1}^{n} |A_{ik}| \cdot |A_{kj}| \leq \sum_{k=1}^{n} M \cdot M = nM^2, \\
|(A^3)_{ij}| &\leq \sum_{h,k=1}^{n} |A_{ih}| \cdot |A_{hk}| \cdot |A_{kj}| \leq \sum_{h,k=1}^{n} M^3 = n^2 M^3, \\
&\vdots \quad \vdots \\
|(A^r)_{ij}| &\leq n^{r-1} M^r, \\
|c_r (A^r)_{ij}| &\leq |c_r| n^{r-1} M^r.
\end{aligned}$$

Segue che una condizione *sufficiente* affinché converga la serie (1.98) è che converga la serie:

$$\begin{aligned} & |c_0| + |c_1|M + |c_2|nM^2 + |c_3|n^2M^3 + \dots \\ = & \frac{1}{n}\left(|c_0|n - |c_0| + |c_0| + |c_1|nM + |c_2|n^2M^2 + |c_3|n^3M^3 + \dots\right) \\ = & \frac{n-1}{n}|c_0| + \frac{1}{n}\sum_{r=0}^{\infty}|c_r|(nM)^r, \end{aligned}$$

che converge, non appena sia $nM < R$.

Tutte le volte che la serie (1.98) converge, si pone:

$$f(A) = \sum_{r=0}^{\infty} c_r A^r,$$

che definisce la *funzione di una matrice* mediante il suo sviluppo in serie di potenze.

Teorema 1.17. *Sia*

$$f(z) = \sum_{r=0}^{\infty} c_r z^r$$

una serie di potenze convergente alla funzione $f(z)$ *per* $|z| < R$ *ed* $A \in \mathfrak{M}_{n,n}(\mathbb{C})$ *una matrice quadrata* $n \times n$*, diagonalizzabile, con rappresentazone spettrale:*

$$A = \sum_{k=1}^{n} \lambda_i P_i.$$

Supponiamo che la serie di matrici

$$f(A) = \sum_{r=0}^{\infty} c_r A^r$$

converga, e che ciascun autovalore λ_i, $i = 1, \dots n$ *appartenga al dominio di definizione di* f*. Allora*

$$f(A) = \sum_{i=1}^{n} f(\lambda_i) P_i. \tag{1.99}$$

Dimostrazione. Sia $A' = P^{-1}AP$ la matrice data in forma diagonale. Allora $A = PA'P^{-1}$. Si ha:

$$
\begin{aligned}
f(A) &= \sum_{r=0}^{\infty} c_r A^r = \lim_{N\to\infty} \sum_{r=0}^{N} c_r A^r \\
&= \lim_{N\to\infty} \sum_{r=0}^{N} c_r \underbrace{(PA'\overbrace{P^{-1})(P}A'\overbrace{P^{-1})\cdots(P}A'P^{-1})}_{r \text{ volte}} \\
&= \lim_{N\to\infty} \sum_{r=0}^{N} c_r P A'^r P^{-1} = P \left[\sum_{r=0}^{\infty} c_r \begin{pmatrix} \lambda_1^r & & \\ & \ddots & \\ & & \lambda_n^r \end{pmatrix} \right] P^{-1} \\
&= P[f(A)]' P^{-1},
\end{aligned}
$$

ove si è osservato che le serie degli elementi diagonali $\sum_{r=1}^{\infty} c_r \lambda_i^r$ convergono a $f(\lambda_i)$. □

Esponenziale di una matrice

Ad esempio, la serie di potenze $\sum_{r=0}^{\infty} \frac{1}{r!}\lambda^r$ converge $\forall\lambda \in \mathbb{C}$ ($R = +\infty$), la sua somma essendo e^λ. Per ogni matrice A $n \times n$ ad elementi complessi ha dunque senso porre

$$
\exp A = \sum_{r=0}^{\infty} \frac{1}{r!} A^r = \mathbb{1} + A + \frac{1}{2!}A^2 + \frac{1}{3!}A^3 + \dots . \tag{1.100}
$$

Equivalentemente, per calcolare l'esponenziale di una matrice, si può fare uso della sua rappresentazione spettrale, come mostrato nei seguenti esempi. Tuttavia, la definizione mediante serie di potenze può risultare utile al fine di ottenere un'approssimazione numerica di una funzione di matrice, specialmente quando sia difficoltoso diagonalizzarla (ad esempio, per n molto grande).

Esercizio 1.35 (Matrice di rotazione). Consideriamo la matrice

$$
A = \begin{pmatrix} 0 & 1 \\ -1 & 0 \end{pmatrix}.
$$

Osserviamo subito, con un calcolo diretto, che $A^2 = -\mathbb{1}$. Le matrici in un certo senso generalizzano i numeri complessi. (Più avanti preciseremo questa affermazione, e daremo dei limiti entro i quali debba intendersi.) I numeri complessi che elevati al quadrato restituiscono -1 sono l'unità immaginaria ed il suo opposto, $(\pm i)^2 = -1$. Dunque la matrice A generalizza questa proprietà dell'unità immaginaria. Avremo modo più avanti di classificare la matrice A in tal senso.

Il polinomio caratteristico associato ad A è $\mathrm{ch}_A(\lambda) = \lambda^2 + 1$, sicché $\lambda_{1,2} = \pm i$ sono appunto gli autovalori di A, ciascuno con molteplicità semplice. Ad essi sono rispettivamente associati gli autovettori $\boldsymbol{v}_1 = (i, -1)^\top$ e $\boldsymbol{v}_2 = (i, 1)^\top$.

La matrice A è diagonalizzabile, e la matrice che realizza il passaggio alla base degli autovettori è appunto:

$$P = \begin{pmatrix} i & i \\ -1 & 1 \end{pmatrix},$$

con cui:

$$A' = P^{-1}AP = \begin{pmatrix} i & 0 \\ 0 & -i \end{pmatrix},$$

dove

$$P^{-1} = \frac{1}{2}\begin{pmatrix} -i & -1 \\ -i & 1 \end{pmatrix}.$$

Calcoliamo $\exp(\theta A)$, con $\theta \in \mathbb{R}$. Nel riferimento in cui A è diagonale,

$$[\exp(\theta A)]' = \begin{pmatrix} e^{i\theta} & 0 \\ 0 & e^{-i\theta} \end{pmatrix},$$

e, facendo uso delle formule di Eulero,

$$\exp(\theta A) = P[\exp(\theta A)]'P^{-1} = \begin{pmatrix} \cos\theta & \sin\theta \\ -\sin\theta & \cos\theta \end{pmatrix}.$$

Nella matrice $\exp(\theta A)$ si riconosce la matrice di rotazione dell'angolo θ in $\mathbb{C}^2$.

Ricordando l'analogia tra la matrice A in $\mathbb{C}^2$ e l'unità immaginaria i in $\mathbb{C}$, possiamo osservare che $e^{i\theta}$ rappresenta il numero complesso per cui occorre moltiplicare un numero complesso z per ruotarne la posizione nel piano di Gauss-Argand dell'angolo θ. Dunque, $e^{i\theta}$ è l'"operatore di rotazione" dell'angolo θ in $\mathbb{C}$, così come $\exp(\theta A)$ è l'"operatore di rotazione" dell'angolo θ in $\mathbb{C}^2$.

Esercizio 1.36 (Rotazioni nello spazio degli spin). Nel corso di Istituzioni di Fisica Teorica viene illustrato il concetto di generatore infinitesimo delle rotazioni. Nello spazio degli spinori a due componenti, tale operatore si identifica con la componente dello spin lungo l'asse di rotazione, ad esempio l'asse z: $\hat{S}_z = \frac{\hbar}{2}\sigma_z$, ove σ_z è una matrice di Pauli (§ 1.2.1) La rotazione finita di un angolo θ attorno all'asse i ($i = x, y, z$) in tale spazio è operata dalla matrice $\exp(\theta\sigma_i)$, dove σ_i è una matrice di Pauli. Determinare $\exp(\theta\sigma_i)$.

Risposta:

$$\exp(\theta\sigma_1) = \begin{pmatrix} \cosh\theta & \sinh\theta \\ \sinh\theta & \cosh\theta \end{pmatrix}, \quad \exp(\theta\sigma_2) = \begin{pmatrix} \cosh\theta & -i\sinh\theta \\ i\sinh\theta & \cosh\theta \end{pmatrix},$$

$$\exp(\theta\sigma_3) = \begin{pmatrix} e^{\theta} & 0 \\ 0 & e^{-\theta} \end{pmatrix}.$$

Esercizio 1.37. Sia

$$A = \begin{pmatrix} 0 & 1 & 0 \\ 0 & 0 & 1 \\ 0 & 0 & 0 \end{pmatrix}.$$

Verificare, servendosi della definizione (1.100), che

$$\exp(At) = \begin{pmatrix} 1 & t & \frac{1}{2}t^2 \\ 0 & 1 & t \\ 0 & 0 & 1 \end{pmatrix}.$$

Più in generale, se A è una matrice $n \times n$ con tutti 1 proprio sopra la diagonale e zero altrove, provare che

$$\exp(At) = \begin{pmatrix} 1 & t & \frac{1}{2!}t^2 & \cdots & \frac{1}{(n-1)!}t^{n-1} \\ 0 & 1 & t & \cdots & \frac{1}{(n-2)!}t^{n-2} \\ 0 & 0 & 1 & \ddots & \vdots \\ \vdots & \vdots & \vdots & \ddots & t \\ 0 & 0 & 0 & \cdots & 1 \end{pmatrix}.$$

Risposta: Per verificare il caso generale, osservare che nel calcolare le successive potenze di A la diagonale con tutti 1 si muove un posto in alto, e che quindi $A^n = O$.

Esercizio 1.38. Calcolare $\exp(Bt)$, con

$$B = \begin{pmatrix} b & 1 & 0 & \cdots & 0 \\ 0 & b & 1 & \cdots & 0 \\ 0 & 0 & b & \ddots & \vdots \\ \vdots & \vdots & \vdots & \ddots & 1 \\ 0 & 0 & 0 & \cdots & b \end{pmatrix} \tag{1.101}$$

(*blocco di Jordan*). Discutere anche il problema agli autovalori per B.

Risposta: Osservare che $B = A + b\mathbb{1}$, con A definita nell'esercizio precedente, e che $[A, \mathbb{1}] = O$. Servirsi poi della (1.104), ricavata appresso.

Osserviamo inoltre che, sebbene non tutte le matrici siano diagonalizzibili, per ogni matrice M esiste una trasformazione di similarità tale che la matrice $M' = P^{-1}MP$ sia diagonale a blocchi, ed i blocchi abbiano la *forma canonica di Jordan,* cioè sono del tipo (1.101). Conoscere $\exp(Bt)$ per un blocco di Jordan consente quindi di calcolare l'esponenziale di una matrice qualsiasi.

1.7.3 Alcune applicazioni

Tutte le identità che qui di seguito elenchiamo verranno provate per matrici diagonalizzabili. Esse sono vere, tuttavia, anche in generale.

Determinante di un esponenziale

Intendiamo provare che

$$\det \exp A = \exp(\operatorname{Tr} A). \tag{1.102}$$

Invero, detta P la matrice che diagonalizza A in $A' = \mathrm{diag}(\lambda_1, \ldots \lambda_n)$, si ha $\exp A = P(\exp A)'P^{-1}$, e passando ai determinanti, per il teorema di Binet, ed essendo $\det(P^{-1}) = (\det P)^{-1}$,

$$\begin{aligned}
\det \exp A &= \\
&= \det[P(\exp A)'P^{-1}] = \det P \cdot \det(\exp A)' \cdot \det(P^{-1}) = \det(\exp A)' = \\
&= \prod_{i=1}^{n} e^{\lambda_i} = \exp\left(\sum_{i=1}^{n} \lambda_i\right) = \exp(\mathrm{Tr}\, A') = \\
&\qquad\qquad = \exp(\mathrm{Tr}\, A), \quad (1.103)
\end{aligned}$$

ove si è osservato che la traccia è un invariante per trasformazioni di similarità.

Formula di Glauber

[Cfr. Cohen-Tannoudji *et al.* (1977a), Complement $\mathrm{B_{II}}$].

Date due matrici $A, B \in \mathfrak{M}_{n,n}(\mathbb{C})$, le tre espressioni

$$\begin{aligned}
e^A e^B &= \sum_{p=0}^{\infty} \frac{A^p}{p!} \sum_{q=0}^{\infty} \frac{B^q}{q!} = \sum_{p,q=0}^{\infty} \frac{A^p B^q}{p!q!}, \\
e^B e^A &= \sum_{p,q=0}^{\infty} \frac{B^p A^q}{p!q!}, \\
e^{A+B} &= \sum_{p=0}^{\infty} \frac{(A+B)^p}{p!}
\end{aligned}$$

in generale non sono uguali. Nel caso di numeri complessi, invece, è certamente vero che $e^{z_1}e^{z_2} = e^{z_2}e^{z_1} = e^{z_1+z_2}$, $z_1, z_2 \in \mathbb{C}$. Ciò deriva dal fatto che due matrici (ad elementi complessi), in generale, *non commutano.*

Abbiamo già osservato tale circostanza. Abbiamo osservato, cioè, che le matrici ad elementi complessi "generalizzano" i numeri complessi, ai quali praticamente si riducono, essendo $\mathfrak{M}_{1,1}(\mathbb{C})$ isomorfo a $\mathbb{C}$. Preciseremo ancora meglio in seguito tale affermazione, parlando di matrici hermitiane come "generalizzazione" dei numeri complessi aventi parte immaginaria nulla (il cui insieme è isomorfo ad $\mathbb{R}$), e delle matrici unitarie come "generalizzazione" dei numeri complessi di modulo unitario. Tale "generalizzazione" perde però la proprietà della commutatività del prodotto: il prodotto (righe per colonne) fra matrici non gode della proprietà commutativa.[11] Tale circostanza, ravvisata inizialmente come fonte di frustrazione dai matematici che dedicarono

[11] I tentativi di generalizzare l'algebra dei numeri complessi al caso di oggetti sempre più generali furono perseguiti da numerosi matematici attraverso i secoli, come De Morgan, Hamilton, Grassmann, e Gibbs. In particolare, si deve ad Hamilton l'introduzione dei "quaternioni" ed a Grassmann l'introduzione delle "variabili di Grassmann", appunto. In ciascun caso, tuttavia, si dovette riconoscere che era

tanto studio alla questione, fu poi riconosciuta come una proprietà interessante in se e per se stessa, dal punto di vista matematico. Dal punto di vista fisico, poi, non si può enfatizzare abbastanza l'importanza dell'algebra non commutativa delle matrici per la descrizione della Meccanica quantistica: uno dei suoi principi fondamentali (il principio di indeterminazione) trova naturale descrizione proprio in termini dell'algebra non commutativa delle matrici (Heisenberg).

Torniamo al prodotto degli esponenziali di due matrici. Mentre in generale è $e^A e^B \neq e^B e^A$, se $[A,[A,B]] = [B,[A,B]] = 0$ risulta:

$$e^A e^B = e^{A+B} e^{\frac{1}{2}[A,B]}, \tag{1.104}$$

da cui $e^A e^B = e^B e^A = e^{A+B}$ se $[A,B] = 0$.

Per provare la (1.104), ci serviremo dei seguenti due lemmi.

Lemma 1.1. *Risulta:*

$$[A, F(A)] = 0.$$

Dimostrazione. Supponiamo che F sia una funzione numerica sviluppabile in serie di Taylor, e che abbia senso calcolare $F(A)$. Allora,

$$F(A) = F(0)\mathbb{1} + F'(0)A + \frac{1}{2!}F''(0)A^2 + \ldots = \sum_{p=0}^{\infty} \frac{F^{(p)}(0)}{p!} A^p,$$

e quindi:

$$\begin{aligned}[A, F(A)] = AF(A) - F(A)A &= A \sum_{p=0}^{\infty} \frac{F^{(p)}(0)}{p!} A^p - \left(\sum_{p=0}^{\infty} \frac{F^{(p)}(0)}{p!} A^p \right) A = \\ &= \sum_{p=0}^{\infty} \frac{F^{(p)}(0)}{p!} A^{p+1} - \sum_{p=0}^{\infty} \frac{F^{(p)}(0)}{p!} A^{p+1} = 0. \end{aligned} \tag{1.105}$$

Più in generale, se $[A,B] = 0$, allora $[B, F(A)] = 0$. □

Lemma 1.2. *Siano A, B due endomorfismi tali che $[A,[A,B]] = [B,[A,B]] = 0$.*[12] *Allora risulta:*

$$[A, F(B)] = [A,B]F'(B). \tag{1.106}$$

necessario rinunziare alla commutatività del prodotto. Fu Hankel, nel 1867, a dimostrare che l'algebra dei numeri complessi era l'algebra più generale possibile che rispettasse le leggi fondamentali dell'aritmetica, fra cui appunto la proprietà commutativa del prodotto. Vedi, ad esempio, Boyer (1980).

[12] Ciò vale, in particolare, se $[A,B] = c\mathbb{1}$, $c \in \mathbb{C}$. Questo è il caso degli operatori coordinata ed impulso della Meccanica quantistica, per i quali appunto $[\hat{X}, \hat{P}] = i\hbar I$, essendo I l'operatore identità.

Dimostrazione. Si ha:

$$[A, F(B)] = A \sum_{p=0}^{\infty} \frac{F^{(p)}(0)}{p!} B^p - \sum_{p=0}^{\infty} \frac{F^{(p)}(0)}{p!} B^p A = \sum_{p=0}^{\infty} \frac{F^{(p)}(0)}{p!} [A, B^p].$$

Ma:

$$\begin{aligned}
[A, B^0] &= 0, \\
[A, B^1] &= [A, B], \\
[A, B^2] &= AB^2 - B^2 A + BAB - BAB \\
&= (AB - BA)B + B(AB - BA) \\
&=^* 2[A, B]B, \\
\vdots \quad & \quad \vdots \\
[A, B^p] &= p[A, B]B^{p-1},
\end{aligned}$$

ove nell'uguaglianza segnata con $*$ s'è fatto uso dell'ipotesi che $[B, [A, B]] = 0$. Dunque:

$$[A, F(B)] = \sum_{p=0}^{\infty} \frac{F^{(p)}(0)}{p!} p[A, B]B^{p-1} = [A, B]F'(B),$$

ove si è supposto che $F(x)$ sia derivabile per serie. □

Consideriamo adesso la funzione della variabile t:

$$G(t) = e^{tA} e^{tB}.$$

Derivando rispetto a t, e badando all'ordine in cui si scrivono A, B ed i loro esponenziali, si ha:

$$\frac{dG}{dt} = Ae^{tA}e^{tB} + e^{tA}Be^{tB} = \left(A + e^{tA}Be^{-tA}\right) G(t).$$

Ma, per il Lemma 1.2 con $F(\lambda) = \exp \lambda$,

$$\left[e^{tA}, B\right] = t[A, B]e^{tA} \Rightarrow e^{tA}B = Be^{tA} + t[A, B]e^{tA},$$

e quindi:

$$\frac{dG}{dt} = (A + B + t[A, B])G(t).$$

Integrando fra $t = 0$ e t, e osservando che $G(0) = \mathbb{1}$, segue che:

$$G(t) = e^{(A+B)t + \frac{1}{2}[A,B]t^2},$$

da cui, in particolare, per $t = 1$, segue la (1.104).

Relazione di Baker-Campbell-Hausdorff

[Cfr. Greiner e Reinhardt (1996), § 1.3].

Più in generale, risulta:

$$e^A B e^{-A} = B + [A,B] + \frac{1}{2!}[A,[A,B]] + \ldots. \tag{1.107}$$

Posto:

$$U(t) = e^{tA} B e^{-tA},$$

e derivando, si ha:

$$\frac{dU}{dt} = [A, U(t)].$$

Sotto la condizione iniziale $U(0) = B$, quest'ultima è equivalente all'equazione integrale:

$$U(t) = B + \int_0^t \mathrm{d}t'[A, U(t')],$$

che si può risolvere iterativamente (ossia, costruendone la serie di Neumann):

$$\begin{aligned}
U^{(0)}(t) &= B, \\
U^{(1)}(t) &= B + \int_0^t \mathrm{d}t'[A, U^{(0)}(t')] = B + t[A,B], \\
U^{(2)}(t) &= B + \int_0^t \mathrm{d}t'[A, U^{(1)}(t')] = B + t[A,B] + \frac{1}{2!}[A,[A,B]]t^2, \\
\vdots \quad & \quad \vdots \quad .
\end{aligned}$$

da cui la (1.107), per $t = 1$.

Tale relazione vale anche nel caso generale in cui l'ipotesi $[A,[A,B]] = [B,[A,B]] = 0$ non sia verificata. In tal caso, in luogo della (1.104), si prova che:

$$\begin{aligned}
e^A e^B = \exp\Big\{ & A + B + \frac{1}{2!}[A,B] + \\
& \frac{1}{3!}\left(\frac{1}{2}[[A,B],B] + \frac{1}{2}[A,[A,B]]\right) + \frac{1}{4!}[[A,[A,B]],B] + \ldots \Big\}.
\end{aligned}$$

Esercizio 1.39 (Formule di Werner per matrici). Facendo uso della formula di Glauber, se $A, B \in \mathfrak{M}_{n,n}(\mathbb{C})$ tali che $[[A,B],A] = [[A,B],B] = 0$, provare che

$$\sin A \cos B = \frac{1}{2}\left\{ e^{\frac{i}{2}[A,B]} \sin(A+B) + e^{-\frac{i}{2}[A,B]} \sin(A-B) \right\}, \tag{1.108}$$

$$\cos A \cos B = \frac{1}{2}\left\{ e^{\frac{i}{2}[A,B]} \cos(A+B) + e^{-\frac{i}{2}[A,B]} \cos(A-B) \right\}, \tag{1.109}$$

$$\sin A \sin B = -\frac{1}{2}\left\{ e^{\frac{i}{2}[A,B]} \cos(A+B) - e^{-\frac{i}{2}[A,B]} \cos(A-B) \right\}. \tag{1.110}$$

Sistemi di equazioni differenziali lineari

Intendiamo provare che la soluzione del sistema di equazioni differenziali del primo ordine (omogeneo, a coefficienti costanti):

$$\begin{aligned}\dot{x}_1 &= a_{11}x_1 + a_{12}x_2 \\ \dot{x}_2 &= a_{21}x_1 + a_{22}x_2\end{aligned}$$

soggetto alle condizioni iniziali $x_1(t=0) = x_1^0$, $x_2(t=0) = x_2^0$ può essere posta nella forma:

$$\begin{pmatrix} x_1(t) \\ x_2(t) \end{pmatrix} = e^{tA} \begin{pmatrix} x_1^0 \\ x_2^0 \end{pmatrix}, \tag{1.111}$$

dove $A = \begin{pmatrix} a_{11} & a_{12} \\ a_{21} & a_{22} \end{pmatrix}$.

Tale risultato si generalizza facilmente al caso di sistemi di n equazioni differenziali ordinarie del primo ordine (omogenee).

Dimostrazione 1.

Cominciamo col provare che

$$\frac{d}{dt} e^{tA} = Ae^{tA}.$$

La derivata della matrice e^{tA} rispetto alla variabile t è definita mediante il limite del rapporto incrementale:

$$\frac{d}{dt} e^{tA} = \lim_{h \to 0} \frac{1}{h} \left[e^{(t+h)A} - e^{tA} \right].$$

Ma

$$e^{(t+h)A} = e^{tA+hA} = e^{tA} e^{hA}$$

per la (1.104). Dunque:

$$\begin{aligned}\frac{d}{dt} e^{tA} &= \lim_{h \to 0} \frac{1}{h} \left[e^{tA} e^{hA} - e^{tA} \right] \\ &= e^{tA} \lim_{h \to 0} \frac{1}{h} \left[e^{hA} - \mathbb{1} \right] \\ &= e^{tA} \lim_{h \to 0} \frac{1}{h} \left[hA + \frac{1}{2!}(hA)^2 + \frac{1}{3!}(hA)^3 + \ldots \right] \\ &= e^{tA} A = Ae^{tA},\end{aligned}$$

ove si è osservato che una matrice commuta con ogni sua funzione.

Poiché sappiamo che esiste ed è unica la soluzione del problema di Cauchy relativo ad un sistema di equazioni differenziali lineari, basta provare che la (1.111) verifica effettivamente il sistema assegnato. Derivando primo e secondo membro la (1.111), si ha:

$$\frac{d}{dt}\begin{pmatrix} x_1 \\ x_2 \end{pmatrix} = \begin{pmatrix} \dot{x}_1 \\ \dot{x}_2 \end{pmatrix} = \frac{d}{dt} e^{tA} \begin{pmatrix} x_1^0 \\ x_2^0 \end{pmatrix} = A e^{tA} \begin{pmatrix} x_1^0 \\ x_2^0 \end{pmatrix} = A \begin{pmatrix} x_1 \\ x_2 \end{pmatrix},$$

come volevasi. Inoltre, è verificata la condizione iniziale (porre $t = 0$). □

Dimostrazione 2.

In particolare, se A è diagonalizzabile, è possibile dimostrare la (1.111) servendosi della rappresentazione spettrale di A. Tale dimostrazione illustra il ruolo degli autovalori e degli autovettori nella costruzione delle soluzioni del sistema di equazioni assegnato, e consente di anticipare il carattere (esponenziale o oscillante) della soluzione.

Sia $\boldsymbol{x}(t) = (x_1(t), x_2(t))^\top$ il vettore incognito. Il sistema assegnato equivale allora a

$$\dot{\boldsymbol{x}} = A\boldsymbol{x},$$

con $\boldsymbol{x}(0) = \boldsymbol{x}^0$. Supponiamo che A sia diagonalizzabile, sia P la matrice degli autovettori, e sia

$$A' = P^{-1}AP = \begin{pmatrix} \lambda_1 & 0 \\ 0 & \lambda_2 \end{pmatrix}$$

la forma di A nella base degli autovettori. In tale base, siano $\boldsymbol{x}' = P^{-1}\boldsymbol{x}$ le componenti del vettore incognito $\boldsymbol{x}$. Si ha allora:

$$\dot{\boldsymbol{x}} = A\boldsymbol{x} = PA'P^{-1}\boldsymbol{x}$$

e moltiplicando per P^{-1} da sinistra:

$$\frac{d}{dt} P^{-1}\boldsymbol{x} = A'P^{-1}\boldsymbol{x}$$

cioè:

$$\dot{\boldsymbol{x}}' = A'\boldsymbol{x}',$$

che è un sistema di equazioni differenziali disaccoppiate:

$$\begin{aligned} \dot{x}_1' &= \lambda_1 x_1' \\ \dot{x}_2' &= \lambda_2 x_2'. \end{aligned}$$

Posto analogamente $\boldsymbol{x}^{0\prime} = P^{-1}\boldsymbol{x}^0$, e integrando separatamente le due equazioni, si trova:

$$\begin{aligned} x_1'(t) &= e^{\lambda_1 t} x_1^{0\prime} \\ x_2'(t) &= e^{\lambda_2 t} x_2^{0\prime}, \end{aligned}$$

ossia:

$$\boldsymbol{x}'(t) = \left(e^{At}\right)' \boldsymbol{x}^{0\prime}.$$

Effettuando nuovamente un passaggio di base e tornando al sistema di riferimento originario, si ottiene la tesi. □

In conclusione, esprimere un sistema di equazioni differenziali lineari (omogenee a coefficienti costanti) in termini delle componenti rispetto agli autovettori della matrice dei coefficienti consente di disaccoppiare le equazioni. Lungo tali direzioni, le soluzioni sono del tipo $e^{\lambda t}$, con λ autovalore della matrice. Se tale autovalore è reale, le soluzioni avranno andamento esponenziale (crescente o decrescente, seconda del segno di λ e di t), mentre se tale autovalore è puramente immaginario le soluzioni avranno andamento oscillante.

Equazioni non omogenee.

Consideriamo infine il sistema di equazioni differenziali lineari non omogenee (in forma vettoriale):

$$\dot{\boldsymbol{x}}(t) = A\boldsymbol{x}(t) + \boldsymbol{u}(t), \tag{1.112}$$

dove $\boldsymbol{x}(t)$ è il vettore incognito, A è ad elementi costanti, ed $\boldsymbol{u}(t)$ è un vettore noto eventualmente dipendente dal tempo. La condizione iniziale sia del tipo di Cauchy, $\boldsymbol{x}(t=0) = \boldsymbol{x}^0$. Possiamo anche scrivere

$$\dot{\boldsymbol{x}} - A\boldsymbol{x} = \boldsymbol{u},$$

e, moltiplicando per il "fattore integrante" e^{-At}, ed osservando che

$$\frac{d}{dt}\left(e^{-At}\boldsymbol{x}\right) = e^{-At}\dot{\boldsymbol{x}} - e^{-At}A\boldsymbol{x},$$

si trova che il sistema equivale a:

$$\frac{d}{dt}\left(e^{-At}\boldsymbol{x}\right) = e^{-At}\boldsymbol{x}.$$

Quadrando e servendosi della condizione al contorno, si trova:

$$e^{-At}\boldsymbol{x} - \underbrace{e^{-A0}}_{=\mathbb{1}}\boldsymbol{x}^0 = \int_0^t e^{-As}\boldsymbol{u}(s)\,ds,$$

da cui:

$$\boldsymbol{x}(t) = e^{At}\boldsymbol{x}^0 + e^{At}\int_0^t e^{-As}\boldsymbol{u}(s)\,ds. \tag{1.113}$$

Come si semplifica tale ultimo risultato se $\boldsymbol{u}$ non dipende dal tempo e se A è invertibile?

Osservazione 1.8. In Meccanica quantistica, la soluzione dell'equazione di Schrödinger

$$i\hbar\frac{\partial}{\partial t}|\psi, t\rangle = H|\psi, t\rangle,$$

con H operatore hamiltoniano, indipendente dal tempo, può essere espressa come:

$$|\psi, t\rangle = e^{-\frac{i}{\hbar}H(t-t_0)}|\psi, t_0\rangle,$$

ove

$$U(t, t_0) = e^{-\frac{i}{\hbar}H(t-t_0)}$$

prende il nome di operatore di evoluzione temporale.

Esercizio 1.40. Risolvere:

$$\dot{x} = -y$$
$$\dot{y} = x.$$

Risposta: Si ha $A = \begin{pmatrix} 0 & -1 \\ 1 & 0 \end{pmatrix}$, $e^{tA} = \begin{pmatrix} \cos t & -\sin t \\ \sin t & \cos t \end{pmatrix}$ (matrice di rotazione), e quindi

$$\begin{pmatrix} x \\ y \end{pmatrix} = e^{tA} \begin{pmatrix} x_0 \\ y_0 \end{pmatrix} = \begin{pmatrix} x_0 \cos t - y_0 \sin t \\ x_0 \sin t + y_0 \cos t \end{pmatrix}.$$

La "traiettoria" è costituita dalla circonferenza di centro l'origine, passante per (x_0, y_0).

Esercizio 1.41. Risolvere e discutere graficamente i sistemi:

$$\begin{aligned}
&\dot{x} = y, && \dot{y} = -x; \\
&\dot{x} = x, && \dot{y} = -y; \\
&\dot{x} = \lambda x + y, && \dot{y} = \lambda y; \\
&\dot{x} = ax - by, && \dot{y} = bx + ay; \\
&\dot{x} = 2x, && \dot{y} = \frac{1}{2} y; \\
&\dot{x} = y, && \dot{y} = x; \\
&\dot{x} = x + y, && \dot{y} = y; \\
&\dot{x} = -x - y, && \dot{y} = x - y; \\
&\dot{x} = 2x + y, && \dot{y} = -2x; \\
&\dot{x} = -2x - y, && \dot{y} = 2x; \\
&\dot{x} = x - y, && \dot{y} = 2x - y.
\end{aligned}$$

In particolare, discutere il comportamento qualitativo delle soluzioni sulla base del valore (complesso o reale) degli autovalori della matrice A.

Esercizio 1.42 (Moto di una particella carica in un campo elettromagnetico). Studiare il moto di una particella di massa $m = 1$ e carica $q = 1$ in un campo elettromagnetico.

Risposta: Sia $\boldsymbol{v}$ la velocità della particella, ed $\boldsymbol{E}$, $\boldsymbol{B}$ i vettori campo elettrico e magnetico, rispettivamente. Le equazioni del moto sono

$$\dot{\boldsymbol{v}} = \boldsymbol{E} + \boldsymbol{v} \times \boldsymbol{B}, \tag{1.114}$$

che equivalgono ad un sistema di equazioni differenziali lineari (non omogenee) per le componenti della velocità. Svolgendo il prodotto vettoriale, tali equazioni possono essere scritte in forma compatta come:

$$\dot{\boldsymbol{v}} = M\boldsymbol{v} + \boldsymbol{E},$$

dove A è la matrice antisimmetrica costruita mediante le componenti del campo magnetico $\boldsymbol{B}$:

$$M = \begin{pmatrix} 0 & B_3 & -B_2 \\ -B_3 & 0 & B_1 \\ B_2 & -B_1 & 0 \end{pmatrix}.$$

La soluzione è allora:

$$\boldsymbol{v} = e^{tM}\left(\int_0^t e^{-sM}\boldsymbol{E}\,ds + \boldsymbol{v}^0\right), \tag{1.115}$$

avendo indicato con $\boldsymbol{v}^0$ la velocità iniziale della particella.

Poiché una matrice antisimmetrica 3×3 ammette sempre l'autovalore nullo e due autovalori puramente immaginari, complessi coniugati, e^{tM} avrà forma diagonale del tipo $\left(e^{tM}\right)' = \mathrm{diag}(1, e^{i\omega t}, e^{-i\omega t})$. Nel caso di campo elettrico costante, il moto sarà dunque uniformemente accelerato lungo l'autovettore appartenente all'autovalore nullo di M, e circolare uniforme nel piano ortogonale. La composizione dei due moti è un moto elicoidale.

La soluzione (1.115) può essere espressa in forma esplicita, osservando che:

$$M^3 = M^2 M = -B^2 M,$$

con $B^2 = B_1^2 + B_2^2 + B_3^2$, e quindi che:

$$M^4 = -B^2 M^2.$$

Dunque:

$$\begin{aligned} e^{tM} &= \sum_{k=0}^{\infty} \frac{1}{k!}(tM)^k \\ &= \mathbb{1} + M\left(t - \frac{t^3}{3!}B^2 + \frac{t^5}{5!}B^4 - \dots\right) \\ &\quad + M^2\left(\frac{t^2}{2!} - \frac{t^4}{4!}B^2 + \frac{t^6}{6!}B^4 - \dots\right) \\ &= \mathbb{1} + \frac{M}{B}\sin(Bt) + \frac{M^2}{B^2}[1 - \cos(Bt)]. \end{aligned}$$

In definitiva, sostituendo nella (1.115) ed integrando, si trova:

$$\begin{aligned} \boldsymbol{v}(t) = \boldsymbol{E}t\left(1 + \frac{M^2}{B^2}\right) - \frac{M^2}{B^2}\frac{\boldsymbol{E}}{B}\sin(Bt) + \frac{M\boldsymbol{v}^0}{B}\sin(Bt) \\ + \frac{M\boldsymbol{E}}{B^2}[1 - \cos(Bt)] + \frac{M^2\boldsymbol{v}^0}{B^2}[1 - \cos(Bt)] + \boldsymbol{v}^0. \end{aligned}$$

1.7.4 Approssimazione numerica di autovalori ed autovettori

Concludiamo questa sezione sulle funzioni di endomorfismi per discutere alcuni metodi numerici per determinare approssimazioni di autovalori ed autovettori di una matrice. Tale argomento è uno degli argomenti centrali dell'analisi numerica, ed i metodi che prenderemo in esame di seguito non sono affatto i più efficienti. Tuttavia, essi sono interessanti dal punto di vista didattico.

Metodo di Rayleigh

Consiste nello studiare il *rapporto di Rayleigh*

$$R(\boldsymbol{x}) = \frac{\boldsymbol{x}^\dagger A \boldsymbol{x}}{\boldsymbol{x}^\dagger \boldsymbol{x}} = \frac{\langle \boldsymbol{x}|A|\boldsymbol{x}\rangle}{\langle \boldsymbol{x}|\boldsymbol{x}\rangle} \tag{1.116}$$

al variare di $\boldsymbol{x} \neq \boldsymbol{0}$. Nel § 1.8.1 proveremo che questo è un funzionale limitato su $V_n \setminus \{\boldsymbol{0}\}$. Se $\boldsymbol{x}$ è un effettivo autovettore di A appartenente all'autovalore λ, si prova subito che $R(\boldsymbol{x}) = \lambda$. Pertanto, se è noto che $\boldsymbol{x}$ è vicino ad un autovettore di A, il valore di $R(\boldsymbol{x})$ restituisce una buona approssimazione per l'autovalore corrispondente.

Sevendosi del ragionamento di § 1.8.1, se $U \subseteq V_n$ è un sottospazio, si può provare che gli estremi (massimi o minimi) di $R(\boldsymbol{x})$ per $\boldsymbol{x} \in U \setminus \{\boldsymbol{0}\}$ costituiscono buone approssimazioni per gli autovalori di A. Poiché le approssimazioni cercate si determinano cercando gli estremi di $R(\boldsymbol{x})$ "al variare" di $\boldsymbol{x}$ in $\boldsymbol{x} \in U \setminus \{\boldsymbol{0}\}$, il metodo di Rayleigh è un "metodo variazionale". Scegliendo un sottospazio U' più ampio di U, in generale si migliora l'approssimazione.

Metodo delle potenze

A differenza del precedente, il metodo delle potenze è un metodo iterativo.

Supponiamo che A sia diagonalizzabile, con autovalori λ_i ed autovettori l.i. $\boldsymbol{v}_i$, $i = 1, \ldots n$. Supponiamo che vi sia un autovalore il cui modulo sia strettamente maggiore del modulo di ogni altro autovalore, ossia che:

$$|\lambda_1| > |\lambda_2| \geq |\lambda_3| \geq \ldots \geq |\lambda_n|.$$

In particolare, allora, $|\lambda_1| \neq 0$. Sia $\boldsymbol{x} \in V_n$ un generico vettore. Essendo $\{\boldsymbol{v}_i\}$ una base per V_n, sia

$$\boldsymbol{x} = c_1 \boldsymbol{v}_1 + c_2 \boldsymbol{v}_2 + \ldots + c_n \boldsymbol{v}_n.$$

Consideriamo la potenza A^k $(k = 1, 2, \ldots)$ applicata ad $\boldsymbol{x}$. Servendosi della rappresentazione spettrale per A, si ha:

$$A^k \boldsymbol{x} = c_1 \lambda_1^k \boldsymbol{v}_1 + c_2 \lambda_2^k \boldsymbol{v}_2 + \ldots + c_n \lambda_n^k \boldsymbol{v}_n.$$

Supponiamo che $c_1 \neq 0$ e dividiamo per λ_1^k. Si trova:

$$\frac{1}{\lambda_1^k} A^k \boldsymbol{x} = c_1 \boldsymbol{v}_1 + c_2 \left(\frac{\lambda_2}{\lambda_1}\right)^k \boldsymbol{v}_2 + \ldots + c_n \left(\frac{\lambda_n}{\lambda_1}\right)^k \boldsymbol{v}_n.$$

Poiché si ha $|\lambda_i/\lambda_1| < 1$, per ogni $i \geq 2$, ognuno dei rapporti $(\lambda_i/\lambda_1)^k$ tende a zero per $k \to \infty$. Segue che

$$\lim_{k\to\infty} \frac{1}{\lambda_1^k} A^k \boldsymbol{x} = c_1 \boldsymbol{v}_1.$$

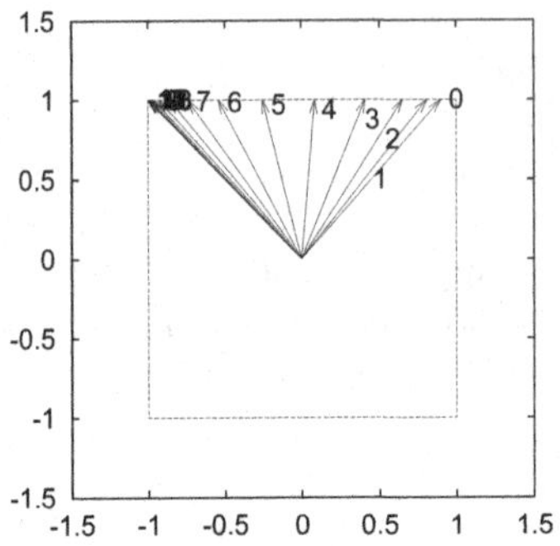

k	$(\boldsymbol{x}_k)_1$	$(\boldsymbol{x}_k)_2$	μ_k
0	0.9	1	1.0
1	0.80952381	1	1.05
2	0.652173913	1	1.0952381
3	0.407407407	1	1.17391304
4	0.0857142857	1	1.2962963
5	−0.254901961	1	1.45714286
6	−0.542168675	1	1.62745098
7	−0.741496599	1	1.77108434
8	−0.861818182	1	1.8707483
9	−0.928436911	1	1.93090909
10	−0.963566635	1	1.96421846
11	−0.981615868	1	1.98178332
12	−0.990765492	1	1.99080793
13	−0.995372062	1	1.99538275
14	−0.997683351	1	1.99768603
15	−0.998841004	1	1.99884168

Fig. 1.3. Approssimazione di un autovettore col metodo delle potenze, Esercizio 1.43

In altri termini, partendo da un qualsiasi vettore $\boldsymbol{x}$ ed agendo ripetutamente con A si ottiene un vettore che approssima sempre meglio un vettore proporzionale all'autovettore $\boldsymbol{v}_1$.

Poiché non si conosce in partenza l'autovalore λ_1, non si può anche dividere per λ_1 ad ogni iterazione. Tuttavia, si può mostrare che se si scala tutti gli elementi di $\boldsymbol{x}_k = A^k\boldsymbol{x}$ in modo che la componente di modulo massimo sia 1, allora il risultato della procedura iterativa convergerà ad un multiplo di $\boldsymbol{v}_1$, la cui componente di modulo massimo è 1.

Il metodo può essere utilizzato anche per stimare l'autovalore. Quando $\boldsymbol{x}_k$ è prossimo all'autovettore per λ_1, allora $A\boldsymbol{x}_k$ è prossimo a $\lambda_1\boldsymbol{x}_k$. Ma la componente di modulo massimo in $\boldsymbol{x}_k$ è 1, e quindi la componente di modulo massimo in $A\boldsymbol{x}_k$ è proprio λ_1.

Il metodo delle potenze consiste dunque nella seguente procedura iterativa:

1. Scegliere un vettore iniziale $\boldsymbol{x}_0$ la cui massima componente sia 1.
2. Per $k = 0, 1, \ldots$, calcolare
   a) calcolare $A\boldsymbol{x}_k$;
   b) sia μ_k la componente di $A\boldsymbol{x}_k$ avente massimo modulo;
   c) calcolare $\boldsymbol{x}_{k+1} = (1/\mu_k)A\boldsymbol{x}_k$.
3. Per quasi ogni $\boldsymbol{x}_0$, la successione μ_k converge all'autovalore dominante λ_1, mentre $\boldsymbol{x}_k$ converge ad un autovettore corrispondente.

La procedura converge tanto più rapidamente quanto più piccoli sono i rapporti λ_i/λ_1.

Esercizio 1.43. Determinare, col metodo delle potenze, l'autovalore dominante della matrice

$$A = \begin{pmatrix} \frac{3}{2} & -\frac{1}{2} \\ -\frac{1}{2} & \frac{3}{2} \end{pmatrix}.$$

Risposta: Gli autovalori esatti sono $\lambda_1 = 2$, con autovettore $\boldsymbol{v}_1 = (-1,1)^\top$ e $\lambda_2 = 1$, con autovettore $\boldsymbol{v}_2 = (1,1)^\top$. Partendo da $\boldsymbol{x}_0 = (0.9,1)^\top \simeq \boldsymbol{v}_2$, cioè partendo da un vettore circa uguale ad un autovettore che non è quello appartenente all'autovalore dominante, anzi, è ad esso ortogonale, si trova il risultato mostrato in Fig. 1.3.

1.8 Proprietà metriche

Definizione 1.10 (Forma bilineare). *Siano V_n, W_m due spazi vettoriali sul corpo K. Un'applicazione $g\colon V_n \times W_m \to K$ è detta* forma bilineare *se*

BL1. $g(\boldsymbol{v}_1 + \boldsymbol{v}_2, \boldsymbol{w}) = g(\boldsymbol{v}_1, \boldsymbol{w}) + g(\boldsymbol{v}_2, \boldsymbol{w})$, $\forall \boldsymbol{v}_1, \boldsymbol{v}_2 \in V_n$, $\forall \boldsymbol{w} \in W_m$;
BL2. $g(\boldsymbol{v}, \boldsymbol{w}_1 + \boldsymbol{w}_2) = g(\boldsymbol{v}, \boldsymbol{w}_1) + g(\boldsymbol{v}, \boldsymbol{w}_2)$, $\forall \boldsymbol{v} \in V_n$, $\forall \boldsymbol{w}_1, \boldsymbol{w}_2 \in W_m$;
BL3. $g(k\boldsymbol{v}, \boldsymbol{w}) = g(\boldsymbol{v}, k\boldsymbol{w}) = kg(\boldsymbol{v}, \boldsymbol{w})$, $\forall \boldsymbol{v} \in V_n$, $\forall \boldsymbol{w} \in W_m$, $\forall k \in K$.

In altri termini, una forma bilineare è un'applicazione lineare in entrambi i suoi argomenti.

È immediato verificare che $g(\boldsymbol{0}_n, \boldsymbol{w}) = g(\boldsymbol{v}, \boldsymbol{0}_m) = 0_K$, $\forall \boldsymbol{v} \in V_n$, $\forall \boldsymbol{w} \in W_m$. (Considerare, ad esempio, $g(\boldsymbol{a} - \boldsymbol{a}, \boldsymbol{w})$ e fare uso della linearità rispetto al primo argomento.)

Definizione 1.11 (Matrice associata). *Sia $g\colon V_n \times W_m \to K$ una forma bilineare, e $\mathcal{V} = \{\boldsymbol{v}_1, \ldots \boldsymbol{v}_n\}$ e $\mathcal{W} = \{\boldsymbol{w}_1, \ldots \boldsymbol{w}_m\}$ basi in V_n ed in W_m, rispettivamente. Se $\boldsymbol{x} = x_1\boldsymbol{v}_1 + \ldots + x_n\boldsymbol{v}_n \in V_n$ e $\boldsymbol{y} = y_1\boldsymbol{w}_1 + \ldots + y_m\boldsymbol{w}_m \in W_m$, per la bilinearità di g, risulta:*

$$g(\boldsymbol{v}, \boldsymbol{w}) = g\left(\sum_{i=1}^n x_i \boldsymbol{v}_i, \sum_{j=1}^m y_j \boldsymbol{w}_j\right) = \\ = \sum_{i=1}^n \sum_{j=1}^m x_i g(\boldsymbol{v}_i, \boldsymbol{w}_j) y_j \equiv \sum_{i=1}^n \sum_{j=1}^m x_i g_{ij} y_j, \quad (1.117)$$

ovvero

$$g(\boldsymbol{v}, \boldsymbol{w}) = (\boldsymbol{x})_{\mathcal{U}}^\top \cdot G \cdot (\boldsymbol{y})_{\mathcal{W}}, \quad (1.118)$$

ove $G = (g_{ij}) \equiv (g(\boldsymbol{v}_i, \boldsymbol{w}_j))$ è la matrice associata *alla forma bilineare g relativamente alle basi $\mathcal{V}$ e $\mathcal{W}$.*

Come per le componenti di un vettore rispetto ad una specifica base, o per la matrice associata ad un omomorfismo relativamente a due basi nello spazio di definizione e nello spazio dei valori, anche la matrice associata ad una forma bilineare è un ente relativo. Mentre la forma bilineare è ben definita a prescindere dalle basi alle quali sono riferiti i vettori argomento della forma bilineare (è un ente assoluto), il modo specifico in cui il calcolo della forma bilineare viene implementato con riferimento a due basi di riferimento si serve di una matrice, i cui elementi cambiano valore al cambiare dei riferimenti. Come nel caso della matrice associata ad un omomorfismo, potremmo ricavare anche in questo caso quale sia la legge di trasformazione, e troveremmo ancora una volta che essa dipende dalla matrice di passaggio da una base all'altra.

Definizione 1.12 (Forma quadratica). *Sia $g\colon V_n \times V_n \to K$ una forma bilineare, definita nel prodotto cartesiano di uno spazio V_n per se stesso. Rimane allora definito l'omomorfismo $q\colon V_n \to K$ definito ponendo*

$$q(\boldsymbol{v}) = g(\boldsymbol{v}, \boldsymbol{v}), \qquad \forall \boldsymbol{v} \in V_n, \tag{1.119}$$

che prende il nome di forma quadratica *generata dalla forma bilineare g.*

Definizione 1.13 (Prodotto scalare). *Sia $g\colon V_n \times V_n \to K$ una forma bilineare* simmetrica, *ossia tale che $g(\boldsymbol{v}_1, \boldsymbol{v}_2) = g(\boldsymbol{v}_2, \boldsymbol{v}_1)$, $\forall \boldsymbol{v}_1, \boldsymbol{v}_2 \in V_n$. Se la forma g non è simmetrica, essa può essere simmetrizzata, considerando invece:*

$$\bar{g}(\boldsymbol{v}_1, \boldsymbol{v}_2) = \frac{1}{2}[g(\boldsymbol{v}_1, \boldsymbol{v}_2) + g(\boldsymbol{v}_2, \boldsymbol{v}_1)].$$

Si dice allora che la forma bilineare g è un prodotto scalare.

Nel caso in cui $K = \mathbb{R}$ (o, in generale, nel caso in cui su K sia definita una relazione d'ordine), si dice che il prodotto scalare è

- definito positivo, *se $g(\boldsymbol{v}_1, \boldsymbol{v}_2) > 0$, $\forall \boldsymbol{v}_1, \boldsymbol{v}_2 \in V_n$;*
- definito non negativo (o semidefinito positivo), *se $g(\boldsymbol{v}_1, \boldsymbol{v}_2) \geq 0$, $\forall \boldsymbol{v}_1, \boldsymbol{v}_2 \in V_n$;*
- definito negativo, *se $g(\boldsymbol{v}_1, \boldsymbol{v}_2) < 0$, $\forall \boldsymbol{v}_1, \boldsymbol{v}_2 \in V_n$;*
- definito non positivo (o semidefinito negativo), *se $g(\boldsymbol{v}_1, \boldsymbol{v}_2) \leq 0$, $\forall \boldsymbol{v}_1, \boldsymbol{v}_2 \in V_n$.*

Definizione 1.14 (Vettori ortogonali). *Sia $g\colon V_n \times V_n \to K$ un prodotto scalare. Due vettori $\boldsymbol{x}, \boldsymbol{y} \in V_n$ si dicono* ortogonali *se $g(\boldsymbol{x}, \boldsymbol{y}) = 0$. Se poi $K = \mathbb{R}$ oppure $\mathbb{C}$, un sistema di vettori $\{\boldsymbol{x}_k\}$ si dice* ortonormale *se $g(\boldsymbol{x}_i, \boldsymbol{x}_j) = \delta_{ij}$.*

Teorema 1.18 (di Sylvester). *Sia $g\colon V_n \times V_n \to \mathbb{R}$ un prodotto scalare reale, di rango r. Allora, per un certo intero $p \leq r$,*

1. esiste una base ortogonale $\mathcal{V} = \{\boldsymbol{v}_1, \ldots \boldsymbol{v}_n\}$ in V_n tale che

$$g(\boldsymbol{v}_i, \boldsymbol{v}_i) = \begin{cases} 1 & \textit{per } 1 \leq i \leq p, \\ -1 & \textit{per } p+1 \leq i \leq r, \\ 0 & \textit{per } r+1 \leq i \leq n, \end{cases}$$
$$g(\boldsymbol{v}_i, \boldsymbol{v}_j) = 0, \qquad \textit{per } i \neq j.$$

2. Sia

- V^+ *il sottospazio vettoriale generato linearmente da* $\boldsymbol{v}_1, \ldots \boldsymbol{v}_p$;
- V^- *il sottospazio vettoriale generato linearmente da* $\boldsymbol{v}_{p+1}, \ldots \boldsymbol{v}_r$;
- V^0 *il sottospazio vettoriale generato linearmente da* $\boldsymbol{v}_{r+1}, \ldots \boldsymbol{v}_n$.

Allora:

a) $V_n = V^+ \oplus V^- \oplus V^0$;

b) la restrizione $g|_{V^+}$ *è definita positiva;*

c) la restrizione $g|_{V^-}$ *è definita negativa;*

d) la restrizione $g|_{V^0}$ *è nulla;*

e) se $\boldsymbol{v}_1 \in V^+$, $\boldsymbol{v}_2 \in V^-$, $\boldsymbol{v}_3 \in V^0$, *allora* $g(\boldsymbol{v}_1, \boldsymbol{v}_2) = g(\boldsymbol{v}_1, \boldsymbol{v}_3) = g(\boldsymbol{v}_2, \boldsymbol{v}_3) = 0$.

3. In tale base, se $\boldsymbol{x} = x_1\boldsymbol{v}_1 + \ldots x_n\boldsymbol{v}_n \in V_n$,

$$g(\boldsymbol{x}, \boldsymbol{x}) = q(\boldsymbol{x}) = x_1^2 + \ldots + x_p^2 - x_{p+1}^2 - \ldots - x_r^2,$$

mentre le componenti $x_{r+1}, \ldots x_n$ *non danno contributo alla forma quadratica.*

L'intero p *prende il nome di* indice di positività, $s = r - p$ *prende il nome di* indice di negatività, *ed il difetto* $n - r$ *prende il nome di* indice di nullità *della forma quadratica* q.

Dimostrazione. Omessa. L'indice di positività di una forma quadratica serve a classificare coniche, equazioni differenziali alle derivate parziali (cfr. § 3.1.1), punti critici (teoria di Morse), ... □

Nel seguito, faremo spesso riferimento a spazi vettoriali V_n sul corpo $\mathbb{C}$ dei numeri complessi. In tal caso, in luogo della forma quadratica si fa uso invece delle forme hermitiane e dei concetti metrici (prodotto scalare, norma, metrica) da esse indotti.

Definizione 1.15 (Forma hermitiana). *Sia* V_n *uno spazio vettoriale sul corpo* $\mathbb{C}$ *dei numeri complessi. Un'applicazione* $g\colon V_n \times V_n \to \mathbb{C}$ *si dice una* forma hermitiana *se*

FH1. $g(\boldsymbol{v}_1 + \boldsymbol{v}_2, \boldsymbol{v}_3) = g(\boldsymbol{v}_1, \boldsymbol{v}_3) + g(\boldsymbol{v}_2, \boldsymbol{v}_3)$, $\forall \boldsymbol{v}_1, \boldsymbol{v}_2, \boldsymbol{v}_3 \in V_n$;
FH2. $g(\boldsymbol{v}_1, \boldsymbol{v}_2 + \boldsymbol{v}_3) = g(\boldsymbol{v}_1, \boldsymbol{v}_2) + g(\boldsymbol{v}_1, \boldsymbol{v}_3)$, $\forall \boldsymbol{v}_1, \boldsymbol{v}_2, \boldsymbol{v}_3 \in V_n$;
FH3. $g(z\boldsymbol{v}_1, \boldsymbol{v}_2) = z^* g(\boldsymbol{v}_1, \boldsymbol{v}_2)$, $g(\boldsymbol{v}_1, z\boldsymbol{v}_2) = z g(\boldsymbol{v}_1, \boldsymbol{v}_2)$, $\forall \boldsymbol{v}_1, \boldsymbol{v}_2 \in V_n$, $\forall z \in \mathbb{C}$.

Definizione 1.16 (Prodotto hermitiano (scalare)). *Sia* V_n *uno spazio vettoriale sul corpo* $\mathbb{C}$. *Una forma hermitiana* $g\colon V_n \times V_n \to \mathbb{C}$ *tale che* $g(\boldsymbol{v}_1, \boldsymbol{v}_2) = g(\boldsymbol{v}_2, \boldsymbol{v}_1)^*$, $\forall \boldsymbol{v}_1, \boldsymbol{v}_2 \in V_n$ *si dice un* prodotto scalare hermitiano. *Per tali prodotti adopereremo la* notazione di Dirac:

$$g(\boldsymbol{v}_1, \boldsymbol{v}_2) = \langle \boldsymbol{v}_1 | \boldsymbol{v}_2 \rangle. \tag{1.120}$$

In particolare, il prodotto hermitiano canonico *in* $\mathbb{C}^n$ *è definito come:*

$$\langle \boldsymbol{x} | \boldsymbol{y} \rangle = \sum_{i=1}^{n} x_i^* y_i, \tag{1.121}$$

dove x_i, y_i *sono le componenti dei vettori* $\boldsymbol{x}$ *e* $\boldsymbol{y}$ *rispetto alla base canonica di* $\mathbb{C}^n$. *Nel futuro, useremo la denominazione "prodotto scalare" anche per i prodotti hermitiani, e avremo modo di considerare solo prodotti scalari (hermitiani) tali che*

$$\langle \boldsymbol{x}|\boldsymbol{x}\rangle \geq 0,$$

essendo $\langle \boldsymbol{x}|\boldsymbol{x}\rangle = 0$ *se e solo se* $\boldsymbol{x} = \mathbf{0}$.

Esercizio 1.44. Provare che

$$\langle A|B\rangle = \mathrm{Tr}(A^\dagger B)$$

definisce un prodotto scalare (hermitiano) in $\mathfrak{M}_{n,n}(\mathbb{C})$.

Definizione 1.17 (Metrica e metrica indotta dal prodotto scalare). *Una* metrica *o* distanza *su* V_n *sul corpo* $\mathbb{R}$ *è una forma bilineare* $\rho \colon V_n \times V_n \to \mathbb{R}$ *che gode delle seguenti proprietà:*

M1. $\rho(\boldsymbol{x},\boldsymbol{y}) \geq 0$, $\forall \boldsymbol{x},\boldsymbol{y} \in V_n$, *e* $\rho(\boldsymbol{x},\boldsymbol{y}) = 0$ *se e solo se* $\boldsymbol{x} = \boldsymbol{y}$;
M2. $\rho(\boldsymbol{x},\boldsymbol{y}) = \rho(\boldsymbol{y},\boldsymbol{x})$, $\forall \boldsymbol{x},\boldsymbol{y} \in V_n$ *(è una forma bilineare simmetrica);*
M3. è verificata la disuguaglianza triangolare:

$$\rho(\boldsymbol{x},\boldsymbol{z}) \leq \rho(\boldsymbol{x},\boldsymbol{y}) + \rho(\boldsymbol{y},\boldsymbol{z}), \qquad \boldsymbol{x},\boldsymbol{y},\boldsymbol{z} \in V_n. \tag{1.122}$$

La metrica indotta dal prodotto scalare è

$$\rho(\boldsymbol{x},\boldsymbol{y}) = \| \boldsymbol{x} - \boldsymbol{y} \| = \sqrt{\langle \boldsymbol{x}-\boldsymbol{y}|\boldsymbol{x}-\boldsymbol{y}\rangle} = \sqrt{\sum_{i=1}^{n} (x_i - y_i)^*(x_i - y_i)},$$

dove il simbolo:

$$\| \boldsymbol{x} \| = \sqrt{\langle \boldsymbol{x}|\boldsymbol{x}\rangle} = \left(\sum_{i=1}^{n} |x_i|^2 \right)^{\frac{1}{2}}, \tag{1.123}$$

definisce la norma *del vettore* $\boldsymbol{x} \in V_n$.

1.8.1 Norma di un endomorfismo

Sia $T : V_n \to W_m$ un operatore (non necessariamente lineare). In generale, il risultato dell'applicazione di T su un vettore $\boldsymbol{x} \in V_n$ restituisce un vettore $T\boldsymbol{x}$ che non ha la stessa "lunghezza" di $\boldsymbol{x}$, ossia $\| T\boldsymbol{x} \| \neq \| \boldsymbol{x} \|$ (le norme essendo quelle di W_m e di V_n, rispettivamente). Un indice di "quanto" l'operatore T "deformi" il vettore $\boldsymbol{x}$ è dato dunque dalla *norma dell'operatore* T, definita ponendo:

$$\| T \| = \sup_{\boldsymbol{x} \in V_n \setminus \{\mathbf{0}\}} \frac{\| T\boldsymbol{x} \|}{\| \boldsymbol{x} \|}. \tag{1.124}$$

Se risulta che $\| T \| < \infty$, l'operatore T si dice *limitato*.

Teorema 1.19. *Sia $T : V_n \to V_n$ un endomorfismo su uno spazio V_n finito-dimensionale sul corpo $\mathbb{C}$. Allora, T è limitato e, se T è diagonalizzabile e $\lambda_1, \ldots \lambda_n \in \mathbb{C}$ sono i suoi autovalori, risulta:*

$$\| T \| = \max_{k=1,\ldots n} |\lambda_k|. \tag{1.125}$$

Dimostrazione. Sia $\boldsymbol{x} \in V_n$, $\boldsymbol{x} \neq \mathbf{0}$. Consideriamo il versore $\boldsymbol{u} = \boldsymbol{x}/ \| \boldsymbol{x} \|$. Allora, in virtù della linearità di T e del prodotto scalare, si ha:

$$\frac{\| T\boldsymbol{x} \|^2}{\| \boldsymbol{x} \|^2} = \frac{\langle T\boldsymbol{x} | T\boldsymbol{x} \rangle}{\| \boldsymbol{x} \|^2} = \left\langle T\frac{\boldsymbol{x}}{\| \boldsymbol{x} \|} \middle| T\frac{\boldsymbol{x}}{\| \boldsymbol{x} \|} \right\rangle = \langle T\boldsymbol{u} | T\boldsymbol{u} \rangle = \| T\boldsymbol{u} \|^2 .$$

Segue che

$$\| T \| = \sup_{\|\boldsymbol{u}\|=1} \| T\boldsymbol{u} \|,$$

ossia che per il calcolo della norma di un operatore *lineare* ci si può limitare a considerare nella (1.124) soltanto i vettori di norma unitaria (versori).

Limitiamoci adesso a considerare il caso in cui T sia diagonalizzabile, osservando tuttavia che un endomorfismo in uno spazio *finito-dimensionale* è sempre *limitato*, a prescindere dal fatto che sia diagonalizzabile o meno.

Sia $\{\boldsymbol{u}_i\}$ una base ortonormale di autovettori di T, $T\boldsymbol{u}_i = \lambda_i \boldsymbol{u}_i$, con $\langle \boldsymbol{u}_i | \boldsymbol{u}_j \rangle = \delta_{ij}$. Se $\boldsymbol{u}$ è un versore qualsiasi, allora

$$\boldsymbol{u} = c_1 \boldsymbol{u}_1 + \ldots + c_n \boldsymbol{u}_n,$$

con $\sum_{i=1}^n |c_i|^2 = 1$, e, in virtù della linearità di T,

$$T\boldsymbol{u} = c_1 \lambda_1 \boldsymbol{u}_1 + \ldots + c_n \lambda_n \boldsymbol{u}_n.$$

Segue che:

$$\| T\boldsymbol{u} \|^2 = \langle T\boldsymbol{u} | T\boldsymbol{u} \rangle = \sum_{i,j=1}^n \lambda_i^* c_i^* \lambda_j c_j \delta_{ij} = \sum_{i=1}^n |\lambda_i|^2 |c_i|^2.$$

Calcolare il sup $\| T\boldsymbol{u} \|$ per $\| \boldsymbol{u} \| = 1$ equivale dunque a calcolare l'estremo superiore della funzione (reale di n variabili reali):

$$f(|c_i|) = \sum_{i=1}^n |\lambda_i|^2 |c_i|^2$$

soggetta al vincolo:

$$\sum_{i=1}^n |c_i|^2 = 1.$$

Ricorriamo al metodo dei moltiplicatori di Lagrange, e consideriamo la funzione:

$$H(|c_i|,\mu) = \sum_{i=1}^{n} |\lambda_i|^2|c_i|^2 + \mu\left(1 - \sum_{i=1}^{n}|c_i|^2\right).$$

Si ha:

$$\frac{\partial H}{\partial |c_j|} = 2(|\lambda_j|^2 - \mu)|c_j|, \qquad j = 1,\dots n,$$

$$\frac{\partial H}{\partial \mu} = 1 - \sum_{i=1}^{n}|c_i|^2.$$

Uguagliando a zero ciascuna derivata parziale, si ottiene un sistema di $n+1$ equazioni (non lineare, non omogeneo) nelle $n+1$ indeterminate $|c_i|$ e μ. Dalle prime n equazioni segue che $\mu = |\lambda_k|^2$ e $|c_k| \neq 0$ per qualche $k = 1,\dots n$, mentre le rimanenti $|c_i| = 0$, per ogni $i \neq k$. Sostituendo nell'ultima equazione, si trova $|c_k| = 1$.

Dunque, possibili punti di estremo sono:

$$|c_k| = 1, \quad |c_i| = 0, \quad \forall i \neq k,$$

in corrispondenza ai quali $\| T\boldsymbol{u} \|^2 = |\lambda_k|^2$. Confrontando tali valori, segue la tesi. □

Osservazione 1.9. Geometricamente, T trasforma la sfera unitaria in V_n:

$$\mathcal{B} = \{\boldsymbol{u} \in V_n : \ \| \boldsymbol{u} \| = 1\}$$

in un ellissoide $\mathcal{E}$ ad n dimensioni, eventualmente degenere. La norma di T è la norma del più "lungo" vettore di $\mathcal{E}$, ossia la lunghezza del semiasse maggiore di tale ellissoide.

La norma di un operatore è un'effettiva norma nello spazio degli endomorfismi, $\mathrm{Hom}(V_n, V_n)$, nel senso che:

1. $\| T \| = 0$ se e solo se $T = O$ (l'operatore nullo).
2. $\| cT \| = |c| \cdot \| T \|$.
3. $\| S + T \| \leq \| S \| + \| T \|$.
   Infatti, se $\| \boldsymbol{u} \| = 1$, allora:
   $$\| (S+T)\boldsymbol{u} \| \leq \| S\boldsymbol{u} \| + \| T\boldsymbol{u} \| \leq \| S \| \| \boldsymbol{u} \| + \| T \| \| \boldsymbol{u} \| = \| S \| + \| T \| .$$
4. $\| ST \| \leq \| S \| \cdot \| T \|$. (Si prova analogamente.)

1.8.2 Disuguaglianze notevoli

Teorema 1.20 (Disuguaglianza di Cauchy-Schwarz-Bunjakovskij). *Siano $\boldsymbol{x}, \boldsymbol{y} \in \mathbb{C}^n$ e $\langle\cdot|\cdot\rangle$ il prodotto scalare (hermitiano) canonico. Allora:*

$$|\langle \boldsymbol{x}|\boldsymbol{y}\rangle|^2 \leq \langle \boldsymbol{x}|\boldsymbol{x}\rangle\langle \boldsymbol{y}|\boldsymbol{y}\rangle, \tag{1.126}$$

dove il segno di uguaglianza vale se e solo se $\boldsymbol{x}$ e $\boldsymbol{y}$ sono l.d.

Dimostrazione. Se fosse $\boldsymbol{x} = \mathbf{0}$ o $\boldsymbol{y} = \mathbf{0}$, la (1.126) sarebbe banalmente verificata. Supponiamo allora $\boldsymbol{y} \neq \mathbf{0}$, che comporta $\langle \boldsymbol{y}|\boldsymbol{y}\rangle > 0$, e consideriamo il vettore

$$\boldsymbol{z} = \boldsymbol{x} - \boldsymbol{y}\frac{\langle \boldsymbol{y}|\boldsymbol{x}\rangle}{\langle \boldsymbol{y}|\boldsymbol{y}\rangle} \in V_n.$$

Poiché $\langle \boldsymbol{z}|\boldsymbol{z}\rangle \geq 0$, con $\langle \boldsymbol{z}|\boldsymbol{z}\rangle = 0$ se e solo se $\boldsymbol{z} = \mathbf{0}$, facendo uso della linearità rispetto al secondo argomento e della hermiticità rispetto al primo argomento del prodotto scalare, e svolgendo i calcoli, si ha:

$$\left\langle \boldsymbol{x} - \boldsymbol{y}\frac{\langle \boldsymbol{y}|\boldsymbol{x}\rangle}{\langle \boldsymbol{y}|\boldsymbol{y}\rangle} \middle| \boldsymbol{x} - \boldsymbol{y}\frac{\langle \boldsymbol{y}|\boldsymbol{x}\rangle}{\langle \boldsymbol{y}|\boldsymbol{y}\rangle} \right\rangle \geq 0$$

$$\ldots \qquad \ldots$$

$$\langle \boldsymbol{x}|\boldsymbol{x}\rangle - \frac{\langle \boldsymbol{x}|\boldsymbol{y}\rangle^* \langle \boldsymbol{x}|\boldsymbol{y}\rangle}{\langle \boldsymbol{y}|\boldsymbol{y}\rangle} \geq 0,$$

da cui la tesi, osservando che $\langle \boldsymbol{y}|\boldsymbol{y}\rangle > 0$. □

Una dimostrazione alternativa consiste nel considerare il trinomio di secondo grado in λ definito da $\varphi(\lambda) = \langle \lambda\boldsymbol{x} + \boldsymbol{y}|\lambda\boldsymbol{x} + \boldsymbol{y}\rangle \geq 0$, ed osservando che il discriminante del trinomio è dunque non positivo. □

Nel caso in cui la metrica sia quella indotta dal prodotto scalare (hermitiano), la disuguaglianza triangolare può essere dimostrata a partire dalla disuguaglianza di Schwarz:

$$\begin{aligned}
&\| \boldsymbol{x} + \boldsymbol{y} \|^2 = \\
&\qquad = \langle \boldsymbol{x} + \boldsymbol{y}|\boldsymbol{x} + \boldsymbol{y}\rangle = \langle \boldsymbol{x}|\boldsymbol{x}\rangle + \langle \boldsymbol{y}|\boldsymbol{y}\rangle + 2\,\mathrm{Re}\langle \boldsymbol{x}|\boldsymbol{y}\rangle \leq \\
&\qquad \leq \langle \boldsymbol{x}|\boldsymbol{x}\rangle + \langle \boldsymbol{y}|\boldsymbol{y}\rangle + 2|\langle \boldsymbol{x}|\boldsymbol{y}\rangle| = \\
&= \langle \boldsymbol{x}|\boldsymbol{x}\rangle + \langle \boldsymbol{y}|\boldsymbol{y}\rangle + 2\sqrt{\langle \boldsymbol{x}|\boldsymbol{y}\rangle \langle \boldsymbol{y}|\boldsymbol{x}\rangle} \leq^* \langle \boldsymbol{x}|\boldsymbol{x}\rangle + \langle \boldsymbol{y}|\boldsymbol{y}\rangle + 2\sqrt{\langle \boldsymbol{x}|\boldsymbol{x}\rangle \langle \boldsymbol{y}|\boldsymbol{y}\rangle} = \\
&\qquad = (\| \boldsymbol{x} \| + \| \boldsymbol{y} \|)^2,
\end{aligned}$$

dove si è fatto uso della disuguaglianza di Schwarz in $*$. Segue la disuguaglianza triangolare, estraendo la radice quadrata del primo e dell'ultimo membro.

Disuguaglianza di Hölder

È una generalizzazione della disuguaglianza di Schwarz:

$$\sum_{k=1}^{n} |a_k b_k| \leq \left(\sum_{k=1}^{n} |a_k|^p \right)^{\frac{1}{p}} \cdot \left(\sum_{k=1}^{n} |b_k|^q \right)^{\frac{1}{q}}, \tag{1.127}$$

dove $a_k, b_k > 0$, $p, q > 0$ e $\frac{1}{p} + \frac{1}{q} = 1$.

Disuguaglianza di Minkowsky

È una generalizzazione della disuguaglianza triangolare. Nelle stesse ipotesi della disuguaglianza di Hölder,

$$\left(\sum_{k=1}^{n} |a_k + b_k|^p\right)^{\frac{1}{p}} \leq \left(\sum_{k=1}^{n} |a_k|^p\right)^{\frac{1}{p}} + \left(\sum_{k=1}^{n} |b_k|^p\right)^{\frac{1}{p}}, \tag{1.128}$$

dove $p \geq 1$.

1.8.3 Vettori ortogonali e ortonormali

Teorema 1.21. *Un sistema di n vettori ortonormali $\{\boldsymbol{u}_1, \ldots \boldsymbol{u}_n\}$ in V_n, ossia tali che $\langle \boldsymbol{u}_i | \boldsymbol{u}_j \rangle = \delta_{ij}$, costituisce una base in V_n. Se $\boldsymbol{y} \in V_n$, risulta allora $\boldsymbol{y} = \sum_{i=1}^{n} y_i \boldsymbol{u}_i$, con*

$$y_i = \langle \boldsymbol{u}_i | \boldsymbol{y} \rangle, \tag{1.129}$$

che prendono il nome di componenti covarianti *o* coefficienti di Fourier *del vettore $\boldsymbol{y}$ rispetto al sistema ortonormale $\{\boldsymbol{u}_i\}$.*

Dimostrazione. Basta provare che gli n vettori $\boldsymbol{u}_i$ sono l.i. Invero, consideriamo il sistema lineare ottenuto uguagliando a $\boldsymbol{0}$ una loro c.l.: $\sum_{i=1}^{n} c_i \boldsymbol{u}_i = \boldsymbol{0}$. Moltiplicando scalarmente per $\boldsymbol{u}_j$ e facendo uso della proprietà di ortonormalità, si ha:

$$\langle \boldsymbol{u}_j | \boldsymbol{0} \rangle = 0 = \sum_{i=1}^{n} c_i \langle \boldsymbol{u}_j | \boldsymbol{u}_i \rangle = \sum_{i=1}^{n} c_i \delta_{ij} = c_j,$$

come volevasi. Dunque, per ogni $\boldsymbol{y} \in V_n$, esistono e sono uniche le componenti $y_1, \ldots y_n$ di $\boldsymbol{y}$ rispetto a $\{\boldsymbol{u}_i\}$: $\boldsymbol{y} = y_1 \boldsymbol{u}_1 + \ldots + \boldsymbol{u}_n$. Moltiplicando scalarmente per $\boldsymbol{u}_j$ e facendo ancora uso della proprietà di ortonormalità, si ha:

$$\langle \boldsymbol{u}_j | \boldsymbol{y} \rangle = \sum_{i=1}^{n} y_i \langle \boldsymbol{u}_j | \boldsymbol{u}_i \rangle = \sum_{i=1}^{n} y_i \delta_{ij} = y_j.$$

□

Teorema 1.22 (Procedimento di ortogonalizzazione di Gram-Schmidt). *In uno spazio vettoriale V_n ad n dimensioni, è sempre possibile scegliere una base composta da vettori ortonormali (versori).*

Dimostrazione. Data una base $\mathcal{V} = \{\boldsymbol{v}_1, \ldots \boldsymbol{v}_n\}$ in V_n, è sempre possibile generare a partire dai vettori $\mathcal{V}$ una base ortogonale di vettori $\mathcal{U}' = \{\boldsymbol{u}'_1, \ldots \boldsymbol{u}'_n\}$, costruiti secondo la seguente procedura:

$$\begin{aligned}
u_1' &= v_1, \\
u_1 &= \frac{u_1'}{\| u_1' \|}, \\
u_2' &= v_2 - \langle u_1 | v_2 \rangle u_1, \\
u_2 &= \frac{u_2'}{\| u_2' \|}, \\
u_3' &= v_3 - \langle u_2 | v_3 \rangle u_2 - \langle u_1 | v_3 \rangle u_1, \\
u_3 &= \frac{u_3'}{\| u_3' \|}, \\
&\vdots \quad\quad \vdots \\
u_n' &= v_n - \langle u_{n-1} | v_n \rangle u_{n-1} - \ldots - \langle u_1 | v_n \rangle u_1, \\
u_n &= \frac{u_n'}{\| u_n' \|}.
\end{aligned}$$

Tale metodo consiste sostanzialmente nel sottrarre da ogni vettore v_i la sua proiezione ortogonale lungo i vettori u_j' precedentemente definiti ($j < i$). I vettori così ottenuti possono quindi essere normalizzati semplicemente dividendo per la loro norma:

$$u_i = \frac{u_i'}{\| u_i' \|} = \frac{u_i'}{\sqrt{\langle u_i' | u_i' \rangle}}, \qquad i = 1, \ldots n.$$

I vettori (versori) così ottenuti formano un'effettiva base di vettori ortonormali $\{u_1, \ldots u_n\}$ in V_n. □

Osservazione 1.10. Il risultato del processo di ortonormalizzazione di Gram-Schmidt dipende, ovviamente, dall'ordine in cui sono dati i vettori iniziali. D'altronde, data una base, ogni permutazione (distinta dall'identità) dei vettori di tale base produce una base diversa, la matrice di passaggio essendo appunto una matrice di permutazione.

Esercizio 1.45. Ortonormalizzare la seguente base di vettori in $\mathbb{C}^3$: $(0, 1, -1)^\top$, $(1+i, 1, 1)^\top$, $(1-i, 1, 1)^\top$.

Risposta: $\left(0, \frac{\sqrt{2}}{2}, -\frac{\sqrt{2}}{2}\right)^\top$, $\left(\frac{1}{2}(1+i), \frac{1}{2}, \frac{1}{2}\right)^\top$, $\left(-\frac{1}{\sqrt{2}} i, \frac{1}{2\sqrt{2}}(1+i), \frac{1}{2\sqrt{2}}(1+i)\right)^\top$.

Esercizio 1.46. Ortonormalizzare la seguente base di vettori in $\mathbb{C}^3$: $(1+i, i, 1)^\top$, $(2, 1-2i, 2+i)^\top$, $(1-i, 0, -i)^\top$.

Risposta: $\left(\frac{1}{2}(1+i), \frac{1}{2} i, \frac{1}{2}\right)^\top$, $\left(\frac{1}{2\sqrt{3}}, \frac{1-5i}{4\sqrt{3}}, \frac{3+3i}{4\sqrt{3}}\right)^\top$, $\left(\frac{7-i}{2\sqrt{30}}, -\frac{5}{2\sqrt{30}}, \frac{-6+3i}{2\sqrt{30}}\right)^\top$.

Definizione 1.18 (Sottospazi ortogonali). *Sia W un sottospazio di V_n. Si dice che un vettore $v \in V_n$ è ortogonale al sottospazio W, e si scrive $v \perp W$, se risulta $\langle v | w \rangle = 0$, $\forall w \in W$.*

Due sottospazi V e W dello spazio vettoriale V_n si dicono ortogonali *se ogni vettore del primo sottospazio è ortogonale al secondo sottospazio, ossia se:*

$$\langle \boldsymbol{v}|\boldsymbol{w}\rangle = 0, \quad \forall \boldsymbol{v} \in V, \forall \boldsymbol{w} \in W,$$

e in tal caso si scrive $V \perp W$.

Teorema 1.23 (Proiezione ortogonale). *Sia W_m un sottospazio vettoriale di V_n, e $\boldsymbol{v} \in V_n$. Allora esiste un unico vettore $\boldsymbol{v}^\perp \in V_n$ tale che $(\boldsymbol{v} - \boldsymbol{v}^\perp) \perp W_m$. Tale vettore $\boldsymbol{v}^\perp$ prende il nome di* proiezione ortogonale *di $\boldsymbol{v}$ su W_m ed è, tra tutti i vettori di W_m, quello avente distanza minima da $\boldsymbol{v}$.*

Dimostrazione. Sia $\{\boldsymbol{u}_1, \ldots \boldsymbol{u}_m\}$ una base di vettori ortonormali in W_m. Essa esiste certamente, per il Teorema 1.22. Si verifica subito che il vettore richiesto è allora:

$$\boldsymbol{v}^\perp = \sum_{k=1}^{m} \langle \boldsymbol{u}_k|\boldsymbol{v}\rangle \boldsymbol{u}_k,$$

da cui si vede, in particolare, che $\boldsymbol{v}^\perp \in W_m$.

Proviamone l'unicità. Supponiamo, per assurdo, che esista un secondo vettore $\boldsymbol{v}_1^\perp \neq \boldsymbol{v}^\perp$ tale che $(\boldsymbol{v} - \boldsymbol{v}_1^\perp) \perp W_m$. Allora si avrebbe $\langle \boldsymbol{v} - \boldsymbol{v}^\perp|\boldsymbol{w}\rangle = 0$ e $\langle \boldsymbol{v} - \boldsymbol{v}_1^\perp|\boldsymbol{w}\rangle = 0$, $\forall \boldsymbol{w} \in W_m$, e, sottraendo membro a membro, $\langle \boldsymbol{v}_1^\perp - \boldsymbol{v}^\perp|\boldsymbol{w}\rangle = 0$, da cui, per l'arbitrarietà di $\boldsymbol{w}$, $\boldsymbol{v}^\perp = \boldsymbol{v}_1^\perp$, che è assurdo.

Proviamo infine che $\boldsymbol{v}^\perp$ è il vettore di W_m avente minima distanza da $\boldsymbol{v}$. Sia allora $\boldsymbol{w} \in W_m$, eventualmente con $\boldsymbol{w} = \boldsymbol{v}^\perp$. Essendo anche $\boldsymbol{v}^\perp \in W_m$, è pure $\boldsymbol{w} - \boldsymbol{v}^\perp \in W_m$, pertanto $\langle \boldsymbol{v} - \boldsymbol{v}^\perp|\boldsymbol{w} - \boldsymbol{v}^\perp\rangle = 0$. Si ha:

$$\begin{aligned}
\| \boldsymbol{v} - \boldsymbol{w} \|^2 &= \langle \boldsymbol{v} - \boldsymbol{w}|\boldsymbol{v} - \boldsymbol{w}\rangle \\
&= \langle \boldsymbol{v} - \boldsymbol{v}^\perp + \boldsymbol{v}^\perp - \boldsymbol{w}|\boldsymbol{v} - \boldsymbol{v}^\perp + \boldsymbol{v}^\perp - \boldsymbol{w}\rangle \\
&= \langle \boldsymbol{v} - \boldsymbol{v}^\perp|\boldsymbol{v} - \boldsymbol{v}^\perp\rangle + \underbrace{\langle \boldsymbol{v} - \boldsymbol{v}^\perp|\boldsymbol{v}^\perp - \boldsymbol{w}\rangle}_{=0} + \underbrace{\langle \boldsymbol{v}^\perp - \boldsymbol{w}|\boldsymbol{v} - \boldsymbol{v}^\perp\rangle}_{=0} + \underbrace{\langle \boldsymbol{v}^\perp - \boldsymbol{w}|\boldsymbol{v}^\perp - \boldsymbol{w}\rangle}_{\geq 0} \\
&\geq \langle \boldsymbol{v} - \boldsymbol{v}^\perp|\boldsymbol{v} - \boldsymbol{v}^\perp\rangle = \| \boldsymbol{v} - \boldsymbol{v}^\perp \|^2,
\end{aligned}$$

il segno di uguaglianza essendo verificato se e solo se $\boldsymbol{w} = \boldsymbol{v}^\perp$. □

1.9 Particolari classi di omomorfismi e loro proprietà

In questa sezione, faremo sempre riferimento a spazi complessi o reali ($V_n = \mathbb{C}^n$ o $\mathbb{R}^n$), e utilizzeremo lo stesso simbolo (ad esempio, A) per denotare un endomorfismo e la matrice ad esso associata relativamente ad una base di V_n. Spesso, inoltre, utilizzeremo i termini 'endomorfismo', 'matrice', 'operatore', 'applicazione lineare' come sinonimi.

1.9.1 Matrici hermitiane, unitarie, normali

Definizione 1.19 (Matrice hermitiana coniugata). *Sia $A = (A_{ij})$ una matrice $n \times n$ ad elementi complessi $A_{ij} \in \mathbb{C}$, $(i, j = 1, \ldots n)$. La* matrice hermitiana coniugata *ad A è la matrice $A^\dagger$ avente per elementi i complessi coniugati della trasposta di A:*

$$(A^\dagger)_{ij} = A^*_{ji}.$$

Si verifica facilmente che:

$$\begin{aligned}
(A \cdot B)^\dagger &= B^\dagger \cdot A^\dagger, \\
(A^\dagger)^\dagger &= A, \\
(A + B)^\dagger &= A^\dagger + B^\dagger, \\
(\lambda A)^\dagger &= \lambda^* A^\dagger, \\
\langle \boldsymbol{y} | A\boldsymbol{x} \rangle &= \langle A^\dagger \boldsymbol{y} | \boldsymbol{x} \rangle, \\
\langle A\boldsymbol{y} | \boldsymbol{x} \rangle &= \langle \boldsymbol{y} | A^\dagger \boldsymbol{x} \rangle,
\end{aligned}$$

per ogni $A, B \in \mathfrak{M}_{n,n}(\mathbb{C})$, $\forall \lambda \in \mathbb{C}$, $\forall \boldsymbol{x}, \boldsymbol{y} \in V_n$. Le penultime due proprietà, in particolare, si dimostrano con riferimento ad una base arbitraria, osservando ad esempio che:[13]

$$\langle A\boldsymbol{y} | \boldsymbol{x} \rangle = \sum_{h,k=1}^{n} A^*_{kh} y^*_h x_k = \sum_{h,k=1}^{n} y^*_h (A^\dagger)_{hk} x_k = \langle \boldsymbol{y} | A^\dagger \boldsymbol{x} \rangle.$$

Definizione 1.20 (Matrice hermitiana o autoaggiunta). *Una matrice $A \in \mathfrak{M}_{n,n}(\mathbb{C})$ si dice* hermitiana *o* autoaggiunta *se*[14]

$$A^\dagger = A,$$

ossia se $A_{ij} = A^*_{ji}$. Una matrice hermitiana ha in particolare elementi reali lungo la diagonale principale. Una matrice hermitiana ad elementi reali è simmetrica.

Una matrice si dice antihermitiana *se invece risulta $A^\dagger = -A$. Lungo la diagonale principale, una matrice antihermitiana ha solo elementi puramente immaginari. Una matrice antihermitiana ad elementi reali è antisimmetrica.*

---

[13] Notate che nei testi di fisica, si usa scrivere $\langle \boldsymbol{x} | \hat{A} | \boldsymbol{y} \rangle$ in luogo di $\langle \boldsymbol{x} | A\boldsymbol{y} \rangle$.

[14] Si usa riservare significato differente agli aggettivi "hermitiano" e "autoaggiunto" nel caso di operatori su spazi infinito-dimensionali. Tali differenze non sussistono nel caso finito-dimensionale, in cui essi possono essere usati come sinonimi.

Teorema 1.24. *Ogni matrice $A \in \mathfrak{M}_{n,n}(\mathbb{C})$ può essere espressa in modo unico come la combinazione:*

$$A = A_1 + iA_2 \tag{1.130}$$

di due matrici hermitiane A_1, A_2.

Dimostrazione. Basta scegliere:

$$A_1 = \frac{1}{2}(A + A^\dagger), \qquad A_2 = \frac{1}{2i}(A - A^\dagger). \tag{1.131}$$

□

Osservazione 1.11. La (1.130) mostra un primo motivo di importanza delle matrici hermitiane. Essa ricorda, infatti, la decomposizione di un numero complesso nelle sue parti reale e immaginaria. Se, come è stato sottolineato altre volte, le matrici ad elementi complessi generalizzano, in un certo senso, i numeri complessi, allora le matrici hermitiane generalizzano i numeri reali, pur avendo, esse stesse, elementi non tutti reali (solo gli elementi lungo la diagonale principale sono necessariamente reali). Invero, proveremo più avanti che una matrice hermitiana è diagonalizzabile ed ha autovalori *reali,* per cui esiste almeno una base (la base degli autovettori), relativamente alla quale una matrice hermitiana ha effettivamente tutti gli elementi reali.

Teorema 1.25. *Condizione necessaria e sufficiente affinchè una matrice A sia hermitiana è che*

$$\langle \boldsymbol{y}|A\boldsymbol{x}\rangle = \langle A\boldsymbol{y}|\boldsymbol{x}\rangle, \quad \forall \boldsymbol{x}, \boldsymbol{y} \in \mathbb{C}^n,$$

ovvero che

$$\langle \boldsymbol{x}|A\boldsymbol{x}\rangle \quad \textit{sia reale, } \forall \boldsymbol{x} \in \mathbb{C}^n .$$

Dimostrazione. Supponiamo dapprima che $A = A^\dagger$. Allora, $\langle \boldsymbol{y}|A\boldsymbol{x}\rangle = \langle A^\dagger \boldsymbol{y}|\boldsymbol{x}\rangle = \langle A\boldsymbol{y}|\boldsymbol{x}\rangle$, $\forall \boldsymbol{x}, \boldsymbol{y} \in \mathbb{C}^n$, come volevasi. Viceversa, se $\langle \boldsymbol{y}|A\boldsymbol{x}\rangle = \langle A\boldsymbol{y}|\boldsymbol{x}\rangle$, $\forall \boldsymbol{x}, \boldsymbol{y} \in \mathbb{C}^n$, allora $\langle (A^\dagger - A)\boldsymbol{y}|\boldsymbol{x}\rangle = 0$, da cui, per l'arbitrarietà di $\boldsymbol{x}$, segue che $(A^\dagger - A)\boldsymbol{y} = \boldsymbol{0}$, e per l'arbitrarietà di $\boldsymbol{y}$, $A^\dagger = A$, come volevasi.

Per quanto riguarda la seconda condizione, supponiamo dapprima che $A = A^\dagger$. Allora, $\langle \boldsymbol{x}|A\boldsymbol{x}\rangle^* = \langle A\boldsymbol{x}|\boldsymbol{x}\rangle = \langle \boldsymbol{x}|A^\dagger \boldsymbol{x}\rangle = \langle \boldsymbol{x}|A\boldsymbol{x}\rangle$, da cui $\mathrm{Im}\langle \boldsymbol{x}|A\boldsymbol{x}\rangle = 0$, come volevasi. Viceversa, poiché vale l'identità:

$$\begin{aligned}\langle \boldsymbol{x}|A\boldsymbol{y}\rangle = \frac{1}{4}\,[&\langle \boldsymbol{x}+\boldsymbol{y}|A(\boldsymbol{x}+\boldsymbol{y})\rangle - i\langle \boldsymbol{x}+i\boldsymbol{y}|A(\boldsymbol{x}+i\boldsymbol{y})\rangle \\ &-\langle \boldsymbol{x}-\boldsymbol{y}|A(\boldsymbol{x}-\boldsymbol{y})\rangle + i\langle \boldsymbol{x}-i\boldsymbol{y}|A(\boldsymbol{x}-i\boldsymbol{y})\rangle]\,,\end{aligned} \tag{1.132}$$

per ogni vettore $\boldsymbol{x}$ e $\boldsymbol{y}$, si verifica subito che $\langle \boldsymbol{y}|A\boldsymbol{x}\rangle = \langle A\boldsymbol{y}|\boldsymbol{x}\rangle$, da cui la tesi. □

Teorema 1.26. *Siano A e B due matrici autoaggiunte. Condizione necessaria e sufficiente affinché AB sia autoaggiunto è che $[A, B] = 0$.*

Dimostrazione. Si ha: $(AB)^\dagger = B^\dagger A^\dagger = BA$, che è $= AB$ se e solo se $[A, B] = 0$. □

Definizione 1.21 (Matrice unitaria). *Una matrice U $n \times n$ ad elementi complessi si dice* unitaria *se*

$$U^\dagger U = \mathbb{1}. \tag{1.133}$$

In tal caso, per il teorema di Binet, si ha $\det U^\dagger \cdot \det U = 1$, *ossia*

$$|\det U|^2 = 1. \tag{1.134}$$

In altri termini, $\det U$ *è un numero complesso del tipo $e^{i\phi}$, con ϕ reale. In particolare, quindi,* $\det U \neq 0$. *Dunque una matrice U è invertibile, e risulta:*

$$U^{-1} = U^\dagger,$$

e inoltre $UU^\dagger = \mathbb{1}$.

Osservazione 1.12. Esempi di matrici unitarie 2×2 sono dati da

$$U = \begin{pmatrix} b & a^* \\ -a & b^* \end{pmatrix},$$

con a e b numeri complessi tali che $|a|^2 + |b|^2 = 1$. In particolare, in tal caso risulta:

$$U^{-1} = \begin{pmatrix} b^* & -a^* \\ a & b \end{pmatrix} = U^\dagger.$$

Così come le matrici hermitiane generalizzano i numeri reali, le matrici unitarie generalizzano i numeri complessi di modulo unitario, ossia i numeri del tipo $e^{i\phi}$, con ϕ reale. Se $z \in \mathbb{C}$, il numero $ze^{i\phi}$ può essere pensato come ottenuto da z mediante una rotazione in senso antiorario di ϕ radianti nel piano di Gauss-Argand: $z \to Uz$, con $U \equiv e^{i\phi}$ in una dimensione.[15] Una proprietà caratteristica (geometrica, e più precisamente metrica) di tali rotazioni è quella di lasciare invariato il prodotto di un numero complesso per il complesso coniugato di un altro numero complesso, cioè l'angolo $\arg(z_2 - z_1)$ formato dai vettori z_1 e z_2 nel piano di Gauss-Argand: $(Uz_2)^*\, Uz_1 = z_2^* z_1$. Tale prodotto è generalizzato, nel caso n-dimensionale, dal prodotto scalare (hermitiano), che è proporzionale al coseno dell'"angolo" formato da due vettori.

Sussiste pertanto il seguente:

---

[15] In particolare, per $\phi = \pi/2$, $U = i$. Dunque, l'unità immaginaria può essere pensata come un particolare operatore di rotazione. Per questo motivo, alcuni lo chiamano "operatore manovella", nel senso che i moltiplicato per un numero reale ruota l'immagine di questo di 90° in senso antiorario nel piano di Gauss-Argand.

Teorema 1.27. *Condizione necessaria e sufficiente affinché una matrice U sia unitaria è che*

$$\langle U\boldsymbol{x}|U\boldsymbol{y}\rangle = \langle \boldsymbol{x}|\boldsymbol{y}\rangle, \qquad \forall \boldsymbol{x}, \boldsymbol{y} \in \mathbb{C}^n. \tag{1.135}$$

Dimostrazione. $\langle U\boldsymbol{x}|U\boldsymbol{y}\rangle = \langle \boldsymbol{x}|U^\dagger U\boldsymbol{y}\rangle = \langle \boldsymbol{x}|\boldsymbol{y}\rangle$. □

Osservazione 1.13. La condizione (1.135) è suscettibile anche di un'importante interpretazione fisica. In Meccanica quantistica, il prodotto scalare di due stati rappresenta un'ampiezza di probabilità. Sebbene essa non sia (normalmente) misurabile direttamente, il suo modulo quadro costituisce una densità di probabilità, che ammette un'immediata interpretazione fisica. D'altro canto, il valore di aspettazione $\langle \boldsymbol{x}|A\boldsymbol{y}\rangle$ tra gli stati $\boldsymbol{x}$ e $\boldsymbol{y}$ ha un ben preciso significato fisico, e risulta $\langle \boldsymbol{x}|A\boldsymbol{y}\rangle = \langle \boldsymbol{x}'|A'\boldsymbol{y}'\rangle$, con $\boldsymbol{x}' = U\boldsymbol{x}$, $\boldsymbol{y}' = U\boldsymbol{y}$, e $A' = UAU^\dagger$. Ciò è esattamente quel che ci si attende da una trasformazione che non alteri la fisica del sistema.

Teorema 1.28. *Condizione necessaria e sufficiente affinché la matrice U sia unitaria è che le colonne (o le righe) di U siano le componenti di una base ortonormale $\{\boldsymbol{u}_1, \ldots \boldsymbol{u}_n\}$.*

Dimostrazione. Supponiamo dapprima che U sia unitaria. Allora $U^\dagger U = \mathbb{1}$ ed anche $UU^\dagger = \mathbb{1}$, quindi:

$$U^\dagger U = \mathbb{1} \quad \Leftrightarrow \quad \sum_{h=1}^{n} (U^\dagger)_{ih} U_{hj} = \delta_{ij} \quad \Leftrightarrow \quad \sum_{h=1}^{n} U^*_{hi} U_{hj} = \delta_{ij} \tag{1.136}$$

$$UU^\dagger = \mathbb{1} \quad \Leftrightarrow \quad \sum_{k=1}^{n} U_{ik} (U^\dagger)_{kj} = \delta_{ij} \quad \Leftrightarrow \quad \sum_{k=1}^{n} U_{ik} U^*_{jk} = \delta_{ij}. \tag{1.137}$$

Identificando gli elementi delle colonne di U con le componenti di un sistema di vettori $\{\boldsymbol{u}_j\}$, ossia ponendo $(\boldsymbol{u}_j)_h = U_{hj}$ (j-simo vettore, componente h; riga di posto h, colonna di posto j; $j, h = 1, \ldots n$), la (1.136) equivale a dire che $\langle \boldsymbol{u}_i|\boldsymbol{u}_j\rangle = \delta_{ij}$, ossia che tale sistema di vettori è ortonormale.

Identificando invece gli elementi delle righe di U con le componenti di un sistema di vettori $\{\boldsymbol{v}_h\}$, ossia ponendo $(\boldsymbol{v}_h)_j = U_{hj}$ ($j, h = 1, \ldots n$), la (1.137) equivale a dire che $\langle \boldsymbol{v}_j|\boldsymbol{v}_i\rangle = \delta_{ij}$, ossia che tale sistema di vettori è ortonormale. □

Teorema 1.29. *Gli autovalori di un operatore autoaggiunto sono reali. Autovettori corrispondenti ad autovalori distinti sono ortogonali.*[16]

Dimostrazione. Sia $A = A^\dagger$ un operatore autoaggiunto, $\lambda \in \mathbb{C}$ un suo autovalore, ed $\boldsymbol{x} \neq \boldsymbol{0}$ un autovettore di A associato a tale autovalore, $A\boldsymbol{x} = \lambda\boldsymbol{x}$. Moltiplicando scalarmente per $\boldsymbol{x}$ a sinistra, segue allora che $\langle \boldsymbol{x}|A\boldsymbol{x}\rangle = \lambda\langle \boldsymbol{x}|\boldsymbol{x}\rangle$, e dividendo per $\langle \boldsymbol{x}|\boldsymbol{x}\rangle \neq 0$,

[16] Sappiamo già che essi sono l.i., Teorema 1.11.

$$\lambda = \frac{\langle \boldsymbol{x}|A\boldsymbol{x}\rangle}{\langle \boldsymbol{x}|\boldsymbol{x}\rangle} \in \mathbb{R},$$

per il Teorema 1.25 e la (1.123).

Se poi $\lambda_1, \lambda_2 \in \mathbb{R}$ sono due autovalori di A, con $\lambda_1 \neq \lambda_2$, ed $\boldsymbol{x}_1 \neq \boldsymbol{0}$, $\boldsymbol{x}_2 \neq \boldsymbol{0}$ sono autovettori, con $A\boldsymbol{x}_1 = \lambda_1 \boldsymbol{x}_1$, $A\boldsymbol{x}_2 = \lambda_2 \boldsymbol{x}_2$, moltiplicando scalarmente a sinistra la prima per $\boldsymbol{x}_2$ e la seconda per $\boldsymbol{x}_1$,

$$\begin{aligned} \langle \boldsymbol{x}_2|A\boldsymbol{x}_1\rangle &= \lambda_1 \langle \boldsymbol{x}_2|\boldsymbol{x}_1\rangle, \\ \langle \boldsymbol{x}_1|A\boldsymbol{x}_2\rangle &= \lambda_2 \langle \boldsymbol{x}_1|\boldsymbol{x}_2\rangle, \end{aligned}$$

prendendo il complesso coniugato di ambo i membri di quest'ultima, e osservando che $A^\dagger = A$ e $\lambda_2^* = \lambda_2$,

$$\langle \boldsymbol{x}_2|A\boldsymbol{x}_1\rangle = \lambda_2 \langle \boldsymbol{x}_2|\boldsymbol{x}_1\rangle,$$

e sottraendo membro a membro dalla prima, si ha:

$$0 = (\lambda_1 - \lambda_2)\langle \boldsymbol{x}_2|\boldsymbol{x}_1\rangle,$$

che, per la legge di annullamento del prodotto, essendo per ipotesi $\lambda_1 \neq \lambda_2$, comporta la ortogonalità dei due autovettori, come volevasi. □

Teorema 1.30 (fondamentale sulla diagonalizzazione di un operatore autoaggiunto). *Un operatore autoaggiunto H ammette n autovettori ortogonali.*

Dimostrazione. Cominciamo col ricercare gli autovalori di H. Sappiamo che essi sono soluzioni dell'equazione caratteristica $\det(H - \lambda \mathbb{1}) = 0$, che è un'equazione algebrica di grado n, con $\lambda \in \mathbb{C}$, anzi, per il teorema precendente, $\lambda \in \mathbb{R}$. Per il teorema fondamentale dell'algebra, esiste una radice $\lambda_1 \in \mathbb{C}$ (anzi, $\lambda_1 \in \mathbb{R}$) di tale equazione, in corrispondenza alla quale l'equazione per gli autovettori $H\boldsymbol{x}_1 = \lambda_1 \boldsymbol{x}_1$ ammette certamente soluzioni distinte dalla banale, $\boldsymbol{x}_1 \neq \boldsymbol{0}$. Con tali soluzioni, inclusa la banale, formiamo l'autospazio

$$E(\lambda_1) = \{\boldsymbol{x}_1 \in V_n \colon H\boldsymbol{x}_1 = \lambda_1 \boldsymbol{x}_1\}$$

con $\dim E(\lambda_1) = 1$. Il sottospazio ortogonale

$$E_1^\perp = \{\boldsymbol{x} \in V_n \colon \langle \boldsymbol{x}|\boldsymbol{x}_1\rangle = 0, \forall \boldsymbol{x}_1 \in E(\lambda_1)\}$$

forma un sottospazio invariante rispetto ad H, con $\dim E_1^\perp = n - 1$, cioè risulta $H\boldsymbol{x} \in E_1^\perp$, non appena sia $\boldsymbol{x} \in E_1^\perp$. Infatti,

$$\langle H\boldsymbol{x}|\boldsymbol{x}_1\rangle = \langle \boldsymbol{x}|H^\dagger \boldsymbol{x}_1\rangle = \langle \boldsymbol{x}|H\boldsymbol{x}_1\rangle = \langle \boldsymbol{x}|\lambda_1 \boldsymbol{x}_1\rangle = \lambda_1 \langle \boldsymbol{x}|\boldsymbol{x}_1\rangle = 0,$$

non appena appunto sia $\boldsymbol{x} \in E_1^\perp$.

La restrizione di H ad $E_1^\perp$ è ancora un operatore autoaggiunto. È possibile quindi ripetere il ragionamento, determinare un autovalore λ_2 con autovettore

$\boldsymbol{x}_2 \in E_1^\perp$, dunque ortogonale all'autovettore $\boldsymbol{x}_1$ precedentemente determinato, e così via.

In definitiva, si vengono così a trovare n autovettori ortogonali, perché appartenenti ad autospazi ortogonali. □

Osservazione 1.14. Gli n autovettori del teorema precedente, divisi ciascuno per il proprio modulo, formano un sistema ortonormale di n versori, dunque una base. Una matrice autoaggiunta H è dunque diagonalizzabile (Teorema 1.9). Le componenti di tali autovettori, ordinate per colonna, formano una matrice unitaria U (Teorema 1.28), che altri non è se non la matrice di passaggio dalla base di riferimento iniziale alla base degli autovettori (auto*versori*), nella quale H è diagonale. Solitamente, la trasformazione di similarità che diagonalizza H comporta la costruzione dell'inversa U^{-1} della matrice di passaggio. In tale caso, tuttavia, essendo U unitaria, risulta $U^{-1} = U^\dagger$, di più agevole costruzione, con cui la forma diagonale di H si ottiene semplicemente come:

$$H' = U^\dagger H U.$$

Definizione 1.22 (Matrice normale). *Una matrice A si dice* normale *se essa commuta con la sua hermitiana coniugata, ossia se*

$$AA^\dagger = A^\dagger A.$$

Una matrice unitaria è in particolare normale, in quanto $UU^\dagger = U^\dagger U = \mathbb{1}$, mentre non è sempre verificato il viceversa.

Una proprietà caratteristica degli operatori normali è espresso dal Teorema 1.31, per dimostrare il quale avremo bisogno dei seguenti lemmi.

Lemma 1.3. *Se A e B sono operatori, con $[A, B] = 0$, e λ è un autovalore di A, allora $E_A(\lambda)$ è un sottospazio invariante rispetto a B.*

Dimostrazione. Sia $\boldsymbol{x}$ un autovettore di A appartenente all'autovalore λ, $A\boldsymbol{x} = \lambda\boldsymbol{x}$. Allora $\boldsymbol{x} \in E_A(\lambda)$ e:

$$A(B\boldsymbol{x}) = B(A\boldsymbol{x}) = \lambda B\boldsymbol{x} \quad \Leftrightarrow \quad B\boldsymbol{x} \in E_A(\lambda).$$

□

Lemma 1.4. *Se A e B sono operatori, con $[A, B] = 0$, allora A e B hanno almeno un autovettore in comune.*

Dimostrazione. Per il teorema fondamentale dell'algebra applicato all'equazione caratteristica, A ammette almeno un autovalore λ_0, con autovettore $\boldsymbol{x}_0$, $A\boldsymbol{x}_0 = \lambda_0\boldsymbol{x}_0$. Consideriamo l'autospazio $E_A(\lambda_0)$. Essendo tale sottospazio invariante rispetto a B (Lemma precedente), la restrizione B_0 di B a $E_A(\lambda_0)$ ammette almeno un autovettore $\boldsymbol{y} \in E_A(\lambda_0)$, cioè risulta, allo stesso tempo, $A\boldsymbol{y} = \lambda_0\boldsymbol{y}$, e $B\boldsymbol{y} = \lambda_1\boldsymbol{y}$, per qualche λ_1, che è quanto si voleva dimostrare. □

Lemma 1.5. *Condizione necessaria e sufficiente affinché due operatori autoaggiunti A e B ammettano n autovettori ortonormali in comune è che $[A, B] = 0$.*

Dimostrazione. Tale condizione è necessaria. Infatti, supponiamo che esistano n vettori ortonormali $\boldsymbol{u}_i$ autovettori sia di A, sia di B: $A\boldsymbol{u}_i = a_i\boldsymbol{u}_i$, $B\boldsymbol{u}_i = b_i\boldsymbol{u}_i$ $(i = 1, \dots n)$. Rispetto alla base degli $\boldsymbol{u}_i$, se $\boldsymbol{x} = \sum_{i=1}^n x_i\boldsymbol{u}_i \in V_n$, si ha:

$$\begin{aligned} AB\boldsymbol{x} = \sum_{i=1}^n x_i AB\boldsymbol{u}_i = \sum_{i=1}^n x_i b_i A\boldsymbol{u}_i = \sum_{i=1}^n x_i b_i a_i \boldsymbol{u}_i = \\ = \sum_{i=1}^n x_i b_i A\boldsymbol{u}_i = \sum_{i=1}^n x_i BA\boldsymbol{u}_i = BA\boldsymbol{x}, \end{aligned}$$

onde, per l'arbitrarietà di $\boldsymbol{x}$, $[A, B] = 0$.

La condizione è sufficiente. Infatti, se $AB = BA$, per il Lemma precedente, A e B hanno almeno un autovettore in comune $\boldsymbol{y}_1$, e l'insieme $E_1^\perp$ dei vettori ortogonali ad $\boldsymbol{y}_1$ forma un sottospazio invariante sia rispetto ad A, sia rispetto a B, con $\dim E_1^\perp = n-1$. Restringendo A e B a tale sottospazio, e osservando che anche le restrizioni di A e B commutano, si può ripetere il ragionamento, e determinare un secondo autovettore comune $\boldsymbol{y}_2 \in E_1^\perp$, ortogonale al precedente. E così via, fino a trovare n autovettori $\boldsymbol{y}_i$ ortogonali comuni. Essi possono infine essere normalizzati, semplicemente dividendo ciascuno per la propria norma, $\boldsymbol{u}_i = \boldsymbol{y}_i / \parallel \boldsymbol{y}_i \parallel$. □

Teorema 1.31. *Condizione necessaria e sufficiente affinché un operatore A ammetta n autovettori ortonormali è che esso commuti col suo aggiunto (cioè, sia normale).*

Dimostrazione. Dato A, è possibile costruire gli operatori $A_1 = \frac{1}{2}(A + A^\dagger)$, $A_2 = \frac{1}{2i}(A - A^\dagger)$ del Teorema 1.24. Essi sono autoaggiunti, per costruzione, e poiché per ipotesi $[A, A^\dagger] = 0$, allora anche $A_1 A_2 = A_2 A_1$. Per il precedente Lemma, allora, esiste una base ortonormale $\{\boldsymbol{u}_i\}$ di autovettori ortonormali comuni ad A_1 ed A_2,

$$\begin{aligned} A_1\boldsymbol{u}_i &= \lambda_i\boldsymbol{u}_i, \\ A_2\boldsymbol{u}_i &= \mu_i\boldsymbol{u}_i, \end{aligned}$$

con $\lambda_i, \mu_i \in \mathbb{R}$ $(i = 1, \dots n)$. Moltiplicando la seconda equazione membro a membro per i e sommando alla prima, si ha:

$$(A_1 + iA_2)\boldsymbol{u}_i = A\boldsymbol{u}_i = (\lambda_i + i\mu_i)\boldsymbol{u}_i \equiv \omega_i\boldsymbol{u}_i,$$

come volevasi.

Viceversa, se $\exists\omega_i \in \mathbb{C}$ tali che $A\boldsymbol{u}_i = \omega_i\boldsymbol{u}_i$, dove $\langle\boldsymbol{u}_i|\boldsymbol{u}_i\rangle = \delta_{ij}$, allora A è diagonale nella base $\{\boldsymbol{u}_1, \dots \boldsymbol{u}_n\}$, con $A' = \mathrm{diag}(\omega_1, \dots \omega_n)$. In tale base, anche

$A'^\dagger$ è diagonale, con $A'^\dagger = \mathrm{diag}(\omega_1^*, \ldots \omega_n^*)$. Segue che A' e $A'^\dagger$ commutano, in tale base. Poichè la commutatività è espressa da una relazione algebrica, $[A', A'^\dagger] = 0$, e questa è invariante per trasformazioni di similarità, segue che A e $A^\dagger$ commutano in ogni altra base, ossia A è normale, come volevasi.[17] □

In particolare, segue che:

Teorema 1.32. *Ogni operatore unitario U ha autovalori di modulo 1, ed ammette n autovettori ortonormali.*

Dimostrazione. Un operatore unitario è in particolare normale, dunque vale il Teorema precedente. Inoltre, se $U\boldsymbol{x} = \lambda\boldsymbol{x}$, moltiplicando scalarmente il primo membro per se stesso, ed il secondo membro per se stesso, essendo $U^\dagger U = \mathbb{1}$, si ha:

$$\begin{aligned} \langle U\boldsymbol{x}|U\boldsymbol{x}\rangle &= \langle \lambda\boldsymbol{x}|\lambda\boldsymbol{x}\rangle, \\ \langle \boldsymbol{x}|U^\dagger U\boldsymbol{x}\rangle &= |\lambda|^2\langle \boldsymbol{x}|\boldsymbol{x}\rangle, \\ \langle \boldsymbol{x}|\boldsymbol{x}\rangle &= |\lambda|^2\langle \boldsymbol{x}|\boldsymbol{x}\rangle, \end{aligned}$$

da cui $|\lambda| = 1$, come volevasi.

In particolare, segue che la norma (1.124) di un operatore unitario è uno:

$$\| U \| = 1.$$

Il fatto che un operatore unitario ammetta autovalori di modulo unitario, precisa ulteriormente in che senso tali operatori "generalizzino" i numeri complessi di modulo unitario nel caso di matrici complesse $n \times n$. □

Esercizio 1.47. Classificare e diagonalizzare le seguenti matrici:

$$\begin{pmatrix} 0 & 1+i & -i \\ 1-i & 3 & 2-i \\ i & 2+i & 5 \end{pmatrix}, \quad \begin{pmatrix} 1 & 0 & 2 \\ 0 & -1 & -2 \\ 2 & -2 & 0 \end{pmatrix}, \quad \begin{pmatrix} 2 & 0 & 1 \\ 0 & 1 & 0 \\ 1 & 0 & 2 \end{pmatrix},$$

$$\begin{pmatrix} 2 & 1-i & \sqrt{3}+i \\ 1+i & 1 & 0 \\ \sqrt{3}-i & 0 & 1 \end{pmatrix}, \quad \begin{pmatrix} 5 & -2 & 2 \\ -2 & 5 & 0 \\ 2 & 0 & 5 \end{pmatrix}, \quad \begin{pmatrix} 2 & 0 & i \\ 0 & 1 & 0 \\ -i & 0 & 2 \end{pmatrix},$$

$$\begin{pmatrix} 2+i & 1+2i \\ 4 & -2+5i \end{pmatrix}, \quad \begin{pmatrix} \frac{1-\sqrt{2}}{2} & 0 & \frac{1+\sqrt{2}}{2}i \\ 0 & \sqrt{2} & 0 \\ -\frac{1+\sqrt{2}}{2}i & 0 & \frac{1-\sqrt{2}}{2} \end{pmatrix}.$$

[17] Beninteso, una matrice diagonale commuta con ogni altra matrice diagonale. Il risultato del teorema consiste nell'aver dimostrato che le due matrici diagonali A' e $A'^\dagger$ commutano relativamente *alla stessa base*. Il carattere normale di un endomorfismo è dunque una proprietà che è in questo caso è stata dimostrata in una particolare base (quella degli autovettori ortonormali comuni ad A e $A^\dagger$), ma che vale *in ogni base*, cioè è una proprietà *assoluta*, che in questo caso abbiamo dimostrato, per comodità, *relativamente ad una base*, per poi estenderla ad ogni riferimento.

Esercizio 1.48. Stabilire se

$$A = \begin{pmatrix} 0 & 1 \\ 1 & 0 \end{pmatrix} \quad \text{e} \quad B = \begin{pmatrix} 0 & i \\ -i & 0 \end{pmatrix}$$

sono simultaneamente diagonalizzabili. Stabilire se due matrici di Pauli (§ 1.2.1) siano simultaneamente diagonalizzabili, e discuterne il significato fisico (Messiah, 1964).

Esercizio 1.49 (Compito d'esame del 21.9.1998). Data la matrice

$$A = \begin{pmatrix} 1 & -3 & 3 \\ 3 & -5 & 3 \\ 6 & -6 & 4 \end{pmatrix},$$

discuterne il problema agli autovalori e calcolare gli elementi di matrice di A^4.

Risposta: La matrice assegnata *non* è normale, nel senso che $A^\dagger A \neq AA^\dagger$ (fate la verifica). Tuttavia, essa è diagonalizzabile, e si trova che ha autovalori $\lambda_1 = \lambda_2 = -2$ e $\lambda_3 = 4$, ed autovettori $\boldsymbol{v}_1 = (-1, 0, 1)^\top$, $\boldsymbol{v}_2 = (1, 1, 0)^\top$, e $\boldsymbol{v}_3 = (1, 1, 2)^\top$. Tali autovettori costituiscono una base (verificatelo), ma tale base non è ortonormale. In particolare, non essendo A hermitiana, non c'è modo di trovare un autovettore $\boldsymbol{v}_3$ ortogonale a $\boldsymbol{v}_1$ (o a $\boldsymbol{v}_2$), pur appartenendo ad autovalori distinti. (Invece, è possibile trovare due vettori $\boldsymbol{v}'_1$, $\boldsymbol{v}'_2$, ancora autovettori di A appartenenti a $\lambda_1 = \lambda_2$, e fra loro ortogonali.) Sebbene sia possibile applicare il procedimento di Gram-Schmidt alla base trovata, e tale procedimento produca una nuova base di vettori (anzi, versori) $\boldsymbol{u}_1$, $\boldsymbol{u}_2$, $\boldsymbol{u}_3$, i vettori così generati *non* sono più autovettori di A.

Si trova infine $A^4 = \begin{pmatrix} 136 & -120 & 120 \\ 120 & -104 & 120 \\ 240 & -240 & 256 \end{pmatrix}$.

Esercizio 1.50 (Trasformata di Fourier discreta). Fissato $n \in \mathbb{N}$, consideriamo l'operatore $\mathcal{F}\colon \mathbb{C}^n \to \mathbb{C}^n$, la cui matrice associata ha elementi:

$$\mathcal{F}_{hk} = \frac{1}{\sqrt{n}} \exp\left(-\frac{2\pi i}{n} h \cdot k\right),$$

dove $h, k = 0, 1, \ldots n-1$. La *trasformata di Fourier discreta (DFT)* del vettore $\boldsymbol{u} \in \mathbb{C}^n$ è allora definita da $\tilde{\boldsymbol{u}} = \mathcal{F}\boldsymbol{u}$, ossia:

$$\tilde{u}_h = \sum_{k=0}^{n-1} \mathcal{F}_{hk} u_k = \frac{1}{\sqrt{n}} \sum_{k=0}^{n} u_k \exp\left(-\frac{2\pi i}{n} h \cdot k\right).$$

Provare che $\mathcal{F}$ è un operatore unitario.

Risposta: Basta verificare che l'operatore $\mathcal{F}^\dagger$ definito da

$$\mathcal{F}^\dagger_{\ell m} = \frac{1}{\sqrt{n}} \exp\left(+\frac{2\pi i}{n} \ell \cdot m\right),$$

con $\ell, m = 0, 1, \ldots n-1$ è effettivamente l'inverso di $\mathcal{F}$, verificando esplicitamente che

$$\sum_{m=0}^{n-1} (\mathcal{F}^\dagger)_{\ell m} \mathcal{F}_{mk} = \delta_{\ell k}.$$

Gli autovalori $\mathcal{F}_\lambda$ di $\mathcal{F}$ hanno dunque modulo unitario, e si trova che $\mathcal{F}_\lambda \in \{\pm 1, \pm i\}$.

Le DFT trovano notevoli applicazioni numeriche, ed esistono routines per il calcolo veloce ed efficiente di DFT anche in piú dimensioni (FFT, Fast Fourier Transforms) (Frigo e Johnson, 2003).

1.9.2 Forma polare di una matrice

Il Teorema 1.24 stabilisce che una matrice complessa A può essere decomposta in modo unico come $A = A_1 + iA_2$, con A_1 ed A_2 matrici hermitiane (autoaggiunte). Tale espressione ricorda la decomposizione $z = x + iy$ di un numero complesso in parte reale e parte immaginaria. Pertanto, l'insieme delle matrici autoaggiunte svolge nell'ambito dell'insieme delle matrici complesse lo stesso ruolo svolto dall'insieme dei numeri reali all'interno dell'insieme dei numeri complessi.

Un numero complesso non nullo può d'altronde essere posto nella forma polare $z = \rho e^{i\phi}$, con $\rho = |z| \neq 0$ modulo del numero z e $\phi = \arg z$ argomento del numero z, con $-\pi < \phi \leq \pi$. Anche per le matrici complesse è possibile introdurre una forma polare, in cui il ruolo del modulo è svolto da una matrice hermitiana, e quello della 'fase' da una matrice unitaria.

Definizione 1.23. *Un endomorfismo $H\colon \mathbb{C}^n \to \mathbb{C}^n$ si dice* definito positivo *se*

HDP.1 $\langle \boldsymbol{x} | H\boldsymbol{x} \rangle$ è un numero reale, $\forall \boldsymbol{x} \in \mathbb{C}^n$ (dunque H è autoaggiunto, Teorema 1.25);

HDP.2 risulta $\langle \boldsymbol{x} | H\boldsymbol{x} \rangle \geq 0$, $\forall \boldsymbol{x} \in \mathbb{C}^n$, e $\langle \boldsymbol{x} | H\boldsymbol{x} \rangle = 0$ se e solo se $\boldsymbol{x} = \boldsymbol{0}$.[18]

Un operatore del tipo $H = A^\dagger A$, con A invertibile, è senz'altro definito positivo, essendo

$$\langle \boldsymbol{x} | A^\dagger A \boldsymbol{x} \rangle = \| A\boldsymbol{x} \| .$$

Teorema 1.33. *Condizione necessaria e sufficiente affinché un endomorfismo autoaggiunto H sia definito positivo è che i suoi autovalori siano positivi.*

Dimostrazione. Se H è definito positivo, ed $\boldsymbol{x} \neq \boldsymbol{0}$ è un suo autovettore appartenente all'autovalore λ, da $H\boldsymbol{x} = \lambda \boldsymbol{x}$ segue che $\langle \boldsymbol{x} | H\boldsymbol{x} \rangle = \lambda \langle \boldsymbol{x} | \boldsymbol{x} \rangle$, da cui

$$\lambda = \frac{\langle \boldsymbol{x} | H\boldsymbol{x} \rangle}{\langle \boldsymbol{x} | \boldsymbol{x} \rangle} > 0,$$

come volevasi.

[18] Mancando la precisazione che sia $\langle \boldsymbol{x} | H\boldsymbol{x} \rangle = 0$ se e solo se $\boldsymbol{x} = \boldsymbol{0}$, l'endomorfismo si dirà *definito non negativo*.

Viceversa, sia $\boldsymbol{u}_i$ un sistema ortonormale di autovettori di H corrispondenti agli autovalori reali $\lambda_i > 0$. In corrispondenza ad $\boldsymbol{x} = \sum_{i=1}^{n} x_i \boldsymbol{u}_i \in \mathbb{C}^n$, $\boldsymbol{x} \neq \boldsymbol{0}$, segue che:

$$\langle \boldsymbol{x}|H\boldsymbol{x}\rangle = \sum_{i,k=1}^{n} \langle x_k \boldsymbol{u}_k | H x_i \boldsymbol{u}_i\rangle = \sum_{i,k=1}^{n} x_k^* x_i \lambda_i \underbrace{\langle \boldsymbol{u}_k|\boldsymbol{u}_i\rangle}_{=\delta_{ik}} = \sum_{i=1}^{n} \lambda_i |x_i|^2 > 0.$$

□

Se H è un endomorfismo definito positivo, con autovalori $\lambda_i > 0$, posto

$$H = \sum_{i=1}^{n} \lambda_i P_i,$$

con $P_i P_j = \delta_{ij} P_i$ sistema ortonormale di proiettori, è possibile definire l'operatore radice quadrata di H come:

$$\sqrt{H} = \sum_{i=1}^{n} \sqrt{\lambda_i} P_i.$$

Infatti,

$$(\sqrt{H})^2 = \sum_{i,j=1}^{n} \sqrt{\lambda_i}\sqrt{\lambda_j} P_i P_j = \sum_{i=1}^{n} \lambda_i P_i = H.$$

Teorema 1.34 (Forma polare di un operatore). *Ogni matrice complessa non singolare A può essere posta sotto la* forma polare:

$$A = UH \quad \textit{ovvero} \quad A = H_1 U,$$

con U matrice unitaria, ed H, H_1 matrici autoaggiunte non singolari.

Dimostrazione. Abbiamo già osservato che $A^\dagger A$ è una matrice definita positiva. Pertanto si può costruire $H = \sqrt{A^\dagger A}$, da cui $H^2 = A^\dagger A$. H è una matrice autoaggiunta invertibile, in quanto:

$$(\det H)^2 = \det(H^2) = (\det A^\dagger)(\det A) = |\det A|^2 \neq 0,$$

per ipotesi. Posto allora $U = AH^{-1}$, si ha:

$$\begin{aligned} U^\dagger U &= \\ (AH^{-1})^\dagger (AH^{-1}) &= (H^{-1})^\dagger \underbrace{A^\dagger A}_{=H^2} H^{-1} = (H^\dagger)^{-1} H^2 H^{-1} = H^{-1} HHH^{-1} \\ &= \mathbb{1}. \quad (1.138) \end{aligned}$$

Segue che $UH = A$. Oppure, posto $H_1 = UHU^{-1} = UHU^\dagger$, segue che $H_1 U = UHU^{-1}U = UH = A$. □

Teorema 1.35. *Condizione necessaria e sufficiente affinché una matrice U sia unitaria è che esista un operatore autoaggiunto H tale che $U = e^{iH}$.*

Dimostrazione. Sia U una matrice unitaria. Allora i suoi autovalori sono del tipo $e^{i\lambda_i}$, con $\lambda_i \in \mathbb{R}$, e quindi U ammette la rappresentazione spettrale:

$$U = \sum_{i=1}^{n} e^{i\lambda_i} P_i,$$

con $P_i^\dagger = P_i$. Posto allora

$$H = \sum_{i=1}^{n} \lambda_i P_i,$$

si verifica immediatamente che H è autoaggiunto e inoltre $U = e^{iH}$.

Viceversa, sia $U = e^{iH}$, con H autoaggiunto. Allora $U = \sum_{i=1}^{n} e^{i\lambda_i} P_i$ e

$$U^\dagger U = \sum_{i,j=1}^{n} e^{i\lambda_i} e^{-i\lambda_j^*} P_j^\dagger P_i = \sum_{i,j=1}^{n} e^{i(\lambda_i - \lambda_j^*)} \delta_{ij} P_i = \sum_{i=1}^{n} P_i = \mathbb{1},$$

come volevasi.

In modo compatto, il teorema si dimostra anche facendo uso della formula Glauber, osservando che:

$$U^\dagger U = e^{iH} e^{-iH} = e^{i(H-H)} = \mathbb{1}.$$

□

Teorema 1.36 (Trasformata di Cayley). *Se H è autoaggiunto, allora $(H + i\mathbb{1}) \cdot (H - i\mathbb{1})^{-1}$ è unitario.*

Dimostrazione. Consideriamo la funzione $f(\lambda) = (\lambda + i)(\lambda - i)^{-1}$ e la rappresentazione spettrale di H, $H = \sum_{i=1}^{n} \lambda_i P_i$, con $\lambda_i \in \mathbb{R}$. Chiaramente, $f(\lambda)$ è definita per $\lambda = \lambda_i$, quindi ha senso considerare

$$f(H) = \sum_{i=1}^{n} f(\lambda_i) P_i = \sum_{i=1}^{n} \frac{\lambda_i + i}{\lambda_i - i} P_i,$$

con cui ($P_i^\dagger = P_i$):

$$[f(H)]^\dagger = \sum_{i=1}^{n} \frac{\lambda_i - i}{\lambda_i + i} P_i,$$

e quindi ($P_i^\dagger P_j = \delta_{ij} P_i$):

$$[f(H)]^\dagger f(H) = \sum_{i,j=1}^{n} \frac{\lambda_i - i}{\lambda_i + i} \frac{\lambda_j + i}{\lambda_j - i} P_i^\dagger P_j = \sum_{i=1}^{n} \frac{\lambda_i - i}{\lambda_i + i} \frac{\lambda_i + i}{\lambda_i - i} P_i = \sum_{i=1}^{n} P_i = \mathbb{1}.$$

[Vedi anche Bernardini *et al.* (1998).] □

1.9.3 Matrici ortogonali

Consideriamo infine il caso in cui $V_n = \mathbb{R}^n$. Nel caso di matrici $n \times n$ ad elementi reali, una matrice hermitiana è simmetrica,

$$A_{ij} = A_{ji},$$

e una matrice antihermitiana è antisimmetrica,

$$A_{ij} = -A_{ji}.$$

L'insieme delle matrici reali simmetriche forma un sottospazio $\mathfrak{M}^+_{n,n}(\mathbb{R})$, così come le matrici reali antisimmetriche formano un sottospazio $\mathfrak{M}^-_{n,n}(\mathbb{R})$, con

$$\begin{aligned}
\mathfrak{M}^+_{n,n}(\mathbb{R}) \oplus \mathfrak{M}^-_{n,n}(\mathbb{R}) &= \mathfrak{M}_{n,n}(\mathbb{R}),\\
\dim \mathfrak{M}^+_{n,n}(\mathbb{R}) &= \frac{n(n+1)}{2},\\
\dim \mathfrak{M}^-_{n,n}(\mathbb{R}) &= \frac{n(n-1)}{2},\\
\dim \mathfrak{M}_{n,n}(\mathbb{R}) &= \frac{n(n+1)}{2} + \frac{n(n-1)}{2} = n^2.
\end{aligned}$$

Ogni matrice reale A può dunque essere decomposta in modo unico come $A = A_1 + A_2$, con

$$A_1 = \frac{1}{2}(A + A^\top)$$

matrice simmetrica, e

$$A_2 = \frac{1}{2}(A - A^\top)$$

matrice antisimmetrica.

Definizione 1.24 (Matrici ortogonali). *Una matrice reale R si dice* ortogonale *se*

$$R^\top R = \mathbb{1}. \tag{1.139}$$

Nel caso di matrici reali, la (1.139) *è equivalente alla* (1.133) *che definisce le matrici unitarie. Le matrici ortogonali sono particolari matrici unitarie, per le quali dunque valgono tutte le proprietà dimostrate a proposito di queste ultime.*

In particolare, essendo $\det R$ *reale per una matrice ortogonale, dalla* (1.134) *segue che* $(\det R)^2 = 1$*, ossia* $\det R = \pm 1$*. In particolare, una matrice R ortogonale tale che* $\det R = +1$ *si dice* propria, *mentre una matrice R ortogonale tale che* $\det R = -1$ *si dice* impropria.

Osservazione 1.15. Non sempre una matrice ortogonale R ammette autovettori (in $\mathbb{R}^n$). Il teorema fondamentale dell'algebra, infatti, garantisce l'esistenza di n radici (variamente coincidenti) dell'equazione secolare $\mathrm{ch}_R(\lambda) = 0$ per

$\lambda \in \mathbb{C}$: nulla, garantisce, in generale, che $\lambda \in \mathbb{R}$. Ad esempio, nel caso $n = 2$, la matrice (di rotazione, $\theta \in \mathbb{R}$):

$$R(\theta) = \begin{pmatrix} \cos\theta & \sin\theta \\ -\sin\theta & \cos\theta \end{pmatrix}$$

non ha autovalori e quindi autovettori reali. Geometricamente ciò significa che nessun vettore reale rimane "invariato" (cioè, parallelo a se stesso) sotto l'azione di $R(\theta)$. E infatti, nel piano $\mathbb{R}^2$, il vettore $R(\theta)\boldsymbol{x}$ si ottiene ruotando $\boldsymbol{x}$ dell'angolo θ in senso antiorario. A meno dei casi particolari $\theta = k\pi$ ($k \in \mathbb{Z}$), $R(\theta)\boldsymbol{x}$ non è mai parallelo o antiparallelo a $\boldsymbol{x}$. [Vedi però il Teorema 1.39 più avanti, per il caso $n = 3$.]

Tra le diverse proprietà che abbiamo già dimostrato per le matrici unitarie e che quindi si estendono alle matrici ortogonali, sottolineamo il seguente teorema, che ha un importante, ovvio significato geometrico.

Teorema 1.37. *Una matrice ortogonale lascia invariati i prodotti scalari tra vettori, e quindi le lunghezze dei vettori, di* $\mathbb{R}^n$.

Dimostrazione. Per matrici reali, $R^\dagger \equiv R^\top$, e quindi: $\langle R\boldsymbol{x}|R\boldsymbol{y}\rangle = \langle \boldsymbol{x}|R^\top R\boldsymbol{y}\rangle = \langle \boldsymbol{x}|\boldsymbol{y}\rangle$, $\forall \boldsymbol{x}, \boldsymbol{y} \in \mathbb{R}^n$. □

Il significato geometrico delle matrici ortogonali è immediatamente evidente nel caso $n = 3$.

Definizione 1.25 (Matrici di rotazione e di inversione). *Una matrice reale* 3×3 *ortogonale propria si dice* matrice di rotazione *o* rotore. *Essa genera una rotazione rigida attorno all'origine (vettore nullo).*

La matrice reale 3×3 *ortogonale impropria:*

$$P_- = \begin{pmatrix} -1 & 0 & 0 \\ 0 & -1 & 0 \\ 0 & 0 & -1 \end{pmatrix}$$

è detta matrice di inversione spaziale, *in quanto risulta* $P_-\boldsymbol{x} = -\boldsymbol{x}$, $\forall \boldsymbol{x} \in \mathbb{R}^3$.

Teorema 1.38. *Ogni matrice ortogonale* 3×3 *impropria* Q *è tale che* $Q = P_-R$, *con* R *matrice ortogonale propria.*

Dimostrazione. Invero, sia $R = P_-Q$. Allora, $R^\top R = Q^\top P_-^\top P_-Q = Q^\top Q = \mathbb{1}$, e $P_-R = P_-^2 Q = \mathbb{1}Q = Q$. Inoltre, $-1 = \det Q = \det P_- \det R = -\det R$, da cui $\det R = +1$. □

Teorema 1.39. *Ogni matrice reale* 3×3 *ortogonale propria genera una rotazione attorno ad un asse.*

Dimostrazione. Sia

$$R = \begin{pmatrix} R_{11} & R_{12} & R_{13} \\ R_{21} & R_{22} & R_{23} \\ R_{31} & R_{32} & R_{33} \end{pmatrix}$$

una matrice ortogonale. Poiché R è in particolare unitaria, i suoi autovalori in $\mathbb{C}$ sono numeri complessi di modulo unitario (Teorema 1.32). Nel nostro caso, essendo $R_{ij} \in \mathbb{R}$ per $i,j = 1,2,3$, i coefficienti dell'equazione secolare $\mathrm{ch}_R(\lambda) = 0$ sono reali. Quindi, se $\lambda = e^{i\theta}$ è una radice caratteristica, anche $\lambda^* = e^{-i\theta}$ è radice caratteristica. Ma essendo l'equazione caratteristica di terzo grado, almeno una radice caratteristica dev'essere reale, cioè o $\lambda = 1$ o $\lambda = -1$ è un autovalore di R. Avendo inoltre supposto R propria, la seconda possibilità è da scartare.

Dunque, $\lambda = 1$ è autovalore di R. Allora esiste un $\boldsymbol{x} \in \mathbb{R}^3$ tale che $R\boldsymbol{x} = \boldsymbol{x}$, ossia $\boldsymbol{x}$ (e i vettori ad esso proporzionali) rimane invariato sotto l'azione di R. Dunque, il vettore reale $\boldsymbol{x}$ definisce la direzione dell'asse di rotazione cercato.

Mediante un'opportuna trasformazione di similarità,[19] è inoltre possibile porre R nella forma (diagonale a blocchi):

$$R' = \begin{pmatrix} 1 & 0 & 0 \\ 0 & \cos\theta & \sin\theta \\ 0 & -\sin\theta & \cos\theta \end{pmatrix},$$

che manifestamente mostra che R definisce una rotazione attorno all'asse definito da $\boldsymbol{x}$ di un angolo $\theta \in \mathbb{R}$. Per determinare quest'angolo, basta osservare che $\mathrm{Tr}\, R = \mathrm{Tr}\, R'$, e quindi

$$1 + 2\cos\theta = R_{11} + R_{22} + R_{33}, \tag{1.140}$$

che è possibile risolvere per determinare θ a meno del segno. □

Esercizio 1.51. Riconoscere che le seguenti matrici sono di rotazione e determinarne asse ed angolo di rotazione:

$$\begin{pmatrix} 0 & 1 & 0 \\ 0 & 0 & -1 \\ -1 & 0 & 0 \end{pmatrix}, \quad \begin{pmatrix} 0 & 1 & 0 \\ 1 & 0 & 0 \\ 0 & 0 & -1 \end{pmatrix},$$

$$\frac{1}{3}\begin{pmatrix} -1 & 2 & 2 \\ 2 & -1 & 2 \\ 2 & 2 & -1 \end{pmatrix}, \quad \frac{1}{4}\begin{pmatrix} 2\sqrt{3} & -\sqrt{3} & 1 \\ 2 & 3 & -\sqrt{3} \\ 0 & 2 & 2\sqrt{3} \end{pmatrix}.$$

Risposta: $(1,1,-1)^\top$, $2\pi/3$; $(1,1,0)^\top$, π; $(1,1,1)^\top$, π; $(1,2-\sqrt{3},1)^\top$, $\cos\theta = (4\sqrt{3}-1)/8$.

[19] La matrice di passaggio sarà formata dai vettori colonna delle componenti del vettore $\boldsymbol{x}$, autovettore di R appartenente all'autovalore 1, e da due vettori ad esso e tra di loro ortogonali. Questi ultimi due saranno opportune c.l. degli autovettori (complessi) associati agli autovalori $e^{\pm i\theta}$.

Esercizio 1.52. Servendosi della disuguaglianza di Hölder (1.127), se R è una matrice ortogonale, provare che

$$\sum_{h,k=1}^{3} (R_{hk})^2 = 3,$$

$$|\operatorname{Tr} R| \leq 3.$$

Risposta: Cominciamo con l'osservare che entrambe le condizioni, una volta dimostrate, diventano condizioni *necessarie* affinché una matrice reale 3×3 sia ortogonale. Data una matrice reale 3×3, se una delle due condizioni precedenti non è verificata, allora la matrice non è ortogonale (non occorrono ulteriori controlli). Diversamente, anche quando entrambe le condizioni fossero verificate, esse da sole non bastano a garantire l'ortogonalità: occorre procedere al controllo diretto del fatto che $R^\top R = \mathbb{1}$.

Supponiamo allora che $R^\top R = \mathbb{1}$. Esplicitando gli indici, cioò significa che

$$\sum_{h=1}^{3} (R^\top)_{ih} R_{hj} = \delta_{ij}$$

$$\sum_{h=1}^{3} R_{hi} R_{hj} = \delta_{ij},$$

da cui, prendendo la traccia di ambo i membri, ossia contraendo gli indici i e j, segue che:

$$\sum_{h,k=1}^{3} (R_{hk})^2 = 3,$$

che è la prima relazione che si voleva dimostrare.

Dalla relazione appena provata, segue intanto che:

$$R_{11}^2 + R_{22}^2 + R_{33}^2 \leq \sum_{h,k=1}^{3} (R_{hk})^2 = 3 \Rightarrow$$

$$\sqrt{R_{11}^2 + R_{22}^2 + R_{33}^2} \leq \sqrt{3}.$$

Applichiamo adesso la disuguaglianza di Hölder con $p = q = 2$ ai vettori di $\mathbb{R}^3$: $\boldsymbol{a} = (R_{11}, R_{22}, R_{33})^\top$ e $\boldsymbol{b} = (1, 1, 1)^\top$. Si ha:

$$\begin{aligned}
|\operatorname{Tr} R| = |R_{11} + R_{22} + R_{33}| &\leq |R_{11}| + |R_{22}| + |R_{33}| = \\
&= \sum_{k=1}^{3} |a_k b_k| \leq \sqrt{\sum_{h=1}^{3} a_h^2} \cdot \sqrt{\sum_{k=1}^{3} b_k^2} = \\
&\qquad = \sqrt{3}\sqrt{R_{11}^2 + R_{22}^2 + R_{33}^2} \leq 3,
\end{aligned}$$

come volevasi. Tale disuguaglianza è ovviamente compatibile con la (1.140).

Esercizio 1.53. Mostrare che la matrice

$$\frac{1}{1+t+t^2}\begin{pmatrix} -t & t+t^2 & 1+t \\ 1+t & -t & t+t^2 \\ t+t^2 & 1+t & -t \end{pmatrix}$$

è di rotazione $\forall t \in \mathbb{R}$, e determinarne asse ed angolo di rotazione. (In particolare, se t è razionale, in particolare intero, la formula assegnata consente di costruire matrici di rotazione ad elementi razionali.)

Risposta: L'asse è $(1,1,1)^\top$ e l'angolo di rotazione è tale che

$$\cos\theta = -\frac{1}{2}\frac{1+4t+t^2}{1+t+t^2}.$$

Per costruire tale matrice, supponiamo di voler determinare a, b e c in modo che i vettori $(a,b,c)^\top$, $(c,a,b)^\top$, $(b,c,a)^\top$ siano ortogonali. Ciò equivale alla condizione $ac+ab+bc=0$, che è una condizione omogenea. In particolare, $a=-bc/(b+c)$. Posto $t=c/b$, allora $a=-tb/(1+t)$. Se si vuole che a sia intero, basta scegliere $b=1+t$. Allora $a=-t$, $b=1+t$, e $c=tb=t+t^2$. Inoltre, la norma al quadrato dei tre vettori è $a^2+b^2+c^2=(1+t+t^2)^2$, il che consente di normalizzarli ottenendo sempre vettori reali ed anzi con componenti razionali (per t razionale). La matrice assegnata si costruisce allora prendendo come colonne i vettori ortonormali così determinati.

1.9.4 Integrali gaussiani

Sia $A \in \mathfrak{M}_{n,n}(\mathbb{R})$ una matrice quadrata reale, definita positiva, ossia tale che $\langle \boldsymbol{x}|A\boldsymbol{x}\rangle = x_i A_{ij} x_j > 0$, $\forall \boldsymbol{x} \neq \boldsymbol{0}$, e $\boldsymbol{J} \in \mathbb{R}^n$ un vettore reale n-dimensionale. (Si sottintende che gli indici ripetuti siano sommati da 1 ad n). Ci proponiamo di dimostrare che:

$$\mathcal{I}_n = \int \frac{\mathrm{d}^n \boldsymbol{x}}{(2\pi)^{n/2}} \exp\left(-\frac{1}{2}x_i A_{ij} x_j + x_i J_i\right) = \frac{1}{\sqrt{\det A}} \exp\left(\frac{1}{2}J_i (A^{-1})_{ij} J_j\right), \tag{1.141}$$

dove l'integrazione è estesa a tutto $\mathbb{R}^n$. Tale integrale generalizza l'usuale integrale gaussiano in una dimensione ($\lambda > 0$):

$$\mathcal{I}_1 = \int \frac{\mathrm{d}x}{\sqrt{2\pi}} e^{-\frac{1}{2}\lambda x^2} = \frac{1}{\sqrt{\lambda}}, \tag{1.142}$$

e ricorre in alcune applicazioni di Teoria dei campi e dei sistemi di molti corpi (Negele e Orland, 1988).

Cominciamo con l'osservare che, in base alle ipotesi fatte, la matrice A è invertibile, diagonalizzabile, con autovalori reali e positivi $\lambda_1, \ldots \lambda_n > 0$. La matrice P che diagonalizza A è ortogonale, $\det P = \pm 1$.

Effettuiamo un primo cambio di variabili ("completamento del quadrato"):

$$y_i = x_i - (A^{-1})_{ij} J_j.$$

La matrice jacobiana, $\partial y_i/\partial x_j = \delta_{ij}$, ha determinante uguale ad uno, per cui $d^n\boldsymbol{x} = d^n\boldsymbol{y}$. L'argomento dell'esponente di (1.141) nelle nuove variabili diventa:

$$\begin{aligned}
&-\frac{1}{2}x_iA_{ij}x_j + x_iJ_i = \\
&= -\frac{1}{2}\left[y_i + (A^{-1})_{ih}J_h\right]A_{ij}\left[y_j + (A^{-1})_{jk}J_k\right] + \left(y_i + (A^{-1})_{ij}J_j\right)J_i = \\
&\qquad = -\frac{1}{2}y_iA_{ij}y_j - \frac{1}{2}(A^{-1})_{ih}J_hA_{ij}y_j - \frac{1}{2}y_iA_{ij}(A^{-1})_{jk}J_k \\
&\qquad\quad - \frac{1}{2}(A^{-1})_{ih}J_hA_{ij}(A^{-1})_{jk}J_k + y_iJ_i + J_i(A^{-1})_{ij}J_j = \\
&= -\frac{1}{2}y_iA_{ij}y_j - \frac{1}{2}J_jy_j - \frac{1}{2}J_iy_i + y_iJ_i - \frac{1}{2}J_j(A^{-1})_{jk}J_k + J_i(A^{-1})_{ij}J_j = \\
&\qquad\qquad = -\frac{1}{2}y_iA_{ij}y_j + \frac{1}{2}J_i(A^{-1})_{ij}J_j,
\end{aligned}$$

ove si è osservato ad esempio che $A_{ij}(A^{-1})_{jk} = \delta_{ik}$, e quindi:

$$\mathcal{I}_n = \exp\left(\frac{1}{2}J_i(A^{-1})_{ij}J_j\right)\int \frac{\mathrm{d}^n\boldsymbol{y}}{(2\pi)^{n/2}}\exp\left(-\frac{1}{2}y_iA_{ij}y_j\right).$$

Servendosi poi della matrice P che diagonalizza A, effettuiamo un ulteriore cambio di variabili:

$$z_k = (P^{-1})_{kj}y_j \quad \Leftrightarrow \quad \boldsymbol{y} = P\boldsymbol{z} \quad \Leftrightarrow \quad y_i = P_{ik}z_k.$$

Lo jacobiano della trasformazione è stavolta $\partial z_k/\partial y_j = (P^{-1})_{kj}$, il modulo del cui determinante è ancora uno, essendo P una matrice ortogonale. L'argomento ad esponente di $\mathcal{I}_n$ diventa quindi:

$$-\frac{1}{2}y_iA_{ij}y_j = -\frac{1}{2}P_{ik}z_kA_{ij}P_{jh}z_h = -\frac{1}{2}z_k(P^{-1})_{ki}A_{ij}P_{jh}z_h = -\frac{1}{2}\lambda_hz_h^2,$$

ove si è osservato che $(P^{-1})_{ki}A_{ij}P_{jh} = (P^{-1}AP)_{kh} = A'_{kh} = \lambda_h\delta_{hk}$. Segue in definitiva che:

$$\begin{aligned}
\mathcal{I}_n &= \exp\left(\frac{1}{2}J_i(A^{-1})_{ij}J_j\right)\int \frac{\mathrm{d}z_1}{(2\pi)^{1/2}}e^{-\frac{1}{2}\lambda_1z_1^2}\cdot\ldots\cdot\int\frac{\mathrm{d}z_n}{(2\pi)^{1/2}}e^{-\frac{1}{2}\lambda_nz_n^2} = \\
&= \exp\left(\frac{1}{2}J_i(A^{-1})_{ij}J_j\right)\frac{1}{\sqrt{\lambda_1}}\cdot\ldots\cdot\frac{1}{\sqrt{\lambda_n}} = \frac{1}{\sqrt{\det A}}\exp\left(\frac{1}{2}J_i(A^{-1})_{ij}J_j\right).
\end{aligned}$$

1.9.5 Matrici antisimmetriche

La più generale matrice antisimmetrica, $A^\top = -A$, ad elementi reali 3×3 è del tipo:

$$A = \begin{pmatrix} 0 & -v_3 & v_2 \\ v_3 & 0 & -v_1 \\ -v_2 & v_1 & 0 \end{pmatrix},$$

con $v_1, v_2, v_3 \in \mathbb{R}$. Posto $\boldsymbol{x} = (x_1, x_2, x_3)^\top$, $\boldsymbol{y} = (y_1, y_2, y_3)^\top$, l'equazione $\boldsymbol{y} = A\boldsymbol{x}$ è equivalente al sistema:

$$\begin{aligned} y_1 &= v_2 x_3 - v_3 x_2, \\ y_2 &= v_3 x_1 - v_1 x_3, \\ y_3 &= v_1 x_2 - v_2 x_1, \end{aligned}$$

da cui si vede che, identificando v_1, v_2, v_3 con le componenti di un "vettore" in $\mathbb{R}^3$, risulta $A\boldsymbol{x} = \boldsymbol{v} \times \boldsymbol{x}$. In particolare, poiché $A\boldsymbol{v} = \boldsymbol{v} \times \boldsymbol{v} = \boldsymbol{0}$, segue che $\boldsymbol{v} \in \ker A$, ossia $\boldsymbol{v}$ è autovettore di A, appartenente all'autovalore nullo.

Teorema 1.40. *Condizione necessaria e sufficiente affinché una matrice reale A sia antisimmetrica è che* $\exp A$ *sia ortogonale.*

Dimostrazione. Osserviamo che $A^\top = -A \Leftrightarrow (-iA)^\dagger = -iA \Leftrightarrow -iA$ è hermitiana. Ma $e^A = e^{i(-iA)}$ è unitaria se e solo se $-iA$ è hermitiana (Teorema 1.35), quindi se e solo se A è antisimmetrica. Ma il fatto che $\exp A$ sia unitaria con A reale comporta che $\exp A$ sia ortogonale. □

Esercizio 1.54 (Rotazioni infinitesime). Calcolare $\exp A$, con ($\theta \in \mathbb{R}$):

$$A = \begin{pmatrix} 0 & \theta \\ -\theta & 0 \end{pmatrix}.$$

Risposta: A è antisimmetrica, quindi ci aspettiamo che $U = \exp A$ sia ortogonale. Infatti, risulta:

$$U = \exp A = \begin{pmatrix} \cos\theta & \sin\theta \\ -\sin\theta & \cos\theta \end{pmatrix},$$

che è appunto la generica matrice di rotazione in $\mathbb{R}^2$.

Posto inoltre

$$A = \theta \begin{pmatrix} 0 & 1 \\ -1 & 0 \end{pmatrix} = \theta B,$$

servendosi dello sviluppo in serie dell'esponenziale, risulta:

$$\exp(\theta B) = \mathbb{1} + \theta B + O(\theta^2),$$

da cui si riconosce in B il *generatore di rotazioni infinitesime* (Messiah, 1964).

1.10 Tavola riassuntiva

Classificazione e principali proprietà caratteristiche dei principali tipi di matrice studiati.

Simmetriche :
1. $A = A^\top$.
2. Hanno solo $n(n+1)/2$ elementi indipendenti.

Antisimmetriche :
1. $A = -A^\top$.
2. Gli elementi lungo la diagonale principale sono nulli.
3. Hanno solo $n(n-1)/2$ elementi indipendenti.

Autoaggiunte o hermitiane :
1. $A = A^\dagger$.
2. Sono diagonalizzabili.
3. Hanno autovalori reali.
4. Ad autovalori distinti corrispondono autovettori ortogonali.
5. Se un autovalore è degenere, con molteplicità $k < n$, si possono determinare k suoi autovettori l.i., e renderli ortogonali (ortonormali), ad esempio con il procedimento di Gram-Schmidt.
6. Hanno in genere elementi complessi, ma gli elementi lungo la diagonale principale sono reali. Se hanno tutti elementi reali, allora sono simmetriche.

Unitarie :
1. $U^\dagger U = UU^\dagger = \mathbb{1}$.
2. $U^{-1} = U^\dagger$.
3. $|\det U| = 1$.
4. Sono diagonalizzabili, ed hanno autovalori di modulo uno, ed autovettori ortonormali.
5. Le righe (le colonne) formano un set di vettori ortonormali.
6. Conservano prodotti scalari (hermitiani) e norme.

Normali :
1. $AA^\dagger = A^\dagger A$.
2. Matrici normali sono diagonalizzabili ed ammettono n autovettori ortonormali. Viceversa, una matrice diagonalizzabile che ammette una base di autovettori ortonormali è normale. *Nota:* Esistono matrici *non* normali, ma diagonalizzabili, che ammettono una base di autovettori *non* ortonormali (né ortonormalizzabili). Vedi, ad esempio, l'Esercizio 1.49.

Commutanti :
1. $[A, B] = 0$.
2. Due matrici A, B che ammettono una base comune di autovettori, commutano.

3. Due matrici A, B che commutano *e sono diagonalizzabili* (ad es., sono normali, o autoaggiunte, o unitarie) ammettono una base comune di autovettori.

Ortogonali :
1. Particolari matrici unitarie, ad elementi reali.
2. $A^\top A = \mathbb{1}$.
3. $\det A = \pm 1$ (proprie ed improprie).

Di rotazione :
1. Sono matrici ortogonali proprie, cioè sono particolari matrici unitarie ad elementi reali e tali che $\det R = +1$.
2. Per $n = 3$ (più in generale, per n dispari), ammettono in particolare l'autovalore $\lambda = 1$, il cui autovettore prende il nome di asse di rotazione (perché è invariante rispetto ad R).
3. ($n = 3$): Esiste una base in cui sono diagonali a blocchi, un blocco dei quali è costituito dal solo autovalore 1. L'altro blocco è costituito da elementi reali e consente di determinare l'angolo di rotazione.

1.11 Temi d'esame svolti

Esercizio 1.55 (Compito d'esame del 2.7.2001; Compito in aula del 30.11.2002). Data la matrice

$$A = \begin{pmatrix} \frac{\sqrt{3}}{2} & 0 & \frac{1}{2} \\ 0 & -i & 0 \\ -\frac{1}{2} & 0 & \frac{\sqrt{3}}{2} \end{pmatrix} :$$

1. Classificare la matrice A.
2. Calcolarne autovalori ed autovettori.
3. Calcolare A^4.
4. Si studino autovalori ed autovettori della parte simmetrica di una generica matrice ortogonale.

Risposta:

1. La matrice A è unitaria, in quanto $A^\dagger A = \mathbb{1}$. I suoi autovalori hanno quindi modulo unitario, e gli autovettori formano un sistema ortonormale.
2. Il polinomio caratteristico è $\mathrm{ch}_A(\lambda) = \det(A - \lambda\mathbb{1}) = \frac{1}{2}(\lambda + i)[(\sqrt{3} - 2\lambda)^2 + 1]$, le cui radici caratteristiche (autovalori di A) sono dunque:

$$\lambda_1 = -i = e^{-i\frac{\pi}{2}},$$
$$\lambda_2 = \frac{\sqrt{3}+i}{2} = e^{i\frac{\pi}{6}},$$
$$\lambda_3 = \frac{\sqrt{3}-i}{2} = e^{-i\frac{\pi}{6}},$$

aventi ciascuno modulo unitario.

Sostituendo $\lambda = \lambda_1$ nell'equazione per gli autovettori, si trova:

$$\begin{pmatrix} \frac{\sqrt{3}}{2}+i & 0 & \frac{1}{2} \\ 0 & 0 & 0 \\ -\frac{1}{2} & 0 & \frac{\sqrt{3}}{2}+i \end{pmatrix} \begin{pmatrix} x_1 \\ x_2 \\ x_3 \end{pmatrix} = \begin{pmatrix} 0 \\ 0 \\ 0 \end{pmatrix},$$

da cui $\boldsymbol{v}_1 = (0,1,0)^\top$. Analogamente, per $\lambda = \lambda_2$ si trova $\boldsymbol{v}_2 = (1,0,i)^\top$, e per $\lambda = \lambda_3$ si trova $\boldsymbol{v}_3 = (1,0,-i)^\top$.
Tali tre autovettori sono già ortogonali. Per farne un sistema ortonormale, basta dividere ciascuno per il proprio modulo. Si ottiene: $\boldsymbol{u}_1 = \boldsymbol{v}_1$, $\boldsymbol{u}_2 = \frac{1}{\sqrt{2}}\boldsymbol{v}_2$, $\boldsymbol{u}_3 = \frac{1}{\sqrt{2}}\boldsymbol{v}_3$. Con tali autovettori, è possibile formare la matrice unitaria U che diagonalizza A:

$$U = \frac{1}{\sqrt{2}} \begin{pmatrix} 0 & 1 & 1 \\ \sqrt{2} & 0 & 0 \\ 0 & i & -i \end{pmatrix}.$$

3. Le quarte potenze degli autovalori si calcolano agevolmente ricorrendo alla loro forma polare. Nella base $\{\boldsymbol{u}_1, \boldsymbol{u}_2, \boldsymbol{u}_3\}$ degli autovettori, in cui A è diagonale, risulta:

$$(A')^4 = \begin{pmatrix} 1 & 0 & 0 \\ 0 & -\frac{1-i\sqrt{3}}{2} & 0 \\ 0 & 0 & -\frac{1+i\sqrt{3}}{2} \end{pmatrix},$$

e quindi nella base (canonica) di partenza:

$$A^4 = UA'^4U^\dagger = \begin{pmatrix} -\frac{1}{2} & 0 & \frac{\sqrt{3}}{2} \\ 0 & 1 & 0 \\ -\frac{\sqrt{3}}{2} & 0 & -\frac{1}{2} \end{pmatrix}.$$

È da notare che, se A era una matrice unitaria, anche A^4 è una matrice unitaria, anzi, avendo tutti gli elementi reali, ortogonale. Del resto, ad esempio, anche fra i numeri complessi di modulo 1 vi è ad esempio i tale che $i^4 = 1$.
4. Sia A una matrice ortogonale, $A^\top A = \mathbb{1}$. Se $A\boldsymbol{x} = \lambda\boldsymbol{x}$ ($\lambda \neq 0$, anzi, $|\lambda| = 1$), allora $A^\top A\boldsymbol{x} = \lambda A^\top\boldsymbol{x}$, $\boldsymbol{x} = \lambda A^\top\boldsymbol{x}$, e quindi $A^\top\boldsymbol{x} = \frac{1}{\lambda}\boldsymbol{x}$, ossia autovettori di una matrice ortogonale appartenenti all'autovalore λ sono anche autovettori della matrice trasposta, appartenenti all'autovalore λ^{-1}. Sia ora $A = A_1 + A_2$ la decomposizione di A in termini della sua parte simmetrica, $A_1 = \frac{1}{2}(A + A^\top)$, e della sua parte antisimmetrica, $A_2 = \frac{1}{2}(A - A^\top)$. Se $A\boldsymbol{x} = \lambda\boldsymbol{x}$, allora $A_1\boldsymbol{x} = \frac{1}{2}\left(\lambda + \frac{1}{\lambda}\right)\boldsymbol{x}$, cioè $\boldsymbol{x}$ è anche autovettore di A_1, con autovalore $\frac{1}{2}\left(\lambda + \frac{1}{\lambda}\right)$. D'altronde, gli autovalori di A sono del tipo $\lambda = e^{i\theta}$, quindi

$$\frac{1}{2}\left(\lambda + \frac{1}{\lambda}\right) = \cos\theta.$$

Si verifica subito, inoltre, che $A_2\boldsymbol{x} = (i\sin\theta)\boldsymbol{x}$.

Esercizio 1.56 (Compito d'esame del 14.12.2001). È data la matrice:

$$A = \begin{pmatrix} 0 & 1+i\cot\frac{\pi}{3} & 1+i\cot\frac{2\pi}{3} \\ 1-i\cot\frac{\pi}{3} & 0 & 1+i\cot\frac{\pi}{3} \\ 1-i\cot\frac{2\pi}{3} & 1-i\cot\frac{\pi}{3} & 0 \end{pmatrix},$$

dove $\cot x = 1/\tan x$ è la cotangente di x.

1. Classificare la matrice A.
2. Calcolare autovalori ed autovettori di A. Verificare, in particolare, che la somma ed il prodotto degli autovalori è zero. Si poteva stabilire ciò senza calcolare esplicitamente gli autovalori?
3. Determinare gli autovalori (e loro molteplicità) della matrice:

$$B = A^2 + 2A + \mathbb{1},$$

dove $\mathbb{1}$ è la matrice identità.

Risposta:

1. La matrice A è hermitiana o autoaggiunta, essendo $A^\dagger = A$. Pertanto, essa ammette autovalori reali, e ad autovalori distinti appartengono autovettori l.i. e ortogonali.
   Matrici complesse $n \times n$ i cui elementi A_{jk} sono definiti dalla relazione:

$$A_{jk} = (1 - \delta_{jk}) \left[1 + i \cot \frac{(j-k)\pi}{n} \right]$$

   sono state studiate da F. Calogero e A. M. Perelomov [Lin. Alg. Appl. **25**, 91 (1979)]. Si prova che tali matrici hanno autovalori interi

$$\lambda_s = 2s - n - 1, \qquad s = 1, \ldots n,$$

   cui corrispondono gli autovettori $\boldsymbol{x}^{(s)}$ di componenti:

$$x_j^{(s)} = \exp\left(-\frac{2\pi i s j}{n} \right), \qquad j, s = 1, \ldots n,$$

   che oltre ad essere fra loro ortogonali, hanno tutte le componenti di modulo unitario.
2. Sostituendo alle cotangenti il loro valore, si trova che $\mathrm{ch}_A(\lambda) = -\lambda(\lambda^2 - 4)$. Gli autovalori di A sono pertanto $\lambda_1 = -2$, $\lambda_2 = 0$, $\lambda_3 = 2$, ciascuno con molteplicità 1. Rimane verificato che essi sono numeri reali (ciò segue dalla hermiticità di A), ed anzi interi relativi. In particolare, si osserva che $\lambda_1 + \lambda_2 + \lambda_3 = 0$ e $\lambda_1\lambda_2\lambda_3 = 0$. Ciò si poteva anche ricavare dal fatto che $\mathrm{Tr}\, A = 0$ (evidente) e che $\det A = 0$, e dal fatto che traccia e determinante di una matrice sono invarianti per trasformazioni di similarità. In particolare, da $\det A = 0$ segue che almeno un autovalore è nullo, e quindi, da $\mathrm{Tr}\, A = 0$, segue che gli altri due sono opposti. In corrispondenza agli autovalori trovati, si determinano gli autovettori:

$$\begin{aligned}
\lambda_1 &= -2, & \boldsymbol{x}_1 &= \left(-\frac{1 - i\sqrt{3}}{2}, -\frac{1 + i\sqrt{3}}{2}, 1 \right)^\top, \\
\lambda_2 &= 0, & \boldsymbol{x}_2 &= \left(-\frac{1 + i\sqrt{3}}{2}, -\frac{1 - i\sqrt{3}}{2}, 1 \right)^\top, \\
\lambda_3 &= 2, & \boldsymbol{x}_3 &= (1, 1, 1)^\top.
\end{aligned}$$

   La matrice formata dalle componenti di tali vettori (dopo essere stati opportunamente normalizzati) è unitaria:

$$P = \frac{1}{\sqrt{3}} \begin{pmatrix} -\frac{1-i\sqrt{3}}{2} & -\frac{1+i\sqrt{3}}{2} & 1 \\ -\frac{1+i\sqrt{3}}{2} & -\frac{1-i\sqrt{3}}{2} & 1 \\ 1 & 1 & 1 \end{pmatrix} = \frac{1}{\sqrt{3}} \begin{pmatrix} e^{\frac{2\pi}{3}i} & e^{-\frac{2\pi}{3}i} & 1 \\ e^{-\frac{2\pi}{3}i} & e^{\frac{2\pi}{3}i} & 1 \\ 1 & 1 & 1 \end{pmatrix}.$$

Tale matrice diagonalizza A, nel senso che $A' = P^\dagger AP = \mathrm{diag}(-2, 0, 2)$.

3. Cominciamo con l'osservare che, poiché $[A, \mathbb{1}] = 0$, si può senz'altro scrivere $B = (A+\mathbb{1})^2$. Nella base degli autovettori di A, anche B è diagonale, e si ha $B' = (A' + \mathbb{1})^2 = [\mathrm{diag}(-2, 0, 2) + \mathrm{diag}(1, 1, 1)]^2 = [\mathrm{diag}(-1, 1, 3)]^2 = \mathrm{diag}(1, 1, 9)$, da cui, manifestamente, B ha autovalori $\mu_1 = 1$, con molteplicità 2, e $\mu_2 = 9$, con molteplicità 1.

Esercizio 1.57 (Compito d'esame del 30.01.2002). Data la matrice

$$A = \begin{pmatrix} 0 & 1 & -1 \\ 1 & 0 & 1 \\ -1 & 1 & 0 \end{pmatrix}:$$

1. Classificare la matrice A.
2. Calcolare autovalori ed autovettori di A.
3. Calcolare A^4.

Risposta: La matrice A è hermitiana (in particolare, reale e simmetrica). Ha autovalori (reali) $\lambda_1 = 1$ ($n_1 = 2$) e $\lambda_2 = -2$. Due autovettori ortonormali associati a λ_1 sono, ad esempio, $\boldsymbol{u}_1 = (1, 2, 1)^\top/\sqrt{6}$ e $\boldsymbol{u}_2 = (1, 0, -1)^\top/\sqrt{2}$. (Se ne trovate due non ortogonali fra loro, utilizzate il metodo di Gram-Schmidt per ortonormalizzarli.) Un autoversore associato a λ_2 è $\boldsymbol{u}_3 = (-1, 1, -1)^\top/\sqrt{3}$, ovviamente già ortogonale ai precedenti due (in quanto appartenente ad un autovalore distinto). Si trova infine
$$A^4 = \begin{pmatrix} 6 & -5 & 5 \\ -5 & 6 & -5 \\ 5 & -5 & 6 \end{pmatrix}.$$

Esercizio 1.58 (Compito d'esame del 26.02.2002). È data la matrice

$$P = \begin{pmatrix} \frac{1}{2} & 0 & \frac{1}{2} \\ 0 & 1 & 0 \\ \frac{1}{2} & 0 & \frac{1}{2} \end{pmatrix}:$$

1. Calcolarne autovalori ed autovettori.
2. Calcolare P^2.
3. Servendosi del risultato precedente, calcolare per induzione P^n, con n intero positivo.
4. Dire se la matrice P ha qualche significato notevole.

Risposta: P è una matrice di proiezione (reale e simmetrica). Autovalori: $\lambda = 0, 1, 1$; autovettori (non normalizzati): $(-1, 0, 1)^\top$, $(0, 1, 0)^\top$, $(1, 0, 1)^\top$. Risulta $P^2 = P$, e quindi $P^n = P$, per ogni n.

Esercizio 1.59 (Compito del 10.06.2002). Siano A_1, A_2 le matrici complesse 3×3 aventi per autovettori:

$$\boldsymbol{v}_1 = \begin{pmatrix} 1 \\ i \\ 0 \end{pmatrix}, \quad \boldsymbol{v}_2 = \begin{pmatrix} 0 \\ 0 \\ 1 \end{pmatrix}, \quad \boldsymbol{v}_3 = \begin{pmatrix} i \\ 1 \\ 0 \end{pmatrix},$$

e tali che:

$$\det A_\alpha = 1, \qquad \operatorname{Tr} A_\alpha = 0, \qquad A_\alpha \boldsymbol{v}_2 = \boldsymbol{v}_2 \qquad (\alpha = 1, 2).$$

1. Determinare A_1 e A_2 e riconoscerne il tipo.
2. Indicare (sinteticamente) il procedimento per il calcolo di A_α^2 e A_α^3.
3. Dimostrare (non occorre calcolare) che $A_1^2 = A_2$, $A_2^2 = A_1$, $A_1^3 = A_2^3 = \mathbb{1}$. *(Suggerimento: disegnare, nel piano complesso, gli autovalori di A_1 e di A_2).*
4. Cosa si può dire del commutatore $[A_1, A_2]$?

Risposta: Visto che il testo ci dice quali sono gli autovettori di A_α, esso ci dice implicitamente che le due matrici sono diagonalizzabili, anzi, che ammettono una base comune. In tale base, sia $A_\alpha = \operatorname{diag}(\lambda_{\alpha 1}, \lambda_{\alpha 2}, \lambda_{\alpha 3})$. Essendo determinante e traccia invarianti per trasformazioni di similarità, le tre condizioni date equivalgono al sistema (di secondo grado, simmetrico):

$$\begin{aligned} \lambda_{\alpha 1}\lambda_{\alpha 2}\lambda_{\alpha 3} &= 1 \\ \lambda_{\alpha 1} + \lambda_{\alpha 2} + \lambda_{\alpha 3} &= 0 \\ \lambda_{\alpha 2} &= 1, \end{aligned}$$

risolto da

$$(\lambda_{11}, \lambda_{12}, \lambda_{13}) = \left(\frac{-1 - i\sqrt{3}}{2}, 1, \frac{-1 + i\sqrt{3}}{2} \right)$$

e da

$$(\lambda_{21}, \lambda_{22}, \lambda_{23}) = \left(\frac{-1 + i\sqrt{3}}{2}, 1, \frac{-1 - i\sqrt{3}}{2} \right).$$

Notare che, in entrambi i casi, gli autovalori sono le tre radici terze dell'unità, e quindi si trovano ai vertici del triangolo equilatero inscritto nella circonferenza unitaria del piano complesso, un vertice essendo $\lambda_{\alpha 2} = 1$. Gli autovalori sono gli stessi, ma presi con ordine diverso. Normalizzando gli autovettori (sono già ortogonali), si ottiene la matrice di passaggio (unitaria) tra la base canonica e la base degli autovettori. Utilizzando tale matrice per il passaggio inverso, si ottengono le due matrici richieste rispetto alla base canonica: $A_1 = \begin{pmatrix} -\frac{1}{2} & -\frac{\sqrt{3}}{2} & 0 \\ \frac{\sqrt{3}}{2} & -\frac{1}{2} & 0 \\ 0 & 0 & 1 \end{pmatrix}$, $A_2 = \begin{pmatrix} -\frac{1}{2} & \frac{\sqrt{3}}{2} & 0 \\ -\frac{\sqrt{3}}{2} & -\frac{1}{2} & 0 \\ 0 & 0 & 1 \end{pmatrix}$.

Avendo autovalori di modulo unitario, essendo ad elementi reali, ed avendo determinante pari ad 1 (per costruzione), esse sono matrici di rotazione, l'asse di rotazione essendo $\boldsymbol{v}_2$ (per costruzione), e l'angolo di rotazione essendo $1 + 2\cos\theta = \operatorname{Tr} A_\alpha = 0$, cioè $\theta = \pm\frac{2\pi}{3}$. Quadrando, λ_{11}^2 si porta su λ_{23}, λ_{13}^2 si porta su λ_{21}, mentre λ_{12}^2 si porta su λ_{22}, rimanendo pari ad 1, e viceversa. Visto che gli autovettori sono gli stessi, segue che $A_1^2 = A_2$ e viceversa. Analogamente per A_α^3 (gli autovalori sono radici terze dell'unità, dunque i loro cubi diventano tutti 1). Risulta, infine: $[A_1, A_2] = A_1A_2 - A_2A_1 = A_2^2A_2 - A_1^2A_1 = A_2^3 - A_1^3 = \mathbb{1} - \mathbb{1} = O$. Geometricamente, si può osservare che A_1 e A_2 sono matrici di rotazione attorno allo stesso asse, dunque devono necessariamente commutare.

Esercizio 1.60 (Compito d'esame dell'1.7.2002). Data la matrice

$$A = \begin{pmatrix} 0 & 1 & 0 \\ -1 & 0 & 0 \\ 0 & 0 & 0 \end{pmatrix} :$$

1. Classificare A e determinarne autovalori ed autovettori.
2. Sia $f\colon \mathbb{C} \to \mathbb{C}$ la funzione definita ponendo $f(z) = \dfrac{1-z}{1+z}$, $\forall z \in \mathbb{C} \setminus \{-1\}$. Dire se è possibile calcolare $f(A)$ e, in caso affermativo, calcolare $f(A)$ e riconoscerne il tipo.
3. Sia A una matrice reale antisimmetrica. Dimostrare che $\mathbb{1} - A$ e $\mathbb{1} + A$ sono matrici invertibili e che $B = (\mathbb{1} + A)^{-1}(\mathbb{1} - A)$ è ortogonale.

Risposta: La matrice assegnata è reale ed antisimmetrica. Essa è inoltre normale e singolare, cioè non invertibile. Dunque, ammette l'autovalore nullo. Si trovano infatti gli autovalori: $-i, 0, i$, in corrispondenza ai quali si trovano gli autovettori (ortogonali, ma non ancora normalizzati): $(-1, i, 0)^\top$, $(0, 0, 1)^\top$, $(1, i, 0)^\top$. Normalizzandoli, formare la matrice (unitaria) di passaggio. Poiché nessuno degli autovalori è pari a -1, è possibile calcolare $f(A)$. Ricorrendo al Teorema 1.17 (osservare che $(1+i)/(1-i) = i$ etc), si trova che: $f(A) = \begin{pmatrix} 0 & -1 & 0 \\ 1 & 0 & 0 \\ 0 & 0 & 1 \end{pmatrix}$, che è una matrice ortogonale propria, cioè una matrice di rotazione attorno all'asse $(0, 0, 1)^\top$ di un angolo $\pi/2$.

Essendo $f(A)$ una funzione razionale fratta, si sarebbe anche potuto calcolare $(\mathbb{1} + A)^{-1}$, poi $(\mathbb{1} - A)$, ed infine effettuare il prodotto righe per colonne fra le due, osservando che funzioni di una stessa matrice commutano, e dunque è irrilevante l'ordine con cui si effettua tale prodotto. Il metodo del Teorema 1.17 è ovviamente più generale, e va preferito.

Proviamo che la matrice $B = \mathbb{1} - A$, con $A^\top = -A$, A reale e diagonalizzabile, sia invertibile. Se B non fosse invertibile, essa ammetterebbe l'autovalore nullo, ossia esisterebbe un vettore $\boldsymbol{x} \neq \boldsymbol{0}$ tale che $(\mathbb{1} - A)\boldsymbol{x} = \boldsymbol{0}$, ovvero $A\boldsymbol{x} = \boldsymbol{x}$. Prendendo la trasposta della prima relazione si ha $\boldsymbol{x}^\top(\mathbb{1} - A^\top) = \boldsymbol{x}^\top(\mathbb{1} + A) = \boldsymbol{0}$. Moltiplicando righe per colonne membro a membro $(\mathbb{1} - A)\boldsymbol{x} = \boldsymbol{0}$ e $\boldsymbol{x}^\top(\mathbb{1} + A) = \boldsymbol{0}$, ed osservando che $\mathbb{1} - A$ e $\mathbb{1} + A$ commutano, in quanto funzioni della stessa matrice, si trova $\boldsymbol{x}^\top(\mathbb{1} - A^2)\boldsymbol{x} = \boldsymbol{0}$, da cui $\boldsymbol{x}^\top\boldsymbol{x} = \boldsymbol{x}^\top A^2\boldsymbol{x}$. Essendo A ed $\boldsymbol{x}$ ad elementi reali, ciò equivale a dire che $\| \boldsymbol{x} \|^2 = \boldsymbol{x}^\top A^2\boldsymbol{x}$. Ma da $A\boldsymbol{x} = \boldsymbol{x}$, ricavata prima, trasponendo e prendendo il prodotto righe per colonne membro a membro, segue che $\| \boldsymbol{x} \|^2 = -\boldsymbol{x}^\top A^2\boldsymbol{x}$. Dunque $\| \boldsymbol{x} \| = 0$, cioè $\boldsymbol{x} = \boldsymbol{0}$, contro l'ipotesi fatta. Segue che $\mathbb{1} - A$ è invertibile. Analogamente si prova che $\mathbb{1} + A$ è invertibile.

Inoltre, $(\mathbb{1}+A)^\top = (\mathbb{1}-A)$. Posto $C = (\mathbb{1}+A)^{-1}(\mathbb{1}-A)$, si trova $C^\top C = [(\mathbb{1}+A)^{-1}(\mathbb{1}-A)]^\top(\mathbb{1}+A)^{-1}(\mathbb{1}-A) = (\mathbb{1}-A)^\top[(\mathbb{1}+A)^\top]^{-1}(\mathbb{1}+A)^{-1}(\mathbb{1}-A) = (\mathbb{1}+A)(\mathbb{1}-A)^{-1}(\mathbb{1}+A)^{-1}(\mathbb{1}-A) = (\mathbb{1}+A)(\mathbb{1}+A)^{-1}(\mathbb{1}-A)^{-1}(\mathbb{1}-A) = \mathbb{1}$, ove, nell'ultimo passaggio, s'è fatto uso della commutatività di funzioni della stessa matrice. Dunque, $C = (\mathbb{1}+A)^{-1}(\mathbb{1}-A)$ è una matrice ortogonale.

Esercizio 1.61 (Compito dell'11.9.2002). Data la matrice

$$A = \begin{pmatrix} 0 & 1 & 0 \\ 1 & 0 & 0 \\ 0 & 0 & 0 \end{pmatrix} :$$

1. Classificare A e determinarne autovalori ed autovettori.
2. Sia $f\colon \mathbb{C} \to \mathbb{C}$ la funzione definita ponendo $f(z) = \dfrac{1+iz}{1-iz}$, $\forall z \neq -i$. Dire se è possibile calcolare $f(A)$ e, in caso affermativo, calcolare $f(A)$ e riconoscerne il tipo.
3. Posto $g(z) = \exp(2iz)$, discutere in che senso si può affermare che $f(\lambda A)$ approssima $g(\lambda A)$, per $\lambda \ll 1$.

Risposta: La matrice è reale e simmetrica (hermitiana, dunque ad autovalori reali), normale, singolare (dunque ammette l'autovalore nullo). Ha autovalori: $-1, 0, 1$, ed autovettori (ortogonali, perché appartenenti ad autovalori distinti, ma non ancora normalizzati): $(1,-1,0)^\top$, $(0,0,1)^\top$, $(1,1,0)^\top$. Gli autovalori sono reali, dunque nessuno può essere uguale a $-i$, cioè tutti appartengono al campo di esistenza di f. Ha dunque senso calcolare $f(A)$. Utilizzando il Teorema 1.17 si trova $f(A) = \begin{pmatrix} 0 & i & 0 \\ i & 0 & 0 \\ 0 & 0 & 1 \end{pmatrix}$, che è una matrice unitaria.

All'ultimo quesito si risponde osservando che sia $f(z) = 1 + 2iz - 2z^2 + O(z^3)$ sia $g(z) = 1 + 2iz - 2z^2 + O(z^3)$. Inoltre, sia $f(A)$ sia $g(A)$ sono unitarie. Dunque, l'approssimazione restituisce una matrice dello stesso tipo.

Esercizio 1.62 (Compito del 2.10.2002). Sono dati i vettori:

$$\boldsymbol{v}_1 = \begin{pmatrix} 1 \\ 1 \\ 0 \end{pmatrix}, \quad \boldsymbol{v}_2 = \begin{pmatrix} 1 \\ 0 \\ 0 \end{pmatrix}, \quad \boldsymbol{v}_3 = \begin{pmatrix} 0 \\ 0 \\ 1 \end{pmatrix}.$$

1. Verificare che $\{\boldsymbol{v}_i\}$ costituisce una base di $\mathbb{C}^3$.
2. Determinare la base ortonormale $\{\boldsymbol{u}_i\}$, ottenuta da $\{\boldsymbol{v}_i\}$ mediante il procedimento di Gram-Schmidt.
3. Classificare la matrice U tale che $U\boldsymbol{u}_i = \lambda_i \boldsymbol{u}_i$, dove $\lambda_1 = 1$, $\lambda_2 = i$, $\lambda_3 = -i$.
4. Determinare U.
5. Calcolare e classificare U^4.
6. Discutere le proprietà della successione U^n, con $n \in \mathbb{N}$.

Risposta: Costruendo la matrice che ha per colonne i vettori dati, si verifica che ha determinante diverso da zero, dunque rango massimo. Applicando il metodo di Gram-Schmidt ai tre vettori (nell'ordine dato!), si trova la base ortonormale formata dai versori: $\boldsymbol{u}_1 = (1,1,0)^\top/\sqrt{2}$, $\boldsymbol{u}_2 = (1,-1,0)^\top/\sqrt{2}$, $\boldsymbol{u}_3 = (0,0,1)^\top$. (Che risultato avreste ottenuto considerando i vettori dati con un altro ordine?)

La matrice U, avendo autovalori di modulo unitario, è unitaria. Utilizzando gli $\boldsymbol{u}_i$ trovati per costruire la matrice T di passaggio tra la base canonica e la base degli autovettori, si trova $U = TU'T^{-1} = \begin{pmatrix} \frac{1+i}{2} & \frac{1-i}{2} & 0 \\ \frac{1-i}{2} & \frac{1+i}{2} & 0 \\ 0 & 0 & -i \end{pmatrix}$.

Essendo gli autovalori radici quarte dell'unità, si ha che $U^4 = \mathbb{1}$ (non occorre fare i calcoli), mentre U^n è una successione periodica con periodo 4.

Esercizio 1.63 (Compito del 9.12.2002). Sia

$$A = \begin{pmatrix} 0 & 0 & a \\ 0 & \dfrac{a+b}{2} & 0 \\ b & 0 & 0 \end{pmatrix}, \qquad a, b \in \mathbb{R}, \quad a, b \neq 0.$$

Posto $U = \exp(iA)$, stabilire sotto quale condizione U risulta una matrice unitaria e, in tale caso, determinarla.

Risposta: Supponiamo che A sia diagonalizzabile (condizione da verificare *a posteriori*), e siano $\lambda_k \in \mathbb{C}$, $k = 1,2,3$, i suoi autovalori. Allora anche U è diagonalizzabile, ed i suoi autovalori sono $e^{i\lambda_k}$, $k = 1,2,3$. Condizione necessaria e sufficiente affinché U sia unitaria è che abbia autovalori di modulo unitario, ossia che $|e^{i\lambda_k}| = 1$, $k = 1,2,3$. Ciò accade se e solo se $\lambda_k \in \mathbb{R}$. Tale condizione è in particolare soddisfatta se la matrice A è autoaggiunta (ed una matrice autoaggiunta è diagonalizzabile, come ci mancava di verificare). Essendo A ad elementi reali, in tal caso la condizione è dunque che A sia simmetrica, ossia che $a = b$.

Più in generale, si trova che la matrice assegnata è sempre diagonalizzabile (in $\mathbb{C}^3$), ed ha autovalori $\lambda_1 = -\sqrt{ab}$, $\lambda_2 = +\sqrt{ab}$, $\lambda_3 = \frac{a+b}{2}$. Tali autovalori sono tutti reali se $ab \geq 0$, ossia se a e b sono concordi (entrambi non negativi o entrambi non positivi). Il caso $a = b$ è un caso particolare di questo.

Limitiamoci dapprima a considerare il caso $a = b$. In tale caso, $A = \begin{pmatrix} 0 & 0 & a \\ 0 & a & 0 \\ a & 0 & 0 \end{pmatrix}$.

Tale matrice ha gli autovalori $\lambda_1 = -a$, $\lambda_2 = \lambda_3 = a$ ed autovettori (scelti in modo da essere ortonormali; il primo lo è senz'altro rispetto agli altri due, perché autovettori appartenenti ad autovalori distinti): $\boldsymbol{u}_1 = (1,0,-1)^\top/\sqrt{2}$, $\boldsymbol{u}_2 = (1,0,1)^\top/\sqrt{2}$, $\boldsymbol{u}_3 = (0,1,0)^\top$. Costruendo con tali autovettori la matrice P (unitaria) di passaggio fra la base canonica e la base degli autovettori, si trova $U = PU'P^\dagger = \begin{pmatrix} \cos a & 0 & i\sin a \\ 0 & e^{ia} & 0 \\ i\sin a & 0 & \cos a \end{pmatrix}$.

Se invece $ab > 0$, si trova $U = \begin{pmatrix} \cos\sqrt{ab} & 0 & i\sqrt{\frac{a}{b}}\sin\sqrt{ab} \\ 0 & \exp\left(i\frac{a+b}{2}\right) & 0 \\ i\sqrt{\frac{b}{a}}\sin\sqrt{ab} & 0 & \cos\sqrt{ab} \end{pmatrix}$.

Esercizio 1.64 (Compito del 10.02.2003). Data la matrice

$$A = \begin{pmatrix} 0 & 0 & i \\ 0 & 1 & 0 \\ -i & 0 & 0 \end{pmatrix}:$$

1. Riconoscerne il tipo.
2. Discuterne il problema agli autovalori.
3. Calcolare A^2 e A^3.
4. Calcolare A^n, con $n \in \mathbb{N}$.
5. Servendosi del risultato precedente e di sviluppi in serie noti, provare che

$$\exp(tA) = \mathbb{1} \cosh t + A \sinh t.$$

Risposta: La matrice è hermitiana, in quanto $A = A^\dagger$, ed unitaria, in quanto i vettori colonna formano una base ortonormale. Dunque è diagonalizzabile, ed ammette autovalori reali di modulo unitario. Si trovano gli autovalori $\lambda_1 = 1$, con molteplicità 2, e $\lambda_2 = -1$. Corrispondenti autovettori (già ortonormali) sono: $\boldsymbol{u}_1 = (0,1,0)^\top$, $\boldsymbol{u}_2 = (i,0,1)^\top/\sqrt{2}$, $\boldsymbol{u}_3 = (-i,0,1)^\top/\sqrt{2}$. Nella base formata dagli autovettori, si trova che $(A^2)' = \mathbb{1}$. Segue che (senza bisogno di fare calcoli) $A^2 = \mathbb{1}$. Analogamente, si trova che $(A^3)' = A'$, dunque $A^3 = A$. In generale, per induzione, $A^n = \mathbb{1}$, se n è pari, oppure $A^n = A$, se n è dispari. Facendo infine uso dello sviluppo in serie dell'esponenziale e di tale ultimo risultato, si ha:

$$\begin{aligned} \exp(tA) &= \mathbb{1} + tA + \frac{1}{2!}(tA)^2 + \frac{1}{3!}(tA)^3 + \dots \\ &= \sum_{n \text{ pari}} \frac{1}{n!} t^n A^n + \sum_{n \text{ dispari}} \frac{1}{n!} t^n A^n \\ &= \mathbb{1} \sum_{n \text{ pari}} \frac{1}{n!} t^n + A \sum_{n \text{ dispari}} \frac{1}{n!} t^n \\ &= \mathbb{1} \cosh t + A \sinh t, \end{aligned}$$

ove, nell'ultimo passaggio, si sono riconosciuti gli sviluppi in serie del seno e del coseno iperbolico.

Esercizio 1.65 (Compito del 28.03.2003). Data la matrice:

$$A = \begin{pmatrix} 1 & 0 & i \\ 0 & 1 & 0 \\ -i & 0 & 1 \end{pmatrix},$$

riconoscerne il tipo e discuterne le proprietà. Dopo averne determinato autovalori ed autovettori, calcolare A^n, con $n \in \mathbb{N}$.

Risposta: La matrice è hermitiana. Ha autovalori (reali) $\lambda_1 = 0$, $\lambda_2 = 1$, $\lambda_3 = 2$ ed autovettori (tra loro ortogonali) $\boldsymbol{v}_1 = (-i,0,1)^\top$, $\boldsymbol{v}_2 = (0,1,0)^\top$, $\boldsymbol{v}_3 = (i,0,1)^\top$. Si trova:

$$A^n = T(A^n)'T^\dagger = \begin{pmatrix} -\frac{i}{\sqrt{2}} & 0 & \frac{i}{\sqrt{2}} \\ 0 & 1 & 0 \\ \frac{1}{\sqrt{2}} & 0 & \frac{1}{\sqrt{2}} \end{pmatrix} \begin{pmatrix} 0 & & \\ & 1 & \\ & & 2^n \end{pmatrix} \begin{pmatrix} \frac{i}{\sqrt{2}} & 0 & \frac{1}{\sqrt{2}} \\ 0 & 1 & 0 \\ -\frac{i}{\sqrt{2}} & 0 & \frac{1}{\sqrt{2}} \end{pmatrix}$$

$$= \begin{pmatrix} 2^{n-1} & 0 & i2^{n-1} \\ 0 & 1 & 0 \\ -i2^{n-1} & 0 & 2^{n-1} \end{pmatrix}.$$

Esercizio 1.66 (Compito del 6.06.2003). Sia $\mathcal{V} = \{|\boldsymbol{v}_1\rangle, |\boldsymbol{v}_2\rangle, |\boldsymbol{v}_3\rangle\}$ un sistema di vettori ortonormali in $\mathbb{C}^3$ ed A l'operatore definito da:

$$A = \alpha\left(|\boldsymbol{v}_1\rangle\langle\boldsymbol{v}_2| + |\boldsymbol{v}_2\rangle\langle\boldsymbol{v}_1|\right) + \beta\left(|\boldsymbol{v}_1\rangle\langle\boldsymbol{v}_3| + |\boldsymbol{v}_3\rangle\langle\boldsymbol{v}_1|\right) + \gamma\left(|\boldsymbol{v}_2\rangle\langle\boldsymbol{v}_3| + |\boldsymbol{v}_3\rangle\langle\boldsymbol{v}_2|\right),$$

con $\alpha, \beta, \gamma \in \mathbb{R}$.

1. Classificare l'operatore A.
2. Determinare α, β, γ in modo che $|\boldsymbol{v}\rangle = |\boldsymbol{v}_1\rangle + |\boldsymbol{v}_2\rangle + |\boldsymbol{v}_3\rangle$ sia autovettore di A con autovalore 1.
3. Risolvere, in tal caso, il problema agli autovalori per A.
4. Posto $f(z) = \dfrac{1-z}{1+z}$, $\forall z \neq -1$, dire se è possibile calcolare $f(A)$ ed, eventualmente, calcolare $f(A)$.

Risposta: Si osserva subito che $A^\dagger = A$, dunque A è un operatore hermitiano.
La matrice associata ad A relativamente alla base $\mathcal{V}$ ha per elementi $\langle\boldsymbol{v}_i|A|\boldsymbol{v}_j\rangle$. Eseguendo i prodotti indicati, e sfruttando l'ortonormalità della base $\mathcal{V}$, si trova:

$$A = \begin{pmatrix} 0 & \alpha & \beta \\ \alpha & 0 & \gamma \\ \beta & \gamma & 0 \end{pmatrix},$$

che è una matrice reale e simmetrica, dunque hermitiana. In modo equivalente, si poteva anche considerare il risultato dell'azione di A sui singoli vettori della base. Ancora una volta, sfruttando l'ortonormalità di tali vettori, si trova:

$$\begin{aligned} A|\boldsymbol{v}_1\rangle &= \alpha|\boldsymbol{v}_2\rangle + \beta|\boldsymbol{v}_3\rangle \\ A|\boldsymbol{v}_2\rangle &= \alpha|\boldsymbol{v}_1\rangle + \gamma|\boldsymbol{v}_3\rangle \\ A|\boldsymbol{v}_3\rangle &= \beta|\boldsymbol{v}_1\rangle + \gamma|\boldsymbol{v}_2\rangle. \end{aligned}$$

Gli elementi di matrice di A, ordinati per colonna, sono dunque le componenti di $A|\boldsymbol{v}_1\rangle$ etc rispetto alla base $\mathcal{V}$.

Si trova poi

$$A|\boldsymbol{v}\rangle = \begin{pmatrix} \alpha+\beta \\ \alpha+\gamma \\ \beta+\gamma \end{pmatrix} = \begin{pmatrix} 1 \\ 1 \\ 1 \end{pmatrix},$$

da cui $\alpha = \beta = \gamma = \frac{1}{2}$.

In tal caso, la matrice A ha autovalori (soluzioni dell'equazione caratteristica) $\lambda_1 = 1$, $\lambda_2 = \lambda_3 = -\frac{1}{2}$, ed autovettori $\boldsymbol{v}^{(1)} = (1,1,1)^\top = \boldsymbol{v}$ (q.e.d.), $\boldsymbol{v}^{(2)} = (1,-1,0)^\top$, $\boldsymbol{v}^{(3)} = (1,0,-1)^\top$, che possono essere ortonormalizzati, ad esempio mediante la procedura di Gram-Schmidt. (Osservate che solo gli ultimi due, in realtà, non sono ortogonali tra loro, in quanto appartengono ad un autovalore degenere.) Sebbene il testo si aspetti che gli autovettori siano ortonormali, è irrilevante determinarli ai fini dei punti successivi. Possiamo, cioè, continuare a lavorare nella base trovata, che è una base di autovettori per A, anche se non ortonormale.

Un metodo alternativo per determinare gli autovalori è quello di risolvere il sistema costituito dalle equazioni per gli invarianti traccia e determinante:

$$\begin{aligned} \operatorname{Tr} A &= \lambda_1 + \lambda_2 + \lambda_3 = 0 \\ \det A &= \lambda_1 \lambda_2 \lambda_3 = 2\alpha\beta\gamma = \frac{1}{4} \\ \lambda_1 &= 1, \end{aligned}$$

l'ultima condizione essendo nota per costruzione ($A\boldsymbol{v} = \boldsymbol{v}$). Sostituendo l'ultima relazione nelle prime due, si trova un sistema simmetrico per λ_2 e λ_3, che è equivalente ad un'equazione di secondo grado.

Si trova infine, col metodo usuale, $f(A) = \begin{pmatrix} 2 & -1 & -1 \\ -1 & 2 & -1 \\ -1 & -1 & 2 \end{pmatrix}$.

Esercizio 1.67 (Compito dell'1.07.2003). Sia $|\boldsymbol{u}\rangle \in \mathbb{C}^3$ un versore e Q l'operatore definito da:

$$Q = \mathbb{1} - 2|\boldsymbol{u}\rangle\langle\boldsymbol{u}|$$

(operatore di Householder).

1. Calcolare Q^n, con $n \in \mathbb{N}$. Dare un'interpretazione geometrica dell'azione di Q in $\mathbb{C}^3$.
2. Nel caso $|\boldsymbol{u}\rangle = \frac{1}{\sqrt{2}} \begin{pmatrix} 1 \\ i \\ 0 \end{pmatrix}$, determinare Q e discuterne il problema agli autovalori.
3. In tale caso, calcolare $\exp(i\alpha Q)$, con $\alpha \in \mathbb{R}$.
4. Provare, in generale, che $\exp(i\alpha Q) = \mathbb{1} \cos\alpha + iQ \sin\alpha$.

Risposta:

1. Facendo uso del fatto che $|\boldsymbol{u}\rangle$ è un versore, cioè che $\langle\boldsymbol{u}|\boldsymbol{u}\rangle = 1$, si ha:

$$\begin{aligned} Q^2 &= (\mathbb{1} - 2|\boldsymbol{u}\rangle\langle\boldsymbol{u}|)(\mathbb{1} - 2|\boldsymbol{u}\rangle\langle\boldsymbol{u}|) \\ &= \mathbb{1} - 2|\boldsymbol{u}\rangle\langle\boldsymbol{u}| - 2|\boldsymbol{u}\rangle\langle\boldsymbol{u}| + 4|\boldsymbol{u}\rangle \underbrace{\langle\boldsymbol{u}|\boldsymbol{u}\rangle}_{=1} \langle\boldsymbol{u}| \\ &= \mathbb{1}, \\ Q^3 &= Q^2 \cdot Q = \mathbb{1} \cdot Q = Q, \\ \vdots & \quad \vdots \\ Q^n &= \begin{cases} \mathbb{1}, & \text{se } n \text{ è pari}, \\ Q, & \text{se } n \text{ è dispari}. \end{cases} \end{aligned}$$

Si può osservare che $Q|\boldsymbol{u}\rangle = -|\boldsymbol{u}\rangle$, mentre, se $|\boldsymbol{w}\rangle$ è ortogonale a $|\boldsymbol{u}\rangle$, cioè se $\langle\boldsymbol{u}|\boldsymbol{w}\rangle = 0$, allora $Q|\boldsymbol{w}\rangle = |\boldsymbol{w}\rangle$. Segue che $|\boldsymbol{u}\rangle$ è autovettore di Q con autovalore

-1, e ogni vettore (non nullo) ortogonale ad $|\boldsymbol{u}\rangle$ è autovettore di Q, con autovalore 1. In altri termini, Q trasforma un vettore parallelo ad $|\boldsymbol{u}\rangle$ nel suo opposto, mentre lascia invariati i vettori ortogonali ad $|\boldsymbol{u}\rangle$. Geometricamente, l'operatore Q è allora l'operatore di "riflessione" rispetto al sottospazio ortogonale ad $|\boldsymbol{u}\rangle$. In uno spazio vettoriale tridimensionale, tale sottospazio è un piano, e Q è l'operatore di riflessione rispetto a tale piano, nel senso usuale della geometria. (Le matrici di Householder intervengono in alcuni metodi numerici per la fattorizzazione di matrici.)

2. Nel caso particolare assegnato dal testo, si trova:

$$\begin{aligned} Q &= \begin{pmatrix} 1 & & \\ & 1 & \\ & & 1 \end{pmatrix} - 2 \cdot \frac{1}{2} \begin{pmatrix} 1 \\ i \\ 0 \end{pmatrix} (1 \; -i \; 0) \\ &= \begin{pmatrix} 1 & & \\ & 1 & \\ & & 1 \end{pmatrix} - \begin{pmatrix} 1 & -i & 0 \\ i & 1 & 0 \\ 0 & 0 & 0 \end{pmatrix} \\ &= \begin{pmatrix} 0 & i & 0 \\ -i & 0 & 0 \\ 0 & 0 & 1 \end{pmatrix}. \end{aligned}$$

La matrice così trovata è autoaggiunta. Ha autovalori $\lambda_1 = \lambda_2 = 1$, $\lambda_3 = -1$ ed autovettori (già ortonormalizzati) $\boldsymbol{v}_1 = \frac{1}{\sqrt{2}}(i, 1, 0)^\top$, $\boldsymbol{v}_2 = (0, 0, 1)^\top$, $\boldsymbol{v}_3 = \boldsymbol{v}$ (per costruzione).

3. Costruendo con gli autovettori trovati la matrice di passaggio T (unitaria), si trova:

$$\exp(i\alpha Q) = T[\exp(i\alpha Q)]' T^\dagger = \begin{pmatrix} \cos\alpha & -\sin\alpha & 0 \\ \sin\alpha & \cos\alpha & 0 \\ 0 & 0 & e^{i\alpha} \end{pmatrix},$$

ove si è fatto uso delle formule di Eulero. La matrice trovata è unitaria (verificare). In particolare, si può verificare che $\exp(i\alpha Q)$ è della forma data dal punto successivo.

4. Facendo uso dello sviluppo in serie dell'esponenziale, e di quanto trovato al punto 1. circa l'espressione di Q^n con n intero, si ha:

$$\begin{aligned} \exp(i\alpha Q) &= \mathbb{1} + i\alpha Q + \frac{1}{2!}(i\alpha Q)^2 + \frac{1}{3!}(i\alpha Q)^3 + \frac{1}{4!}(i\alpha Q)^4 + \dots \\ &= \left(1 - \frac{1}{2!}\alpha^2 + \frac{1}{4!}\alpha^4 + \dots\right)\mathbb{1} + i\left(\alpha - \frac{1}{3!}\alpha^3 + \dots\right) Q \\ &= \mathbb{1}\cos\alpha + iQ\sin\alpha, \end{aligned}$$

ove, nell'ultimo passaggio, si sono riconosciuti gli sviluppi in serie delle funzioni seno e coseno. La matrice trovata è unitaria. Verificarlo, calcolando esplicitamente $B^\dagger B (= \mathbb{1})$ e servendosi del fatto che $Q^2 = \mathbb{1}$.

La matrice $B = \exp(i\alpha Q)$ è una generica matrice con elementi complessi. È noto che è possibile esprimere, in modo unico, ogni matrice quadrata ad elementi complessi nella forma $B = B_1 + iB_2$, con $B_1 = (B + B^\dagger)/2$ e $B_2 = (B - B^\dagger)/(2i)$ matrici autoaggiunte. L'espressione trovata consente di concludere che, nel nostro caso, $B_1 = \mathbb{1}\cos\alpha$ e $B_2 = Q\sin\alpha$, anche nel caso di una matrice $Q \in \mathfrak{M}_{n,n}(\mathbb{C})$. (L'espressione trovata assomiglia molto alla forma trigonometrica di un numero complesso, e va 'letta' in termini dell'analogia tra numeri complessi/matrici complesse, numeri reali/matrici autoaggiunte.) È immediato verificare quanto detto nel caso $n = 3$ e con $\boldsymbol{u}$ dato dal testo, calcolando esplicitamente $B_1 = (B+B^\dagger)/2$ e $B_2 = (B - B^\dagger)/(2i)$.

Esercizio 1.68 (Compito del 9.09.2003). Sia $\{\boldsymbol{u}_1, \boldsymbol{u}_2, \boldsymbol{u}_3\}$ una base di vettori ortonormali.

1. Relativamente a tale base, determinare l'operatore U che lascia $\boldsymbol{u}_1$ invariato e tale che:
$$U\left(\frac{\boldsymbol{u}_2 + \boldsymbol{u}_3}{\sqrt{2}}\right) = \boldsymbol{u}_2,$$
$$U\left(\frac{\boldsymbol{u}_2 - \boldsymbol{u}_3}{\sqrt{2}}\right) = \boldsymbol{u}_3.$$
2. Classificare U e discuterne il problema agli autovalori.
3. Determinare U^n ($n \in \mathbb{N}$).
4. Servendosi del risultato precedente, dimostrare che
$$\exp(i\alpha U) = \mathbb{1}\cos\alpha + iU\sin\alpha, \qquad \alpha \in \mathbb{R}.$$

Risposta: Facendo uso della linearità dell'operatore U (sottintesa nel testo), sommando e sottraendo si ha:

$$\begin{aligned} U\boldsymbol{u}_1 &= \boldsymbol{u}_1, \\ U\boldsymbol{u}_2 &= \frac{\sqrt{2}}{2}(\boldsymbol{u}_2 + \boldsymbol{u}_3), \\ U\boldsymbol{u}_3 &= \frac{\sqrt{2}}{2}(\boldsymbol{u}_2 - \boldsymbol{u}_3). \end{aligned}$$

La matrice associata ad U relativamente alla base assegnata ha quindi per i-sima colonna il vettore colonna delle componenti dell'immagine di $\boldsymbol{u}_i$ rispetto a tale base, cioè:

$$U = \begin{pmatrix} 1 & 0 & 0 \\ 0 & \frac{\sqrt{2}}{2} & \frac{\sqrt{2}}{2} \\ 0 & \frac{\sqrt{2}}{2} & -\frac{\sqrt{2}}{2} \end{pmatrix}.$$

Tale matrice è reale e simmetrica, dunque hermitiana, ed inoltre unitaria, in quanto i vettori colonna formano una base ortonormale.

Gli autovalori si trovano come radici dell'equazione caratteristica, e sono $\lambda = 1$, con molteplicità due, e $\lambda = -1$ (autovalore semplice). Gli autovettori associati sono $\boldsymbol{v}_1 = (1, 0, 0)^\top \equiv \boldsymbol{u}_1$ (per costruzione), $\boldsymbol{v}_2 = (0, 1, \sqrt{2} - 1)^\top$, $\boldsymbol{v}_3 = (0, -1, \sqrt{2} + 1)^\top$.

Nella base in cui U è diagonale (la base degli autovettori), si trova:

$$U' = \begin{pmatrix} 1 & & \\ & 1 & \\ & & -1 \end{pmatrix}$$

e quindi:

$$(U^n)' = \begin{pmatrix} 1 & & \\ & 1 & \\ & & (-1)^n \end{pmatrix}$$

da cui, tornando alla base assegnata,

$$U^n = \begin{cases} \mathbb{1}, & \text{se } n \text{ è pari,} \\ U, & \text{se } n \text{ è dispari.} \end{cases}$$

Oppure, osservando che U è reale e simmetrica ed inoltre unitaria, si trova che $U^2 = UU = UU^\top = UU^\dagger = \mathbb{1}$, $U^3 = U^2U = \mathbb{1}U = U$, etc.

Facendo infine ricorso allo sviluppo in serie dell'esponenziale di una matrice, si trova:

$$\begin{aligned} \exp(i\alpha U) &= \sum_{n=0}^{\infty} \frac{1}{n!}(i\alpha U)^n \\ &= \mathbb{1} \sum_{n \text{ pari}} \frac{1}{n!}(i\alpha)^n + U \sum_{n \text{ dispari}} \frac{1}{n!}(i\alpha)^n \\ &= \mathbb{1}\cos\alpha + iU\sin\alpha. \end{aligned}$$

Esercizio 1.69 (Compito del 1.10.2003). Data la matrice

$$A = \begin{pmatrix} 0 & 0 & 1 \\ 0 & i & 0 \\ 1 & 0 & 0 \end{pmatrix} :$$

1. Classificare A e discuterne il problema agli autovalori.
2. Determinare $U = \exp(iaA)$ $(a \in \mathbb{R})$, e calcolarne la norma, $\| U \|$.
3. Determinare il sottospazio massimale $\mathcal{W} \subset \mathbb{C}^3$ in cui la restrizione di U è unitaria.
4. Determinare esplicitamente $U|_{\mathcal{W}}$. *(Suggerimento: servirsi dell'operatore di proiezione su $\mathcal{W}$.)*

Risposta: L'equazione secolare per A ha soluzioni $\lambda = -1, i, +1$, le colonne di A formano un set ortonormale, quindi A è un operatore unitario. A tali autovalori appartengono gli autovettori (nell'ordine dato): $\boldsymbol{u}_1 = \frac{1}{\sqrt{2}}(1, 0, -1)^\top$, $\boldsymbol{u}_2 = (0, 1, 0)^\top$, $\boldsymbol{u}_3 = \frac{1}{\sqrt{2}}(1, 0, 1)^\top$, con cui si forma la matrice (unitaria) T di passaggio alla base in cui A è diagonale.

Si trova poi:

$$U = \exp(iaA) = T[\exp(iaA)]'T^\dagger = \begin{pmatrix} \cos a & 0 & i\sin a \\ 0 & e^{-a} & 0 \\ i\sin a & 0 & \cos a \end{pmatrix}.$$

La norma di U è il massimo dei moduli degli autovalori di U, cioè:

$$\| U \| = \max\{|e^{\pm ia}|, |e^{-a}|\} = \begin{cases} 1, & a \geq 0, \\ e^{|a|}, & a < 0. \end{cases}$$

Se $a = 0$, allora U è unitario in tutto $\mathbb{C}^3$. Diversamente, per costruire restrizioni di U che siano unitarie, occorre limitarsi agli autospazi appartenenti agli autovalori di U con modulo unitario, che sono:

$$\begin{aligned}\mathcal{W}_1 &= \{\boldsymbol{x} \in \mathbb{C}^3 : \boldsymbol{x} = c_1\boldsymbol{u}_1, \forall c_1 \in \mathbb{C}\},\\ \mathcal{W}_3 &= \{\boldsymbol{x} \in \mathbb{C}^3 : \boldsymbol{x} = c_3\boldsymbol{u}_3, \forall c_3 \in \mathbb{C}\},\\ \mathcal{W}_{13} = \mathcal{W}_1 \oplus \mathcal{W}_3 &= \{\boldsymbol{x} \in \mathbb{C}^3 : \boldsymbol{x} = c_1\boldsymbol{u}_1 + c_3\boldsymbol{u}_3, \forall c_1, c_3 \in \mathbb{C}\},\end{aligned}$$

che rappresentano rispettivamente una retta, un'altra retta (incidente la prima nell'origine, cioè avente in comune con essa il vettore nullo), ed il piano da esse individuato. Il sottospazio massimale in cui la restrizione di U è unitaria è chiaramente $\mathcal{W}_{13}$, con $\dim \mathcal{W}_{13} = 2$.

Gli operatori di proiezione in tali sottospazi sono, rispettivamente:

$$\begin{aligned}P_1 &= |\boldsymbol{u}_1\rangle\langle\boldsymbol{u}_1|\\ P_3 &= |\boldsymbol{u}_3\rangle\langle\boldsymbol{u}_3|\\ P_{13} &= P_1 + P_3\end{aligned}$$

(nell'ultimo caso si è fatto uso del fatto che $P_1P_3 = P_3P_1 = 0$, ossia che i due operatori di proiezione sono ortogonali). Si ha:

$$P_{13} = \frac{1}{\sqrt{2}}\begin{pmatrix}1\\0\\-1\end{pmatrix}\frac{1}{\sqrt{2}}\begin{pmatrix}1 & 0 & -1\end{pmatrix} + \frac{1}{\sqrt{2}}\begin{pmatrix}1\\0\\1\end{pmatrix}\frac{1}{\sqrt{2}}\begin{pmatrix}1 & 0 & 1\end{pmatrix} = \begin{pmatrix}1&0&0\\0&0&0\\0&0&1\end{pmatrix},$$

con cui la restrizione di U a $\mathcal{W}_{13}$ diventa:

$$\tilde{U} = U|_{\mathcal{W}_{13}} = P_{13}^\dagger U P_{13} = \begin{pmatrix}\cos a & 0 & i\sin a\\ 0 & 0 & 0\\ i\sin a & 0 & \cos a\end{pmatrix}.$$

Tale matrice è unitaria in $\mathcal{W}_{13}$. Si verifica agevolmente, infatti, che $\tilde{U}^\dagger\tilde{U} = \tilde{U}\tilde{U}^\dagger = P_{13}$, dove P_{13} è l'identità in $\mathcal{W}_{13}$.

Esercizio 1.70 (Compito del 9.12.2003). Date le matrici

$$H = \begin{pmatrix}1&0&1\\0&2&0\\1&0&1\end{pmatrix}, \quad U = \begin{pmatrix}\frac{1+i}{2} & 0 & \frac{1-i}{2}\\ 0 & i & 0\\ \frac{1-i}{2} & 0 & \frac{1+i}{2}\end{pmatrix}:$$

1. Classificare H ed U.
2. Verificare che $[H, U] = 0$.
3. Dire se esiste una base di autovettori comuni ad U ed H ed eventualmente determinarla.
4. Determinare i più ampi sottospazi invarianti rispetto ad entrambi gli operatori.

Risposta: La matrice H è hermitiana (anzi, reale e simmetrica), mentre la matrice U è unitaria (le sue colonne formano un sistema di vettori ortonormali). Si verifica agevolmente che $HU = UH$, dunque le due matrici commutano. Pertanto, esse ammettono una base di autovettori comuni.

La matrice H ha autovalori $\lambda = 0, 2, 2$, ed autovettori rispettivamente $\boldsymbol{v}_1 = (1, 0, -1)^\top$ e $\boldsymbol{v}_{2,3} = (a, b, a)^\top$.

La matrice U ha autovalori $\mu = 1, i, i$, ed autovettori rispettivamente $\boldsymbol{w}_1 = (1, 0, 1)^\top$ e $\boldsymbol{w}_{2,3} = (c, d, -c)^\top$.

Scegliendo $d = 0$, $c = 1$, $\boldsymbol{w}_2 = \boldsymbol{v}_1$. Scegliendo $a = 1$, $b = 0$, $\boldsymbol{v}_2 = \boldsymbol{w}_1$. Scegliendo $a = c = 0$, $b = d = 1$, $\boldsymbol{w}_3 = \boldsymbol{v}_3$.

In definitiva, gli autovettori comuni (opportunamente normalizzati) sono $\boldsymbol{u}_1 = \frac{1}{\sqrt{2}}(1, 0, -1)^\top$ ($\lambda = 0$, $\mu = i$); $\boldsymbol{u}_2 = \frac{1}{\sqrt{2}}(1, 0, 1)^\top$ ($\lambda = 2$, $\mu = 1$); $\boldsymbol{u}_3 = (0, 1, 0)^\top$ ($\lambda = 2$, $\mu = i$).

Osservando che l'autospazio di un operatore è invariante rispetto a tale operatore e rispetto ad ogni altro operatore che commuti con esso, i sottospazi richiesti sono $E_H(2)$ ed $E_U(i)$, entrambi di dimensione 2.

Esercizio 1.71 (Compito del 9.2.2004). Data la matrice

$$A = \begin{pmatrix} \frac{1}{2} & 0 & 0 \\ 0 & 1 & 0 \\ 1 & 0 & -\frac{1}{2} \end{pmatrix} :$$

1. Discutere il problema agli autovalori per A.
2. Determinare A^k, $k \in \mathbb{N}$.
3. Studiare il $\lim_{k\to\infty} \boldsymbol{x}_k$, con $\boldsymbol{x}_{k+1} = A\boldsymbol{x}_k$, e $\boldsymbol{x}_0 \in \mathbb{C}^3$ vettore assegnato.

Risposta: La matrice A è una matrice triangolare inferiore (sono uguali a zero tutti gli elementi al di sopra della diagonale principale), ad elementi reali. Essa non è hermitiana, né unitaria, e neanche normale (verificare). Tuttavia, le matrici triangolari sono diagonalizzabili (anzi, i loro autovalori sono proprio gli elementi della diagonale principale). Dunque (cfr. discussione dell'Esercizio 1.49) la matrice, pur ammettendo un set completo di autovettori l.i., questi non sono ortogonali. Se si procedesse ad ortogonalizzarli, ad esempio con la procedura di Gram-Schmidt, si otterrebbe ancora una base (ortonormale, per costruzione), ma non di autovettori per A.

Dalla discussione del problema agli autovalori, si trovano gli autovalori $\lambda_1 = -\frac{1}{2}$, $\lambda_2 = \frac{1}{2}$, $\lambda_3 = 1$, cui corrispondono gli autovettori $\boldsymbol{v}_1 = (0, 0, 1)^\top$, $\boldsymbol{v}_2 = (1, 0, 1)^\top$, $\boldsymbol{v}_3 = (0, 1, 0)^\top$, con cui è possibile costruire la matrice di passaggio alla base degli autovettori e la sua inversa:

$$T = \begin{pmatrix} 0 & 1 & 0 \\ 0 & 0 & 1 \\ 1 & 1 & 0 \end{pmatrix}, \qquad T^{-1} = \begin{pmatrix} -1 & 0 & 1 \\ 1 & 0 & 0 \\ 0 & 1 & 0 \end{pmatrix}.$$

Quanto al calcolo di A^k, risulta:

$$A^k = T(A^k)'T^{-1} = T \begin{pmatrix} \frac{(-1)^k}{2^k} & & \\ & \frac{1}{2^k} & \\ & & 1 \end{pmatrix} = \begin{pmatrix} \frac{1}{2^k} & 0 & 0 \\ 0 & 1 & 0 \\ \frac{1-(-1)^k}{2^k} & 0 & \frac{(-1)^k}{2^k} \end{pmatrix},$$

che è ancora una matrice triangolare superiore (anzi, diagonale, se k è pari).

Si prova infine agevolmente (per induzione), che $\boldsymbol{x}_k = A^k \boldsymbol{x}_0$, sicché il $\lim_k \boldsymbol{x}_k$ è acquisito non appena si conosca il $\lim_k A^k$. Guardando all'espressione finale di A^k o, meglio, all'espressione di $(A^k)'$ in forma diagonale, si osserva che tutti gli autovalori di A^k tendono a zero per $k \to \infty$ tranne $\lambda = 1$. Dunque, il $\lim_k A^k$ è l'operatore di proiezione sul sottospazio associato all'autovalore $\lambda = 1$, ed il $\lim_k \boldsymbol{x}_k = \lim_k A^k \boldsymbol{x}_0$ è semplicemente la proiezione di $\boldsymbol{x}_0$ su tale sottospazio. In altri termini, se $\boldsymbol{x}_0 = (a, b, c)^\top$, allora $\lim_k \boldsymbol{x}_k = (0, b, 0)^\top$, $\forall a, b, c$.

Tale risultato si può generalizzare al caso di un qualsiasi operatore A tale che $\| A \| = 1$. (Nel nostro caso, la norma di A è il massimo dei moduli dei suoi autovalori, cioè appunto 1.) In tal caso, l'operatore A definisce una contrazione sullo spazio in cui opera (vedi Giusti, 1990, per il teorema di Banach-Caccioppoli sulle contrazioni), e l'equazione dei punti uniti $A\boldsymbol{x}_* = \boldsymbol{x}_*$ ammette come soluzioni tutti i vettori $\boldsymbol{x}_*$ del sottospazio appartenente all'autovalore 1.

Esercizio 1.72 (Compito del 29.3.2004). Data la matrice

$$A = \begin{pmatrix} 0 & -1 & 0 \\ -1 & 0 & i \\ 0 & -i & 0 \end{pmatrix},$$

1. Riconoscerne il tipo e discuterne le principali proprietà.
2. Discutere il problema agli autovalori per A.
3. Detti λ_i gli autovalori di A, determinare le matrici P_i tali che

$$A = \sum_{i=1}^{3} \lambda_i P_i.$$

4. Cosa può dirsi, ad esempio, di $P_1 P_2$ e di P_3^2?

Risposta: La matrice assegnata è hermitiana ed ha determinante nullo. Dunque è diagonalizzabile, ammette autovalori reali (uno è nullo), e ad autovalori distinti corrispondono autovettori ortogonali.

Gli autovalori sono $\lambda = 0, -\sqrt{2}, \sqrt{2}$, cui appartengono gli autovettori (ortonormali) $\boldsymbol{u}_1 = (i, 0, 1)^\top/\sqrt{2}$, $\boldsymbol{u}_2 = (1, \sqrt{2}, i)^\top/2$, $\boldsymbol{u}_3 = (1, -\sqrt{2}, i)^\top/2$. (Osserviamo che $\boldsymbol{u}_3$ si può ottenere da $\boldsymbol{u}_2$ scambiando $\sqrt{2}$ con $-\sqrt{2}$.) Con essi è possibile formare la matrice di passaggio (unitaria):

$$U = \begin{pmatrix} i\frac{\sqrt{2}}{2} & \frac{1}{2} & \frac{1}{2} \\ 0 & \frac{\sqrt{2}}{2} & -\frac{\sqrt{2}}{2} \\ \frac{\sqrt{2}}{2} & \frac{i}{2} & \frac{i}{2} \end{pmatrix}.$$

Nella base degli autovettori, le matrici P_i sono diagonali ed hanno per elemento generico $(P_i')_{jk} = \delta_{ij}\delta_{ik}$, ossia hanno tutti gli elementi pari a zero, tranne l'elemento di posto ii che è pari ad uno. Nella base canonica esse possono determinarsi come $P_i = U P_i' U^\dagger$, oppure come $P_i = |\boldsymbol{u}_i\rangle\langle\boldsymbol{u}_i|$ (avendo osservato che i vettori $\boldsymbol{u}_i$ sono stati normalizzati). Risulta:

$$P_1 = \begin{pmatrix} \frac{1}{2} & 0 & \frac{i}{2} \\ 0 & 0 & 0 \\ -\frac{i}{2} & 0 & \frac{1}{2} \end{pmatrix}, \quad P_2 = \begin{pmatrix} \frac{1}{4} & \frac{\sqrt{2}}{4} & -\frac{i}{4} \\ \frac{\sqrt{2}}{4} & \frac{1}{2} & -i\frac{\sqrt{2}}{4} \\ \frac{i}{4} & i\frac{\sqrt{2}}{4} & \frac{1}{4} \end{pmatrix},$$

mentre P_3 si ottiene da P_2 cambiando $\sqrt{2}$ in $-\sqrt{2}$.

Essendo i vettori $\boldsymbol{u}_i$ ortonormali, le matrici P_i costituiscono una risoluzione spettrale dell'identità, per cui $P_1 P_2 = 0$ e $P_3^2 = P_3$.

Esercizio 1.73 (Compito N.O. del 29.3.2004). Ridurre a forma normale la superficie quadrica

$$4x^2 + 4y^2 + 4z^2 + 4xy + 4xz + 4yz - 3 = 0.$$

Dare una spiegazione geometrica del risultato ottenuto.

Risposta: L'equazione generale di una quadrica è:

$$\begin{aligned}
&a_{11}x_1^2 + a_{22}x_2^2 + a_{33}x_3^2 \\
&+2a_{12}x_1x_2 + 2a_{13}x_1x_3 + 2a_{23}x_2x_3 \\
&+2a_{14}x_1 + 2a_{24}x_2 + 2a_{34}x_3 \\
&+a_{44} = 0.
\end{aligned}$$

Posto $x_i \mapsto x_i/t$ e $t \mapsto x_4$, in *coordinate omogenee* (o *proiettive*) l'equazione può scriversi in forma matriciale compatta come:

$$\boldsymbol{x}^\top A\boldsymbol{x} = 0,$$

ove $\boldsymbol{x}^\top = (x_1, x_2, x_3, x_4)$ ed A è la matrice (reale e simmetrica) dei coefficienti a_{ij}.

Nel nostro caso,

$$A = \begin{pmatrix} 4 & 2 & 2 & 0 \\ 2 & 4 & 2 & 0 \\ 2 & 2 & 4 & 0 \\ 0 & 0 & 0 & -3 \end{pmatrix}.$$

Una matrice reale e simmetrica è sempre diagonalizzabile, ammette autovalori reali, ad autovalori distinti corrispondono autovettori ortogonali, e gli autovettori (l.i.) corrispondenti ad un autovalore con molteplicità maggiore di uno possono essere ortogonalizzati. Pertanto, è sempre possibile determinare una matrice ortogonale R che diagonalizza la matrice A:

$$A = RA'R^\top.$$

Tale matrice definisce un cambiamento di coordinate:

$$\boldsymbol{x}' = R^\top \boldsymbol{r},$$

nel quale l'equazione della quadrica diventa:

$$\begin{aligned}
&\boldsymbol{x}^\top A\boldsymbol{x} &= 0 \\
\Leftrightarrow\quad &\boldsymbol{x}^\top [RA'R^\top]\boldsymbol{x} &= 0 \\
\Leftrightarrow\quad &\boldsymbol{x}'^\top A'\boldsymbol{x}' &= 0,
\end{aligned}$$

ossia del tipo

$$\lambda_1 x_1'^2 + \lambda_2 x_2'^2 + \lambda_3 x_3'^2 + \lambda_4 x_4'^2 = 0,$$

con λ_i autovalori di A. Seconda del valore e del segno di tali autovalori, tornando a coordinate non omogenee, l'equazione della quadrica assume una delle seguenti *forme canoniche:*[20]

$$\frac{x_1'^2}{a^2} + \frac{x_2'^2}{b^2} + \frac{x_3'^2}{c^2} = 1, \qquad \textit{(ellissoide)},$$
$$\frac{x_1'^2}{a^2} + \frac{x_2'^2}{b^2} - \frac{x_3'^2}{c^2} = 1, \qquad \textit{(iperboloide iperbolico)},$$
$$\frac{x_1'^2}{a^2} + \frac{x_2'^2}{b^2} - \frac{x_3'^2}{c^2} = -1, \qquad \textit{(iperboloide ellittico)},$$
$$z = \frac{x_2'^2}{b^2} - \frac{x_1'^2}{a^2}, \qquad \textit{(paraboloide iperbolico)}.$$

Nel nostro caso, gli autovalori di A sono $\lambda_1 = 8$, $\lambda_2 = \lambda_3 = 2$, $\lambda_4 = 3$, ed

$$R = \begin{pmatrix} \frac{1}{\sqrt{3}} & \frac{1}{\sqrt{2}} & \frac{1}{\sqrt{6}} & 0 \\ \frac{1}{\sqrt{3}} & 0 & -\frac{2}{\sqrt{6}} & 0 \\ \frac{1}{\sqrt{3}} & -\frac{1}{\sqrt{2}} & \frac{1}{\sqrt{6}} & 0 \\ 0 & 0 & 0 & 1 \end{pmatrix}.$$

La forma canonica della quadrica assegnata è dunque quella di un ellissoide di parametri $a^2 = \frac{3}{8}$, $b^2 = c^2 = \frac{3}{2}$ (dunque, un ellissoide di rotazione attorno alla direzione di x_1', ved. Fig. 1.4).

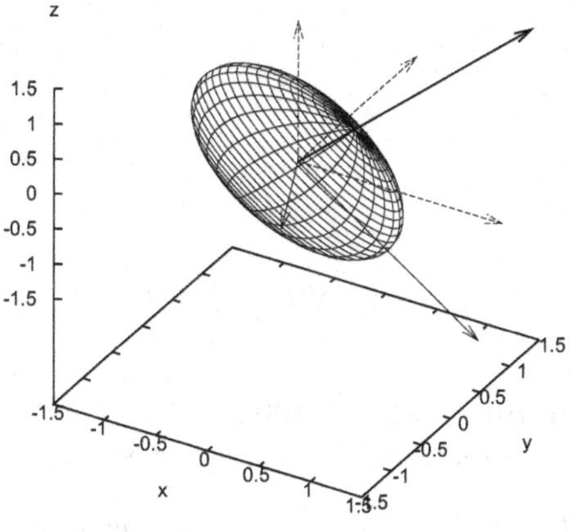

Fig. 1.4. Ellissoide ed assi principali dell'Esercizio 1.73. Gli assi (x_1, x_2, x_3) sono disegnati con linea tratteggiata. Gli assi principali (x_1', x_2', x_3') sono disegnati con linea continua, e tra questi l'asse di simmetria (di rotazione) è marcato con linea più spessa

[20] Abbiamo omesso di elencare le forme canoniche delle quadriche a punti immaginari, dei coni e delle quadriche degeneri in coppie di piani, per le quali rimandiamo ad un qualsiasi testo di geometria analitica o alla pagina web `http://mathworld.wolfram.com/QuadraticSurface.html`.

Esercizio 1.74 (Compito del 3.6.2004). Risolvere il sistema di equazioni differenziali:

$$\begin{aligned} 2\dot{x} &= (i-1)x + (i+1)z \\ \dot{y} &= -iy \\ 2\dot{z} &= (i+1)x + (i-1)z, \end{aligned}$$

sotto le condizioni iniziali $x(0) = z(0) = 1$, $y(0) = 0$.

Risposta: Posto $X(t) = [x(t), y(t), z(t)]^\top$, risulta $\dot{X} = AX$, con

$$A = \begin{pmatrix} \frac{i-1}{2} & 0 & \frac{i+1}{2} \\ 0 & -i & 0 \\ \frac{i+1}{2} & 0 & \frac{i-1}{2} \end{pmatrix},$$

matrice unitaria e simmetrica, ed $X(0) = (1,0,1)^\top$. La matrice A ha autovalori $\lambda = i, -i, -1$ (tutti di modulo unitario, come era da attendersi) e, corrispondentemente, autovettori $\frac{1}{\sqrt{2}}(1,0,1)^\top$, $(0,1,0)^\top$, $\frac{1}{\sqrt{2}}(1,0,-1)^\top$. La matrice U (unitaria) che diagonalizza A ha tali autovettori per colonne, e si trova:

$$\begin{aligned} e^{At} &= U\left(e^{At}\right)' U^\dagger \\ &= \begin{pmatrix} \frac{1}{\sqrt{2}} & 0 & \frac{1}{\sqrt{2}} \\ 0 & 1 & 0 \\ \frac{1}{\sqrt{2}} & 0 & -\frac{1}{\sqrt{2}} \end{pmatrix} \begin{pmatrix} e^{it} & 0 & 0 \\ 0 & e^{-it} & 0 \\ 0 & 0 & e^{-t} \end{pmatrix} \begin{pmatrix} \frac{1}{\sqrt{2}} & 0 & \frac{1}{\sqrt{2}} \\ 0 & 1 & 0 \\ \frac{1}{\sqrt{2}} & 0 & -\frac{1}{\sqrt{2}} \end{pmatrix} \\ &= \begin{pmatrix} \frac{1}{2}(e^{it}+e^{-t}) & 0 & \frac{1}{2}(e^{it}-e^{-t}) \\ 0 & e^{-it} & 0 \\ \frac{1}{2}(e^{it}-e^{-t}) & 0 & \frac{1}{2}(e^{it}+e^{-t}) \end{pmatrix}. \end{aligned} \tag{1.143}$$

Infine,

$$X(t) = e^{At}X(0) = \begin{pmatrix} e^{it} \\ 0 \\ e^{it} \end{pmatrix}.$$

Esercizio 1.75 (Compito del 5.7.2004). Sia $A\colon \mathbb{C}^3 \to \mathbb{C}^3$ la matrice hermitiana che lascia invariati i vettori del sottospazio

$$E = \{\boldsymbol{v} = (x,y,z)^\top \in \mathbb{C}^3 \colon x + y = 0\},$$

e tale che $\operatorname{Tr} A = 0$.

1. Determinare e classificare A.
2. Determinare e classificare $\exp(iAt)$, con $t \in \mathbb{R}$.
3. Si può ancora dire che $\exp(iAt)$ lasci invariati i *vettori* di E?

Risposta: Osserviamo intanto che $\dim E = 2$. Due vettori l.i. in E sono ad esempio $\boldsymbol{v}_1 = (1,-1,0)^\top/\sqrt{2}$ e $\boldsymbol{v}_2 = (0,0,1)^\top$, che abbiamo scelto in modo da essere anzi ortonormali. Un terzo vettore, che insieme agli altri due forma una base ortonormale per $\mathbb{C}^3$, è $\boldsymbol{v}_3 = (1,1,0)^\top/\sqrt{2}$.

Affinché A lasci invariato *ciascun vettore* di E, occorre che $A\boldsymbol{v} = \boldsymbol{v}$, per ogni $\boldsymbol{v} \in E$. Allora ogni $\boldsymbol{v} \in E$ è soluzione del problema agli autovalori per A, con autovalore uguale ad uno. Segue che A è diagonalizzabile (infatti, A è hermitiana) ed E è un autospazio di A appartenente all'autovalore $\lambda = 1$. Essendo $\dim E = 2$, tale autovalore avrà molteplicità due.

Sia μ il terzo autovalore di A. Essendo la traccia di A un invariante, deve risultare

$$\operatorname{Tr} A = 2\lambda + \mu = 0,$$

da cui $\mu = -2$.

Conosciamo quindi gli autovalori di A (cioè 1, 1 e -2) e gli autovettori appartenenti ai primi due autovalori (cioè $\boldsymbol{v}_1$ e $\boldsymbol{v}_2$). Dovendo A essere hermitiana, sappiamo che essa deve avere autovalori reali (come infatti abbiamo trovato), e ad autovalori distinti devono corrispondere autovettori ortogonali. Al terzo autovalore μ, distinto da λ (doppio), dobbiamo dunque associare un autovettore ortogonale all'autospazio E, cioè $\boldsymbol{v}_3$. Senza la condizione che il terzo autovettore fosse ortogonale ai primi due, avremmo potuto scegliere $\boldsymbol{v}_3$ in modo arbitrario (purché l.i. dai primi due), ed avremmo trovato una matrice A normale, ma in generale non hermitiana.

In definitiva, detta U la matrice (unitaria) avente i $\boldsymbol{v}_i$ per colonne, si trova:

$$A = UA'U^\dagger = \begin{pmatrix} \frac{1}{\sqrt{2}} & 0 & \frac{1}{\sqrt{2}} \\ -\frac{1}{\sqrt{2}} & 0 & \frac{1}{\sqrt{2}} \\ 0 & 1 & 0 \end{pmatrix} \begin{pmatrix} 1 & & \\ & 1 & \\ & & -2 \end{pmatrix} \begin{pmatrix} \frac{1}{\sqrt{2}} & -\frac{1}{\sqrt{2}} & 0 \\ 0 & 0 & 1 \\ \frac{1}{\sqrt{2}} & \frac{1}{\sqrt{2}} & 0 \end{pmatrix} = \begin{pmatrix} -\frac{1}{2} & -\frac{3}{2} & 0 \\ -\frac{3}{2} & -\frac{1}{2} & 0 \\ 0 & 0 & 1 \end{pmatrix}.$$

In modo analogo, si trova:

$$\exp(iAt) = U(\exp iAt)'U^\dagger = \begin{pmatrix} e^{-\frac{1}{2}it}\cos\frac{3}{2}t & -ie^{-\frac{1}{2}it}\sin\frac{3}{2}t & 0 \\ -ie^{-\frac{1}{2}it}\sin\frac{3}{2}t & e^{-\frac{1}{2}it}\cos\frac{3}{2}t & 0 \\ 0 & 0 & e^{it} \end{pmatrix},$$

che è unitaria (cfr. Esercizio 1.63).

Posto $f(A) = \exp(iAt)$ (le considerazioni seguenti in realtà valgono per una generica funzione della matrice A), se $\boldsymbol{v} \in E$, non si può in generale dire che $f(A)\boldsymbol{v}$ sia uguale a $\boldsymbol{v}$, in quanto E continua ad essere un autospazio per A, ma appartenente all'autovalore $f(\lambda)$, che in genere sarà diverso da uno. Tuttavia, se $\boldsymbol{v} \in E$, allora anche $A\boldsymbol{v} \in E$, ossia il sottospazio E (non i suoi singoli vettori) è invariante per $f(A)$.

Esercizio 1.76 (Compito del 11.10.2004). Data la matrice

$$A = \begin{pmatrix} 0 & 1 & 0 \\ 1 & 0 & i \\ 0 & -i & 0 \end{pmatrix}:$$

1. Riconoscerne il tipo e discuterne le principali proprietà.
2. Discutere il problema agli autovalori per A.
3. Detti λ_i gli autovalori di A, determinare le matrici P_i tali che

$$A = \sum_{i=1}^{3} \lambda_i P_i.$$

4. Cosa può dirsi, ad esempio, di $P_1 P_2$ e di P_3^2?

Risposta: Vedi Esercizio 1.72. Autovalori: $\lambda_1 = 0$, $\lambda_{2,3} = \pm\sqrt{2}$. Autovettori: $\boldsymbol{u}_1 = (1,0,i)^\top/\sqrt{2}$, $\boldsymbol{u}_{2,3} = (i, \mp\sqrt{2}, 1)^\top/2$. Risoluzione dell'identità: $P_1 = \frac{1}{2}\begin{pmatrix} 1 & 0 & -i \\ 0 & 0 & 0 \\ i & 0 & 1 \end{pmatrix}$, $P_{2,3} = \frac{1}{4}\begin{pmatrix} 1 & \mp\sqrt{2} & i \\ \mp\sqrt{2} & 2 & \mp i\sqrt{2} \\ -i & \pm i\sqrt{2} & 1 \end{pmatrix}$.

Esercizio 1.77 (Compito del 9.12.2004). Determinare il valore del parametro a per il quale il sottospazio

$$V = \{(x, y, z) \in \mathbb{R}^3 \colon x + y = 0\}$$

è invariante rispetto alla matrice:

$$A = \begin{pmatrix} 2 & 1 & 0 \\ 0 & a & 0 \\ 0 & 0 & 1 \end{pmatrix}.$$

Calcolare in tal caso $f(A) = \exp A$ e dire se V è ancora invariante per $f(A)$.

Risposta: Gli autovalori della matrice A sono 1, 2, ed a, a cui appartengono, rispettivamente, gli autovettori $(0,0,1)^\top$, $(1,0,0)^\top$, $(\frac{1}{a-2}, 1, 0)^\top$. Affinché V sia invariante rispetto ad A è sufficiente che V sia un autospazio per A. Dunque, è sufficiente che V ammetta due autovettori l.i. di A come base, e che questi autovettori appartengano allo stesso autovalore. Il primo autovettore è certamente in V, il secondo autovettore certamente non è in V, mentre il terzo è in V soltanto se $\frac{1}{a-2} + 1 = 0$, ossia se $a = 1$. In tal caso, il primo ed il terzo autovettore appartengono entrambi all'autovalore 1, che è degenere, e V è invariante rispetto ad A, come richiesto. Se $a = 1$, si trova infine $\exp A = \begin{pmatrix} e^2 & e^2 - e & 0 \\ 0 & e & 0 \\ 0 & 0 & e \end{pmatrix}$.

Esercizio 1.78 (Compito del 27.06.2006). Dati i vettori

$$\boldsymbol{v}_1 = \begin{pmatrix} 1 \\ i \\ 0 \end{pmatrix}, \qquad \boldsymbol{v}_2 = \begin{pmatrix} 1 \\ 0 \\ 0 \end{pmatrix}, \qquad \boldsymbol{v}_3 = \begin{pmatrix} 0 \\ 0 \\ i \end{pmatrix}:$$

1. Verificare che $\{\boldsymbol{v}_i\}$ sono una base di $\mathbb{C}^3$.
2. Costruire, da $\{\boldsymbol{v}_i\}$, la base ortonormale $\{\boldsymbol{u}_i\}$ secondo il procedimento di Gram-Schmidt.
3. Classificare la matrice A che soddisfa la relazione

$$A\boldsymbol{u}_i = \lambda_i \boldsymbol{u}_i,$$

con $\lambda_i = 1,\ i,\ -i$, e calcolarne gli elementi di matrice in base canonica.
4. Calcolare A^4.

2

Serie di Fourier

Per questo capitolo, fare riferimento a Kolmogorov e Fomin (1980) per quanto riguarda la teoria dell'analisi funzionale, in generale, ancora a Fano e Corsini (1976) per i primi cenni relativi alla serie di Fourier, ed a Zachmanoglou e Thoe (1989) per alcuni esempi ed applicazioni.

2.1 Generalità

Sia $f\colon [-\pi,\pi] \to \mathbb{C}$ una funzione complessa di variabile reale. La scrittura:

$$f(x) = \frac{a_0}{2} + \sum_{n=1}^{\infty}(a_n \cos nx + b_n \sin nx) \tag{2.1}$$

prende il nome di *serie trigonometrica di Fourier* o, semplicemente, *serie di Fourier* per la funzione f.

Intendiamo dare risposta alle domande:

1. per quali funzioni f la (2.1) abbia senso;
2. quale senso abbia la (2.1), cioè in che senso deve intendersi la convergenza della serie a secondo membro;
3. quale sia la relazione fra i coefficienti a_n, b_n e la f.

Serie trigonometrica di Fourier

Cominciamo con l'osservare che è noto dalla teoria che il sistema di 'vettori'

$$\{1, \cos nx, \sin nx\}, \quad \text{con } n \in \mathbb{N} \tag{2.2}$$

è un sistema ortogonale nello spazio $L^2(-\pi,\pi)$ delle funzioni a quadrato integrabile in $(-\pi,\pi)$ rispetto al prodotto scalare (hermitiano):

$$\langle f|g\rangle = \int_{(-\pi,\pi)} f^*(x)g(x)\,\mathrm{d}x.$$

Angilella G. G. N.: Esercizi di metodi matematici della fisica.

Richiamo. Lo spazio $L^2(-\pi,\pi)$ è lo spazio delle funzioni $f\colon (-\pi,\pi) \to \mathbb{C}$ tali che f sia a quadrato misurabile (secondo Lebesgue) in $(-\pi,\pi)$, cioè sia tale che $\int_{(-\pi,\pi)} |f(x)|^2 dx < \infty$.

Infatti, facendo opportunamente uso delle formule di Werner

$$\sin\alpha\cos\beta = \frac{1}{2}[\sin(\alpha+\beta) + \sin(\alpha-\beta)] \tag{2.3a}$$

$$\cos\alpha\cos\beta = \frac{1}{2}[\cos(\alpha+\beta) + \cos(\alpha-\beta)] \tag{2.3b}$$

$$\sin\alpha\sin\beta = -\frac{1}{2}[\cos(\alpha+\beta) - \cos(\alpha-\beta)], \tag{2.3c}$$

e del fatto che

$$\cos^2 y = \frac{1+\cos 2y}{2}$$

$$\sin^2 y = \frac{1-\cos 2y}{2},$$

si verifica subito che:

$$\begin{aligned} &\langle 1|1\rangle = 2\pi, \\ &\langle 1|\cos nx\rangle = 0, \qquad \langle \cos mx|\cos nx\rangle = \pi\delta_{mn}, \\ &\langle 1|\sin nx\rangle = 0, \qquad \langle \cos mx|\sin nx\rangle = 0, \qquad \langle \sin mx|\sin nx\rangle = \pi\delta_{mn}. \end{aligned} \tag{2.4}$$

Pertanto, il sistema

$$\left\{ \frac{1}{\sqrt{2\pi}}, \frac{1}{\sqrt{\pi}}\cos nx, \frac{1}{\sqrt{\pi}}\sin nx \right\} \tag{2.5}$$

è ortonormale. Tuttavia, principalmente per ragioni storiche, è consuetudine fare riferimento al sistema ortogonale (2.2).

Cominciamo col rispondere alla questione 3. Supponiamo, cioè, che la (2.1) abbia senso, e proponiamoci di determinare i coefficienti a_n, b_n (*coefficienti di Fourier*). Moltiplicando la (2.1) scalarmente a sinistra ordinatamente per gli elementi della base (2.2), facendo uso delle (2.4), e assumendo che abbiano senso gli integrali che occorre calcolare, che si possa "invertire il segno di somma con quello di integrale" (preciseremo più avanti sotto quali condizioni tutte queste procedure siano possibili), si ha:

$$\langle 1|f\rangle = \int_{-\pi}^{\pi} f(x)\,\mathrm{d}x = a_0\pi,$$

$$\langle \cos nx|f\rangle = \int_{-\pi}^{\pi} f(x)\cos nx\,\mathrm{d}x = \pi a_n,$$

$$\langle \sin nx|f\rangle = \int_{-\pi}^{\pi} f(x)\sin nx\,\mathrm{d}x = \pi b_n,$$

da cui

$$a_0 = \frac{1}{\pi}\int_{-\pi}^{\pi} f(x)\,\mathrm{d}x,$$
$$a_n = \frac{1}{\pi}\int_{-\pi}^{\pi} f(x)\cos nx\,\mathrm{d}x,$$
$$b_n = \frac{1}{\pi}\int_{-\pi}^{\pi} f(x)\sin nx\,\mathrm{d}x. \tag{2.6}$$

Serie di Fourier in forma complessa

Le funzioni

$$g_n(x) = \frac{1}{\sqrt{2\pi}}e^{inx}, \quad n \in \mathbb{Z} \tag{2.7}$$

sono c.l. delle funzioni di base (2.5). Esse formano un sistema ortonormale completo in $L^2(-\pi,\pi)$, in quanto $\langle g_n|g_m\rangle = \delta_{nm}$. Dunque, se $f\colon [-\pi,\pi] \to \mathbb{C}$, ha senso, sotto opportune restrizioni per f (da precisare in seguito) la scrittura:

$$f(x) = \frac{1}{\sqrt{2\pi}}\sum_{n=-\infty}^{\infty} c_n e^{inx}, \tag{2.8}$$

che prende il nome di *serie di Fourier in forma complessa*. Beninteso, anche la (2.1) vale per funzioni f a valori complessi (purché si ammettano per i coefficienti a_n, b_n valori complessi). La (2.8) ha in più soltanto il vantaggio di utilizzare una notazione più compatta. Con procedura analoga a quella seguita per determinare i coefficienti della serie trigonometrica di Fourier, si trova:[1]

$$c_n = \frac{1}{\sqrt{2\pi}}\int_{-\pi}^{\pi} f(x)e^{-inx}\,\mathrm{d}x. \tag{2.9}$$

Proviamo adesso a precisare la classe delle funzioni f per cui hanno senso le (2.1) e (2.2), ed in che senso debba intendersi la convergenza dei secondi membri. Una discussione più generale dei criteri di convergenza della serie di Fourier è rimandata al § 2.4.

Definizione 2.1 (Funzione regolare a tratti). *Una funzione $f : (a,b) \to \mathbb{C}$ si dice* regolare a tratti *se esiste al più un numero di finito di punti $a = \alpha_0 < \alpha_1 < \ldots < \alpha_p = b$ tali che f sia continua, derivabile e con derivata continua in $]\alpha_{i-1},\alpha_i[$ $(i = 1,\ldots p)$, e che esistano finiti i limiti sinistro e destro di f e di f' in tali punti:*

[1] Cfr. le espressioni della trasformata ed antitrasformata di Fourier, (5.29) ed (5.30).

$$\lim_{x \to \alpha_i^-} f(x) = f(\alpha_i - 0)$$
$$\lim_{x \to \alpha_i^+} f(x) = f(\alpha_i + 0)$$
$$\lim_{x \to \alpha_i^-} f'(x) = f'(\alpha_i - 0)$$
$$\lim_{x \to \alpha_i^+} f'(x) = f'(\alpha_i + 0).$$

Teorema 2.1 (di Fourier). *Sia $f\colon [-\pi, \pi] \to \mathbb{C}$ una funzione regolare a tratti in $[-\pi, \pi]$. Allora le serie (2.1) e (2.8), con a_n e b_n dati dalle (2.6) e c_n dati dalle (2.9), convergono puntualmente ad $f(x)$ in ogni punto in cui f è continua, ed al valor medio dei limiti sinistro e destro,*

$$\frac{1}{2}[f(\alpha_i - 0) + f(\alpha_i + 0)]$$

nei punti $x = \alpha_i$ $(i = 1, \dots p)$ in cui f è eventualmente discontinua.

Teorema 2.2 (di Fourier). *Sia $f\colon [-\infty, \infty] \to \mathbb{C}$ una funzione periodica di periodo 2π, regolare a tratti in $[-\pi, \pi]$. Allora le serie (2.1) e (2.8), con a_n e b_n dati dalle (2.6) e c_n dati dalle (2.9), convergono puntualmente ad $f(x)$ in ogni punto in cui f è continua, ed al valor medio dei limiti sinistro e destro,*

$$\frac{1}{2}[f(\alpha_i - 0) + f(\alpha_i + 0)]$$

nei punti $x = \alpha_i + 2k\pi$ $(i = 1, \dots p,\ k \in \mathbb{Z})$ in cui f è eventualmente discontinua.

Se f è definita soltanto fra $-\pi$ e π, essa può essere prolungata per periodicità, come mostrano i seguenti esempi.

Esercizio 2.1. Determinare i coefficienti dello sviluppo in serie trigonometrica di Fourier della funzione:

$$f(x) = \begin{cases} 1, & \text{per} \quad -\pi < x < 0, \\ x, & \text{per} \quad 0 < x < \pi. \end{cases}$$

Risposta: Consideriamo il prolungamento della funzione assegnata, definita in $(-\pi, \pi)$, a tutto l'asse reale, per periodicità (vedi Fig. 2.1). La funzione è regolare a tratti in $[-\pi, \pi]$, con punti di discontinuità per $x = 0$ ed $x = \pm\pi$. Spezzando gli integrali nei tratti in cui f è continua, ed eventualmente integrando per parti, si determinano i coefficienti a_n e b_n dello sviluppo in serie di Fourier:

$$f(x) = \frac{2+\pi}{4} + \sum_{n=1}^{\infty} \left(\frac{-1 + (-1)^n}{n^2 \pi} \cos nx + \frac{-1 + (1-\pi)(-1)^n}{n\pi} \sin nx \right).$$

(Notare come gli a_n decrescano più rapidamente dei b_n, per $n \to \infty$).

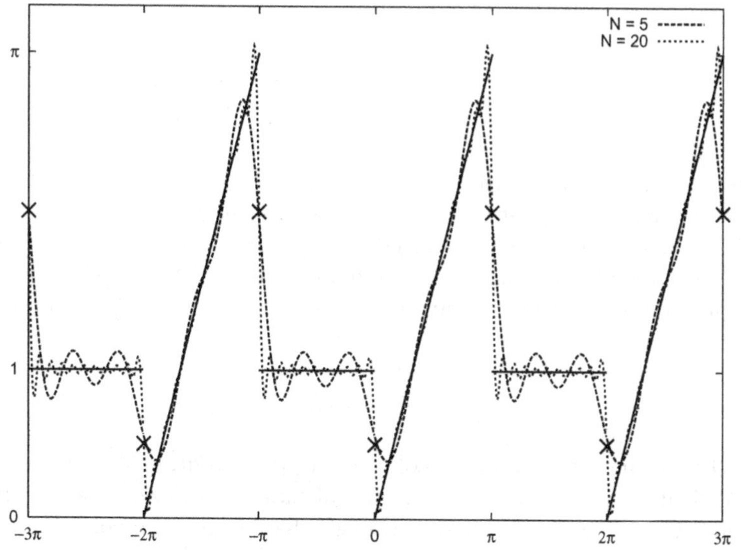

Fig. 2.1. Esercizio 2.1. La linea continua è il grafico di $f(x)$, mentre le linee tratteggiate rappresentano il grafico delle somme parziali della (2.1) per $n \leq N$ (valore indicato). Le crocette indicano i valori medi dei limiti sinistro e destro di $f(x)$, nei suoi punti di discontinuità

Osservazione 2.1. La serie di Fourier (2.1) può essere adoperata per approssimare una funzione, ed essa risulta particolarmente efficiente nei punti in cui la funzione è continua (vedi avanti per condizioni più stringenti su f, che garantiscono una migliore convergenza della serie di Fourier). La Fig. 2.1 mostra le somme parziali della serie di Fourier relativa alla funzione definita nell'Esercizio 2.1, per $n \leq N$, con $N = 5$ ed $N = 20$:

$$S_N(x) = \frac{a_0}{2} + \sum_{n=1}^{N} (a_n \cos nx + b_n \sin nx).$$

Si vede, in particolare, come l'approssimazione migliori considerevolmente al crescere di N nei punti in cui f è continua, mentre sembri tendere ad un'approssimazione limite in prossimità dei punti in cui f è discontinua, pur essendo vero che la serie converge puntualmente al valor medio dei limiti sinistro e destro di f in tali punti (vedi la discussione del fenomeno di Gibbs in § 2.2).

Per costruire le somme parziali mostrate in Fig. 2.1, provate a scrivere un programma in un qualsiasi linguaggio di programmazione a voi noto. È utile osservare, a tal proposito, che si impiega minor tempo di calcolo (e si commette un minore errore numerico) calcolando le funzioni di base in x, $C_n = \cos nx$ e $S_n = \sin nx$, servendosi delle formule di ricorrenza:

$$
\begin{aligned}
C_1 &= \cos x \\
S_1 &= \sin x \\
C_n &\leftarrow C_{n-1}C_1 - S_{n-1}S_1 \\
S_n &\leftarrow S_n C_1 + C_n S_1,
\end{aligned}
$$

ottenute dalle usuali formule $\cos(n+1)x = \cos(nx+x) = \cos nx \cos x - \sin nx \sin x$ etc. In questo modo, è necessario calcolare $\cos x$ e $\sin x$ una sola volta per ogni x, ottenendo i valori di $\cos nx$ e $\sin nx$ nel punto x ricorsivamente mediante semplici operazioni di somma e prodotto. Allo stesso modo, è bene adoperare una formula ricorsiva anche per $s(n) = (-1)^n$, quale ad esempio:

$$
\begin{aligned}
s(1) &= -1 \\
s(n) &\leftarrow -s(n-1).
\end{aligned}
$$

Osserviamo che, per il calcolo di $S_{N+1}(x)$, continuano ad essere utili i coefficienti a_n, b_n, con $n \leq N$, già calcolati ed utilizzati per il calcolo di $S_N(x)$. Ciò è dovuto all'ortogonalità della base (2.2): ogni volta che si estende tale base considerando un'altra coppia di armoniche, ad esempio $\cos(N+1)x$ e $\sin(N+1)x$, in virtù dell'ortogonalità di queste nuove funzioni rispetto a tutte le precedenti, con $n \leq N$, i coefficienti a_n e b_n non vengono a dipendere dalle nuove funzioni.

Teorema 2.3. *Sia $f : [-\pi, \pi] \to \mathbb{C}$ una funzione pari, ossia tale che $f(-x) = f(x)$, $\forall x \in [-\pi, \pi]$. Allora, nel suo sviluppo in serie di Fourier, risulta $b_n = 0$, $\forall n \in \mathbb{N}$.*

Se invece f è una funzione dispari, ossia tale che $f(-x) = -f(x)$, $\forall x \in [-\pi, \pi]$, allora nel suo sviluppo in serie di Fourier risulta $a_n = 0$, $\forall n \in \mathbb{N} \cup \{0\}$.

Dimostrazione. Basta ovviamente considerare le (2.6), ed osservare che 1 e $\cos nx$ sono funzioni pari mentre $\sin nx$ sono funzioni dispari. □

Esercizio 2.2 (Funzione pari). Determinare i coefficienti dello sviluppo in serie trigonometrica di Fourier della funzione:[2]

$$
f(x) = |x|, \quad x \in [-\pi, \pi].
$$

Risposta: La funzione è pari, dunque il suo sviluppo in serie di Fourier non contiene termini in $\sin nx$. Essa è continua in tutto $[-\pi, \pi]$, e risulta:

$$
|x| = \frac{\pi}{2} + \frac{2}{\pi} \sum_{n=1}^{\infty} \frac{(-1)^n - 1}{n^2} \cos nx,
$$

(Fig. 2.2) e la convergenza è addirittura assoluta e uniforme (vedi Teorema 2.6).

[2] L'estensione periodica con periodo 2 di $|x|$ viene talora chiamata *funzione di Charlie Brown*, con riferimento al motivo decorativo del maglione del noto personaggio di *Peanuts*.

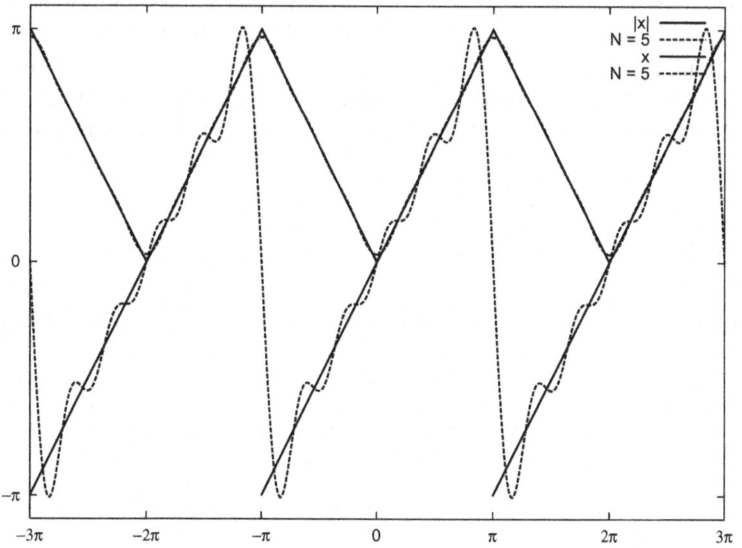

Fig. 2.2. Grafici ed approssimazioni con somme parziali di Fourier ($N = 5$) delle funzioni degli Esercizi 2.2 e 2.3. Notare come tali due funzioni coincidano per $0 < x < \pi$ (e periodici), mentre le approssimazioni mediante le rispettive serie di Fourier, troncate allo stesso valore di N, rendano un'approssimazione notevolmente migliore per $f(x) = |x|$ che per $f(x) = x$. Ciò è dovuto alla presenza di discontinuità ad $x = 0, \pm\pi, \ldots$ nel caso della seconda funzione. Al contrario, l'assenza di tali discontinuità per la prima funzione rende il carattere di convergenza della serie di Fourier addirittura uniforme

Esercizio 2.3 (Funzione dispari). Determinare i coefficienti dello sviluppo in serie trigonometrica di Fourier della funzione:

$$f(x) = x, \quad x \in [-\pi, \pi].$$

Risposta: La funzione è dispari, dunque il suo sviluppo in serie di Fourier non contiene il termine costante ed i termini in $\cos nx$. Essa è continua in $[-\pi, \pi]$, ad eccezione dei punti estremi, $x = \pm\pi$. Risulta:

$$x = 2 \sum_{n=1}^{\infty} \frac{(-1)^{n+1}}{n} \sin nx,$$

puntualmente per $x \in]-\pi, \pi[$, mentre la serie di Fourier converge al valor medio dei limiti sinistro e destro di $f(x)$, cioè a zero, per $x = \pm\pi$ (Fig. 2.2).

Osservazione 2.2 (Serie di soli seni o soli coseni). Gli esempi precedenti e la Fig. 2.2 mostrano che, in un certo intervallo, una funzione può essere approssimata da serie di Fourier diverse, che convergono in modo differente (cioè, secondo tipi di convergenza diversa, come puntuale, uniforme, assoluta, etc, che numericamente corrispondono alla possibilità di approssimare in modo migliore o peggiore la stessa funzione in quel tratto). In particolare, sia $f\colon [0, \pi] \to \mathbb{C}$ una funzione regolare a tratti in $[0, \pi]$. Tale funzione può essere prolungata a tutto $[-\pi, \pi]$ (e quindi a tutto l'asse reale, per periodicità, con periodo 2π) in modo che il prolungamento sia pari (f_e) o dispari (f_o). Possiamo cioè porre:

$$f_o(x) = \begin{cases} f(x), & x \in]0, \pi], \\ 0, & x = 0, \\ -f(-x), & x \in [-\pi, 0[, \end{cases} \tag{2.10}$$

per la quale si ha lo *sviluppo in serie di Fourier di soli seni,* con coefficienti:

$$\begin{aligned} a_0 &= a_n = 0, \\ b_n &= \frac{2}{\pi} \int_0^\pi f(x) \sin nx \, dx, \end{aligned}$$

oppure si può porre:

$$f_e(x) = \begin{cases} f(x), & x \in]0, \pi], \\ f(0), & x = 0, \\ +f(-x), & x \in [-\pi, 0[, \end{cases} \tag{2.11}$$

per la quale si ha lo *sviluppo in serie di Fourier di soli coseni,* con coefficienti:

$$\begin{aligned} a_n &= \frac{2}{\pi} \int_0^\pi f(x) \cos nx \, dx \\ b_n &= 0. \end{aligned}$$

Entrambe le rappresentazioni sono legittime in $[0, \pi]$, ove pertanto la $f(x)$ di partenza può alternativamente essere sviluppata in serie di Fourier di soli seni o di soli coseni. (Attenzione però agli eventuali punti di discontinuità di $f(x)$, ed a quelli che i prolungamenti ad f_e o f_o possono indurre; vedi esempi che seguono.)

Esercizio 2.4. Consideriamo la funzione $f\colon [0, \pi] \to \mathbb{C}$ definita ponendo $f(x) = 1$, $0 \leq x \leq \pi$ (funzione di Heaviside). I suoi prolungamenti pari e dispari in $[-\pi, \pi]$ sono mostrati in Fig. 2.3.

Si trova che, mentre lo sviluppo in soli coseni dei prolungamento pari coincide con $f_e(x)$ già dal primo termine (termine costante!), lo sviluppo del prolungamento dispari (sviluppo in soli seni) è:

$$f_o(x) = \frac{2}{\pi} \sum_{n=1}^{\infty} \frac{1 - (-1)^n}{n} \sin nx, \tag{2.12}$$

che converge puntualmente a $f(x) = 1$ per $0 < x < \pi$, a $-f(x) = -1$ per $-\pi < x < 0$, e a 0 (valor medio dei limiti sinistro e destro di $f(x)$) per $x = 0, \pm\pi$.

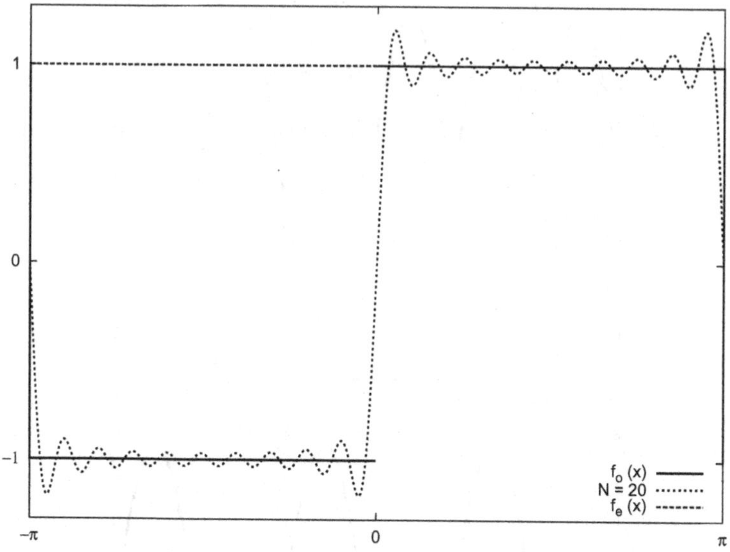

Fig. 2.3. Esercizio 2.4. Prolungamenti pari e dispari di $f(x) = 1$

Esercizio 2.5. Sviluppare in serie di Fourier di soli seni e di soli coseni la funzione:

$$f(x) = x(\pi - x), \qquad 0 \leq x \leq \pi.$$

Risposta: Facendo uso delle formule per gli sviluppi in soli seni e soli coseni, e integrando per parti ove occorre, si trova:

$$\begin{aligned}
a_0 &= \frac{2}{\pi}\int_0^{\pi} x(\pi - x)\,\mathrm{d}x = \frac{2}{\pi}\left(\frac{\pi}{2}x^2 - \frac{x^3}{3}\right)_0^{\pi} = \frac{\pi^2}{3}, \\
a_n &= \frac{2}{\pi}\int_0^{\pi} x(\pi - x)\cos nx\,\mathrm{d}x = \\
&= \frac{2}{\pi}\left[\pi\left(\frac{x}{n}\sin nx + \frac{1}{n^2}\cos nx\right) - \left(\frac{2x}{n^2}\cos nx + \frac{n^2x^2 - 2}{n^3}\sin nx\right)\right]_0^{\pi} = \\
&= -\frac{2}{n^2}[1 + (-1)^n], \\
b_n &= 0,
\end{aligned}$$

per quanto riguarda lo sviluppo in soli coseni, e:

$$\begin{aligned}
a_0 &= a_n = 0 \\
b_n &= \frac{2}{\pi}\int_0^{\pi} x(\pi - x)\sin nx\,\mathrm{d}x = \ldots = \frac{4}{\pi n^3}[1 - (-1)^n],
\end{aligned}$$

per quanto riguarda lo sviluppo in soli seni. Quindi, la funzione $f(x)$ ammette per $0 < x < \pi$ alternativamente gli sviluppi:

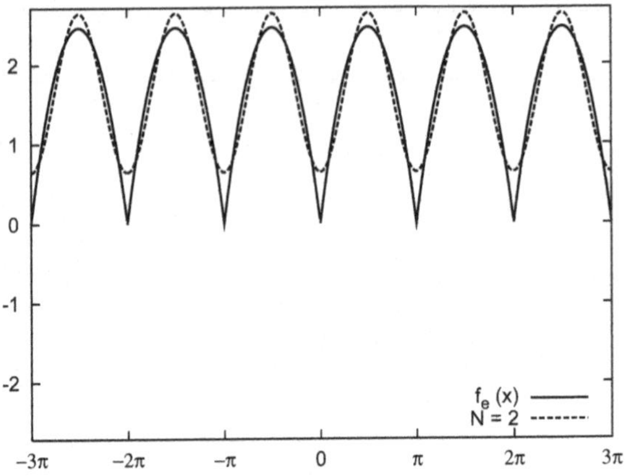

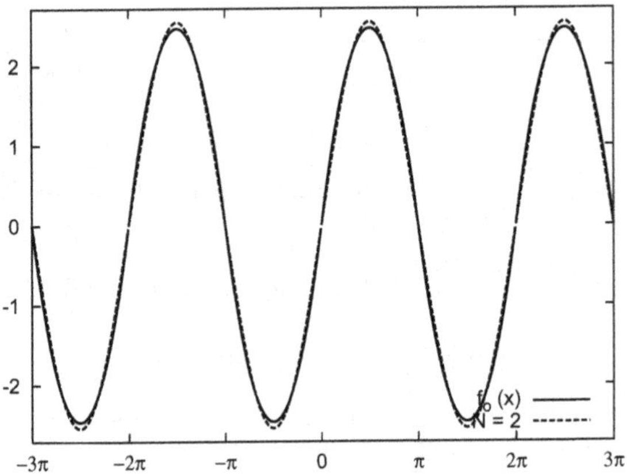

Fig. 2.4. Esercizio 2.5

$$f(x) = \begin{cases} \dfrac{\pi^2}{6} - 2\displaystyle\sum_{n=1}^{\infty} \dfrac{1+(-1)^n}{n^2} \cos nx, \\ \dfrac{4}{\pi} \displaystyle\sum_{n=1}^{\infty} \dfrac{1-(-1)^n}{n^3} \sin nx. \end{cases}$$

La Fig. 2.4 riporta i grafici di $f_e(x)$, $f_o(x)$, e delle approssimazioni mediante somme parziali di Fourier, con $N = 2$. Notare come la serie per $f_o(x)$ approssimi meglio (e converga più rapidamente) $f(x)$ in $(0, \pi)$.

Esercizio 2.6 (Decomposizione in parte pari e dispari). Consideriamo la funzione:

$$f(x) = x(\pi - x)$$

per $x \in [-\pi, \pi]$. Essendo l'intervallo di definizione di f simmetrico rispetto all'origine, ha senso chiedersi se f sia una funzione pari o dispari. Si osserva subito che essa non è né pari, né dispari.

Per ogni funzione f definita in un intervallo simmetrico rispetto all'origine, si può tuttavia definire una parte pari ed una parte dispari rispettivamente come:

$$\begin{aligned} f_e(x) &= \frac{f(x)+f(-x)}{2}, \\ f_o(x) &= \frac{f(x)-f(-x)}{2}. \end{aligned}$$

Si verifica subito che $f_e(x) = f_e(-x)$, $f_o(x) = -f_o(-x)$, e che $f(x) = f_e(x) + f_o(x)$. Tale ultima decomposizione è inoltre unica.

Nel caso in esame, si trova subito che $f_o(x) = \pi x$ e $f_e(x) = -x^2$. Esse si possono anche pensare come le proiezioni di f sui sottospazi generati linearmente da $\{\pi^{-\frac{1}{2}} \sin nx\}$ e da $\{(2\pi)^{-\frac{1}{2}}, \pi^{-\frac{1}{2}} \cos nx\}$, rispettivamente ($n \in \mathbb{N}$). Le loro componenti sono proprio le 'proiezioni ortogonali' sugli elementi di tali basi, cioè i prodotti scalari:

$$\begin{aligned} a'_0 &= \left\langle \frac{1}{\sqrt{2\pi}} \middle| f_e(x) \right\rangle = \frac{1}{\sqrt{2\pi}} \int_{-\pi}^{\pi} (-x^2)\,\mathrm{d}x = -\frac{2}{3}\frac{1}{\sqrt{2\pi}}\pi^3, \\ a'_n &= \left\langle \frac{1}{\sqrt{\pi}} \cos nx \middle| f_e(x) \right\rangle = \frac{1}{\sqrt{\pi}} \int_{-\pi}^{\pi} (-x^2) \cos nx\,\mathrm{d}x = -\frac{4\pi}{n^2\sqrt{\pi}}(-1)^n, \\ b'_n &= \left\langle \frac{1}{\sqrt{\pi}} \sin nx \middle| f_o(x) \right\rangle = \frac{1}{\sqrt{\pi}} \int_{-\pi}^{\pi} (\pi x) \sin nx\,\mathrm{d}x = -\frac{2\pi^2}{n\sqrt{\pi}}(-1)^n. \end{aligned}$$

In termini di tali coefficienti, è possibile scrivere gli sviluppi in serie di Fourier:

$$\begin{aligned} f_e(x) &= a'_0 \frac{1}{\sqrt{2\pi}} + \sum_{n=1}^{\infty} a'_n \frac{1}{\sqrt{\pi}} \cos nx, \\ f_o(x) &= \sum_{n=1}^{\infty} b'_n \frac{1}{\sqrt{\pi}} \sin nx, \\ f(x) &= a'_0 \frac{1}{\sqrt{2\pi}} + \sum_{n=1}^{\infty} \left(a'_n \frac{1}{\sqrt{\pi}} \cos nx + b'_n \frac{1}{\sqrt{\pi}} \sin nx \right). \end{aligned}$$

L'uguaglianza di Parseval si scrive nei primi due casi come:

$$\begin{aligned} \| f_e \|^2 &= = |a'_0|^2 + \sum_{n=1}^{\infty} |a'_n|^2 = \frac{2}{9}\pi^5 + 16\pi \sum_{n=1}^{\infty} \frac{1}{n^4}, \\ \| f_o \|^2 &= = \sum_{n=1}^{\infty} |b'_n|^2 = 4\pi^3 \sum_{n=1}^{\infty} \frac{1}{n^2}, \end{aligned}$$

da cui, osservando che $\| f_e \|^2 = \langle f_e | f_e \rangle = \int_{-\pi}^{\pi} |f_e(x)|^2\,\mathrm{d}x = \frac{2\pi^5}{5}$ e che $\| f_o \|^2 = \langle f_o | f_o \rangle = \int_{-\pi}^{\pi} |f_o(x)|^2\,\mathrm{d}x = \frac{2\pi^5}{3}$, è possibile determinare le somme delle serie numeriche:

$$\sum_{n=1}^{\infty} \frac{1}{n^4} = \frac{\pi^4}{90},$$
$$\sum_{n=1}^{\infty} \frac{1}{n^2} = \frac{\pi^2}{6}$$

(vedi anche § 2.3).

Poiché inoltre risulta $\| f_o \| > \| f_e \|$, ossia che la 'lunghezza' della proiezione di f nel sottospazio delle funzioni dispari è maggiore della 'lunghezza' della proiezione nel sottospazio delle funzioni pari, possiamo concludere che la funzione f è 'più dispari che pari'. Tale affermazione trova riscontro nel grafico di $f(x)$ (verificatelo).

Funzioni periodiche con periodo diverso da 2π

Supposto che la serie di Fourier (2.1) converga, ad esempio puntualmente, per x reale qualsiasi, una proprietà fondamentale è che la funzione cui converge è periodica di periodo 2π. Ciò risulta evidente per il fatto che, per ogni N finito, $S_N(x)$ è la c.l. di una costante e di $2N$ funzioni periodiche, di periodo $2\pi, \pi, 2\pi/3, \dots 2\pi/N$. Ne risulta che $S_N(x)$ è una funzione ancora periodica, con periodo pari al massimo dei periodi delle singole funzioni (eccetto la costante $a_0/2$, ovviamente), cioè $S_N(x)$ ha periodo pari a 2π. Aumentando N e continuando ad aggiungere altre *armoniche* allo sviluppo, non si modifica il periodo di $S_N(x)$, e quindi della funzione cui converge, per $N \to \infty$.

D'altronde, il valore 2π assunto per il periodo è un valore molto particolare, suggerito dalla natura delle funzioni di base, seno e coseno. Anche una funzione di periodo $2T$ generico può essere rappresentata mediante uno sviluppo in serie di Fourier, pur di utilizzare funzioni di base col periodo "corretto".

Sia $f \colon \mathbb{R} \to \mathbb{C}$ una funzione regolare a tratti in $[-T, T]$ e periodica di periodo $2T$, ossia $f(t + 2kT) = f(t)$, $k \in \mathbb{Z}$, $t \in \mathbb{R}$. Allora, la funzione $F \colon \mathbb{R} \to \mathbb{C}$, definita ponendo:

$$F(x) = f\left(\frac{Tx}{\pi}\right), \qquad \forall x \in \mathbb{R},$$

è anch'essa periodica, di periodo 2π, ed è regolare a tratti in $[-\pi, \pi]$. Pertanto, essa ammette lo sviluppo in serie di Fourier:

$$F(x) = \frac{a_0}{2} + \sum_{n=1}^{\infty} (a_n \cos nx + b_n \sin nx),$$

dove i coefficienti di Fourier sono determinati nel modo consueto:

$$
\begin{aligned}
a_0 &= \frac{1}{\pi} \int_{-\pi}^{\pi} F(x)\,\mathrm{d}x, \\
a_n &= \frac{1}{\pi} \int_{-\pi}^{\pi} F(x) \cos nx\,\mathrm{d}x, \\
b_n &= \frac{1}{\pi} \int_{-\pi}^{\pi} F(x) \sin nx\,\mathrm{d}x.
\end{aligned}
$$

Effettuando il cambio di variabile $x = \frac{\pi t}{T}$, tali coefficienti si esprimono come:

$$
\begin{aligned}
a_0 &= \frac{1}{T} \int_{-T}^{T} f(t)\,\mathrm{d}t, \\
a_n &= \frac{1}{T} \int_{-T}^{T} f(t) \cos \frac{n\pi t}{T}\,\mathrm{d}t, \\
b_n &= \frac{1}{T} \int_{-T}^{T} f(t) \sin \frac{n\pi t}{T}\,\mathrm{d}t,
\end{aligned}
$$

e la serie di Fourier per f diventa:

$$
f(t) = \frac{a_0}{2} + \sum_{n=1}^{\infty} \left(a_n \cos \frac{n\pi t}{T} + b_n \sin \frac{n\pi t}{T} \right).
$$

Analogamente, nel caso di una funzione $f(t)$ definita in $[0, T]$, prolungata ad una funzione pari in $[-T, T]$, e prolungata a tutto l'asse reale per periodicità, con periodo $2T$, si ha:

$$
\begin{aligned}
f(t) &= \frac{a_0}{2} + \sum_{n=1}^{\infty} a_n \cos \frac{n\pi t}{T}, \\
a_0 &= \frac{2}{T} \int_{0}^{T} f(t)\,\mathrm{d}t, \\
a_n &= \frac{2}{T} \int_{0}^{T} f(t) \cos \frac{n\pi t}{T}\,\mathrm{d}t,
\end{aligned}
$$

mentre nel caso del prolungamento dispari:

$$
\begin{aligned}
f(t) &= \sum_{n=1}^{\infty} b_n \sin \frac{n\pi t}{T}, \\
b_n &= \frac{2}{T} \int_{0}^{T} f(t) \sin \frac{n\pi t}{T}\,\mathrm{d}t.
\end{aligned}
$$

Approssimazione mediante serie di Fourier di figure chiuse in coordinate polari

Un modo suggestivo per rappresentare funzioni periodiche di periodo 2π è quello di rappresentarle mediante coordinate polari. Data una funzione:

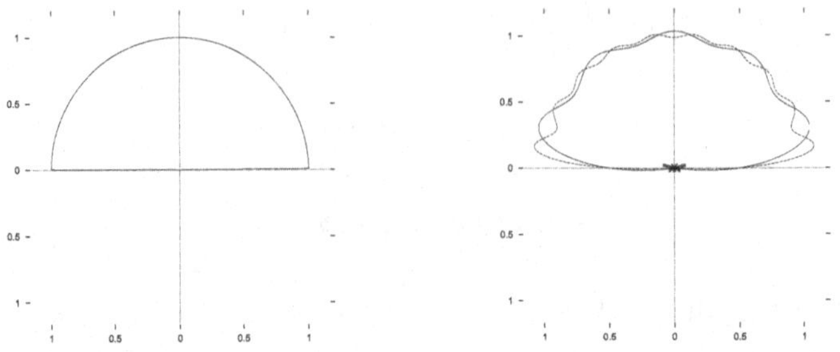

Fig. 2.5. Esercizio 2.7. A sinistra: semicirconferenza; a destra: sua approssimazione in serie di Fourier, con 10 e con 20 armoniche. Notare come per $\theta = 0$ e $\theta = \pi$, r valga sempre $\frac{1}{2}$, pari al valor medio del salto della funzione $f(\theta)$

$$r = f(\theta), \tag{2.13}$$

periodica di periodo 2π, il suo grafico in coordinate cartesiane, dove si riporti θ lungo l'asse delle ascisse ed r lungo l'asse delle ordinate, si ripete invariabilmente ad intervalli di 2π sia a sinistra, sia a destra dell'origine. Se invece si pensa ad r, θ come a coordinate polari, allora il grafico della (2.13) verrà rappresentato da una *curva chiusa*. (Se invece $f(\theta)$ non fosse periodica, il grafico sarebbe quello di una curva aperta.) La serie di Fourier consente allora di ottenere approssimazioni di figure geometriche chiuse.

Esercizio 2.7. Approssimare mediante serie di Fourier la semicirconferenza di Fig. 2.5 (Gordon, 1995).

Risposta: L'equazione di questa figura geometrica, in coordinate polari, è data da:

$$r = \begin{cases} 1, & 0 \leq \theta < \pi, \\ 0, & \pi \leq \theta < 2\pi. \end{cases}$$

Come funzione di θ, è una funzione regolare a tratti, prolungabile per periodicità a tutto l'asse reale con periodo 2π. Lo sviluppo in serie di Fourier è:

$$r = \frac{1}{2} + \frac{2}{\pi}\left[\sin\theta + \frac{1}{3}\sin 3\theta + \frac{1}{5}\sin 5\theta + \dots\right].$$

Esercizio 2.8. Determinare l'approssimazione in serie di Fourier del generico poligono regolare inscritto nella circonferenza unitaria.

2.2 Fenomeno di Gibbs

Abbiamo già osservato (graficamente) che in corrispondenza ad un punto di discontinuità di una funzione $f(x)$ regolare a tratti in $[-\pi, \pi]$ la serie di Fourier approssima $f(x)$ *in modo peggiore* che nei punti in cui $f(x)$ è continua.

Che significa *in modo peggiore*?

Il Teorema 2.1 garantisce che la serie di Fourier per la funzione $f(x)$ converga ad $f(x)$ *puntualmente* in ogni x in cui f sia continua, ed al valor medio dei limiti sinistro e destro di f ove questa presenti dei punti di discontinuità. Negli esempi considerati in precedenza, è stato possibile verificare graficamente anche questo. Abbiamo tuttavia anche osservato che, per valori di x prossimi ad un punto di discontinuità per f, pur essendo garantito che la serie di Fourier converga ad $f(x)$, la somma parziale $S_N(x)$ restituisce una cattiva approssimazione di $f(x)$. Il problema consiste nella presenza di un *picco,* ovvero di un massimo o di un minimo pronunciato, di altezza finita, presente nel grafico di $S_N(x)$, per ogni valore di N (anche elevato), per x in prossimità di un punto di discontinuità per f. Aumentando N, l'effetto non scompare: la collocazione del picco si avvicina sempre più al punto di discontinuità, mentre la sua altezza non sembra aumentare considerevolmente. La serie di Fourier, tuttavia, converge al valor medio dei limiti destro e sinistro di $f(x)$ per x esattamente uguale ad un punto di discontinuità per f, anzi, negli esempi considerati, $S_N(x)$ è addirittura uguale al valor medio dei limiti per tale valore di x, per ogni N.

Tale fenomeno pone dunque dei limiti sulla bontà dell'approssimazione numerica *globale* di una funzione (regolare a tratti) mediante la sua serie di Fourier (l'approssimazione numerica *locale* è garantita dal Teorema 2.1). È bene però tenere conto di questo fenomeno anche per le sue possibili conseguenze nelle applicazioni di elettrotecnica. Infatti, è noto che un segnale elettrico (tensione o corrente) viene spesso approssimato mediante la sovrapposizione di segnali oscillanti con frequenze multiple di una data frequenza (armoniche). Se il segnale che si desidera approssimare è 'regolare a tratti' (ad esempio, presenta dei salti come funzione del tempo; pensiamo al 'dente di sega'), allora inevitabilmente poco prima di ogni brusca variazione di intensità il segnale subirà un''impennata'. In particolare, questa fa assumere al segnale 'reale' un valore superiore al valore massimo teorico. Si può cioè avere una sovratensione o una sovracorrente, che è bene poter prevedere in anticipo (anche quantitativamente), in modo da evitare che l'apparecchiatura subisca danni.

Questo fenomeno fu osservato da Gibbs, al quale si deve il seguente:

Teorema 2.4 (di Gibbs). *Sia* $f : [-\pi, \pi] \to \mathbb{R}$ *una funzione regolare a tratti, e sia* $x_0 \in [-\pi, \pi]$ *un punto di discontinuità per tale funzione, con* $f(x_0 + 0) = -f(x_0 - 0) > 0$, *per fissare le idee. Sia* $S_N(x)$ *la somma parziale della serie di Fourier per la funzione* f. *Allora, in prossimità di* x_0, $S_N(x)$ *presenta un picco (*picco di Gibbs*) di altezza* H *tale che*

$$|H - f(x_0 + 0)| \lesssim 9\% |f(x_0 + 0) - f(x_0 - 0)|.$$

Dimostrazione. Esula dai limiti di questo corso. Ci limitiamo ad osservare che l'utile stima numerica offerta dal teorema non dipende dalla funzione f considerata. □

Può risultare istruttivo verificare direttamente il fenomeno di Gibbs in un caso particolare, quale quello costituito dalla funzione $f : [-\pi, \pi] \to \mathbb{R}$ (già discussa nell'Esercizio 2.4):

$$f(x) = \begin{cases} -1, & -\pi < x < 0, \\ 0, & x = 0 \\ 1, & 0 < x < \pi. \end{cases}$$

La funzione è dispari in $[-\pi, \pi]$, e presenta dei punti di discontinuità per $x = 0$ e $x = \pm\pi$, e periodici (Fig. 2.6).

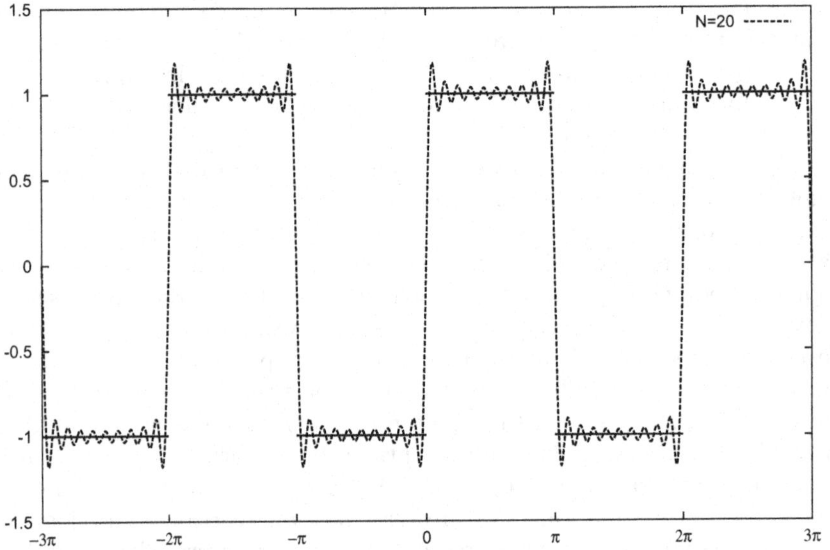

Fig. 2.6. Fenomeno di Gibbs

Abbiamo già calcolato lo sviluppo in serie di Fourier, che contiene solo seni, e solo le armoniche dispari. Pertanto, per $N = 2n-1$, la somma parziale $S_{2n-1}(x)$ è:

$$S_{2n-1}(x) = \frac{4}{\pi}\left[\sin x + \frac{1}{3}\sin 3x + \ldots + \frac{\sin(2n-1)x}{2n-1}\right].$$

Per determinare i punti di estremo di $S_{2n-1}(x)$, calcoliamone la derivata:

$$S'_{2n-1}(x) = \frac{4}{\pi}\left[\cos x + \cos 3x + \ldots + \cos(2n-1)x\right],$$

ed osserviamo che:

$$\begin{aligned}\pi \sin x S'_{2n-1}(x) &= 4\sin x\,[\cos x + \cos 3x + \ldots + \cos(2n-1)x] = \\ &= 2\sin(2nx). \qquad (2.14)\end{aligned}$$

Infatti, servendosi delle formule di Eulero:

$$\begin{aligned}&\cos x + \cos 3x + \ldots + \cos(2n-1)x = \\ &\quad \frac{1}{2}\left[e^{ix} + e^{3ix} + \ldots + e^{(2n-1)ix} + e^{-ix} + e^{-3ix} + \ldots + e^{-(2n-1)ix}\right] = \\ &\frac{1}{2}\left[e^{ix}\left(1 + e^{2ix} + \ldots + e^{2(n-1)ix}\right) + e^{-ix}\left(1 + e^{-2ix} + \ldots + e^{-2(n-1)ix}\right)\right] = \\ &\qquad = \frac{1}{2}\left[e^{ix}\frac{1-e^{2nix}}{1-e^{2ix}} + e^{-ix}\frac{1-e^{-2nix}}{1-e^{-2ix}}\right]\end{aligned}$$

dove si è fatto uso dell'espressione per la progressione geometrica,

$$1 + q + \ldots q^n = \frac{1-q^{n+1}}{1-q}, \quad q \neq 1.$$

Moltiplicando per $4\sin x = -2i(e^{ix} - e^{-ix})$ e semplificando, segue la (2.14). In definitiva, dalla (2.14) segue che $S_{2n-1}(x)$ presenta massimi o minimi per $2nx = \pm\pi, \pm 2\pi, \ldots \pm (2n-1)\pi$. Di questi, i punti più vicini a $x_0 = 0$ sono $-\frac{\pi}{2n}$, che è un minimo (cfr. Fig. 2.6), e $\frac{\pi}{2n}$, che è un massimo. Tali punti definiscono appunto le ascisse dei 'picchi di Gibbs' immediatamente prima e immediatamente dopo il punto di discontinuità $x_0 = 0$. In particolare, si vede che $\lim_{n\to\infty} \pm\frac{\pi}{2n} = x_0 = 0$, cioè le posizioni dei due picchi 'stringono' x_0.

Per ottenere l'altezza del picco di Gibbs relativamente ad una data somma parziale $S_{2n-1}(x)$, valutiamo:

$$\begin{aligned}&\frac{\pi}{2}S_{2n-1}\left(\frac{\pi}{2n}\right) = \\ &\quad = \frac{1}{2}\left[\sin\frac{\pi}{2n} + \frac{1}{3}\sin\frac{3\pi}{2n} + \ldots + \frac{1}{2n-1}\sin\left(\frac{2n-1}{2n}\pi\right)\right] = \\ &\qquad = \frac{\pi}{n}\left[\frac{\sin\frac{\pi}{2n}}{\frac{\pi}{2n}} + \ldots + \frac{\sin\frac{(2n-1)\pi}{2n}}{\frac{(2n-1)\pi}{2n}}\right],\end{aligned}$$

da cui si riconosce che $\frac{\pi}{2}S_{2n-1}\left(\frac{\pi}{2n}\right)$ è uguale alle somme secondo Riemann dell'integrale

$$\int_0^{\pi} \frac{\sin x}{x}\,\mathrm{d}x$$

relativamente alla partizione $\{\frac{k\pi}{2n}\}$ $(k = 1, \ldots 2n-1)$ dell'intervallo $[0, \pi]$.

Pertanto,

$$\begin{aligned}\lim_{n\to\infty} S_{2n-1}\left(\frac{\pi}{2n}\right) &= \frac{2}{\pi}\int_0^\pi \frac{\sin x}{x}\,\mathrm{d}x \\ &= \frac{2}{\pi}\int_0^\pi \left(1-\frac{x^2}{3!}+\frac{x^4}{5!}-\ldots\right) \\ &= \frac{2}{\pi}\left(\pi-\frac{\pi^3}{3\cdot 3!}+\frac{\pi^5}{5\cdot 5!}-\ldots\right) \\ &= 2-\frac{\pi^2}{9}+\frac{\pi^4}{300}-\ldots \\ &\approx 1.18\ldots\end{aligned}$$

Abbiamo così trovato che l'altezza del picco di Gibbs tende asintoticamente (per $n \to \infty$) al valore finito $1.18\ldots > 1$. Tale valore *non* è beninteso il valore della serie di Fourier per *alcun* valore di x. Il Teorema 2.1 garantisce infatti che la serie converge a $f(x)$ per ogni x, ed in questo caso $|f(x)| \leq 1$, con, in particolare, $f(0) = 0$, e $\lim_{x\to 0^-} = -1$ e $\lim_{x\to 0^+} = +1$. Il risultato che abbiamo trovato prova tuttavia che ogni somma parziale presenta dei picchi immediatamente prima e dopo di un punto di discontinuità per $f(x)$, le cui altezze tendono al valore finito ≈ 1.18, maggiore del valore del limite destro di $f(x)$. In particolare, si trova:

$$1.18\ldots - 1 \approx 0.09 \cdot 2,$$

in accordo con la stima prevista dal Teorema 2.4.

Per ottenere delle funzioni che approssimano una funzione $f(x)$ regolare a tratti meglio delle somme parziali secondo Fourier $S_N(x)$, specialmente in prossimità dei punti di discontinuità per f, si può considerare invece:

$$\tilde{S}_N(x) = \frac{a_0}{2} + \sum_{n=1}^{N}(a_n\sigma_n \cos nx + b_n\sigma_n \sin nx),$$

dove sono stati opportunamente introdotti i pesi:

$$\sigma_n = \frac{\sin\left(\frac{n\pi}{N}\right)}{\frac{n\pi}{N}}.$$

2.3 Calcolo di alcune serie numeriche mediante la serie di Fourier

Consideriamo lo sviluppo in serie di Fourier di una funzione $f(x)$ regolare a tratti in $[-\pi, \pi]$. Fissato x in tale intervallo, $f(x)$ assume un certo valore, al quale la serie di Fourier converge (puntualmente). Sostituendo ad x particolari valori, ci si può pertanto servire dello sviluppo in serie di Fourier di una specifica funzione per il calcolo di determinate serie numeriche. Consideriamo ad esempio il caso seguente.

Esercizio 2.9. Determinare lo sviluppo in serie di Fourier della funzione:

$$f(x) = x^2, \qquad x \in [-\pi, \pi].$$

Risposta: La funzione è pari, dunque nel suo sviluppo in serie trigonometrica di Fourier compariranno soltanto termini di tipo coseno ($b_n = 0$). Si ha:

$$\begin{aligned} a_0 &= \frac{2}{\pi} \int_0^\pi x^2 \, dx = \frac{2}{3}\pi^2, \\ a_n &= \frac{2}{\pi} \int_0^\pi x^2 \cos nx \, dx = \ldots = \\ &= \frac{2}{\pi} \left[\frac{1}{n} x^2 \sin nx + \frac{2}{n^2} x \cos nx - \frac{2}{n^3} \sin nx \right]_0^\pi = \\ &= \frac{4}{n^2} (-1)^n, \end{aligned}$$

con cui:

$$x^2 = \frac{\pi^2}{3} + 4 \sum_{n=1}^\infty \frac{(-1)^n}{n^2} \cos nx, \qquad -\pi \leq x \leq \pi. \tag{2.15}$$

Sostituendo $x = 0$ e risolvendo rispetto alla serie numerica a secondo membro, si trova:

$$\sum_{n=1}^\infty \frac{(-1)^{n-1}}{n^2} = \frac{\pi^2}{12}, \tag{2.16}$$

che sarebbe difficile determinare altrimenti, coi metodi elementari noti per il calcolo di una serie numerica.

Sostituendo invece $x = \pm\pi$, si trova:

$$\pi^2 = \frac{\pi^2}{3} + 4 \sum_{n=1}^\infty \frac{1}{n^2},$$

da cui

$$\sum_{n=1}^\infty \frac{1}{n^2} = \frac{\pi^2}{6}. \tag{2.17}$$

Tale risultato è di per sè notevole, e merita una breve discussione (digressione). Il valore trovato è un valore particolare (per $s = 2$) della *funzione ζ di Riemann:*[3]

[3] La funzione $\zeta(s)$ di Riemann, ed in particolare i suoi valori per s intero, ricorrono in diversi risultati di Meccanica statistica e Teoria dei molti corpi. Pensate allo sviluppo di Sommerfeld, alle funzioni di Fermi, ...: le π^2 che ricorrono in tali espressioni derivano proprio da formule riconducibili a $\zeta(2)$. A proposito di π^2,

$$\zeta(s) = \sum_{n=1}^{\infty} \frac{1}{n^s}. \tag{2.18}$$

Essa venne introdotta da Bernhard Riemann in una celebre memoria del 1859, dove ne studiava, tra l'altro, la relazione con la funzione di distribuzione dei numeri primi, $\pi(x)$, che rappresenta il numero di primi minori di x. La serie a secondo membro della (2.18) converge per ogni $s \in \mathbb{C}$ tale che $\operatorname{Re} s > 1$. In particolare, per $s = 1$ essa si riduce alla serie armonica, che già Pietro Mengoli nel 1650 aveva dimostrato essere divergente. Tuttavia, fu lo stesso Riemann a fornire un'equazione funzionale che prolunga per analiticità la funzione $\zeta(s)$ a tutto il piano complesso, tranne che nel punto $s = 1$, dove $\zeta(s)$ ha un polo semplice, con residuo pari ad uno. In particolare, da tale espressione (che qui omettiamo), si ricava che $\zeta(-2m) = 0$, per $m \in \mathbb{N}$. A parte questi zeri (*zeri banali*), Riemann avanzò l'ipotesi che tutti e soli gli altri zeri della funzione $\zeta(s)$ giacessero lungo la linea (*linea critica*) $\operatorname{Re} s = \frac{1}{2}$, ovvero fossero del tipo $s = \frac{1}{2} + it$, con $t \in \mathbb{R}$. David Hilbert, nella sua famosa relazione al secondo Congresso Mondiale di Matematica (Parigi, 1900), incluse tale *ipotesi di Riemann* tra i ventitré principali problemi irrisolti della matematica del secolo XIX. (Altri problemi erano l'Ultimo Teorema di Fermat, che solo recentemente Andrew Wiles, con la parziale collaborazione di Richard Taylor, ha sorprendemente dimostrato, e la Congettura di Goldbach, tuttora indimostrata.) È significativo notare che anche nei casi in cui i tentativi di dare risposta a tali celebri problemi irrisolti siano risultati (finora) inefficaci, gli studi profusi in tale direzione hanno prodotto numerosi nuovi contributi fondamentali (i cosiddetti *teoremi intermedi*) alle diverse branche della matematica.

La teoria della funzione ζ è strettamente connessa con la teoria dei numeri, e dei numeri primi in particolare. Già Eulero (1737) era a conoscenza del fatto che la serie a secondo membro della (2.18) può essere espressa come una produttoria infinita su tutti i numeri primi $\mathfrak{p} > 1$:

$$\sum_{n=1}^{\infty} \frac{1}{n^s} = \prod_{\mathfrak{p}>1} \left(1 - \frac{1}{\mathfrak{p}^s}\right)^{-1}, \qquad \operatorname{Re} s > 1. \tag{2.19}$$

Eulero fu altresì tra coloro i quali diedero i maggiori contributi alla teoria delle serie (che, insieme ai suoi contemporanei, chiamava *summationes innumerabilium progressionum* ...). Ad esempio, i risultati (2.16) e (2.17), che qui abbiamo ricavato come applicazioni degli sviluppi in serie di Fourier, erano stati ottenuti da Eulero già nel 1735. Il ragionamento di Eulero è molto più

esiste un aneddoto che tutt'ora circola fra gli ex studenti del celebre Landau Institute di Mosca (ringrazio il Prof. A. A. Varlamov per avermelo raccontato). Secondo un "teorema" non dimostrato, il celebre fisico L. G. Aslamazov, esperto, fra l'altro, di sviluppi diagrammatici, sosteneva che se alla fine di un calcolo una certa formula conteneva termini del tipo $1 + \pi$, essa era certamente sbagliata. Se invece il risultato conteneva termini del tipo $1 + \pi^2$ ... be', allora era possibile che fosse corretto!

ingegnoso, ed anche ardito, perché faceva uso dell'estensione a serie infinite di risultati relativi alla teoria delle equazioni algebriche noti già al suo tempo, ma dimostrati soltanto per equazioni di grado finito.

Eulero considerava la sviluppo in serie (già noto a Newton):

$$\begin{aligned}\sin x &= x - \frac{1}{3!}x^3 + \frac{1}{5!}x^5 - \frac{1}{7!}x^7 + \ldots \\ &= x\left(1 - \frac{1}{3!}x^2 + \frac{1}{5!}x^4 - \frac{1}{7!}x^6 + \ldots\right) \\ &= x\left(1 - \frac{1}{3!}y + \frac{1}{5!}y^2 - \frac{1}{7!}y^3 + \ldots\right),\end{aligned}$$

ove si è posto $y = x^2$. Dunque, le radici dell'equazione (di grado infinito!):

$$1 - \frac{1}{3!}y + \frac{1}{5!}y^2 - \frac{1}{7!}y^3 + \ldots = 0 \tag{2.20}$$

si trovano considerando quelle di $\sin x = 0$, escludendo lo zero e facendo uso della sostituzione $y = x^2$, cioè sono $y = \pi^2, (2\pi)^2, (3\pi)^2, \ldots$.

Eulero era inoltre a conoscenza del fatto che la somma dei reciproci delle radici dell'equazione algebrica (di grado n):

$$P(y) = 1 + a_1 y + \ldots + a_n y^n = 0 \tag{2.21}$$

è pari al coefficiente del termine lineare, cambiato di segno.

Siano infatti $y_1, \ldots y_n$ le radici della (2.21). Certamente, nessuna di esse è zero, essendo il termine noto della (2.21) l'unità. Allora decomponendo in fattori $P(y)$ come:

$$\begin{aligned}P(y) &= a_n(y - y_1) \cdot \ldots \cdot (y - y_n) \\ &= a_n y_1 \cdot \ldots \cdot y_n \left(\frac{y}{y_1} - 1\right) \cdot \ldots \cdot \left(\frac{y}{y_n} - 1\right) \\ &= a_n y_1 \cdot \ldots \cdot y_n \left[(-1)^n + (-1)^{n-1}\left(\frac{1}{y_1} + \ldots + \frac{1}{y_n}\right) y + O(y^2)\right],\end{aligned}$$

e confrontando con la (2.21), per il principio di identità dei polinomi segue appunto che

$$\begin{aligned}a_n y_1 \cdot \ldots \cdot y_n (-1)^n &= 1, \\ \frac{1}{y_1} + \ldots + \frac{1}{y_n} &= -a_1.\end{aligned}$$

Generalizzando (arditamente) tale ultimo risultato al caso della (2.20), Eulero dedusse che:

$$\frac{1}{\pi^2} + \frac{1}{(2\pi)^2} + \frac{1}{(3\pi)^2} + \ldots = \frac{1}{3!},$$

da cui segue la (2.17).

Ripetendo il ragionamento per $\cos x$, Eulero ottenne altresì:

$$\frac{\pi^2}{8} = 1 + \frac{1}{3^2} + \frac{1}{5^2} + \ldots,$$

che, sottratta dalla (2.17), restituisce la serie a segni alterni (2.16). [Ottenete questo stesso risultato dall'Esercizio 2.2, con $x = 0$.]

La serie di Eulero (2.17) costituiva inoltre la base per ottenere un'approssimazione numerica di π mediante il calcolo di una serie numerica, migliore (cioè, più rapida ed efficiente) di quelle fino ad allora note, tra cui la serie di Leibniz (1674):

$$\frac{\pi}{4} = 1 - \frac{1}{3} + \frac{1}{5} - \frac{1}{7} + \ldots,$$

ottenuta per $x = 1$ dalla serie di Gregory (1671) per

$$\arctan x = x - \frac{x^3}{3} + \frac{x^5}{5} - \frac{x^7}{7} + \ldots.$$

Eulero fu inoltre il primo a chiedersi "che tipo di numero fosse π", riformulando in termini moderni il problema della 'quadratura del cerchio', concluso poco più di un secolo dopo da F. Lindemann, con la sua dimostrazione (1882) del carattere trascendente di π.[4]

Esercizio 2.10. Determinare lo sviluppo in serie di Fourier di

$$f(x) = x^4, \qquad x \in [-\pi, \pi],$$

e servirsene, insieme alla (2.17), per il calcolo di $\zeta(4)$.

Risposta: Si trova: $\zeta(4) = \sum_{n=1}^{\infty} \frac{1}{n^4} = \frac{\pi^4}{90}$. È lecito sospettare, a questo punto, che $\zeta(2m) = c_m \pi^{2m}$, dove c_m è un numero razionale, per ogni intero m. E in effetti Eulero mostrò che $\sum_{n=1}^{\infty} \frac{1}{n^{2m}} = \frac{2^{2m-1}\pi^{2m}|B_{2m}|}{(2m)!}$, dove B_{2m} sono numeri interi (numeri di Bernoulli).

---

[4] Un classico della storia della matematica è Boyer (1980). Un curioso volumetto sulla storia di π è stato scritto da Beckmann (1971). Sulla figura di B. Riemann, in particolare, si trova e si legge facilmente il fascicolo di Rossana Tazzioli (2000). Inutile a dirsi, poi, Internet è piena di siti e documenti su π, Eulero, Riemann e la sua ipotesi, alcuni rigorosi, altri quasi cabalistici.

Un riferimento classico, a livello avanzato, sulla teoria dei numeri è Hardy e Wright (1980). Uno più moderno, che consente letture a diverso grado di approfondimento, dal livello divulgativo al livello avanzato, è *Numbers (Zahlen)* (Ebbinghaus *et al.*, 1991).

Sull'ultimo teorema di Fermat e sulla dimostrazione di Wiles, un best-seller dal taglio giornalistico è Singh e Lynch (1998). Sulla congettura di Goldbach non è ancora disponibile niente del genere (non essendo stata ancora dimostrata!), ma il romanzo di Doxiadis (2000) mette in guardia sui rischi che si corrono a dedicare l'esistenza alla prova di una congettura matematica!

2.4 Convergenza della serie di Fourier

Abbiamo discusso abbastanza in dettaglio in che senso (e con quali limiti) lo sviluppo in serie di Fourier di una funzione $f(x)$ possa essere adoperato per approssimare numericamente $f(x)$ in un punto o addirittura in tutto un intervallo. Nel caso di funzioni regolari a tratti, il limite principale è costituito dal fatto che la convergenza della serie di Fourier è solo puntuale (vedi Teorema 2.1), e che in corrispondenza ad un punto di discontinuità x_0 di $f(x)$ non solo la serie converge ad un valore che può non essere uguale ad $f(x_0)$ (anzi, f può anche non essere definita in $x = x_0$), ma il fenomeno di Gibbs impedisce di considerare le somme parziali secondo Fourier in prossimità di x_0 come buone approssimazioni per f (vedi § 2.2). Tuttavia, nei casi in cui per una stessa funzione f siano disponibili due o più *distinti* sviluppi in serie di Fourier (ad esempio, nel caso di serie di Fourier di soli seni o di soli coseni), abbiamo osservato che uno sviluppo in serie converge più efficientemente di un altro. Proviamo a precisare tale osservazione nel caso generale. Sussiste intanto il seguente:

Teorema 2.5 (Relazione di Parseval). *Sia $f : [-\pi, \pi] \to \mathbb{C}$ una funzione regolare a tratti in $[-\pi, \pi]$ e (2.1) il suo sviluppo in serie trigonometrica di Fourier. Allora:*

$$\frac{a_0^2}{2} + \sum_{n=1}^{\infty} \left(|a_n|^2 + |b_n|^2\right) = \frac{1}{\pi} \int_{-\pi}^{\pi} |f(x)|^2 \, \mathrm{d}x. \tag{2.22}$$

Da tale relazione segue in particolare che la serie a primo membro è convergente, dunque il suo termine generale è infinitesimo, e quindi:

$$\lim_{n\to\infty} a_n = \lim_{n\to\infty} b_n = 0.$$

Sì, ma con che rapidità?

Un modo per valutare la rapidità con cui i coefficienti di Fourier tendono a zero, per $n \to \infty$, è reso possibile dal seguente:

Lemma 2.1. *Sia $f : [-\pi, \pi] \to \mathbb{C}$ una funzione di classe $C^k([-\pi, \pi])$, per qualche $k \in \mathbb{N}$, e tale che*

$$f^{(p)}(-\pi) = f^{(p)}(\pi), \qquad p = 0, \ldots k-1, \tag{2.23}$$

allora

$$|a_n| \leq \frac{2M}{n^k}, \quad |b_n| \leq \frac{2M}{n^k}, \quad \forall n \in \mathbb{N}, \tag{2.24}$$

dove $M > 0$ tale che $|f^{(k)}(x)| \leq M$, per $-\pi \leq x \leq \pi$.

Dimostrazione. Supponiamo, per fissare le idee, che sia $k \geq 1$. Consideriamo l'espressione per a_n, integriamo per parti k volte (ciò è lecito, essendo f derivabile k volte), e ad ogni integrazione facciamo uso dell'ipotesi (2.23). Si ha:

$$\begin{aligned}
a_n &= \frac{1}{\pi}\int_{-\pi}^{\pi} f(x)\cos nx\,\mathrm{d}x \\
&= \frac{1}{\pi}\left[f(x)\frac{1}{n}\sin nx\right]_{-\pi}^{\pi} - \frac{1}{\pi n}\int_{-\pi}^{\pi} f'(x)\sin nx\,\mathrm{d}x \\
&= -\frac{1}{\pi n}\int_{-\pi}^{\pi} f'(x)\sin nx\,\mathrm{d}x \\
&= -\frac{1}{\pi n}\left[-\frac{1}{n}f'(x)\cos nx\right]_{-\pi}^{\pi} - \frac{1}{\pi n^2}\int_{-\pi}^{\pi} f''(x)\cos nx\,\mathrm{d}x \\
&= \dots \\
&= \pm\frac{1}{\pi n^k}\int_{-\pi}^{\pi} f^{(k)}(x)\begin{Bmatrix}\sin nx\\ \cos nx\end{Bmatrix}\mathrm{d}x.
\end{aligned}$$

Prendendo il valore assoluto del primo e dell'ultimo membro, e osservando che, essendo $f^{(k)}(x)$ una funzione continua, definita sull'intervallo chiuso e limitato $[-\pi, \pi]$, per il teorema di Weierstrass esiste un $M > 0$ tale che $|f^{(k)}(x)| \leq M$, $\forall x \in [-\pi, \pi]$, si ha:

$$\begin{aligned}
|a_n| &\leq \frac{1}{\pi n^k}\int_{-\pi}^{\pi} |f^{(k)}(x)|\left|\begin{Bmatrix}\sin nx\\ \cos nx\end{Bmatrix}\right|\mathrm{d}x \\
&\leq \frac{1}{\pi n^k}\int_{-\pi}^{\pi} |f^{(k)}(x)|\,\mathrm{d}x \\
&\leq \frac{1}{\pi n^k}2\pi M = \frac{2M}{n^k}.
\end{aligned}$$

Se invece è $k = 0$, essendo in tal caso f una funzione continua definita nell'intervallo chiuso e limitato $[-\pi, \pi]$, esiste un $M > 0$ tale che $|f(x)| \leq M$, $\forall x \in [-\pi, \pi]$ Dunque, ad esempio:

$$|a_n| \leq \frac{1}{\pi}\int_{-\pi}^{\pi} |f(x)\cos nx|\,\mathrm{d}x \leq \frac{1}{\pi}\int_{-\pi}^{\pi} |f(x)|\,\mathrm{d}x \leq 2M.$$

Analogamente per b_n. □

Osservazione 2.3. Nelle ipotesi del Lemma 2.1 si ha dunque che:

$$|a_n \cos nx + b_n \sin nx| \leq |a_n| + |b_n| \leq \frac{4M}{n^k}.$$

Non appena sia $k > 1$, si ha dunque che:

$$\left|\sum_{n=1}^{\infty}(a_n \cos nx + b_n \sin nx)\right| \leq 4M\sum_{n=1}^{\infty}\frac{1}{n^k}, \qquad -\pi \leq x \leq \pi, \quad \forall n \in \mathbb{N},$$

che è una serie numerica convergente (anzi, converge a $4M\zeta(k)$). La serie di Fourier per $f(x)$ è dunque *totalmente* convergente in $[-\pi, \pi]$. Per il criterio di Weierstrass sulla uniforme convergenza di una serie di funzioni, segue che la serie di Fourier per $f(x)$ converge ad $f(x)$ *assolutamente* ed *uniformemente* in $[-\pi, \pi]$. Ciò significa che la somma parziale

$$S_N(x) = \frac{a_0}{2} + \sum_{n=1}^{N} (a_n \cos nx + b_n \sin nx)$$

è tale che $\forall \epsilon > 0$ esiste un indice $\bar{N} \in \mathbb{N}$ tale che per ogni $N > \bar{N}$ risulta

$$|S_N(x) - f(x)| < \epsilon$$

per ogni $x \in [-\pi, \pi]$. In altri termini, l'indice $\bar{N}$ dipende in generale da ϵ *ma non* da x.

Teorema 2.6. *Sia* $f \colon [-\pi, \pi] \to \mathbb{C}$ *una funzione*

1. *continua in* $[-\pi, \pi]$*;*
2. *tale che* $f(-\pi) = f(\pi)$*;*
3. *con derivata prima continua a tratti in* $[-\pi, \pi]$*.*

Allora la serie di Fourier (2.1) *converge assolutamente e uniformemente ad* $f(x)$ *in* $[-\pi, \pi]$*.*

Dimostrazione. Omessa. Osserviamo però che si richiede appunto l'uniforme convergenza perché si possa "derivare per serie". □

Osservazione 2.4 (Spazio $L^2(-\pi, \pi)$*).* Il Teorema 2.1 fornisce delle condizioni affinché la serie trigonometrica di Fourier converga puntualmente ad $f(x)$ (quasi ovunque), ed il precedente Teorema 2.6 fornisce delle condizioni, più stringenti, affinché la serie di Fourier converga uniformemente.

Se ci si contenta di un tipo di convergenza ancora più debole di quella puntuale, si riesce tuttavia ad estendere la classe delle funzioni per le quali la serie di Fourier ha significato. Invero, lo spazio $L^2(-\pi, \pi)$ delle funzioni complesse a quadrato integrabile in $(-\pi, \pi)$ è la più ampia classe di funzioni per le quali sia possibile dare senso allo sviluppo in serie di Fourier (2.1). Tale senso è quello della *convergenza in media quadratica.* Ossia, se $f \in L^2(-\pi, \pi)$ ed $S_N(x)$ è la somma parziale N-sima della sua serie di Fourier, allora si può provare che

$$\lim_{N \to \infty} \int_{(-\pi, \pi)} |f(x) - S_N(x)|^2 \, \mathrm{d}x = 0.$$

Lo spazio $L^2(-\pi, \pi)$ delle funzioni a quadrato integrabile è effettivamente più ampio della classe delle funzioni continue a tratti in $(-\pi, \pi)$. Infatti, ad esempio, la funzione definita ponendo $f(x) = |x|^{-1/4}$ per $-\pi \leq x \leq \pi$, $x \neq 0$, è a quadrato integrabile,

$$\int_{-\pi}^{\pi} |x|^{-1/2} \, \mathrm{d}x = 2 \int_0^{\pi} \frac{\mathrm{d}x}{\sqrt{x}} = [4\sqrt{x}]_0^{\pi} = 4\sqrt{\pi},$$

ma non continua a tratti, in quanto $\lim_{x \to 0} |x|^{-1/4} = +\infty$.

Un altro esempio è costituito, ad esempio, da $f(x) = \log |x|$.

2.5 Temi d'esame svolti

Esercizio 2.11 (Compito d'esame del 2.2.1994). Sviluppare in serie di Fourier la funzione:

$$f(t) = \begin{cases} -1, & -\frac{1}{2}T < t < 0, \\ 1, & 0 \leq t < \frac{1}{2}T. \end{cases}$$

Discutere quindi il problema della convergenza della serie ottenuta.

Risposta: La funzione è dispari, dunque ammette uno sviluppo in serie di Fourier di soli seni. Servendosi del cambio di variabili $\frac{2n\pi}{T}t = t'$, si ha:

$$\begin{aligned} b_n = \frac{2}{T}\int_{-T/2}^{T/2} f(t)\sin\frac{n\pi t}{T/2}\,\mathrm{d}t = \frac{4}{T}\int_0^{T/2} \sin\frac{n\pi t}{T/2}\,\mathrm{d}t = \\ = \frac{4}{T}\frac{T}{2n\pi}\int_0^{n\pi} \sin t'\,\mathrm{d}t' = \left[-\frac{2}{n\pi}\cos t'\right]_0^{n\pi} = \frac{2}{n\pi}[1-(-1)^n], \end{aligned} \tag{2.25}$$

con cui:

$$\begin{aligned} f(t) &= \frac{2}{\pi}\sum_{n=1}^{\infty}\frac{1-(-1)^n}{n}\sin\frac{2n\pi t}{T} \\ &= \frac{4}{\pi}\sum_{n=1}^{\infty}\frac{1}{2n-1}\sin\frac{2(2n-1)\pi t}{T}. \end{aligned}$$

La serie converge puntualmente ad $f(t)$ per $t \neq 0, \pm\frac{T}{2}$, dove invece converge (puntualmente) a zero.

Esercizio 2.12 (Compito d'esame del 2.2.1994). Sviluppare in serie di Fourier la funzione:

$$f(t) = \begin{cases} -1, & -\frac{1}{2}T < t < -\frac{1}{4}T, \\ 1, & -\frac{1}{4}T \leq t < \frac{1}{4}T, \\ -1, & \frac{1}{4}T \leq t < \frac{1}{2}T. \end{cases}$$

Discutere quindi il problema della convergenza della serie ottenuta.

Risposta: La funzione è pari, dunque ammette sviluppo in serie di Fourier di soli coseni. Si trova che $a_0 = 0$ e $a_n = \frac{4}{n\pi}\sin\frac{n\pi}{2}$, da cui:

$$f(t) = \frac{4}{\pi}\sum_{n=1}^{\infty}\frac{(-1)^{n+1}}{2n-1}\cos\frac{2(2n-1)\pi t}{T},$$

che converge puntualmente ad $f(t)$ per $t \neq \pm\frac{T}{4}$, dove converge a 0. Il prolungamento per periodicità di f a tutto l'asse reale converge a -1 in $t = \pm\frac{T}{2}$ e periodici.

Esercizio 2.13 (Compito d'esame del 26.02.2002). Data la funzione $f(t)$ nell'intervallo $[-T, T]$ che vale $\frac{1}{T}$ per $-\frac{T}{2} < t < \frac{T}{2}$ e zero altrove, se ne considerino le due estensioni a tutto l'asse reale:

1. periodica con periodo $2T$;

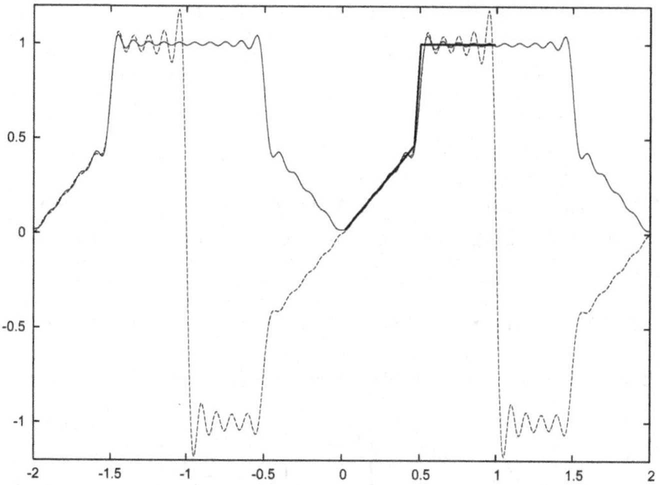

Fig. 2.7. Sviluppo di Fourier in soli seni e sviluppo in soli coseni della funzione definita nell'Esercizio 2.14

2. uguale a $f(t)$ nell'intervallo $[-T, T]$, zero altrove.

Mostrare, in ciascuno di tali casi, se vale lo sviluppo in serie trigonometrica di Fourier o lo sviluppo integrale di Fourier. Scrivere esplicitamente tali sviluppi.

Esercizio 2.14 (Compito del 10.02.2003). Dare almeno due sviluppi in serie trigonometrica di Fourier della funzione:

$$f(x) = \begin{cases} x, & 0 \leq x \leq \frac{1}{2}, \\ 1, & \frac{1}{2} < x \leq 1, \end{cases} \qquad 0 \leq x \leq 1.$$

Disegnare in ciascun caso la funzione rappresentata dalla serie su tutta la retta.

Risposta: Due sviluppi possibili sono quello in soli seni e quello in soli coseni, che corrispondono al prolungamento dispari e pari, rispettivamente, della funzione assegnata (porre $T = 1$ nelle formule). Nel caso dello sviluppo in soli seni, si trova:

$$\begin{aligned} b_n &= \frac{2}{n\pi}\left[\frac{1}{2}\cos\frac{n\pi}{2} - (-1)^n + \frac{1}{n\pi}\sin\frac{n\pi}{2}\right] \\ &= \begin{cases} \frac{(-1)^m - 2}{2m\pi}, & n = 2m, \\ \frac{2}{(2m+1)\pi}\left[1 + \frac{(-1)^m}{(2m+1)\pi}\right], & n = 2m+1, \end{cases} \end{aligned}$$

mentre nel caso dello sviluppo in soli coseni, si trova:

$$a_n = \frac{2}{n\pi}\left[-\frac{1}{2}\sin\frac{n\pi}{2} + \frac{1}{n\pi}\left(\cos\frac{n\pi}{2} - (-1)^n\right)\right]$$

$$= \begin{cases} \frac{5}{8}, & n = 0, \\ \frac{(-1)^m - 1}{2m^2\pi^2}, & n = 2m, \\ -\frac{1}{(2m+1)\pi}\left[(-1)^m + \frac{2}{(2m+1)\pi}\right], & n = 2m+1. \end{cases}$$

In Fig. 2.7 sono rappresentati i grafici delle somme parziali delle serie di Fourier, fino ad $N = 20$. Notare il fenomeno di Gibbs nei punti di discontinuità, e la diversa entità di tale fenomeno per le due serie.

Esercizio 2.15 (Compito del 9.12.2003).

1. Sviluppare in serie trigonometrica di Fourier la funzione

$$f(x) = \begin{cases} 0, & -1 < x < 0, \\ 1, & 0 < x < 1, \end{cases}$$

   e discutere le proprietà di convergenza dello sviluppo ottenuto.
2. Mostrare che $f(x)$ potrebbe essere anche sviluppata in serie di Fourier tramite basi ortonormali differenti dal sistema trigonometrico.

Esercizio 2.16 (Compito del 29.3.2004). Determinare tre sviluppi in serie trigonometrica di Fourier della funzione $f(t) = 1$, con $-1 \leq t \leq 0$.

Risposta: Sia f_1 il prolungamento pari della funzione assegnata a $[-1, 1]$, f_2 il prolungamento dispari, ed f_3 il prolungamento tale che $f_3(t) = 0$ per $0 < t \leq 1$.

Risulta allora $f_1(t) = 1$ (la funzione è costante, ed il suo sviluppo coincide con $a_0/2$),

$$f_2(t) = -\frac{4}{\pi}\sum_{k=1}^{\infty}\frac{1}{2k-1}\sin(2k-1)\pi t,$$

mentre:

$$f_3(t) = \frac{1}{2} - \frac{2}{\pi}\sum_{k=1}^{\infty}\frac{1}{2k-1}\sin(2k-1)\pi t.$$

Tutti e tre gli sviluppi convergono ad $f(t)$ in $(-1, 0)$. Si verifica subito, inoltre, che $2f_3(t) - f_2(t) = f_1(t)$.

3

Cenni di teoria delle equazioni alle derivate parziali

Un testo di riferimento per la teoria delle equazioni alla derivate parziali (PDE) è lo Smirnov (1988b, 1985). Un'ottima introduzione alle PDE in generale, ed in particolare alle PDE di interesse per la fisica, è data da Bernardini *et al.* (1998). Molto più generale e dettagliato è il classico libro di Sommerfeld (1949). Per gli esempi e le applicazioni delle serie di Fourier alla soluzione di particolari PDE, vedi Zachmanoglou e Thoe (1989).

3.1 Generalità

Diamo soltanto delle generalità, a grandi linee, con l'unico obiettivo di definire il linguaggio. Fate riferimento a testi più specializzati, come quelli indicati in bibliografia.

Per *equazione differenziale alle derivate parziali (PDE)* si intende un'equazione in cui l'indeterminata è una funzione $u\colon \Omega \to \mathbb{R}$, con $\Omega \subseteq \mathbb{R}^n$, in cui compare sia u sia alcune sue derivate parziali. L'*ordine* di una PDE è il massimo ordine con cui compaiono le derivate della funzione incognita u.

A differenza delle equazioni differenziali ordinarie (ODE), in cui le condizioni al contorno solitamente riguardano il valore assunto dalla funzione incognita e da alcune sue derivate successive (come ad esempio nel problema di Cauchy), nel caso delle PDE si possono dare *diversi tipi di condizioni al contorno*. Senza preoccuparci di classificare adesso i tipi diversi possibili (ne incontreremo alcuni negli esempi che seguono), limitiamoci ad osservare che le condizioni al contorno hanno un ruolo determinante nella soluzione di una PDE, molto più che nel caso delle condizioni al contorno per una ODE (leggere il paragrafo iniziale del capitolo dedicato alle PDE in Bernardini *et al.* (1998)). Non solo, ma alcuni tipi di condizioni al contorno sono incompatibili con alcuni tipi di PDE, cioè generano dei *problemi mal posti* (vedi, ad esempio, la discussione del problema di Neumann per l'equazione di Laplace intorno all'Eq. (3.34) più avanti).

Angilella G. G. N.: Esercizi di metodi matematici della fisica.

Come per le ODE, si parla di PDE lineari o non-lineari, seconda che u e le sue derivate compaiano soltanto linearmente o meno nell'equazione. Si parla inoltre di PDE quasi-lineari, nel caso in cui le derivate di u compaiano linearmente, ma abbiano per coefficienti delle funzioni di $\boldsymbol{x} \in \mathbb{R}^n$ ed u. Per le equazioni lineari vale il ben noto *principio di sovrapposizione,* in base al quale se u_1 e u_2 sono due soluzioni di una PDE (lineare), allora anche la loro combinazione lineare (o sovrapposizione) $\lambda_1 u_1 + \lambda_2 u_2$ è soluzione della PDE. Ne faremo largo uso per costruire soluzioni di particolari PDE di interesse fisico nella forma di serie di Fourier.

3.1.1 Classificazione delle PDE del II ordine

La più generale PDE del secondo ordine lineare in due variabili è:

$$a u_{xx} + 2b u_{xy} + c u_{yy} + d u_x + e u_y + f u + g = 0, \tag{3.1}$$

dove $a, \ldots g : \Omega \to \mathbb{R}$ sono funzioni reali delle due variabili reali $(x, y) \in \Omega \subseteq \mathbb{R}^2$. Se $g = 0$, la PDE si dice *omogenea.* Con riferimento ad un preciso problema fisico, più avanti preferiremo denotare la coppia di variabili indipendenti come (x, t), anziché (x, y), ad indicare che una variabile è di tipo spaziale, e l'altra di tipo temporale. Di volta in volta supporremo che le funzioni $a, \ldots g$ ed u siano sufficientemente regolari per le considerazioni che faremo. In particolare, supponiamo che sia possibile applicare il lemma di Schwarz sull'inversione dell'ordine di derivazione e che quindi sia $u_{xy} = u_{yx}$. Inoltre, spesso considereremo $a, \ldots f$ addirittura costanti (PDE a coefficienti costanti).

La *parte principale* di una PDE è il complesso dei termini in cui figurano le derivate di u con ordine massimo. Si trova che le proprietà salienti delle soluzioni di una PDE sono stabilite dalla natura della sua parte principale. Nel caso della PDE del secondo ordine (3.1) la parte principale è quindi:

$$a u_{xx} + 2b u_{xy} + c u_{yy}.$$

Il *discriminante* della parte principale della (3.1) è:

$$\Delta = b^2 - ac = \Delta(x, y).$$

Se $\xi = \xi(x, y)$, $\eta = \eta(x, y)$ è un cambiamento di coordinate non singolare, ossia tale che lo jacobiano $J = \frac{\partial(\xi,\eta)}{\partial(x,y)} \neq 0$, si prova che (Zachmanoglou e Thoe, 1989):

$$\Delta_1 = \Delta J^2,$$

dove Δ_1 è il discriminante della parte principale della PDE trasformata secondo tale cambiamento di coordinate. Dunque, il segno di Δ in un punto è invariante per trasformazioni non singolari di coordinate. Ciò consente di definire il *carattere* della PDE (3.1) in un punto.

Sia $(x_0, y_0) \in \Omega$. Si dice che la (3.1) è *iperbolica, parabolica o ellittica* in (x_0, y_0) seconda che $\Delta(x_0, y_0) > 0$, $\Delta(x_0, y_0) = 0$, o $\Delta(x_0, y_0) < 0$. Si dice che la (3.1) è iperbolica, parabolica o ellittica in Ω se essa è rispettivamente iperbolica, parabolica o ellittica in ogni punto di Ω.

Esercizio 3.1 (Compito d'esame del 21.09.1998). Determinare le regioni del piano (x, y) dove ciascuna delle seguenti equazioni è ellittica, iperbolica o parabolica:

$$2u_{xx} + 4u_{xy} + 3u_{yy} - u = 0;$$
$$u_{xx} + 2xu_{xy} + u_{yy} + u\sin(xy) = 0.$$

Sotto opportune ipotesi di regolarità, si prova (Zachmanoglou e Thoe, 1989) che localmente una PDE del secondo ordine può essere posta in una delle seguenti *forme canoniche*. Esiste cioè un opportuno combiamento (non singolare) di coordinate $(x, y) \mapsto (\xi, \eta)$ che trasforma la parte principale della (3.1) in una delle seguenti:

$$\begin{aligned} u_{\xi\eta} + \ldots &= 0 \\ \text{oppure } u_{\xi\xi} - u_{\eta\eta} + \ldots &= 0, \quad \Delta > 0 \quad \text{(PDE iperbolica)}, \\ u_{\xi\xi} + \ldots &= 0, \quad \Delta = 0 \quad \text{(PDE parabolica)}, \\ u_{\xi\xi} + u_{\eta\eta} + \ldots &= 0, \quad \Delta < 0 \quad \text{(PDE ellittica)}. \end{aligned}$$

Di seguito, analizzeremo con un certo dettaglio le seguenti PDE in $1+1$ o $2+0$ dimensioni (una dimensione spaziale ed una temporale, oppure due dimensioni spaziali):

- *l'equazione delle onde o della corda vibrante,*
$$u_{xx} - u_{tt} = 0,$$
che è di tipo iperbolico;
- *l'equazione di propagazione del calore, o di diffusione, o di Fourier,*
$$u_{xx} - u_t = 0,$$
che è di tipo parabolico;
- *l'equazione di Laplace,*
$$u_{xx} + u_{yy} = 0,$$
che è di tipo ellittico.

3.2 Equazione della corda vibrante

3.2.1 Derivazione elementare

La presenza di onde, oscillazioni, vibrazioni e quant'altro in Fisica è praticamente ubiquitaria. Un'introduzione elementare e popolare è offerta da Crawford (1972). Un'introduzione ai fenomeni oscillatori nonlineari è data da Infeld e Rowlands (1992).

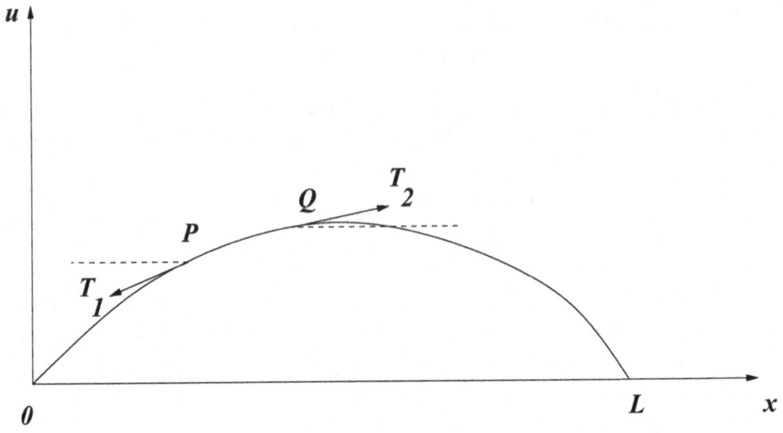

Fig. 3.1. Derivazione elementare dell'equazione della corda vibrante

Qualsiasi manuale di Fisica generale, poi, riporta la derivazione dell'equazione della corda vibrante, che riassumo di seguito, soltanto per completezza.

Consideriamo una corda elastica, omogenea con densità lineare di massa costante ρ, di lunghezza L, tesa fra le sue due estremità e vincolata ad effettuare piccole vibrazioni in un piano (x, u), con $0 \leq x \leq L$ ed $u = u(x, t)$ deformazione della corda (Fig. 3.1). Il grafico di $u = u(x, t)$ come funzione di x rappresenta quindi il profilo della corda ad un fissato istante di tempo t. In particolare, $u = u(x, 0)$ rappresenta il profilo iniziale della corda, ad esempio la corda pizzicata di una chitarra. Essendo gli estremi della corda fissati, si richiede inoltre che sia $u(0, t) = u(L, t) = 0$, $\forall t \geq 0$. L'elemento di lunghezza della corda tra due punti infinitamente prossimi P e Q è:

$$\Delta s = \sqrt{\Delta x^2 + \Delta u^2} = \Delta x \sqrt{1 + \left(\frac{\Delta u}{\Delta x}\right)^2} \approx \Delta x,$$
$$\to \sqrt{1 + u_x^2}\, \mathrm{d}x.$$

La seconda espressione è esatta, ma a noi sarà sufficiente la prima, $\Delta s \approx \Delta x$, corretta a meno di infinitesimi di ordine superiore a Δx, verificata nell'ipotesi che sia $|u_x| \ll 1$. Il venir meno di questa condizione comporta l'introduzione di effetti nonlineari, che qui intendiamo trascurare.

La massa del tratto di corda fra P e Q è allora: $\Delta m = \rho \Delta s \approx \rho \Delta x$. Siano T_1 e T_2 le tensioni agenti sulla corda in P e Q. Trascuriamo gli effetti dovuti al campo gravitazionale.

Poiché non c'è accelerazione orizzontale, la seconda legge di Newton per l'elemento PQ della corda implica che:

$$T_1 \cos\theta_1 = T_2 \cos\theta_2 = T = \mathrm{cost},$$

mentre lungo la direzione verticale:

$$\rho \Delta x \frac{\partial^2 u}{\partial t^2} = T_2 \sin\theta_2 - T_1 \sin\theta_1.$$

Dividendo per il valore costante della tensione ai due estremi, si trova così:

$$\frac{\rho \Delta x}{T} \frac{\partial^2 u}{\partial t^2} = \frac{T_2 \sin\theta_2}{T_2 \cos\theta_2} - \frac{T_1 \sin\theta_1}{T_1 \cos\theta_1} = \tan\theta_2 - \tan\theta_1.$$

Dividendo per Δx, osservando che $\tan\theta = u_x$, e passando al limite per $\Delta x \to 0$, si ha:

$$\frac{\rho}{T} \frac{\partial^2 u}{\partial t^2} = \frac{\left(\frac{\partial u}{\partial x}\right)_{x+\Delta x} - \left(\frac{\partial u}{\partial x}\right)_x}{\Delta x} \to \frac{\partial^2 u}{\partial x^2},$$

e infine, ponendo $c^2 = T/\rho$, si trova l'equazione cercata:

$$\frac{\partial^2 u}{\partial x^2} - \frac{1}{c^2} \frac{\partial^2 u}{\partial t^2} = 0. \tag{3.2}$$

La sostituzione di variabili (cambio della scala dei tempi) $ct \mapsto t'$ trasforma la (3.2) nella forma canonica delle equazioni iperboliche $u_{xx} - u_{t't'} = 0$.

3.2.2 Problema di Cauchy e soluzione di D'Alembert

Abbiamo derivato l'equazione della corda vibrante a partire dalla seconda legge di Newton per l'elemento di corda. Per una particella materiale, è possibile derivare la legge oraria del moto una volta note le "condizioni iniziali", ossia posizione e velocità iniziali della particella. Nel caso della corda, abbiamo a che fare con un *continuo materiale*. Se pensiamo a quest'ultimo come ad un insieme di tantissime particelle, per derivare il moto di ciascuna si richiederà la conoscenza della posizione e velocità iniziali di ciascuna particella. Ciò equivale a conoscere il profilo iniziale $u(x,0)$ ed il campo di velocità iniziale $u_t(x,0)$.

Il *problema di Cauchy* per la corda vibrante è dunque costituito dall'Eq. (3.2) della corda, supplementata dalle seguenti condizioni:

$$\frac{\partial^2 u}{\partial x^2} - \frac{1}{c^2} \frac{\partial^2 u}{\partial t^2} = 0, \qquad x \in \mathbb{R}, \quad t \geq 0, \tag{3.3a}$$

$$u(x,0) = \phi(x), \quad x \in \mathbb{R}, \tag{3.3b}$$

$$\frac{\partial u(x,0)}{\partial t} = \psi(x), \quad x \in \mathbb{R}. \tag{3.3c}$$

Cominciamo col determinare l'integrale generale dell'Eq. (3.3a). Effettuiamo il cambiamento di coordinate (equivalente ad una rotazione nel piano x, t):

$$\xi = \xi(x,t) = x + ct$$
$$\eta = \eta(x,t) = x - ct.$$

Le curve (rette) di equazione $x \pm ct$ = cost costituiscono le *curve caratteristiche*[1] per l'equazione delle onde (Bernardini *et al.*, 1998, vedi anche l'Esercizio 3.18). Segue che $\xi_x = \eta_x = 1$, $\xi_t = -\eta_t = c$, con cui:

$$\begin{aligned}
\frac{\partial u}{\partial x} &= \frac{\partial u}{\partial \xi} + \frac{\partial u}{\partial \eta} \\
\frac{\partial u}{\partial t} &= c\frac{\partial u}{\partial \xi} - c\frac{\partial u}{\partial \eta} \\
\frac{\partial^2 u}{\partial x^2} &= \frac{\partial^2 u}{\partial \xi^2} + 2\frac{\partial^2 u}{\partial \xi \partial \eta} + \frac{\partial^2 u}{\partial \eta^2} \\
\frac{\partial^2 u}{\partial t^2} &= c^2\frac{\partial^2 u}{\partial \xi^2} - 2c^2\frac{\partial^2 u}{\partial \xi \partial \eta} + c^2\frac{\partial^2 u}{\partial \eta^2},
\end{aligned}$$

con cui la (3.2) diventa:

$$4\frac{\partial^2 u}{\partial \xi \partial \eta} = 0.$$

Integrando una volta rispetto a ξ, segue che u_η dev'essere una costante rispetto a ξ, ossia $u_\eta = g(\eta)$, ed integrando quest'ultima rispetto ad η, detta $G(\eta)$ una primitiva di $g(\eta)$, segue che:

$$u(\xi, \eta) = F(\xi) + G(\eta),$$

ossia, ritornando alle vecchie variabili:

$$u(x,t) = F(x+ct) + G(x-ct), \tag{3.4}$$

dove F e G sono funzioni arbitrarie di una variabile. L'ultima relazione costituisce l'*integrale generale* dell'equazione delle onde. Si trova che ogni soluzione della (3.2) può essere espressa come sovrapposizione di un'onda che si propaga lungo l'asse delle x nel verso delle x crescenti con velocità c, e di un'onda che si propaga in verso opposto, con velocità di eguale modulo.

Consideriamo adesso il problema (3.3) nella sua interezza. Supponendo che la sua soluzione esista, essa avrà la forma (3.4). Le funzioni F e G vengono determinate imponendo che la soluzione $u(x,t)$ verifichi le condizioni di Cauchy (3.3b) e (3.3c):

$$\begin{aligned}
u(x,0) &= F(x) + G(x) &&= \phi(x), \\
u_t(x,0) &= cF'(x) - cG'(x) &&= \psi(x),
\end{aligned}$$

ovvero, integrando la seconda rispetto ad x ed indicando con k la costante di integrazione:

$$\begin{aligned}
F(x) + G(x) &= \phi(x) \\
F(x) - G(x) &= \frac{1}{c}\int_{x_0}^{x} \psi(x')\,\mathrm{d}x' + k,
\end{aligned}$$

[1] *Varietà caratteristiche,* nel caso di PDE con più di due variabili.

da cui, risolvendo rispetto a F e G:

$$F(x) = \frac{1}{2}\phi(x) + \frac{1}{2c}\int_{x_0}^{x} \psi(x')\,\mathrm{d}x' + \frac{k}{2}$$
$$G(x) = \frac{1}{2}\phi(x) - \frac{1}{2c}\int_{x_0}^{x} \psi(x')\,\mathrm{d}x' - \frac{k}{2}.$$

Sostituendo nell'integrale generale (3.4) si trova infine:

$$\begin{aligned} u(x,t) &= \frac{1}{2}[\phi(x+ct) + \phi(x-ct)] + \frac{1}{2c}\left[\int_{x_0}^{x+ct} - \int_{x_0}^{x-ct}\right] \psi(x')\,\mathrm{d}x' \\ &= \frac{1}{2}[\phi(x+ct) + \phi(x-ct)] + \frac{1}{2c}\int_{x-ct}^{x+ct} \psi(x')\,\mathrm{d}x', \end{aligned} \tag{3.5}$$

che è la *soluzione (di D'Alembert)* del problema di Cauchy (3.3). Il procedimento seguito dimostra l'unicità della soluzione. L'esistenza della soluzione si prova banalmente sostituendo la soluzione (3.5) trovata nella (3.3) e verificando che essa è effettivamente una soluzione.

Esercizio 3.2. Risolvere il problema di Cauchy (3.3) in corrispondenza alle condizioni iniziali:

$$u(x,0) = H(x) = \begin{cases} 0 & x < 0 \\ 1 & x \geq 0 \end{cases} \qquad \text{(funzione di Heaviside)}$$
$$u_t(x,0) = 0.$$

Risposta: In base alla formula di D'Alembert, possiamo subito scrivere:

$$u(x,t) = \frac{1}{2}[H(x+ct) + H(x-ct)] = \begin{cases} 0, & x < -ct, \\ \frac{1}{2}, & -ct < x < ct, \\ 1, & x > ct. \end{cases}$$

Dunque, a $t = 0$ il profilo d'onda presenta una discontinuità ad $x = 0$ che si propaga nella soluzione, che ad un tempo $t > 0$ presenta due discontinuità, ad $x = \pm ct$ (Fig. 3.2). Soluzioni non continue, cioè derivabili quasi ovunque, prendono il nome di *soluzioni deboli*.

Esercizio 3.3. Risolvere il problema di Cauchy (3.3) con condizioni iniziali

$$u(x,0) = \frac{1}{1+x^2},$$
$$u_t(x,0) = 0.$$

Risposta: Si trova:

$$u(x,t) = \frac{1}{2}\left[\frac{1}{1+(x+ct)^2} + \frac{1}{1+(x-ct)^2}\right],$$

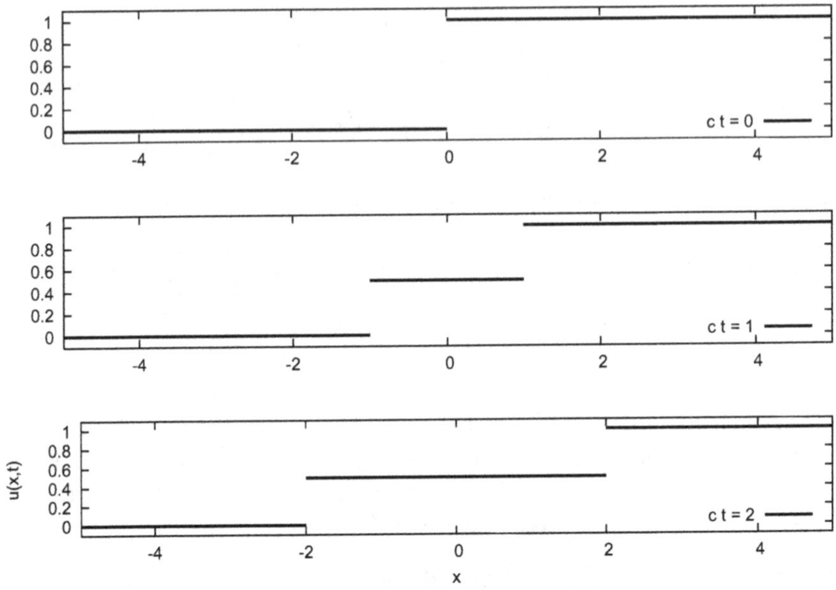

Fig. 3.2. Esercizio 3.2

che è rappresentata graficamente da due lorentziane sovrapposte, con massimi a $x = \pm ct$, che si propagano una nel verso delle x crescenti e l'altra nel verso delle x decrescenti (Fig. 3.3). Questo fatto è caratteristico dell'equazione delle onde e delle equazioni iperboliche in generale: ogni "elemento saliente" o "segnale" (una discontinuità, come nell'Esercizio 3.2, un massimo, come in questo caso, un flesso, come nell'Esercizio 3.5) presente nel profilo iniziale dell'onda non solo non viene distrutto nel corso dell'evoluzione temporale, ma si mantiene e si propaga sia a sinistra sia a destra. Diverso è il caso, vedremo, delle equazioni paraboliche, come l'equazione del calore.

Esercizio 3.4. Risolvere il problema di Cauchy (3.3) con condizioni iniziali

$$u(x,0) = 0,$$
$$u_t(x,0) = \psi(x) = \begin{cases} 1, & |x| \leq 1, \\ 0, & |x| > 1 \end{cases}.$$

Risposta: Si trova:

$$u(x,t) = \frac{1}{2c}\int_{x-ct}^{x+ct} \psi(x')\,\mathrm{d}x'.$$

Per discutere il valore di tale integrale, considerare il seguente schema:

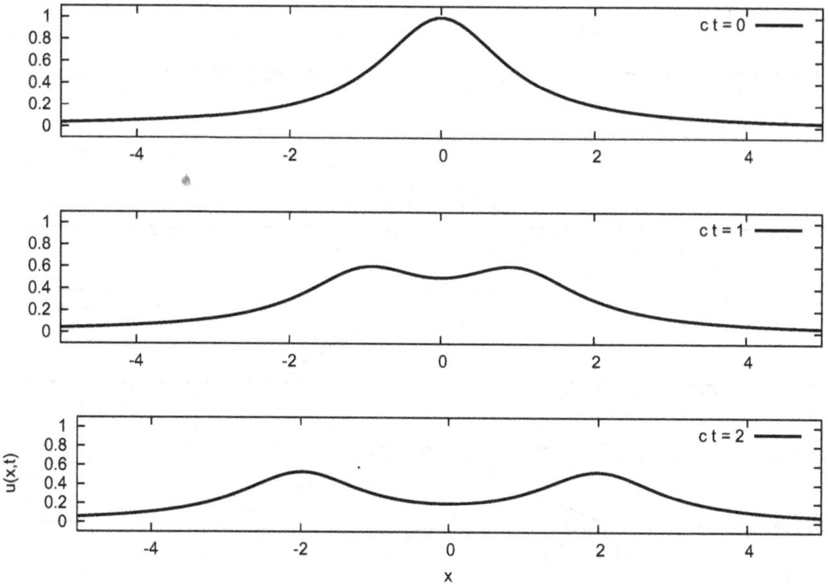

Fig. 3.3. Esercizio 3.3

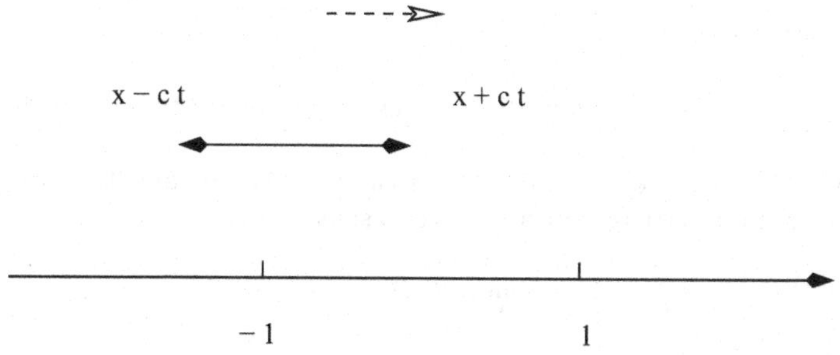

Per ogni x e t fissati, occorre confrontare il segmento $(x - ct, x + ct)$ con il segmento $(-1, 1)$. Immaginate di fare "scorrere" $(x - ct, x + ct)$ lungo l'asse, e distinguere i casi in cui nessuno, uno, o entrambi i suoi estremi cadano entro il segmento $(-1, 1)$. Poiché il segmento $(x - ct, x + ct)$ ha lunghezza $2ct$ (per ogni x), ed il segmento $(-1, 1)$ ha lunghezza 2, occorrerà confrontare ct con 1, ossia occorrerà distinguere i casi $ct = 0$, $0 < ct < 1$, $ct = 1$, $ct > 1$. Il risultato è riportato graficamente in Fig. 3.4.

Esercizio 3.5. Risolvere il problema di Cauchy (3.3) con condizioni iniziali

$$\begin{aligned} u(x, 0) &= 0, \\ u_t(x, 0) &= \frac{1}{1 + x^2}. \end{aligned}$$

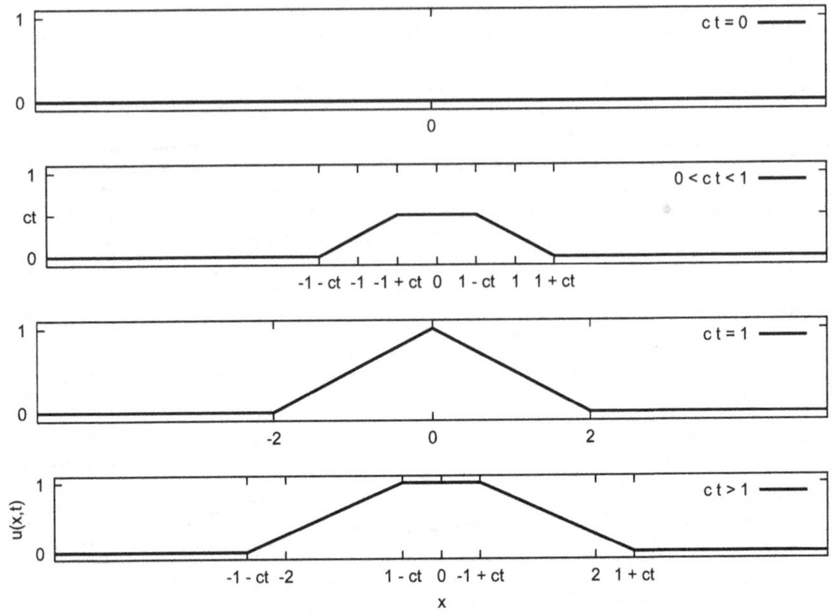

Fig. 3.4. Esercizio 3.4

Risposta: Si trova:

$$u(x,t) = \frac{1}{2c} \int_{x-ct}^{x+ct} \frac{1}{1+x'^2} \, dx' = \frac{1}{2c}[\arctan(x+ct) - \arctan(x-ct)]$$

(vedi Fig. 3.5). In particolare, la soluzione è caratterizzata da due flessi per $x = \pm ct$ che si propagano rispettivamente a destra ed a sinistra lungo x con velocità c. Inoltre risulta:

$$\lim_{t \to +\infty} u(0,t) = \frac{\pi}{2c}.$$

3.2.3 Corda vibrante

Con condizioni di Dirichlet (estremi fissi)

Nel caso di una corda di lunghezza finita L, il problema di Cauchy (3.3) va supplementato dall'ulteriore condizione che gli estremi della corda siano *fissi*, ossia:

$$c^2 u_{xx} - u_{tt} = 0, \quad 0 \le x \le L, \quad t \ge 0, \tag{3.6a}$$

$$u(x,0) = \phi(x), \quad 0 \le x \le L, \tag{3.6b}$$

$$u_t(x,0) = \psi(x), \quad 0 \le x \le L, \tag{3.6c}$$

$$u(0,t) = u(L,t) = 0, \quad t \ge 0. \tag{3.6d}$$

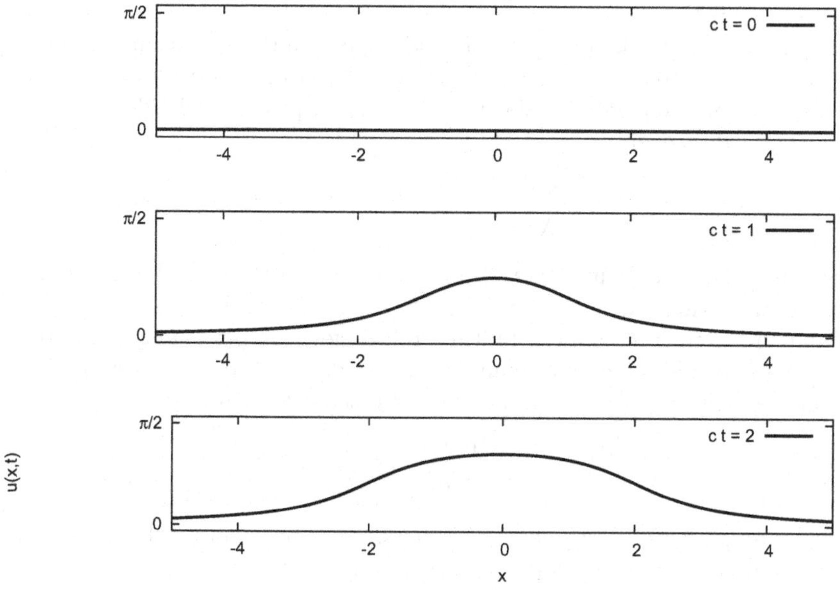

Fig. 3.5. Esercizio 3.5

Un metodo abbastanza generale per cercare eventuali soluzioni del problema (3.6), ed in generale di una PDE, è il *metodo di separazione delle variabili.* Il metodo consiste nel ricercare soluzioni espresse come prodotto di funzioni ciascuna dipendente da una sola delle variabili in gioco. In questo caso, si assume cioè che la soluzione sia del tipo:

$$u(x,t) = X(x)T(t). \tag{3.7}$$

Una soluzione del tipo (3.7) si chiama anche *modo normale.*

Osservazione 3.1. Può sembrare che la scelta di una soluzione del tipo (3.7) sia molto particolare, e che in questo modo si escludano quindi soluzioni significative. Osserviamo però che, se $u_1(x,t)$ ed $u_2(x,t)$ sono soluzioni di una PDE lineare, anche una loro combinazione lineare $u_3(x,t) = \lambda_1 u_1(x,t) + \lambda_2 u_2(x,t)$ è soluzione della PDE data. In ciò consiste il *principio di sovrapposizione.* In particolare, se u_1 ed u_2 sono del tipo (3.7), non è affatto detto che una loro combinazione lineare $u_3(x,t) = \lambda_1 X_1(x)T_1(t) + \lambda_2 X_2(x)T_2(t)$ sia ancora a variabili separate. In questo modo, pertanto, si può generare una classe sufficientemente ampia di soluzioni.

Imponendo dunque che la (3.7) sia soluzione dell'equazione di propagazione delle onde in (3.6), si ottiene:

$$X''T - \frac{1}{c^2} X\ddot{T} = 0,$$

ove con un apice indichiamo la derivazione rispetto ad x, e con un puntino la derivazione rispetto a t, come di consueto. La (3.6) ammette la soluzione banale, $u \equiv 0$. Supponendo che sia $X \not\equiv 0$ e $T \not\equiv 0$, possiamo dividere per il prodotto XT ed ottenere:

$$\frac{X''(x)}{X(x)} = \frac{1}{c^2} \frac{\ddot{T}(t)}{T(t)},$$

dove al primo membro figura una funzione della sola variabile x ed al secondo membro una funzione della sola variabile t. Poiché tali variabili possono variare indipendentemente, affinché l'ultima relazione valga per ogni x e t, deve esistere una costante (cioè, una quantità indipendente sia da x sia da t) alla quale siano separatamente uguali il primo ed il secondo membro:

$$\frac{X''(x)}{X(x)} = \frac{1}{c^2} \frac{\ddot{T}(t)}{T(t)} = -\lambda.$$

Tale costante consente di *separare le variabili,* in quanto riduce il problema della soluzione della PDE di partenza a quello di due ODE:

$$X'' + \lambda X = 0, \qquad 0 < x < L, \quad X(0) = X(L) = 0, \tag{3.8}$$

$$\ddot{T} + \lambda c^2 T = 0, \qquad t > 0. \tag{3.9}$$

Distinguiamo i seguenti casi.

Caso $\lambda = -p^2 < 0$. L'integrale generale della (3.8) è $X(x) = c_1 e^{px} + c_2 e^{-px}$. Le condizioni iniziali $X(0) = X(L) = 0$ comportano allora che:

$$\begin{aligned} c_1 + c_2 &= 0, \\ c_1 e^{pL} + c_2 e^{-pL} &= 0, \end{aligned}$$

che ammette soltanto la soluzione banale $c_1 = c_2 = 0$ (per $L \neq 0$).

Caso $\lambda = 0$. L'integrale generale della (3.8) ammette l'integrale generale $X(x) = c_1 + c_2 x$. Ancora una volta, le condizioni iniziali su X comportano che sia $c_1 = c_2 = 0$.

Caso $\lambda = p^2 > 0$. L'integrale generale della (3.8) è stavolta $X(x) = c_1 \cos px + c_2 \sin px$. La condizione $X(0) = 0$ comporta che $c_1 = 0$, con cui la seconda condizione $X(L) = 0$ comporta che $\sin pL = 0$, con $c_2 \neq 0$. Dunque sono ammesse le soluzioni

$$X_k(x) = c_k \sin \frac{k\pi x}{L},$$

corrispondenti ai valori di $p = \frac{k\pi}{L}$, con $k \in \mathbb{N}$.
In corrispondenza a tali valori di $\lambda = p^2$, la (3.9) ammette le soluzioni:

$$T_k(t) = a_k \cos \frac{k\pi ct}{L} + b_k \sin \frac{k\pi ct}{L}.$$

In definitiva, dunque, la prima delle (3.6) con la condizione di Dirichlet ammette le soluzioni a variabili separate:

$$u_k(x,t) = \sin\frac{k\pi x}{L}\left(A_k \cos\frac{k\pi ct}{L} + B_k \sin\frac{k\pi ct}{L}\right), \tag{3.10}$$

con $k = 1, 2, 3, \dots$ e A_k, B_k costanti arbitrarie. Inoltre, abbiamo già osservato che ogni combinazione lineare formata da un numero *finito* di soluzioni del tipo (3.10) è ancora soluzione del problema di Dirichlet assegnato.

Osservazione 3.2. Le soluzioni (3.10) sono sempre contenute nell'integrale generale (3.4). Verificarlo esplicitamente, facendo uso delle formule di Werner (2.3). Pertanto, esse si possono ancora una volta pensare come sovrapposizione di un'onda che si propaga nel verso delle x crescenti con velocità c, e di un'onda che si propaga nel verso delle x decrescenti con velocità $-c$. L'onda risultante non produce però alcun moto complessivo della corda, e prende pertanto il nome di *onda stazionaria.*

Rimane da vedere se, e sotto quali condizioni, sia possibile determinare opportunamente le costanti A_k B_k in modo che rimangano verificate anche le condizioni di Cauchy su $u(x,0)$ ed $u_t(x,0)$. Cominciamo col determinare opportune condizioni sui coefficienti A_k B_k in modo che la serie di Fourier:

$$u(x,t) = \sum_{k=1}^{\infty} \sin\frac{k\pi x}{L}\left(A_k \cos\frac{k\pi ct}{L} + B_k \sin\frac{k\pi ct}{L}\right) \tag{3.11}$$

definisca una funzione $u(x,t)$ che sia soluzione della PDE in (3.6). *Se* tale funzione fosse derivabile due volte, essa avrebbe derivate parziali:

$$u_{xx} = -\sum_{k=1}^{\infty}\left(\frac{k\pi}{L}\right)^2 \sin\frac{k\pi x}{L}\left(A_k \cos\frac{k\pi ct}{L} + B_k \sin\frac{k\pi ct}{L}\right),$$

$$u_{tt} = -\sum_{k=1}^{\infty}\left(\frac{k\pi c}{L}\right)^2 \sin\frac{k\pi x}{L}\left(A_k \cos\frac{k\pi ct}{L} + B_k \sin\frac{k\pi ct}{L}\right).$$

Si vede dunque che, affinché le serie per u, $\dots u_{xx}$ ed u_{tt} convergano uniformemente e sia pertanto applicabile il teorema di derivazione per serie, per il Lemma 2.1, basta che esista una costante $M > 0$ tale che $|A_k k^2| < Mk^{-2}$ e $|B_k k^2| < Mk^{-2}$, ossia che $|A_k| < Mk^{-4}$, $|B_k| < Mk^{-4}$.

Osservazione 3.3. In una soluzione siffatta, i pesi A_k, B_k delle "armoniche" con indice k elevato pesano sempre meno (sono infinitesimi di ordine superiore rispetto a $1/k^4$). Pertanto, la forma dell'onda è determinata principalmente dalle prime armoniche, quelle, cioè, corrispondenti ai primi multipli interi della frequenza fondamentale. Tale risultato è fondamentale per la qualità (timbro) del suono emesso da una corda vibrante. Diverso è il caso delle vibrazioni di un mezzo elastico bidimensionale (come ad esempio la membrana di un tamburo).[2]

Imponendo che la (3.11) verifichi le condizioni iniziali di Cauchy (3.6), si ha:

$$u(x,0) = \sum_{k=1}^{\infty} A_k \sin \frac{k\pi x}{L} = \phi(x),$$
$$u_t(x,0) = \sum_{k=1}^{\infty} \frac{\pi ck}{L} B_k \sin \frac{k\pi x}{L} = \psi(x),$$

in cui si riconoscono gli sviluppi in serie di Fourier di soli seni di $\phi(x)$ e $\psi(x)$ per $0 \leq x \leq L$. Segue dunque che:

$$A_k = \frac{2}{L} \int_0^L \phi(x) \sin \frac{k\pi x}{L} \,\mathrm{d}x, \tag{3.12}$$
$$B_k = \frac{2}{\pi ck} \int_0^L \psi(x) \sin \frac{k\pi x}{L} \,\mathrm{d}x. \tag{3.13}$$

Per il Teorema 2.6, affinché la convergenza di tali sviluppi in serie sia uniforme, basta che: ϕ e ψ siano funzioni continue, con derivate prime continue a tratti in $[0, L]$; risulti $\phi(0) = \phi(L) = 0$ e $\psi(0) = \psi(L) = 0$. Osserviamo inoltre che tali condizioni sono anche sufficienti a garantire la convergenza uniforme della serie (3.11) per ogni successivo $t > 0$, in quanto:

$$\begin{aligned}\left| \sin \frac{k\pi x}{L} \left(A_k \cos \frac{k\pi ct}{L} + B_k \sin \frac{k\pi ct}{L} \right) \right| &\leq \left| A_k \cos \frac{k\pi ct}{L} + B_k \sin \frac{k\pi ct}{L} \right| \\ &\leq |A_k| + |B_k|.\end{aligned}$$

Esercizio 3.6. Risolvere il problema di Dirichlet (3.6) in corrispondenza alle condizioni iniziali:

$$u(x,0) = \frac{2a}{L} \begin{cases} x, & 0 \leq x \leq \frac{L}{2} \\ L - x, & \frac{L}{2} < x \leq L \end{cases} \qquad \text{(triangolo isoscele)}$$
$$\psi(x) = 0.$$

Risposta: Si ha:

[2] Un'introduzione alla fisica degli strumenti musicali si trova in Cingolani (1995).

$$\begin{aligned}
A_k &= \frac{2}{L}\frac{2a}{L}\left[\int_0^{L/2} x \sin\frac{k\pi x}{L}\,\mathrm{d}x + \int_{L/2}^{L} (L-x)\sin\frac{k\pi x}{L}\,\mathrm{d}x\right] \\
&\quad \text{(porre } x' = L - x \text{ nel secondo integrale)} \\
&= \frac{4a}{L^2}\left[\int_0^{L/2} x \sin\frac{k\pi x}{L}\,\mathrm{d}x + \int_0^{L/2} x' \sin\left(k\pi - \frac{k\pi x'}{L}\right)\right] \\
&= \frac{4a}{L^2}[1-(-1)^k]\int_0^{L/2} x\sin\frac{k\pi x}{L}\,\mathrm{d}x \\
&\quad \text{(integrare per parti)} \\
&= \frac{4a}{L^2}[1-(-1)^k]\left(\frac{L}{k\pi}\right)^2\left(-\frac{k\pi}{2}\cos\frac{k\pi}{2} + \sin\frac{k\pi}{2}\right) \\
&\quad \text{(diverso da zero solo per } k = 2m-1) \\
&= \frac{8a}{\pi^2}\frac{(-1)^{m+1}}{(2m-1)^2}, \\
B_k &= 0,
\end{aligned}$$

con cui:

$$u(x,t) = \frac{8a}{\pi^2}\sum_{m=1}^{\infty}\frac{(-1)^{m+1}}{(2m-1)^2}\sin\frac{(2m-1)\pi x}{L}\cos\frac{(2m-1)\pi ct}{L}.$$

Esercizio 3.7. Risolvere il problema di Dirichlet (3.6) in corrispondenza alle condizioni di Cauchy:

$$\begin{aligned}
u(x,0) &= bx(\pi - x), \qquad 0 \le x \le \pi \\
u_t(x,0) &= 0.
\end{aligned}$$

Risposta:

$$u(x,t) = \frac{8b}{\pi}\sum_{k=1}^{\infty}\frac{1}{(2k-1)^3}\sin[(2k-1)x]\cos[(2k-1)ct].$$

Con condizioni di Neumann (estremi scorrevoli)

Oltre al problema (3.6), è interessante studiare il caso in cui si immagina che gli estremi della corda vibrante non siano fissi, ma siano liberi di scorrere in direzione ortogonale alla coordinata x (ma non lungo x). Tale condizione corrisponde al *problema di Neumann:*

$$\begin{aligned}
c^2 u_{xx} - u_{tt} &= 0, \qquad 0 \le x \le L, \quad t \ge 0, && (3.14a) \\
u(x,0) &= \phi(x), \quad 0 \le x \le L, && (3.14b) \\
u_t(x,0) &= \psi(x), \quad 0 \le x \le L, && (3.14c) \\
u_x(0,t) = u_x(L,t) &= 0, \qquad t \ge 0. && (3.14d)
\end{aligned}$$

In tale problema, si assegnano condizioni al contorno sulla derivata parziale $u_x(x,t)$ agli estremi, $x = 0$ ed $x = L$, e per ogni istante di tempo $t \geq 0$, ma non sui valori di $u(x,t)$. A differenza che nel problema di Dirichlet studiato precedentemente, procedendo per separazione delle variabili con la (3.7), si trova che il caso $\lambda = 0$ è ammesso. Svolgendo i calcoli, si trova che la soluzione può essere espressa mediante lo sviluppo in serie:

$$u(x,t) = \frac{A_0}{2} + \frac{B_0}{2}t + \sum_{k=1}^{\infty} \cos\frac{k\pi x}{L}\left(A_k \cos\frac{k\pi ct}{L} + B_k \sin\frac{k\pi ct}{L}\right), \quad (3.15)$$

dove stavolta figura all'inizio un termine di "deriva", ed uno sviluppo in serie di soli coseni rispetto alla coordinata spaziale, con coefficienti:

$$A_k = \frac{2}{L}\int_0^L \phi(x)\cos\frac{k\pi x}{L}\,\mathrm{d}x, \qquad k = 0,1,2,\ldots \quad (3.16a)$$

$$B_k = \frac{2}{k\pi c}\int_0^L \psi(x)\cos\frac{k\pi x}{L}\,\mathrm{d}x, \qquad k = 1,2,\ldots \quad (3.16b)$$

$$B_0 = \frac{2}{cL}\int_0^L \psi(x)\,\mathrm{d}x. \quad (3.16c)$$

3.3 Equazione del calore

Come prototipo delle equazioni paraboliche in 1+1 dimensione, studieremo l'equazione del calore, che serve ad esempio a descrivere il profilo di temperatura di una sbarra conduttrice di calore.

3.3.1 Derivazione in una dimensione

Consideriamo il problema della propagazione del calore lungo una sbarra unidimensionale (coordinata x) di lunghezza L. Se T_0 è la temperatura dell'ambiente circostante, e T è la temperatura di una sezione della sbarra, sia $u = T - T_0$. Chiaramente, $u = u(x,t)$ è una funzione della coordinata (non tutte le sezioni della sbarra si trovano in generale alla stessa temperatura) e del tempo (la sbarra si riscalda o si raffredda). Indichiamo con H l'energia termica posseduta dalla generica sezione della sbarra (posizione di una sua parete in x, lunghezza della sezione δx) al tempo t. A meno di costanti additive, risulta:

$$H(x,t) = \kappa_s \rho u(x,t)\delta x,$$

ove ρ è la densità lineare della sbarra e κ_s la sua capacità termica specifica. Supporremo che sia ρ sia κ_s non dipendano da x e t ossia che, in particolare, la sbarra sia omogenea. La variazione di energia termica della sezione considerata nell'intervallo di tempo δt è pertanto:

$$\delta Q = H(x, t + \delta t) - H(x, t) = \kappa_s \rho [u(x, t + \delta t) - u(x, t)] \delta x.$$

D'altra parte, il flusso di energia termica che attraversa la parete della sezione di coordinata x, per la legge di Fourier, è proporzionale al gradiente di temperatura,

$$-\sigma \frac{\partial u}{\partial x}(x, t),$$

con σ conducibilità termica della sbarra (anche questa supposta costante). Il segno meno indica che l'energia termica fluisce da punti a temperatura maggiore verso punti a temperatura minore. Dunque:

$$\delta Q = [-\sigma u_x(x, t) + \sigma u_x(x + \delta x, t)] \delta t.$$

Eguagliando le due espressioni ottenute per δQ (stiamo trascurando sorgenti o pozzi di calore, ed in particolare trascuriamo la dispersione di calore dalla superficie della sezione, che contribuisce con infinitesimi di ordine superiore) si ha:

$$\kappa_s \rho \frac{u(x, t + \delta t) - u(x, t)}{\delta t} = \sigma \frac{u_x(x + \delta x, t) - u_x(x, t)}{\delta x},$$

e passando al limite per $\delta t \to 0$ al primo membro e per $\delta x \to 0$ al secondo membro,

$$k \frac{\partial u}{\partial t} = \frac{\partial^2 u}{\partial x^2}, \tag{3.17}$$

che è l'*equazione del calore* (o *di diffusione*, o *di Fourier*). Abbiamo posto:

$$k = \frac{\kappa_s \rho}{\sigma} > 0.$$

Più comunemente, si usa $D = k^{-1}$, che prende il nome di *costante di diffusione*, con cui l'equazione del calore si scrive come $Du_{xx} - u_t = 0$. Le dimensioni della costante di diffusione sono:

$$[D] = [\mathrm{m}^2 \cdot \mathrm{s}^{-1}] \quad \text{ovvero} \quad [k] = [\mathrm{m}^{-2} \cdot \mathrm{s}].$$

3.3.2 Condizioni al contorno di Dirichlet

Consideriamo il seguente problema, con condizioni al contorno di Dirichlet:

$$u_t - Du_{xx} = 0, \qquad 0 \leq x \leq L, \quad t \geq 0, \tag{3.18a}$$

$$u(x, 0) = \phi(x), \quad 0 \leq x \leq L, \tag{3.18b}$$

$$u(0, t) = u(L, t) = 0, \qquad t \geq 0. \tag{3.18c}$$

L'ultima condizione, in particolare, corrisponde al caso in cui entrambe le estremità della sbarra siano poste a contatto con un termostato a temperatura fissata T_0, sicché ad entrambe le estremità risulti $u = T - T_0 = 0$ per ogni istante di tempo. Tali condizioni vengono anche dette *condizioni al contorno isoterme*.

Procediamo col ricercare soluzioni per separazione delle variabili:

$$u(x,t) = X(x)T(t).$$

Sostituendo, come nel caso dell'equazione della corda vibrante, risulta:

$$\frac{X''(x)}{X(x)} = \frac{\dot{T}(t)}{DT(t)} = -\lambda,$$

con λ costante indipendente sia da x sia da t. Le equazioni per X e per T risultano così disaccoppiate come:

$$X'' + \lambda X = 0,$$
$$\dot{T} + \lambda DT = 0.$$

Si discute quindi la prima di tali equazioni, tenendo conto delle condizioni al contorno $X(0) = X(L) = 0$. Come per l'equazione della corda vibrante ad estremi fissi, si trova che i casi $\lambda \leq 0$ non producono soluzioni accettabili distinte da quella banale. Segue pertanto che $\lambda = p^2$, con $p = \frac{n\pi}{L}$ e $n = 1, 2, \ldots$, in corrispondenza al quale:

$$X_n(x) = A_n \sin \frac{n\pi x}{L}.$$

Sostituendo tali valori per λ nell'equazione per T (che è stavolta una ODE del primo ordine), si trova:

$$T_n(t) = c \exp\left(-\frac{n^2\pi^2 D}{L^2} t\right).$$

Si trovano così le soluzioni a variabili separate:

$$u_n(x,t) = A_n \sin \frac{n\pi x}{L} \exp\left(-\frac{n^2\pi^2 D}{L^2} t\right),$$

ogni combinazione lineare delle quali, per il principio di sovrapposizione, restituisce ancora una soluzione dell'Eq. (3.18), che verifica le condizioni al contorno di Dirichlet.

In particolare, per opportuna scelta delle costanti A_n, la serie:

$$u(x,t) = \sum_{n=1}^{\infty} A_n \sin \frac{n\pi x}{L} \exp\left(-\frac{n^2\pi^2 D}{L^2} t\right) \tag{3.19}$$

definisce una funzione $u = u(x,t)$ sufficientemente regolare, soluzione dell'equazione del calore con condizioni di Dirichlet. Imponendo la condizione iniziale $u(x,0) = \phi(x)$ si trova che:

$$u(x,0) = \sum_{n=1}^{\infty} A_n \sin \frac{n\pi x}{L}, \tag{3.20}$$

da cui si riconosce che A_n devono essere i coefficienti dello sviluppo in serie di Fourier della funzione assegnata $\phi(x)$:

$$A_n = \frac{2}{L} \int_0^L \phi(x) \sin \frac{n\pi x}{L} \, dx. \tag{3.21}$$

Osservazione 3.4. Posto

$$\tau = \frac{L^2}{\pi^2 D} = \frac{kL^2}{\pi^2},$$

che, per quello che abbiamo visto, ha le dimensioni di un tempo, la soluzione (3.19) può essere scritta come:

$$u(x,t) = \sum_{n=1}^{\infty} A_n \sin \frac{n\pi x}{L} e^{-n^2 t/\tau},$$

da cui si vede che ogni componente $u_n(x,t)$ decade esponenzialmente secondo un tempo caratteristico τ/n^2. La componente u_1 è quella che decade più lentamente, e fissa quindi la scala dei tempi, che è τ, appunto. Per $t \gg \tau$, i valori di $u(x,t)$ risulteranno sempre più piccoli, e $\lim_{t\to+\infty} u(x,t) = 0$. Ciò è fisicamente intuitivo, e corrisponde al raggiungimento dell'equilibrio termico (termalizzazione) della sbarra, che si porta alla temperatura dei due termostati posti alle estremità.

Esercizio 3.8. Risolvere il problema di Dirichlet:

$$\begin{aligned} u_t - Du_{xx} &= 0, & 0 \le x \le L, \quad & t \ge 0, \\ u(x,0) &= \phi(x), & 0 \le x \le L, \quad & \\ u(0,t) = u(L,t) &= 0, & & t \ge 0, \end{aligned}$$

dove

$$\phi(x) = \frac{2U}{L} \begin{cases} x, & 0 \le x \le \frac{L}{2}, \\ L - x, & \frac{L}{2} < x \le L. \end{cases}$$

Risposta: Procedendo al calcolo di A_n come nell'Esercizio 3.6, si trova:

$$u(x,t) = -\frac{8U}{\pi^2} \sum_{m=1}^{\infty} \frac{(-1)^m}{(2m-1)^2} \sin \frac{(2m-1)\pi x}{L} \exp\left(-\frac{(2m-1)^2 \pi^2 D}{L^2} t \right),$$

i cui grafici, per diversi valori di t/τ, sono riportati in Fig. 3.6.

Osservazione 3.5. A differenza che nel caso di una equazione iperbolica, l'esercizio precedente mostra che una discontinuità nel profilo iniziale della soluzione $u(x,0)$ non persiste nel tempo, ma viene smussata non appena sia $t \gneqq 0$. Tale risultato è molto più generale, e può essere enunciato nella forma del seguente:

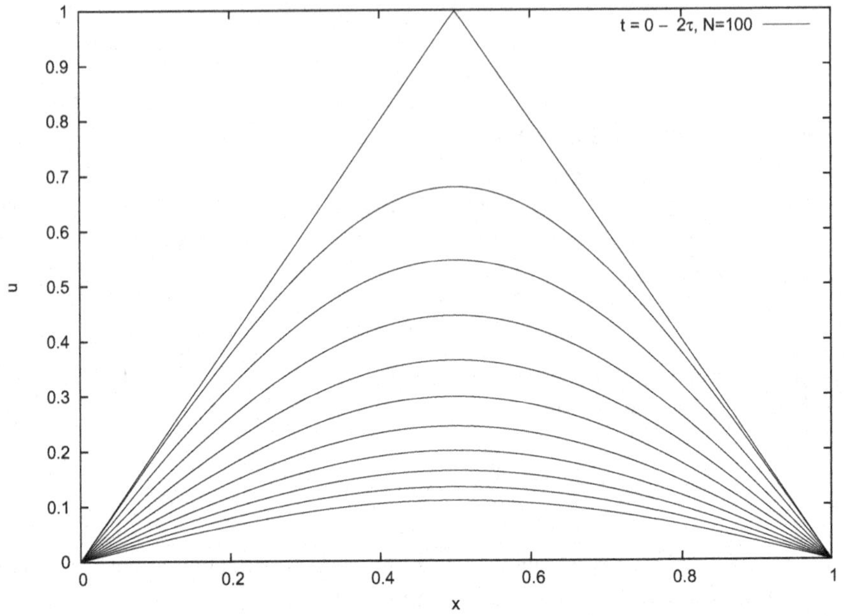

Fig. 3.6. Esercizio 3.8 ($L = 1$, $U = 1$)

Teorema 3.1. *Consideriamo il problema di Dirichlet* (3.18) *relativo all'equazione del calore, e supponiamo che* $\phi(x)$ *sia continua e con derivata prima continua a tratti in* $[0, L]$, *e tale che* $\phi(0) = \phi(L) = 0$. *Allora la soluzione del problema* (3.18) *è di classe* C^∞ *per* $0 < x < L$ *e* $t > 0$, *cioè esistono le derivate parziali di* $u(x, t)$ *di ogni ordine nell'aperto* $A = \{(x, t) \in \mathbb{R}: 0 < x < L, t > 0\}$.

Dimostrazione. Sotto le ipotesi fatte, in virtù del Teorema 2.6, la convergenza della serie (3.20) per $u(x, 0)$ è assoluta ed uniforme. Inoltre, poiché non appena sia $t > 0$, si ha $|\exp(-n^2 t/\tau)| < 1$, si ha che i termini della serie (3.19) per $u(x, t)$ sono maggiorati, in valore assoluto, dai termini della serie (3.20) per $u(x, 0)$. Dunque, anche la serie per $u(x, t)$ converge uniformemente, e quindi $u \in C^\infty(A)$.

Il teorema vale anche per l'equazione del calore sottoposta a condizioni di Neumann e miste (vedi avanti), e per l'equazione del calore in $n+1$ dimensioni (n dimensioni spaziali ed 1 dimensione temporale), dove risulta che la soluzione u è di classe C^∞ nell'aperto $\mathring{A}$. Le ipotesi su ϕ possono inoltre essere indebolite, ed è possibile dimostrare il teorema anche per $\phi \in L^2(0, L)$ (ϕ a quadrato integrabile). □

Osservazione 3.6 (Principio di massimo). Un'altra proprietà delle soluzioni dell'equazione del calore è costituita dal fatto che, se $B \subseteq \mathring{A}$, allora u assume massimo e minimo valore lungo la frontiera di B. Ad esempio, in $1 + 1$

dimensioni, si può considerare $B = \{(x,t) \in \mathbb{R}\colon a \le x \le b,\quad c \le t \le d\}$, con $0 < a \le b < L$ e $0 < c \le d$. In altri termini, nel caso $n \le 3$, per il quale l'equazione del calore ammette un'interpretazione fisica, non si possono generare massimi o minimi locali (***hot spots*** o ***cold spots***) nel profilo di temperatura u di un corpo omogeneo.

3.3.3 Condizioni al contorno di Dirichlet, non omogenee

Consideriamo il seguente problema:

$$u_t - Du_{xx} = 0, \qquad 0 \le x \le L, \quad t \ge 0, \tag{3.22a}$$
$$u(x,0) = \phi(x), \qquad 0 \le x \le L, \tag{3.22b}$$
$$u(0,t) = f_0(t), \qquad t \ge 0, \tag{3.22c}$$
$$u(L,t) = f_1(t), \qquad t \ge 0. \tag{3.22d}$$

Si può provare che, se $u_a(x,t)$ è una particolare soluzione del problema ridotto:

$$u_t - Du_{xx} = 0, \qquad 0 \le x \le L, \quad t \ge 0, \tag{3.23a}$$
$$u(0,t) = f_0(t), \qquad t \ge 0, \tag{3.23b}$$
$$u(L,t) = f_1(t), \qquad t \ge 0, \tag{3.23c}$$

in cui non si precisa il profilo iniziale di u, la soluzione del problema (3.22) può essere posta nella forma:

$$u(x,t) = u_a(x,t) + u_b(x,t),$$

dove $u_b(x,t)$ è soluzione del problema con condizioni di Dirichlet omogenee:

$$u_t - Du_{xx} = 0, \qquad 0 \le x \le L, \quad t \ge 0, \tag{3.24a}$$
$$u(x,0) = \phi(x) - u_a(x,0), \qquad 0 \le x \le L, \tag{3.24b}$$
$$u(0,t) = u(L,t) = 0, \qquad t \ge 0. \tag{3.24c}$$

Un caso particolare è costituito da $f_0(t) = u_0$ e $f_1(t) = u_1$ (costanti), con $u_0 \ne u_1$, e supponiamo, per fissare le idee, che sia $u_0 > u_1$. Tale caso corrisponde ad avere le estremità della sbarra poste a contatto con due termostati con temperature differenti. Fisicamente, ci si attende che, a regime, il flusso $-\sigma u_x$ sia costante, da cui $u = a + bx$. Segue che la soluzione stazionaria (cioè, il profilo di temperatura limite, per $t \to +\infty$) è costituita dall'interpolazione lineare fra le due temperature agli estremi, cioè:

$$u_a(x,t) = u_0 + \frac{u_1 - u_0}{L} x,$$

(che in realtà non dipende dal tempo, e non dipende dal profilo iniziale $u(x,0)$), come si verifica direttamente per sostituzione. La soluzione del problema originario si trova quindi aggiungendo a tale funzione la soluzione del problema omogeneo (3.24). In definitiva, si trova:

$$u(x,t) = u_0 + \frac{u_1 - u_0}{L} x + \sum_{n=1}^{\infty} A_n \sin \frac{n\pi x}{L} \exp\left(-\frac{n^2 \pi^2 D}{L^2} t \right), \quad (3.25a)$$

$$\text{con } A_n = \frac{2}{L} \int_0^L \mathrm{d}x \left[\phi(x) - u_0 - \frac{u_1 - u_0}{L} x \right] \sin \frac{n\pi x}{L}. \quad (3.25b)$$

3.3.4 Condizioni al contorno di Neumann

Supponiamo adesso che siano fissate non le temperature delle estremità della sbarra conduttrice, bensì la quantità di energia termica che fluisce (esce o entra) attraverso di esse per unità di tempo. Abbiamo visto che, in base alla legge di Fourier, il flusso termico è proporzionale al gradiente di temperatura (con un segno meno, che ricorda il fatto che il calore fluisce da punti a temperatura maggiore verso punti a temperatura minore). Pertanto, specificare il flusso di calore alle estremità di una sbarra unidimensionale equivale ad assegnare i valori della derivata parziale $u_x(x,t)$ alle estremità. Nel caso particolare in cui si assuma che tali valori siano nulli ad ogni istante di tempo (assenza di flusso, estremità isolanti, *condizioni al contorno adiabatiche*), si ottiene il seguente problema con condizioni al contorno di Neumann:

$$u_t - D u_{xx} = 0, \qquad 0 \leq x \leq L, \quad t \geq 0, \quad (3.26a)$$

$$u(x,0) = \phi(x), \qquad 0 \leq x \leq L, \quad (3.26b)$$

$$u_x(0,t) = u_x(L,t) = 0, \qquad t \geq 0. \quad (3.26c)$$

Procediamo a cercarne soluzioni col metodo di separazione delle variabili:

$$\begin{aligned} u(x,t) &= X(x)T(t), \\ &\vdots \\ X'' + \lambda X &= 0, \\ \dot{T} + \lambda D T &= 0. \end{aligned}$$

Il caso $\lambda < 0$ non conduce a soluzioni accettabili, distinte dalla banale.

Nel caso $\lambda = 0$, l'integrale generale dell'equazione per $X(x)$ è $X(x) = c_1 + c_2 x$. Si ha dunque $X'(x) = c_2$, e dunque la condizione $X'(0) = X'(L) = 0$ comporta $c_2 = 0$. Significa che soluzioni del tipo $X(x) = c_1$, con $c_1 \neq 0$, sono accettabili.

Nel caso $\lambda = p^2 > 0$, si ha:

$$\begin{aligned} X(x) &= c_1 \cos px + c_2 \sin px, \\ X'(x) &= -c_1 p \sin px + c_2 p \cos px, \end{aligned}$$

da cui:

$$\begin{aligned} X'(0) &= c_2 p = 0, \\ X'(L) &= -c_1 p \sin pL + c_2 p \cos pL = 0, \end{aligned}$$

che ammette una soluzione non banale $c_2 = 0$, $c_1 \neq 0$, se $p \sin pL = 0$, ossia (trascurando il caso $p = 0$, contemplato già per $\lambda = 0$) $p = \frac{n\pi}{L}$, con $n = 1, 2, \ldots$.

Includendo anche le soluzioni dell'equazione per T, otteniamo così:

$$\begin{aligned} u_0(x,t) &= A_0, & n &= 0, \\ u_n(x,t) &= A_n \cos \frac{n\pi x}{L} \exp\left(-\frac{n^2\pi^2 D}{L^2} t\right), & n &= 1, 2, \ldots. \end{aligned}$$

Ancora una volta, per opportuna scelta delle costanti A_n, possiamo fare in modo che la serie:

$$u(x,t) = \frac{A_0}{2} + \sum_{n=1}^{\infty} A_n \cos \frac{n\pi x}{L} \exp\left(-\frac{n^2\pi^2 D}{L^2} t\right) \tag{3.27}$$

converga uniformemente, e definisca pertanto una funzione $u = u(x,t)$ sufficientemente regolare, che per il principio di sovrapposizione risulta essere una soluzione dell'equazione del calore che verifica le condizioni di Neumann (3.26c). Imponendo infine la condizione iniziale $u(x,0) = \phi(x)$, si trova che:

$$\begin{aligned} A_0 &= \frac{2}{L} \int_0^L \phi(x)\, \mathrm{d}x, \\ A_n &= \frac{2}{L} \int_0^L \phi(x) \cos \frac{n\pi x}{L}\, \mathrm{d}x. \end{aligned}$$

Esercizio 3.9. Risolvere il problema di Neumann:

$$\begin{aligned} u_t - D u_{xx} &= 0, & 0 \leq x \leq L, \quad & t \geq 0, \\ u(x,0) &= \phi(x), & 0 \leq x \leq L, \quad & \\ u_x(0,t) = u_x(L,t) &= 0, & & t \geq 0, \end{aligned}$$

dove

$$\phi(x) = \begin{cases} 0, & 0 \leq x < \frac{L-a}{2} \\ U, & \frac{L-a}{2} \leq x \leq \frac{L+a}{2}, \\ 0, & \frac{L+a}{2} < x \leq L, \end{cases}$$

con $0 < a < L$.

Risposta:

$$u(x,t) = \frac{a}{L} U + \frac{2U}{\pi} \sum_{m=1}^{\infty} \frac{(-1)^m}{m} \sin\left(\frac{m\pi a}{L}\right) \cos\left(\frac{2m\pi x}{L}\right) \exp\left(-\frac{4m^2\pi^2 D}{L^2} t\right).$$

Interpretando $u(x,t)$ come la temperatura della sezione della sbarra di ascissa x al tempo t (rispetto alla temperatura dell'ambiente), ed assumendo che l'energia termica di tale sezione sia proporzionale ad u, allora la quantità:

$$I(t) = \int_0^L u(x,t)\,\mathrm{d}x$$

risulta proporzionale all'energia termica della sbarra. Poiché l'equazione di propagazione del calore non contiene termini dissipativi, ci aspettiamo che tale quantità si conservi, se la sbarra non scambia calore con l'esterno. Facendo uso dell'equazione di propagazione del calore, calcoliamo allora la derivata di I rispetto al tempo. Si trova:

$$\begin{aligned}\dot{I}(t) &= \int_0^L u_t(x,t)\,\mathrm{d}x \\ &= D\int_0^L u_{xx}(x,t)\,\mathrm{d}x \\ &= D[u_x(x,t)]_0^L \\ &= D[u_x(L,t) - u_x(0,t)],\end{aligned}$$

da cui $\dot{I}(t) = 0$, cioè $I(t) = \text{cost}$, se $u_x(L,t) = u_x(0,t)$, ossia se tutto il calore ceduto/ricevuto dalla sbarra all'estremità $x = 0$ è ricevuto/ceduto all'estremità $x = L$ [è facile convincersi del fatto che ciò corrisponde proprio ad avere $u_x(L,t) = u_x(0,t)$]. In particolare, tale condizione si realizza se $u_x(L,t) = u_x(0,t) = 0$, ossia in condizioni adiabatiche: la sbarra non scambia calore con l'ambiente a nessuna delle due estremità.

In particolare, nel caso della soluzione di questo esercizio, si trova

$$I(t=0) = \int_0^L u(x,0)\,\mathrm{d}x = \int_0^L \phi(x)\,\mathrm{d}x = aU.$$

Ripetendo il calcolo di $I(t)$ utilizzando l'espressione della soluzione trovata a $t > 0$, integrando termine a termine (cosa lecita ...), si ottiene ancora $I(t) = aU$. In particolare, si trova che $\int_0^L \cos\left(\frac{2m\pi x}{L}\right)\,\mathrm{d}x = 0$, ossia che l'unico contributo dato a $I(t)$ proviene dal primo termine dello sviluppo (il termine costante), che corrisponde alla soluzione asintotica ($t \to \infty$). Gli altri termini (per $t > 0$) descrivono il modo in cui si distribuisce l'energia termica della sbarra rispetto alla condizione iniziale ($t = 0$), ovvero rispetto alla condizione asintotica ($t \to \infty$).

Disegnate il grafico di $u(x,t)$ al variare di x, per diversi valori di $t \geq 0$, e verificate il modo in cui evolve $u(x,t)$ al passare del tempo, così come l'intuito fisico suggerirebbe. In particolare, verificate che nei punti in cui $u(x,t)$ è massima (a t fissato), u diminuisce, e viceversa, a significare che la temperatura tende ad equilibrarsi lungo tutta la sbarra.

3.3.5 Una particolare condizione mista

Si parla di *condizioni al contorno miste* nel caso in cui si assegnino i valori di combinazioni lineari di u e di u_x al contorno. Se il valore assegnato di tali c.l. è zero, si parla di condizioni omogenee miste. Nel caso $1+1$ dimensionale:

$$\alpha_{11}u(0,t) + \alpha_{12}u_x(0,t) = 0,$$
$$\alpha_{21}u(L,t) + \alpha_{22}u_x(L,t) = 0,$$

dove, per semplicità, supponiamo che α_{ij} siano costanti. Nel caso $\alpha_{12} = \alpha_{22} = 0$, si ottengono le condizioni di Dirichlet sui valori della funzioni agli estremi, $u(0,t) = u(L,t) = 0$. Nel caso $\alpha_{11} = \alpha_{21} = 0$, si ottengono le condizioni di Neumann sulle derivate $u_x(0,t) = u_x(L,t) = 0$.

In particolare, nel caso dell'equazione del calore in $1+1$ dimensione, è interessante considerare il seguente problema con condizioni miste:

$$u_t - Du_{xx} = 0, \quad 0 \leq x \leq L, \quad t \geq 0, \tag{3.28a}$$
$$u(x,0) = \phi(x), \quad 0 \leq x \leq L, \tag{3.28b}$$
$$u(0,t) = u_x(L,t) = 0, \quad t \geq 0. \tag{3.28c}$$

Esso corrisponde ad avere l'estremità a $x = 0$ della sbarra connessa ad un termostato ($u = 0$), e l'altra estremità a $x = L$ isolante ($u_x = 0$).[3]

Procedendo per separazione delle variabili,

$$u(x,t) = X(x)T(t),$$
$$\vdots$$
$$X'' + \lambda X = 0,$$
$$\dot{T} + \lambda DT = 0,$$

si trova che soltanto il caso $\lambda = p^2 > 0$ produce soluzioni non banali. In tale caso, le condizioni miste sono equivalenti a:

$$X(0) = c_1 = 0,$$
$$X'(L) = -c_1 p \sin pL + c_2 p \cos pL = 0,$$

che ammette la soluzione non banale $c_1 = 0$, $c_2 \neq 0$ se $p \cos pL = 0$ ($p \neq 0$), ossia se $p = \frac{(2n-1)\pi}{2L}$. Risolvendo in corrispondenza anche l'equazione per $T(t)$, si ottiene in definitiva:

[3] Il problema è simile all'esperienza di Wiedemann e Franz che avete studiato e realizzato durante il corso di Laboratorio di Fisica. In quel caso, un'estremità della sbarra è libera (è "a contatto" con l'atmosfera, che costituisce un termostato a temperatura ambiente), mentre l'altra è costantemente riscaldata da un becco Bunsen. Alla prima estremità si applicano quindi condizioni al contorno isoterme o di Dirichlet, mentre alla seconda si applicano condizioni al contorno di Neumann, ma *non omogenee*, in quanto il flusso di calore, proporzionale a u_x, è costante ma diverso da zero. Quando si spegne il becco Bunsen, entrambe le estremità della sbarra sono a contatto con l'atmosfera (quindi, a entrambe si applicano condizioni di Dirichlet omogenee), ma il profilo iniziale di temperatura $u(x,0)$ non è identicamente nullo (l'estremità che era riscaldata dal Bunsen è certamente a temperatura maggiore dell'altra estremità).

$$u_n(x,t) = B_n \sin \frac{(2n-1)\pi x}{2L} \exp\left(-\frac{(2n-1)^2\pi^2 D}{4L^2} t\right),$$

con cui, per opportuna scelta delle costanti B_n, è possibile formare lo sviluppo in serie:

$$u(x,t) = \sum_{n=1}^{\infty} B_n \sin \frac{(2n-1)\pi x}{2L} \exp\left(-\frac{(2n-1)^2\pi^2 D}{4L^2} t\right). \tag{3.29}$$

Rimane da determinare i coefficienti B_n in modo che tale serie converga uniformemente, ed inoltre $u(x,t)$ verifichi la condizione iniziale. Notiamo che a denominatore dell'argomento delle funzioni seno compare stavolta $2L$, piuttosto che L. Imponendo dunque che:

$$u(x,0) = \sum_{n=1}^{\infty} B_n \sin \frac{(2n-1)\pi x}{2L} = \phi(x) \tag{3.30}$$

non è immediatamente possibile riconoscere un qualche sviluppo in serie di Fourier della funzione $\phi : [0,L] \to \mathbb{R}$. La presenza della lunghezza raddoppiata dell'intervallo, $2L$, ci suggerisce tuttavia di considerare invece la funzione:[4]

$$\tilde{\phi}(x) = \begin{cases} \phi(x), & 0 \le x \le L, \\ \phi(2L-x), & L < x \le 2L, \end{cases}$$

definita per $0 \le x \le 2L$, simmetrica rispetto ad $x = L$, e la cui restrizione a $[0,L]$ si riduce a $\phi(x)$. Lo sviluppo in serie di Fourier di soli seni di questa funzione è:

$$\tilde{\phi}(x) = \sum_{m=1}^{\infty} b_m \sin \frac{m\pi x}{2L},$$

con

$$\begin{aligned} b_m &= \frac{2}{2L} \int_0^{2L} \tilde{\phi}(x) \sin \frac{m\pi x}{2L} \,\mathrm{d}x \\ &= \frac{1}{L} \left[\int_0^L \phi(x) \sin \frac{m\pi x}{2L} \,\mathrm{d}x + \int_L^{2L} \phi(2L-x) \sin \frac{m\pi x}{2L} \,\mathrm{d}x \right] \\ &\vdots \quad \text{(porre } 2L - x = \xi \text{ nel secondo integrale e procedere come nell'Esercizio 3.6)} \\ &= \frac{1-(-1)^m}{L} \int_0^L \phi(x) \sin \frac{m\pi x}{2L} \,\mathrm{d}x, \end{aligned}$$

da cui si vede che sono diversi da zero soltanto i coefficienti con indice dispari, cioè:

---

[4] Si sarebbe potuto utilizzare un qualsiasi altro prolungamento, ma in tal caso i B_n avrebbero avuto una forma più complicata.

$$b_{2n-1} = \frac{2}{L} \int_0^L \phi(x) \sin \frac{(2n-1)\pi x}{2L} \, \mathrm{d}x.$$

Pertanto lo sviluppo di $\tilde{\phi}(x)$ è:

$$\tilde{\phi}(x) = \sum_{n=1}^{\infty} b_{2n-1} \sin \frac{(2n-1)\pi x}{2L}, \qquad x \in [0, 2L].$$

Poiché la restrizione di $\tilde{\phi}(x)$ a $[0, L]$ deve coincidere con $\phi(x)$, segue che i B_n cercati sono proprio i coefficienti di Fourier b_{2n-1} dello sviluppo in serie della $\tilde{\phi}(x)$. Posto quindi $B_n = b_{2n-1}$, si trova in definitiva:

$$u(x,t) = \sum_{n=1}^{\infty} B_n \sin \frac{(2n-1)\pi x}{2L} \exp\left(-\frac{(2n-1)^2 \pi^2 D}{4L^2} t \right), \tag{3.31a}$$

$$B_n = \frac{2}{L} \int_0^L \phi(x) \sin \frac{(2n-1)\pi x}{2L} \, \mathrm{d}x. \tag{3.31b}$$

Si sarebbe potuto ottenere lo stesso risultato moltiplicando ambo i membri della (3.30) per $\sin \frac{(2n'-1)\pi x}{2L}$, integrando fra 0 ed L, e facendo uso delle proprietà di ortogonalità delle funzioni seno.

Esercizio 3.10. Risolvere il problema con condizioni al contorno miste:

$$\begin{aligned} u_t - u_{xx} &= 0, \quad 0 \le x \le 1, \quad t \ge 0, \\ u(x,0) &= 1, \quad 0 \le x \le 1, \\ u(0,t) = u_x(1,t) &= 0, \qquad\qquad\qquad t \ge 0. \end{aligned}$$

Risposta:

$$u(x,t) = \frac{4}{\pi} \sum_{n=1}^{\infty} \frac{1}{2n-1} \sin \frac{(2n-1)\pi x}{2} \exp\left(-\frac{(2n-1)^2 \pi^2}{4} t \right).$$

3.4 Equazione di Laplace

3.4.1 Derivazione

L'*equazione di Laplace* è il prototipo delle equazioni ellittiche. In 2+0 dimensioni (2 dimensioni spaziali, 0 dimensioni temporali), essa si può scrivere in uno dei seguenti modi equivalenti:

$$\begin{aligned} \frac{\partial^2 u}{\partial x^2} + \frac{\partial^2 u}{\partial y^2} &= 0, \\ \boldsymbol{\nabla}^2 u &= 0, \\ \Delta u &= 0. \end{aligned}$$

dove $\boldsymbol{\nabla} = \left(\frac{\partial}{\partial x}, \frac{\partial}{\partial y}\right)$ è l'operatore differenziale vettoriale *nabla,* e $\Delta = \boldsymbol{\nabla}^2 = \frac{\partial^2}{\partial x^2} + \frac{\partial^2}{\partial y^2}$ è l'*operatore laplaciano.*

L'equazione di Laplace si può pensare derivata dall'equazione delle onde in $2+1$ dimensioni,

$$\frac{\partial^2 v}{\partial x^2} + \frac{\partial^2 v}{\partial y^2} - \frac{1}{c^2}\frac{\partial^2 v}{\partial t^2} = 0,$$

in corrispondenza ad una soluzione stazionaria, ossia del tipo:

$$v(x,y,t) = u(x,y)e^{i\omega t}.$$

Sostituendo e ponendo $k = \omega/c$, si ottiene infatti l'*equazione di Helmholtz:*

$$\Delta u + k^2 u = 0,$$

che per $k = 0$ si riduce all'equazione di Laplace.

L'equazione di Laplace si può altresì derivare dall'*equazione di Poisson:*

$$\Delta u = f,$$

che, a meno di costanti, descrive il potenziale elettrostatico piano u generato da una distribuzione di carica $f(x,y)$. Per $f(x,y) = 0$ (cioè, ad esempio, nel vuoto), l'equazione di Poisson si riduce all'equazione di Laplace.

L'equazione di Laplace si può anche derivare dall'equazione del calore in $2+1$ dimensioni:

$$\frac{\partial^2 u}{\partial x^2} + \frac{\partial^2 u}{\partial y^2} - k\frac{\partial u}{\partial t} = 0,$$

in corrispondenza al caso stazionario, $u_t = 0$, che si realizza ad esempio per $t \to \infty$. Le soluzioni dell'equazione di Laplace quindi possono essere pensate come i profili di temperatura di un corpo bidimensionale omogeneo in equilibrio termico.

Le soluzioni dell'equazione di Laplace possono anche essere pensate come potenziali di velocità del flusso irrotazionale di un fluido incompressibile. Esse inoltre descrivono la forma di una membrana elastica sotto tensione, come ad esempio la pelle di un tamburo (csd. anche l'equazione di Helmholtz).

Dato un aperto $A \subseteq \mathbb{R}^2$, il problema di Dirichlet per l'equazione di Laplace (ovvero, il "problema di Dirichlet", per antonomasia) consiste nel ricercare le funzioni $u : A \to \mathbb{R}$, sufficientemente regolari, tali che:

$$\Delta u = 0, \quad (x,y) \in \mathring{A}, \tag{3.32a}$$
$$u = \phi, \quad (x,y) \in \partial A, \tag{3.32b}$$

ove $\mathring{A}$ denota l'interno dell'insieme A e ∂A la sua frontiera. Fisicamente, tale problema può essere interpretato come il problema della ricerca del profilo stazionario di temperatura u di un corpo bidimensionale, il cui bordo ha temperatura ϕ fissata.

Il problema di Neumann per l'equazione di Laplace consiste invece in:

$$\Delta u = 0, \qquad (x,y) \in \mathring{A}, \tag{3.33a}$$

$$\frac{\partial u}{\partial n} = \psi, \quad (x,y) \in \partial A, \tag{3.33b}$$

ove $\frac{\partial u}{\partial n} = \boldsymbol{n} \cdot \boldsymbol{\nabla} u$ denota la derivata direzionale di u, lungo la direzione $\boldsymbol{n}$ ortogonale a ∂A. Fisicamente, tale problema può essere interpretato come il problema della ricerca del profilo stazionario di temperatura u di un corpo bidimensionale, di cui è data la legge con cui il bordo disperde il calore. Fisicamente, ci si aspetta che, in condizioni stazionarie, tanto calore esca quanto calore entri nel corpo. E in effetti, si dimostra che il problema di Neumann per l'equazione di Laplace ammette soluzione soltanto se ψ è tale che:

$$\oint_{\partial A} \psi(x,y)\, \mathrm{d}\ell = 0, \tag{3.34}$$

che esprime matematicamente la condizione esposta. Questo è un esempio dei casi in cui una condizione al contorno non compatibile con la PDE possa generare un problema "mal posto".

Derivazione variazionale

Nella sua celebre Dissertazione del 1854, B. Riemann avanzò l'ipotesi (un'altra!) che il funzionale:

$$\mathcal{D}(u) = \int_A \frac{1}{2} |\boldsymbol{\nabla} u|^2 \,\mathrm{d}x\,\mathrm{d}y = \int_A \frac{1}{2}(u_x^2 + u_y^2)\,\mathrm{d}x\,\mathrm{d}y, \tag{3.35}$$

avesse un minimo nella classe delle funzioni $u : A \to \mathbb{R}$ tali che $u = \phi$ lungo ∂A, in corrispondenza della soluzione del problema di Dirichlet (3.32). Tale ipotesi venne dimostrata da D. Hilbert soltanto alcuni decenni più tardi. A grandi linee, la dimostrazione consiste nel dotare la classe $X = \{u : A \to \mathbb{R}$ tale che $u = \phi$ lungo $\partial A\}$ della metrica di $L^2(A)$,

$$d(u,v) = \left(\int_A |u - v|^2 \,\mathrm{d}x\,\mathrm{d}y \right)^{1/2}.$$

Con tale metrica, lo spazio X diventa uno spazio metrico compatto. Il funzionale $\mathcal{D} : X \to \mathbb{R}$ è un funzionale continuo, dunque limitato. La compattezza di X consente allora di applicare il teorema di Weierstrass, e concludere così che $\mathcal{D}$ ammette minimo (e massimo) in X.

Posto

$$\mathcal{D}(u) = \int_A \mathcal{L}(x, y, u, u_x, u_y)\,\mathrm{d}x\,\mathrm{d}y,$$

con $\mathcal{L}(x, y, u, u_x, u_y) = u_x^2 + u_y^2$ (*funzionale di Dirichlet*), le *equazioni di Eulero-Lagrange* (per funzionali che dipendono da funzioni di due variabili):

$$\frac{\partial \mathcal{L}}{\partial u} - \frac{\partial}{\partial x}\frac{\partial \mathcal{L}}{\partial u_x} - \frac{\partial}{\partial y}\frac{\partial \mathcal{L}}{\partial u_y} = 0$$

sono equivalenti all'equazione di Laplace. Nel caso elettrostatico, $\mathcal{L}$ è proprio la densità di energia elettrostatica, essendo $\boldsymbol{E} = -\boldsymbol{\nabla} u$ il campo elettrico generato dal potenziale u.

Esercizio 3.11. Derivare l'equazione della corda vibrante dal principio variazionale $\delta\mathcal{I} = 0$, con

$$\mathcal{I}[u] = \int_{t_0}^{t_1} \mathrm{d}t \int_0^L \mathrm{d}x \mathcal{L} = \int_{t_0}^{t_1} \mathrm{d}t \int_0^L \mathrm{d}x \frac{1}{2}\left(\rho \dot{u}^2 - T u_x^2\right).$$

Come verrebbe modificata la lagrangiana e l'equazione della corda vibrante se si considerasse anche la forza peso? Quale forma è possibile dedurre per la corda, in condizioni statiche?

Risposta: Vedi Goldstein (1990). Includendo la forza peso, $\mathcal{L} \mapsto \mathcal{L} - \rho g u$. La forma della corda quando $u_t = 0$ è data da $u_{xx} = g/c^2$, cioè è una parabola passante per gli estremi $x = 0$ ed $x = L$. Questa è la forma che Galilei pensava dovesse assumere un tratto di fune inestensibile sospesa alle due estremità. In realtà, l'approssimazione $\mathrm{d}s \approx \mathrm{d}x$ invece di $\mathrm{d}s = \sqrt{1 + u_x^2}\,\mathrm{d}x$, e l'avere omesso il vincolo $\int \mathrm{d}s = L$ (cioè, che la corda abbia lunghezza fissata) impedisce di ottenere la forma corretta del tratto di fune a riposo, che è quella di una *catenaria.* Il problema della catenaria fu correttamente risolto da Leibniz, Huygens e Johann Bernoulli nel 1691, rispondendo così alla sfida lanciata da Jacob Bernoulli. Era stato già Jungius (1669) a dimostrare l'errore di Galilei. Con queste sfide (e con questi errori) andavano avanti scienza e matematica nel XVII secolo, ed in particolare si ponevano le basi del calcolo variazionale.[5]

3.4.2 Condizioni di Cauchy-Riemann

Le soluzioni dell'equazione di Laplace prendono il nome di *funzioni armoniche.* Consideriamo una funzione complessa $f(z)$ della variabile complessa $z = x + iy$. Possiamo pensare alla sua parte reale ed alla sua parte immaginaria come particolari funzioni reali delle due variabili reali x e y, rispettivamente parte reale e parte immaginaria della variabile complessa z:

$$f(z) = u(x, y) + iv(x, y).$$

Se f è analitica, è noto che u e v verificano le *condizioni di Cauchy-Riemann:*

$$u_x = v_y, \tag{3.36a}$$

$$v_x = -u_y. \tag{3.36b}$$

[5] Il motto dell'Accademia del Cimento (*Provando e riprovando*), fondata quindici anni dopo la scomparsa di Galilei, riconosceva all'errore un ruolo centrale nelle scienze sperimentali. [Il motto è dantesco, ma in PAR III, 3 "riprovare" significa "provare il contrario." Vedi G. Bonera, Giornale di Fisica **38**, (1997).]

Essendo f analitica, f è infinite volte derivabile. Pertanto, anche u e v possiedono derivate parziali di ogni ordine, definite e continue nel dominio di analiticità di f. Derivando parzialmente la (3.36a) rispetto ad x e la (3.36b) rispetto ad y e sommando membro a membro, oppure derivando parzialmente la (3.36a) rispetto ad y e la (3.36b) rispetto ad x e sottraendo membro a membro, facendo uso del lemma di Schwarz sull'inversione dell'ordine di derivazione, si trova che:

$$\begin{aligned} u_{xx} + u_{yy} &= 0, \\ v_{xx} + v_{yy} &= 0, \end{aligned}$$

ossia sia u, sia v sono funzioni armoniche. Due funzioni armoniche legate inoltre dalle condizioni di Cauchy-Riemann (3.36) si dicono *funzioni armoniche coniugate.*

Osservazione 3.7. Procedendo come si è fatto per determinare l'integrale generale nella forma di D'Alembert per l'equazione delle onde, Eq. (3.4), (ponendo $c = i$, ovvero eseguendo il cambiamento di variabile $ct = iy$) è possibile determinare l'integrale generale dell'equazione di Laplace nella forma:

$$u(x, y) = F(x + iy) + G(x - iy),$$

con F e G funzioni complesse arbitrarie, ma tali che $G = F^*$, affinché u sia reale.

Osservazione 3.8. Un modo per determinare soluzioni dell'equazione di Laplace è dunque quello di considerare le parti reale ed immaginaria di una funzione analitica. Ciò può essere fatto sia in coordinate rettangolari (le usuali coordinate x, y), sia in coordinate polari, servendosi della rappresentazione trigonometrica di un numero complesso. Queste ultime funzioni armoniche torneranno utili per la soluzione dell'equazione di Laplace in problemi con simmetria circolare (vedi § 3.4.4).

Ad esempio,

$$\begin{array}{cccl} f(z) & u(x,y) & v(x,y) & \\ z & x & y & \\ z^2 & x^2 - y^2 & 2xy & \\ z^3 & x^3 - 3xy^2 & 3x^2y - y^3 & \\ e^z & e^x \cos y & e^x \sin y & \\ \dfrac{1}{z} & \dfrac{x}{x^2+y^2} & -\dfrac{y}{x^2+y^2} & [(x,y) \neq 0] \\ \log z & \dfrac{1}{2}\log(x^2+y^2) & \arctan \dfrac{y}{x} & [(x,y) \neq 0] \, . \end{array}$$

Esercizio 3.12. Da $f(z) = z^n$ (n intero) derivare coppie di funzioni armoniche coniugate.

Risposta: Pensando $z = x + iy$, facendo uso della formula per lo sviluppo del binomio secondo Newton, dopo qualche calcolo, in corrispondenza a $f(z) = z^{2n}$ (esponente intero pari), si trova:

$$u(x,y) = \sum_{p=0}^{n} \binom{2n}{2p} (-1)^p x^{2n-2p} y^{2p},$$

$$v(x,y) = \sum_{q=0}^{n-1} \binom{2n}{2q-1} (-1)^q x^{2n-2q-1} y^{2q-1},$$

mentre in corrispondenza a $f(z) = z^{2n+1}$ (esponente intero dispari), si trova:

$$u(x,y) = \sum_{p=0}^{n} \binom{2n+1}{2p} (-1)^p x^{2n-2p+1} y^{2p},$$

$$v(x,y) = \sum_{q=0}^{n} \binom{2n+1}{2q+1} (-1)^q x^{2n-2q} y^{2q+1}.$$

In coordinate polari, molto più semplicemente, si ha:

$$z^n = \left(re^{i\theta}\right)^n = r^n(\cos n\theta + i \sin n\theta),$$

da cui:

$$u(r,\theta) = r^n \cos n\theta,$$
$$v(r,\theta) = r^n \sin n\theta.$$

3.4.3 Trasformazioni conformi

Siano $u = u(x,y)$ e $v = v(x,y)$ una coppia di funzioni armoniche coniugate in un certo dominio del piano, e $f(z) = u(x,y) + iv(x,y)$, con $z = x + iy$. Le relazioni:

$$u = u(x,y),$$
$$v = v(x,y)$$

definiscono allora una trasformazione di coordinate nel piano, che prende il nome di *trasformazione conforme*. Lo jacobiano di tale trasformazione è:

$$J = \frac{\partial(u,v)}{\partial(x,y)} = \det \begin{pmatrix} u_x & u_y \\ v_x & v_y \end{pmatrix} = u_x v_y - v_x u_y.$$

Facendo uso delle equazioni di Cauchy-Riemann (3.36), tale jacobiano può anche scriversi come:

$$\begin{aligned} J &= u_x^2 + u_y^2 = |\nabla u|^2 \\ &= v_x^2 + v_y^2 = |\nabla v|^2 \\ &= u_x^2 + v_x^2 = |u_x + iv_x|^2 = |f'(z)|^2. \end{aligned}$$

Dall'ultima relazione segue, in particolare, che la trasformazione $(x,y) \mapsto (u,v)$ è regolare ($J \neq 0$) in tutti i punti $z = x + iy$ del piano complesso in cui la derivata prima di f è diversa da zero.

Le trasformazioni di coordinate associate ad una coppia di funzioni armoniche coniugate u, v prende il nome di trasformazione conforme in quanto lascia invariati gli angoli del piano. In particolare, le equazioni $u(x, y) = \text{cost}$ e $v(x, y) = \text{cost}$ definiscono due famiglie di curve del piano mutuamente ortogonali. Consideriamo infatti due particolari curve:

$$\begin{aligned} u(x, y) &= c_1, \\ v(x, y) &= c_2. \end{aligned}$$

Tali equazioni definiscono implicitamente due funzioni $y = y_1(x)$ e $y = y_2(x)$, almeno localmente (teorema del Dini). Differenziando, si ha:

$$\begin{aligned} u_x + u_y y_1' &= 0, \\ v_x + v_y y_2' &= 0, \end{aligned}$$

da cui:

$$\begin{aligned} y_1' &= -\frac{u_x}{u_y}, \\ y_2' &= -\frac{v_x}{v_y}. \end{aligned}$$

Moltiplicando membro a membro tali relazioni, calcolate nel punto di incontro fra le due curve, per le equazioni di Cauchy-Riemann (3.36), si ottiene:

$$y_1' y_2' = \frac{u_x}{u_y} \frac{v_x}{v_y} = -1.$$

Segue che curve appartenenti alle due famiglie coordinate $u = \text{cost}$, $v = \text{cost}$ sono mutuamente ortogonali. In particolare, da $f(z) = z = r\cos\theta + ir\sin\theta$, segue che le equazioni $u = r\cos\theta$, $v = r\sin\theta$ definiscono una trasformazione conforme (che fa passare dalle coordinate polari a quelle rettangolari usuali). Tale trasformazione è regolare per $r \neq 0$, cioè in tutti i punti del piano complesso, tranne che nell'origine. La Fig. 3.7 mostra i reticoli delle curve coordinate $u = \text{cost}$, $v = \text{cost}$ corrispondenti a particolari trasformazioni conformi.

Tali reticoli vengono anche chiamati *reticoli isotermici*, in quanto le curve $u = \text{cost}$ rappresentano i luoghi dei punti del piano aventi la stessa temperatura u (in base all'interpretazione fisica delle soluzioni dell'equazione di Laplace come profili stazionari della temperatura di un corpo bidimensionale). Le curve $v = \text{cost}$, ortogonali alle precedenti, definiscono invece le direzioni del flusso di calore.

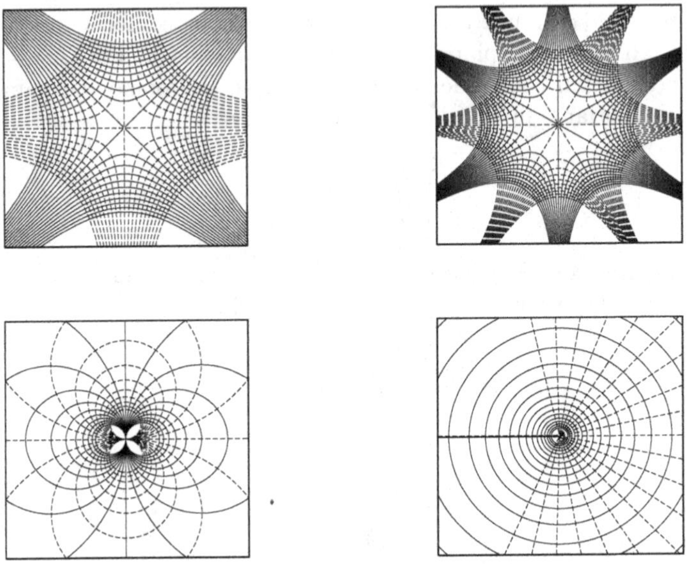

Fig. 3.7. Curve coordinate relative alle trasformazioni conformi definite da (da sinistra a destra, dall'alto in basso): $f(z) = z^2, z^3, 1/z, \log z$. Curve a tratto continuo: $u = \text{cost}$. Curve a tratto spezzato: $v = \text{cost}$

3.4.4 Problema di Dirichlet per il disco unitario

Operatore laplaciano in coordinate polari

Consideriamo la trasformazione di coordinate:

$$r = \sqrt{x^2 + y^2}$$
$$\theta = \arctan \frac{y}{x}.$$

A tale trasformazione poco manca per essere una trasformazione conforme, nel senso che abbiamo già osservato che $\log r$, e non r, è la funzione armonica coniugata a θ. Tuttavia, le famiglie di curve coordinate sono le stesse nei due casi. Le coordinate in questione sono le ben note *coordinate polari*. La trasformazione considerata è non singolare per $r \neq 0$, ossia in tutti i punti del piano tranne l'origine del sistema di coordinate.

Differenziando $r = r(x, y)$ e $\theta = \theta(x, y)$, si ottiene:

$$\mathrm{d}r = \frac{x}{\sqrt{x^2 + y^2}} \, \mathrm{d}x + \frac{y}{\sqrt{x^2 + y^2}} \, \mathrm{d}y$$
$$\mathrm{d}\theta = -\frac{y}{x^2 + y^2} \, \mathrm{d}x + \frac{x}{x^2 + y^2} \, \mathrm{d}y,$$

da cui:

$$J = \frac{\partial(r,\theta)}{\partial(x,y)} = \begin{pmatrix} r_x & r_y \\ \theta_x & \theta_y \end{pmatrix} = \begin{pmatrix} \cos\theta & \sin\theta \\ -\dfrac{\sin\theta}{r} & \dfrac{\cos\theta}{r} \end{pmatrix},$$

dove r e θ nelle espressioni finali vanno pensate come funzioni di x, y. Applicando la regola di derivazione di una funzione composta ("regola della catena" o di Leibniz), se $f = f(x,y) \leftrightarrow f = f(r,\theta)$ è una funzione di due variabili, si ha:

$$\begin{aligned} \frac{\partial f}{\partial x} &= \frac{\partial f}{\partial r}\frac{\partial r}{\partial x} + \frac{\partial f}{\partial \theta}\frac{\partial \theta}{\partial x} = \cos\theta \frac{\partial f}{\partial r} - \frac{\sin\theta}{r}\frac{\partial f}{\partial \theta} \\ \frac{\partial f}{\partial y} &= \frac{\partial f}{\partial r}\frac{\partial r}{\partial y} + \frac{\partial f}{\partial \theta}\frac{\partial \theta}{\partial y} = \sin\theta \frac{\partial f}{\partial r} + \frac{\cos\theta}{r}\frac{\partial f}{\partial \theta}. \end{aligned}$$

Derivando una seconda volta,

$$\begin{aligned} \frac{\partial^2 f}{\partial x^2} &= \cos^2\theta \frac{\partial^2 f}{\partial r^2} - 2\frac{\sin\theta}{r}\frac{\partial^2 f}{\partial\theta\partial r} + \frac{\sin^2\theta}{r^2}\frac{\partial^2 f}{\partial\theta^2} + \frac{\sin^2\theta}{r}\frac{\partial f}{\partial r} + 2\frac{\sin\theta\cos\theta}{r^2}\frac{\partial f}{\partial\theta} \\ \frac{\partial^2 f}{\partial y^2} &= \sin^2\theta \frac{\partial^2 f}{\partial r^2} + 2\frac{\sin\theta}{r}\frac{\partial^2 f}{\partial r\partial\theta} + \frac{\cos^2\theta}{r^2}\frac{\partial^2 f}{\partial\theta^2} + \frac{\cos^2\theta}{r}\frac{\partial f}{\partial r} - 2\frac{\sin\theta\cos\theta}{r^2}\frac{\partial f}{\partial\theta} \end{aligned}$$

e infine, sommando membro a membro, e facendo uso del lemma di Schwarz sull'inversione dell'ordine di derivazione, si ottiene:

$$\begin{aligned} \Delta f &= \frac{\partial^2 f}{\partial x^2} + \frac{\partial^2 f}{\partial y^2} \\ &= \frac{\partial^2 f}{\partial r^2} + \frac{1}{r^2}\frac{\partial^2 f}{\partial\theta^2} + \frac{1}{r}\frac{\partial f}{\partial r}, \end{aligned} \tag{3.37}$$

che è l'espressione dell'operatore laplaciano in coordinate polari. Notare, in particolare, che i vari membri della relazione trovata sono dimensionalmente omogenei.

Ciò premesso, consideriamo il seguente problema di Dirichlet relativo all'equazione di Laplace:

$$\Delta u = 0, \qquad 0 \le r < 1, \quad -\pi < \theta \le \pi, \tag{3.38a}$$

$$u(1,\theta) = \phi(\theta), \qquad -\pi < \theta \le \pi, \tag{3.38b}$$

dove il laplaciano Δ si intende espresso in coordinate polari, (3.37). Esplicitamente, dunque:

$$\frac{\partial^2 u}{\partial r^2} + \frac{1}{r^2}\frac{\partial^2 u}{\partial\theta^2} + \frac{1}{r}\frac{\partial u}{\partial r} = 0, \qquad \text{in } A, \tag{3.39a}$$

$$u(1,\theta) = \phi(\theta), \qquad \text{lungo } \partial A, \tag{3.39b}$$

dove A è il *disco unitario,*

$$\begin{aligned} A &= \{(x, y) \in \mathbb{R}^2 : x^2 + y^2 < 1\} \\ &= \{(r, \theta) \in \mathbb{R}^2 : 0 \leq r < 1, \quad -\pi < \theta \leq \pi\}. \end{aligned}$$

La simmetria del dominio di definizione della soluzione suggerisce appunto l'impiego di coordinate polari per la ricerca della soluzione stessa.

Procediamo per separazione delle variabili come di consueto:

$$\begin{aligned} u(r, \theta) &= R(r)\Theta(\theta) \\ R''\Theta + \frac{1}{r^2}R\Theta'' + \frac{1}{r}R'\Theta &= 0 \\ r^2\frac{R''}{R} + r\frac{R'}{R} &= -\frac{\Theta''}{\Theta} = \lambda, \end{aligned}$$

da cui:

$$\begin{aligned} r^2R'' + rR' - \lambda R &= 0 \\ \Theta'' + \lambda\Theta &= 0. \end{aligned}$$

Cominciamo col discutere la seconda equazione. Soluzioni "fisicamente" accettabili sono quelle che danno lo stesso valore di u e delle sue derivate sia per $\theta = -\pi$, sia per $\theta = \pi$. In altri termini, occorre che la soluzione si "raccordi" in modo regolare lungo il raggio del disco di equazione $\theta = \pm\pi$. Ciò è equivalente a dire che la soluzione deve essere periodica di periodo 2π.

Per $\lambda < 0$, l'equazione per Θ conduce a combinazioni lineari di esponenziali, che non hanno periodo reale, e dunque non sono accettabili.

Per $\lambda = 0$, l'integrale generale è $\Theta(\theta) = a + b\theta$, che è accettabile soltanto se $b = 0$.

Per $\lambda = p^2 > 0$, l'integrale generale è $\Theta(\theta) = a\cos p\theta + b\sin p\theta$, che definisce una funzione periodica di periodo 2π soltanto se p è un intero, $p = n$. Possiamo inoltre assumere tale intero positivo, in quanto il caso $p = 0$ è già stato contemplato, ed il caso $p = -n$ si ottiene cambiando segno alla costante (arbitraria) b.

Rimane dunque da discutere l'equazione per R. Se $\lambda = 0$, essa si riduce a:

$$\frac{R''}{R'} = -\frac{1}{r},$$

che è a variabili separate. Integrando una prima volta, si ottiene:

$$\log R' = -\log r + \text{cost}$$

ovvero:

$$R' = \frac{\text{cost}}{r},$$

e integrando una seconda volta:

$$R(r) = c + d\log r.$$

Dovendo la soluzione $R(r)$ assumere valore finito per $r \to 0$, deve allora essere $d = 0$.

Se invece $\lambda = n^2$, l'equazione diventa l'*equazione di Eulero* o *equazione equidimensionale:*

$$r^2 R'' + rR' - n^2 R = 0.$$

Ricercandone soluzioni del tipo $R(r) = r^q$, si trova $q^2 = n^2$, ossia $q = \pm n$. L'integrale generale è dunque:

$$R(r) = cr^n + \frac{d}{r^n}.$$

Anche in questo caso, dovendo $R(r)$ tendere ad un valore finito per $r \to 0$, si richiede che sia $d = 0$.

Rimangono così determinate le soluzioni:

$$\begin{aligned} u_0(r,\theta) &= a_0, \\ u_n(r,\theta) &= r^n(a_n \cos n\theta + b_n \sin n\theta), \quad n \text{ intero.} \end{aligned}$$

Osserviamo, in particolare, che le ultime sono c.l. di $r^n \cos n\theta$ e $r^n \sin n\theta$, che abbiamo già osservato essere funzioni armoniche coniugate, ottenute come parti reale ed immaginaria di $f(z) = z^n$.

Servendosi del principio di sovrapposizione, cerchiamo di determinare la soluzione del problema (3.38) nella forma dello sviluppo in serie:

$$u(r,\theta) = \frac{a_0}{2} + \sum_{n=1}^{\infty} r^n(a_n \cos n\theta + b_n \sin n\theta). \tag{3.40}$$

Supponendo che tale serie converga uniformemente e che quindi definisca una funzione $u(r,\theta)$ sufficientemente regolare (vedi oltre per le condizioni su ϕ in corrispondenza alle quali ciò si verifica), imponiamo che essa verifichi la condizione al contorno:

$$u(1,\theta) = \frac{a_0}{2} + \sum_{n=1}^{\infty}(a_n \cos n\theta + b_n \sin n\theta) = \phi(\theta). \tag{3.41}$$

Si riconosce così che a_n e b_n devono proprio essere i coefficienti dello sviluppo in serie di Fourier della funzione ϕ, cioè:

$$a_0 = \frac{1}{\pi}\int_{-\pi}^{\pi} \phi(\theta')\,\mathrm{d}\theta', \tag{3.42a}$$

$$a_n = \frac{1}{\pi}\int_{-\pi}^{\pi} \phi(\theta') \cos n\theta'\,\mathrm{d}\theta', \tag{3.42b}$$

$$b_n = \frac{1}{\pi}\int_{-\pi}^{\pi} \phi(\theta') \sin n\theta'\,\mathrm{d}\theta'. \tag{3.42c}$$

Teorema 3.2. *Se ϕ è continua in ∂A e la sua derivata ϕ' è continua a tratti in $[-\pi, \pi]$, allora la (3.40), con a_n e b_n definiti dalle (3.42), è la soluzione del problema di Dirichlet per l'equazione di Laplace sul disco unitario (3.38).*

Dimostrazione. La condizione che ϕ sia continua lungo la frontiera ∂A del disco unitario comporta, in particolare, che ϕ non faccia salti per $\theta = \pm\pi$, ossia che $\phi(-\pi) = \phi(\pi)$. Sono dunque verificate le ipotesi del Teorema 2.6, che garantisce la uniforme convergenza della serie (3.41) per $u(1, \theta)$. D'altronde, essendo $0 \leq r < 1$, il termine generico della serie (3.41) maggiora, in valore assoluto, il termine generico della serie (3.40). Segue che anche la (3.40) converge uniformemente, e definisce pertanto una funzione $u(r, \theta)$ derivabile quante si vuole in $\mathring{A}$, che è soluzione del problema (3.38). Si prova inoltre che tale soluzione è unica. □

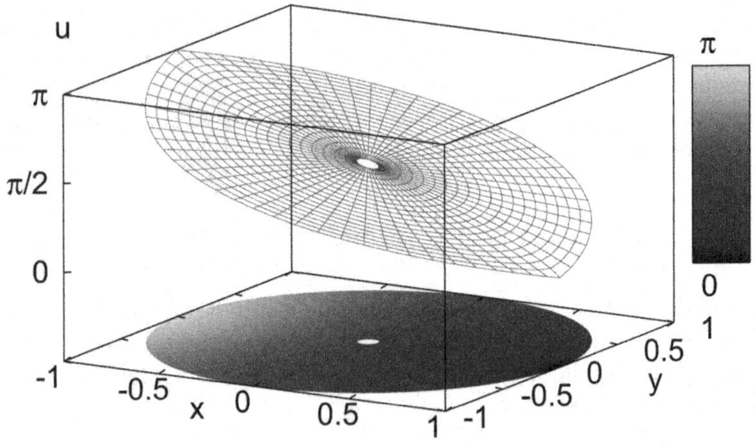

Fig. 3.8. Esercizio 3.13

Esercizio 3.13. Risolvere il seguente problema di Dirichlet per l'equazione di Laplace sul disco unitario:

$$\begin{aligned} \Delta u &= 0, \qquad 0 \leq r < 1, \qquad -\pi < \theta \leq \pi, \\ u(1, \theta) &= |\theta|, \qquad\qquad\qquad\quad -\pi < \theta \leq \pi. \end{aligned}$$

Risposta: Si trova:

$$u(r,\theta) = \frac{\pi}{2} + \frac{2}{\pi}\sum_{n=1}^{\infty}\frac{(-1)^n - 1}{n^2} r^n \cos n\theta$$
$$= \frac{\pi}{2} - \frac{4}{\pi}\sum_{m=1}^{\infty}\frac{1}{(2m-1)^2} r^{2m-1}\cos[(2m-1)\theta].$$

Vedi Fig. 3.8 per un grafico della soluzione. Alla base del grafico sono riportati, in "falsi colori", i valori di u sul disco (intendendo u come la temperatura del disco, scuro o blu vuol dire "bassa temperatura", chiaro o giallo vuol dire "alta temperatura").

Formula di Poisson

L'espressione (3.40) per la soluzione del problema di Dirichlet per l'equazione di Laplace sul disco unitario può essere posta in una forma un po' più perspicua. Sostituendo le espressioni (3.42) per i coefficienti di Fourier, si ha:

$$u(r,\theta) = \frac{a_0}{2} + \sum_{n=1}^{\infty} r^n (a_n \cos n\theta + b_n \sin n\theta)$$
$$= \frac{1}{2\pi}\int_{-\pi}^{\pi} \mathrm{d}\theta' \phi(\theta') \left[1 + 2\sum_{n=1}^{\infty} r^n (\cos n\theta \cos n\theta' + \sin n\theta \sin n\theta')\right]$$
$$= \frac{1}{2\pi}\int_{-\pi}^{\pi} \mathrm{d}\theta' \phi(\theta') \left[1 + 2\sum_{n=1}^{\infty} r^n \cos[n(\theta-\theta')]\right],$$

ossia:

$$u(r,\theta) = \int_{-\pi}^{\pi} \mathrm{d}\theta' \phi(\theta') \mathcal{P}(r, \theta - \theta'), \tag{3.43}$$

dove si è posto:

$$\mathcal{P}(r,\theta) = \frac{1}{2\pi}\left[1 + 2\sum_{n=1}^{\infty} r^n \cos n\theta\right]. \tag{3.44}$$

La (3.43) prende il nome di *formula di Poisson,* e la funzione (3.44) si chiama *kernel di Poisson* (per il disco unitario). La formula di Poisson consente di esprimere la soluzione del problema (3.38) come integrale o convoluzione fra la funzione nota ϕ, che esprime il valore della soluzione cercata lungo la frontiera ∂A, e una funzione caratteristica del problema, ma che non dipende essa stessa dalla condizione al contorno (il kernel di Poisson). In altri termini, mediante la (3.43), è possibile costruire la soluzione $u(r,\theta)$ all'interno del dominio A a partire dal suo valore al contorno. In altri termini ancora, il kernel di Poisson serve a "propagare" il comportamento della soluzione da ∂A, dove è noto, verso l'interno del disco, in $\mathring{A}$. Il termine "propagare" è suggestivo del fatto che l'equazione di Laplace governa lo stato stazionario del profilo di temperatura di un corpo: il fenomeno fisico alla base di tutto è la "propagazione" del calore. Ritroveremo il termine "propagatore" in corrispondenza ad altre PDE (come la stessa equazione delle onde, enti che si "propagano" per antonomasia), per le quali è possibile porre la soluzione in una forma analoga alla (3.43).[6]

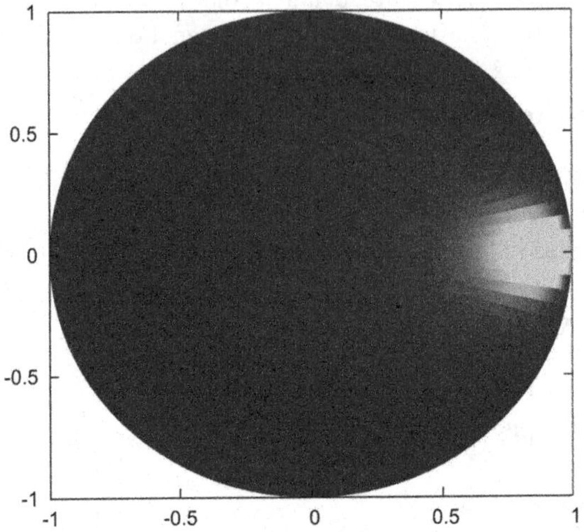

Fig. 3.9. Kernel di Poisson

Al kernel di Poisson (3.44) è possibile dare forma chiusa. È possibile, cioè, esprimere il kernel di Poisson in termini di funzioni elementari. Partendo dalla sua espressione, e servendoci del fatto che $r^n \cos n\theta = \mathrm{Re}\, z^n$, con $z = re^{i\theta}$, si ha:

[6] Il termine "propagatore" ricorre in Teoria dei campi e Teoria dei sistemi di molti corpi. A "propagarsi", in tal caso, è l'onda di probabilità associata ad una particella o ad un campo, ad esempio, e l'equazione alla base del processo di "propagazione" può essere, ad esempio, l'equazione di Schrödinger.

$$\begin{aligned}
2\pi\mathcal{P}(r,\theta) &= 1 + 2\,\mathrm{Re}\sum_{n=1}^{\infty} z^n \\
&= 1 + 2\,\mathrm{Re}\left(-1 + \sum_{n=0}^{\infty} z^n\right) \\
&\qquad \text{(riconoscere la serie geometrica, e osservare che } |z| < 1 \text{ per } 0 \leq r < 1) \\
&= -1 + 2\,\mathrm{Re}\,\frac{1}{1-z} \\
&= \mathrm{Re}\,\frac{1+z}{1-z}
\end{aligned}$$

da cui, tornando a sostituire $z = re^{i\theta}$ e svolgendo il calcolo della parte reale, si trova:

$$\mathcal{P}(r,\theta) = \frac{1}{2\pi}\frac{1-r^2}{1-2r\cos\theta + r^2}. \tag{3.45}$$

Il grafico di $\mathcal{P}(r,\theta)$ è riportato in Fig. 3.9 (falsi colori o scale di grigio sul disco). Si osserva che $\mathcal{P}(r,\theta)$ ha un polo semplice per $r = 1$, $\theta = 0$, sicché l'integrale (3.43) va inteso nel senso di Cauchy o del valor principale. Per questa ragione il kernel di Poisson va pensato come funzione generalizzata o distribuzione (esso figura infatti sempre dentro il segno di integrale, come in (3.43)).

Esercizio 3.14. Verificare che $\Delta\mathcal{P}(r,\theta) = 0$, ossia che il kernel di Poisson è a sua volta una funzione armonica.

Risposta: Servirsi dell'espressione (3.37) del laplaciano in coordinate polari. Oppure osservare che $\mathcal{P}(r,\theta)$ è la parte reale di una funzione analitica.

3.5 Temi d'esame svolti

Esercizio 3.15 (Compito d'esame del 14.12.2001). Risolvere il seguente problema di Dirichlet per l'equazione di Laplace sul disco unitario:

$$\begin{aligned}
\Delta u &= 0, & 0 \leq r < 1, \quad & -\pi < \theta \leq \pi, \\
u(1,\theta) &= |\sin\theta|, & & -\pi < \theta \leq \pi.
\end{aligned}$$

Risposta: Si trova:

$$u(r,\theta) = \frac{2}{\pi} - \frac{4}{\pi}\sum_{m=1}^{\infty}\frac{1}{4m^2-1}r^{2m}\cos[2m\theta].$$

Vedi Fig. 3.10 per un grafico della soluzione. Alla base del grafico sono riportati, in "falsi colori", i valori di u sul disco (intendendo u come la temperatura del disco, scuro o blu vuol dire "bassa temperatura", chiaro o giallo vuol dire "alta temperatura").

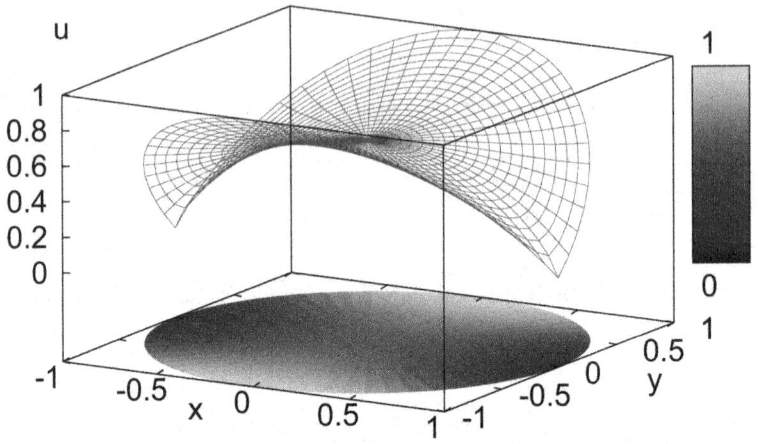

Fig. 3.10. Esercizio 3.15

Esercizio 3.16 (Compito d'esame dell'1.7.2002). Determinare la temperatura $u(x,t)$ di una sbarra di lunghezza unitaria nei seguenti due casi:

1. Estremi a temperatura zero e $u(x,0) = \sin k\pi x$, per $0 \leq x \leq 1$, con $k \in \mathbb{Z}$ assegnato.
2. Estremi termicamente isolati e

$$u(x,0) = \begin{cases} 0, & 0 \leq x < \frac{1}{2} \\ 1, & \frac{1}{2} < x \leq 1. \end{cases}$$

(In entrambi i casi, porre la costante di diffusione uguale a 1.)

Esercizio 3.17 (Compito d'esame del 9.12.2002). Determinare la temperatura su un disco unitario, quando sulla semi-circonferenza superiore la temperatura è mantenuta al valore costante u, mentre sulla semi-circonferenza inferiore vale θ. Quale sarebbe la temperatura sul disco se anche sulla semi-circonferenza inferiore la temperatura fosse mantenuta costante al valore u?

Risposta: Assumete $\theta \in [-\pi, \pi]$. (La soluzione sarebbe stata diversa se invece aveste assunto $\theta \in [0, 2\pi]$?) Il problema da risolvere è:

$$\begin{aligned} \Delta u &= 0, \quad 0 \leq r < 1, & -\pi < \theta \leq \pi, \\ u(1,\theta) &= u, & 0 < \theta \leq \pi, \\ u(1,\theta) &= \theta, & -\pi < \theta \leq 0. \end{aligned}$$

Si trova:

$$u(r,\theta) = \frac{2u-\pi}{4} + \frac{1}{\pi}\sum_{n=1}^{\infty} r^n \left[\frac{1-(-1)^n}{n^2}\cos n\theta - \frac{\pi(-1)^n + u[(-1)^n - 1]}{n}\sin n\theta\right].$$

Se invece $u(1,\theta) = u$, allora $u(r,\theta) = u$, come è naturale aspettarsi.

Esercizio 3.18 (Compito del 6.06.2003). .

1. Mostrare che l'equazione

$$u_{xx} + 2u_{xy} + u_{yy} - u_y = 0$$

ha la forma canonica $u_{xx} - u_t = 0$.

2. Risolvere il problema misto:

$$\begin{aligned} u_{xx} - u_t &= 0, & 0 < x < \ell,& \\ u(x,0) &= u_0 \quad \text{(costante)}, & 0 < x < \ell,& \\ u(0,t) = u(\ell,t) &= 0, & & t \geq 0. \end{aligned}$$

3. Determinare la soluzione stazionaria di tale problema.

Risposta:

1. L'equazione assegnata ha parte principale:

$$a u_{xx} + 2b u_{xy} + c u_{yy} + \ldots = 0, \tag{$*$}$$

con $a = b = c = 1$ (in questo caso) costanti. Il discriminante dell'equazione vale quindi:

$$\Delta = \det\begin{pmatrix} a & b \\ b & c\end{pmatrix} = 0.$$

Pertanto, l'equazione assegnata è di tipo parabolico.
Un cambiamento di variabili $\xi = \xi(x,y)$, $\eta = \eta(x,y)$ non singolare $[\partial(\xi,\eta)/\partial(x,y) = \xi_x\eta_y - \eta_x\xi_y \neq 0]$ trasforma la parte principale dell'equazione assegnata nella parte principale:

$$\bar{a} u_{\xi\xi} + 2\bar{b} u_{\xi\eta} + \bar{c} u_{\eta\eta} + \ldots = 0,$$

dove $u \equiv u(\xi,\eta)$ e:

$$\begin{aligned} \bar{a} &= a\xi_x^2 + 2b\xi_x\xi_y + c\xi_y^2 \\ \bar{b} &= a\xi_x\eta_x + b(\xi_x\eta_y + \eta_x\xi_y) + c\xi_y\eta_y \qquad (\dagger) \\ \bar{c} &= a\eta_x^2 + 2b\eta_x\eta_y + c\eta_y^2. \end{aligned}$$

Essendo l'equazione assegnata di tipo parabolico, è possibile determinare tale cambiamento di variabili in modo che l'equazione nelle nuove variabili abbia forma canonica $u_{\xi\xi} + G(\xi,\eta,u,u_\xi,u_\eta) = 0$.
L'equazione:

$$a\omega_x^2 + 2b\omega_x\omega_y + c\omega_y^2 = 0 \tag{$**$}$$

è l'equazione caratteristica relativa alla $(*)$. Se $\omega(x,y)$ è soluzione della $(**)$ di classe C^1 in un certo dominio, e tale che $\boldsymbol{\nabla}\omega \neq \mathbf{0}$, allora la curva di equazione

implicita $\omega(x,y) = C$ è detta curva caratteristica per l'equazione $(*)$. In particolare, la condizione $\nabla\omega \neq \mathbf{0}$ consente di dire che tale curva è regolare, ossia ammette tangente. Dal confronto con le $(\dagger)$, si vede subito che $\bar{a} = 0$ se si sceglie $\xi(x,y) = \omega_1(x,y)$, con ω_1 soluzione dell'equazione caratteristica. Analogamente, $\bar{c} = 0$ se si sceglie $\eta(x,y) = \omega_2(x,y)$, con ω_2 ancora soluzione dell'equazione caratteristica.
Lungo una curva caratteristica, sotto le ipotesi del teorema del Dini sulle funzioni implicite, l'equazione $\omega(x,y) = C$ definisce implicitamente una funzione $y = y(x)$ che ha derivata:

$$\frac{dy}{dx} = -\frac{\omega_x}{\omega_y}.$$

La $(**)$ si può scrivere allora come:

$$a(y')^2 - 2by' + c = 0,$$

che è equivalente alle due equazioni differenziali del primo ordine:

$$y' = \frac{b + \sqrt{-\Delta}}{a} \equiv f_1(x,y)$$
$$y' = \frac{b - \sqrt{-\Delta}}{a} \equiv f_2(x,y),$$

dove $\Delta = ac - b^2$ è il discriminante dell'equazione assegnata, definito precedentemente. In generale, f_1 ed f_2 sono funzioni di (x,y).
Nel nostro caso ($\Delta = 0$), e l'equazione differenziale per le caratteristiche diventa semplicemente:

$$\frac{dy}{dx} = \frac{b}{a} = 1$$

il cui integrale generale è $y = x + C$. (In forma implicita, $\omega(x,y) = y - x = C$.)
Scegliamo allora come nuove coordinate:

$$\xi = y - x$$
$$\eta = x,$$

con cui $\Delta = 0$ (come dev'essere) e $\bar{a} = \bar{b} = 0$, $\bar{c} = 1$. Nelle nuove coordinate, l'equazione assegnata diventa $u_{\eta\eta} - u_\xi = 0$, che è effettivamente nella forma canonica delle equazioni paraboliche, come ci si aspettava.

2. Mediante il metodo di Fourier (separazione delle variabili, etc), si trova:

$$u(x,t) = \frac{4u_0}{\pi} \sum_{m=1}^{\infty} \frac{1}{2m-1} \sin\frac{(2m-1)\pi x}{\ell} \exp\left(-\frac{(2m-1)^2\pi^2}{\ell^2}t\right).$$

3. La soluzione stazionaria si trova o prendendo il limite per $t \to \infty$ nella soluzione appena trovata, oppure prendendo il limite dell'equazione di partenza. Al limite per $t \to \infty$, infatti, ci si aspetta che $u_t \to 0$. Rimane quindi un'equazione differenziale $u_{xx}(x,\infty) = 0$ che possiamo trattare come un'equazione differenziale ordinaria nella sola variabile x. Tenendo conto delle condizioni al contorno, si trova $u(x,\infty) = 0$, com'è del resto intuitivo dal punto di vista fisico.

4

Funzioni di variabile complessa

Un'ottimo riassunto dei principali risultati di teoria, numerosi esercizi anche svolti e numerosi complementi sono forniti da Spiegel (1975). Qui mi limito a dare le tracce di svolgimento ed i risultati di alcuni temi d'esame (alcuni sono pertinenti anche al Cap. 5 sulle trasformate di Fourier) e complementi su alcune funzioni speciali (Lebedev e Silverman, 1972).

4.1 Funzione $\Gamma(z)$ di Eulero

(Vedi: Smirnov, 1988a; Krasnov *et al.*, 1977; Spiegel, 1975; Bernardini *et al.*, 1998, per maggiori dettagli e dimostrazioni.)

Studiamo l'integrale euleriano di seconda specie:

$$\Gamma(z) = \int_0^\infty e^{-t} t^{z-1} \, \mathrm{d}t. \tag{4.1}$$

Supponiamo dapprima che $z = n \in \mathbb{N}$ sia un numero intero, dunque $n \geq 1$. Integrando per parti, si trova:

$$\Gamma(n) = \int_0^\infty e^{-t} t^{n-1} \, \mathrm{d}t = \left[\frac{1}{n} e^{-t} t^n \right]_0^\infty + \frac{1}{n} \int_0^\infty e^{-t} t^n \, \mathrm{d}t = \frac{1}{n} \Gamma(n+1).$$

Rimane così stabilita la formula di ricorrenza (per n intero):

$$\Gamma(n+1) = n\Gamma(n).$$

Per $n = 1$, d'altronde, si trova subito $\Gamma(1) = 1$, sicché:

$$\Gamma(n+1) = n!, \qquad n \in \mathbb{N}. \tag{4.2}$$

Sia adesso $z \in \mathbb{C}$ un numero complesso. Si dimostra che per $\operatorname{Re} z > 0$ la (4.1) definisce una funzione analitica di z. Tale funzione può essere prolungata

Angilella G. G. N.: Esercizi di metodi matematici della fisica.

per analiticità anche a sinistra dell'asse immaginario, ad eccezione che nei punti $z = 0, -1, -2, -3, \ldots$, dove presenta dei poli semplici. La funzione che rimane così definita è una funzione meromorfa e prende il nome di *funzione Γ di Eulero.*

In particolare, vale ancora che:

$$\Gamma(z+1) = z\Gamma(z), \qquad z \neq 0, -1, -2, -3, \ldots. \tag{4.3}$$

La funzione Γ di Eulero dunque generalizza, in un certo senso, il fattoriale di un numero intero su tutto il piano complesso, ad eccezione che in corrispondenza degli interi non positivi. La Fig. 4.1 riporta il grafico di $\Gamma(z)$ per $\operatorname{Im} z = 0$, cioè lungo l'asse reale.

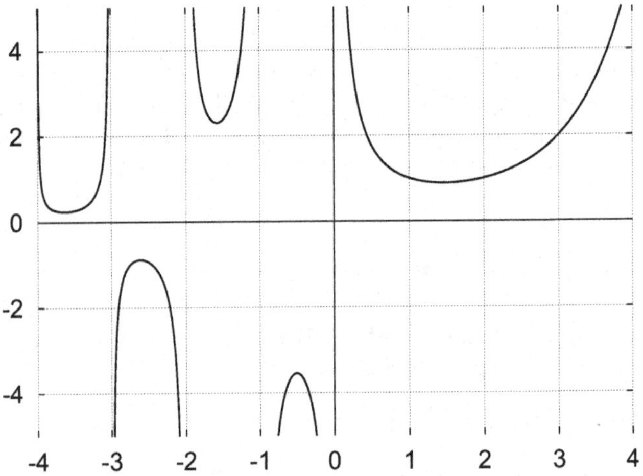

Fig. 4.1. Funzione $\Gamma(z)$ di Eulero per $\operatorname{Im} z = 0$

È noto che vale:

$$\int_0^\infty e^{-x^2}\,\mathrm{d}x = \frac{\sqrt{\pi}}{2}.$$

Mediante la sostituzione $x = t^{1/2}$ si trova così che:

$$\int_0^\infty e^{-t}t^{-\frac{1}{2}}\,\mathrm{d}t = \sqrt{\pi},$$

che, in base alla definizione (4.1), equivale a dire che:

$$\Gamma\left(\frac{1}{2}\right) = \sqrt{\pi}.$$

Servendosi della formula di ricorrenza (4.3), si può così calcolare $\Gamma(3/2)$, $\Gamma(5/2)$, etc. Si trova:

$$\Gamma\left(n+\frac{1}{2}\right)=\frac{(2n-1)!!}{2^n}\sqrt{\pi}, \qquad n=0,\,-1,\,-2,\,-3,\ldots. \tag{4.4}$$

Analogamente si possono calcolare i valori di $\Gamma(z)$ per z pari ad un numero semi-intero negativo.

Citiamo infine, senza dimostrazione, le seguenti altre relazioni che coinvolgono la funzione Γ di Eulero. Esse valgono nei punti in cui ha senso calcolare tutte le funzioni che vi figurano.

$$\Gamma(z)\Gamma(1-z) = \frac{\pi}{\sin \pi z} \tag{4.5}$$

$$\Gamma(z)\Gamma\left(z+\frac{1}{2}\right) = 2^{1-2z}\sqrt{\pi}\Gamma(2z) \tag{4.6}$$

$$\Gamma(z)\Gamma\left(z+\frac{1}{n}\right)\Gamma\left(z+\frac{2}{n}\right)\cdots\Gamma\left(z+\frac{n-1}{n}\right) = (2\pi)^{\frac{n-1}{2}} n^{\frac{1}{2}-nz}\Gamma(nz) \tag{4.7}$$

$$\Gamma(z) = \frac{1}{z}\prod_{n=1}^{\infty}\left[\left(1+\frac{1}{n}\right)^z\left(1+\frac{z}{n}\right)^{-1}\right]. \tag{4.8}$$

4.2 Temi d'esame svolti

Esercizio 4.1 (Compito del 23.11.1995). Calcolare l'integrale:

$$I=\int_{-\infty}^{\infty}\frac{e^{ax}}{1+e^x}dx,$$

dove $0<a<1$. (Si consiglia di considerare il contorno di Fig. 4.2.)

Risposta: Posto

$$f(z)=\frac{e^{az}}{1+e^z},$$

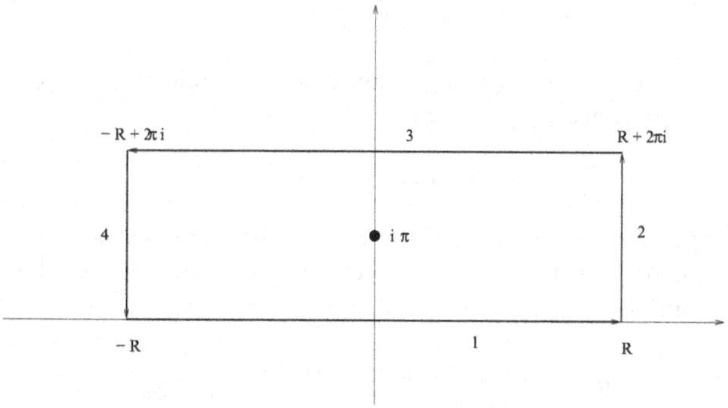

Fig. 4.2. Contorno γ utilizzato nello svolgimento dell'Esercizio 4.1

consideriamo l'integrale

$$J = \oint_{\gamma_R} f(z)\, dz = J_1 + J_2 + J_3 + J_4,$$

ove γ_R è il contorno di Fig. 4.2. Risulta:

$$\lim_{R\to\infty} J_1 = I.$$

Mediante la sostituzione $z = R + i\theta$ (con $0 \to \theta \to 2\pi$), si ha:

$$J_2 = ie^{aR} \int_0^{2\pi} \frac{e^{ia\theta}}{1 + e^{R+i\theta}} d\theta,$$

da cui

$$|J_2| \le e^{aR} \int_0^{2\pi} \frac{d\theta}{|1 + e^R e^{i\theta}|} \le 2\pi \frac{e^{aR}}{1+e^R} \to 0$$

per $R \to \infty$, sotto l'ipotesi $0 < a < 1$. Analogamente, mediante la sostituzione $z = -R + i\theta$ (con $2\pi \to \theta \to 0$), si ha:

$$J_4 = -ie^{-aR} \int_0^{2\pi} \frac{e^{ia\theta}}{1 + e^{-R+i\theta}} d\theta,$$

da cui

$$|J_4| \le e^{-aR} \int_0^{2\pi} \frac{d\theta}{|1 + e^{-R} e^{i\theta}|} \le 2\pi \frac{e^{-aR}}{1+e^{-R}} \to 0$$

per $R \to \infty$, sotto l'ipotesi $0 < a < 1$. Infine, mediante la sostituzione $z = x + 2\pi i$ (con $R \to x \to -R$), si trova:

$$J_3 = -e^{2ia\pi} \int_{-R}^{R} \frac{e^{ax}}{1+e^x} dx = -e^{2ia\pi} J_1.$$

Segue che:

$$I = \frac{1}{1 - e^{2ia\pi}} \lim_{R\to\infty} J.$$

Ma, per il teorema dei residui,

$$\lim_{R\to\infty} J = 2\pi i \sum_k \operatorname*{Res}_{z=z_k} f(z),$$

dove z_k sono le singolarità di $f(z)$ appartenenti al dominio che ha γ_∞ per contorno. La funzione $f(z)$ presenta i poli semplici ($e^z = -1 = e^{(2k+1)i\pi}$)

$$z_k = (2k+1)i\pi, \qquad k = 0, \pm 1, \pm 2 \ldots$$

Di questi, soltanto $z_0 = i\pi$ cade dentro il contorno γ_∞, come mostrato in Fig. 4.2.

Per il calcolo del residuo in $z = z_k$, ci si può servire del cambio di variabile $w = z - z_k$, e studiare invece la funzione:

$$g_k(w) = f(w + z_k) = e^{i(2k+1)a\pi} \frac{e^{aw}}{1 - e^w}.$$

Questa presenta un polo semplice in $w = 0$ e risulta:

$$\operatorname*{Res}_{z=z_k} f(z) = \operatorname*{Res}_{w=0} g_k(w) = \lim_{w\to 0} w g_k(w) = -e^{i(2k+1)a\pi},$$

ove si è fatto uso del limite notevole $\lim_{w\to 0} \frac{e^w - 1}{w} = 1$.

Limitandosi a considerare il caso $k = 0$, si trova $\lim_{R\to\infty} J = -2\pi i e^{ia\pi}$, con cui

$$I = -2\pi i \frac{e^{ia\pi}}{1 - e^{2ia\pi}} = \frac{\pi}{\sin a\pi}$$

ove si è fatto uso delle formule di Eulero.

Esercizio 4.2 (Compito del 14.12.2001). Calcolare l'integrale:

$$I = \int_C \frac{z^2 + 4}{z^3 + 2z^2 + 2z} dz \tag{4.9}$$

dove C è la circonferenza definita da $|z| = \frac{3}{2}$.

Risposta: Poli semplici in 0 e $-1 \pm i$, tutti interni a C. Scegliendo per C il senso antiorario, si trova $I = 2\pi i$.

Esercizio 4.3 (Compito del 30.01.2002). Calcolare l'integrale:

$$I = \int_{-\infty}^{\infty} \frac{x \cos \pi x}{x^2 + 4x + 13} \, \mathrm{d}x.$$

Risposta: Si tratta sostanzialmente di calcolare la trasformata coseno di $x/(x^2 + 4x + 13)$. Si trova $I = -\frac{2}{3}\pi e^{-3\pi}$.

Esercizio 4.4 (Compito del 26.02.2002). Calcolare il seguente integrale motivando il metodo scelto:

$$I = \int_{-\infty}^{+\infty} \frac{(x^2 - 1)\sin 2x}{x^3 + x^2 - 2} \, \mathrm{d}x.$$

Risposta: Si tratta sostanzialmente di calcolare la trasformata seno di $(x^2 - 1)/(x^3 + x^2 - 2)$. Si trova $I = \pi e^{-2} \cos 2$.

Esercizio 4.5 (Compito del 10.06.2002). Calcolare, coi metodi conosciuti, il seguente integrale:

$$I = \int_{-\infty}^{\infty} \frac{\cos x}{(x^2 + 4ix - 5)(x^2 + 4)} \, \mathrm{d}x.$$

Risposta: Attenzione alla i al denominatore: la sua presenza non consente di trarre vantaggio dal fatto che $\cos x = \operatorname{Re} e^{ix}$. Piuttosto, fare uso della formula di Eulero, $\cos x = (e^{ix} + e^{-ix})/2$. Si dovranno così calcolare due integrali (in pratica, due trasformate di Fourier). Per uno di essi, chiudere il percorso di integrazione nel semipiano superiore. Per l'altro, in quello inferiore. Si trova: $I = -\frac{\pi e^{-2}}{34}(9 + 2\sin 1 - 8\cos 1)$.

Esercizio 4.6 (Compito dell'1.7.2002). Calcolare il seguente integrale:

$$I = \int_{-\pi}^{\pi} \frac{\mathrm{d}x}{(3 + 2\cos x)^2}.$$

(Suggerimento: servirsi del cambiamento di variabile $z = e^{ix}$.)

Risposta: $I = \frac{6\pi}{5\sqrt{5}}$.

Esercizio 4.7 (Compito dell'11.9.2002). Calcolare, giustificando il metodo seguito, l'integrale:

$$I = \int_{-\infty}^{+\infty} \frac{(x^2 + 8 - 6i)e^{ix}}{x^4 + 16x^2 + 100} \, \mathrm{d}x.$$

Ove necessario, si ricordi che $\cos \frac{\theta}{2} = \pm\sqrt{\frac{1 + \cos\theta}{2}}$ e $\sin \frac{\theta}{2} = \pm\sqrt{\frac{1 - \cos\theta}{2}}$.

Risposta: Ancora una trasformata di Fourier. Il suggerimento serve a calcolare le radici di un numero complesso, utili per il calcolo degli zeri del numeratore e del denominatore. Due singolarità sono eliminabili (semplificare). Le rimanenti due sono poli semplici, di cui soltanto uno si trova nel semipiano superiore. Svolgendo i calcoli, si ottiene $I = \frac{\pi e^{-3}}{10}[3\cos 1 - \sin 1 - i(\cos 1 + 3\sin 1)]$.

Esercizio 4.8 (Compito del 2.10.2002). Calcolare, motivando il metodo scelto,

$$I = \int_{-\infty}^{\infty} \frac{x \sin x}{x^3 + x^2 - 2} dx + \int_{-\infty}^{\infty} \frac{\sin x}{(1 - x)(x^2 + 2x + 2)} \, \mathrm{d}x.$$

Risposta: Dopo aver semplificato, si trova $I = -\frac{\pi}{e}\sin 1$.

Esercizio 4.9 (Compito del 9.12.2002). Calcolare, coi metodi noti:

$$I = \int_{-\infty}^{\infty} \frac{x \sin \pi x}{x^3 + 6x - 20} \, \mathrm{d}x$$

giustificando i calcoli eseguiti.

Risposta: Si trova $I = \frac{\pi}{9}(1 + e^{-3\pi})$.

Esercizio 4.10 (Compito del 10.02.2003). Studiare le singolarità della funzione:

$$f(z) = \frac{2z^3 + 13z}{z^4 + 13z^2 + 36}.$$

Calcolare quindi, con metodi noti, l'integrale:

$$I = \int_{-\infty}^{\infty} f(x) \sin x \, \mathrm{d}x.$$

Risposta: La funzione $f(z)$ presenta poli semplici in $z = \pm 2i$ e $z = \pm 3i$, con residuo pari a $\frac{1}{2}$ in ciascun caso. Per il calcolo dell'integrale, si consideri l'integrale di $f(z)e^{iz}$ lungo un opportuno percorso chiuso nel semipiano superiore. Prendendo la parte immaginaria, si trova $I = \pi(1 + e)/e^3$.

Esercizio 4.11 (Compito del 28.03.2003). Calcolare, col metodo dei residui, l'integrale:

$$I = \int_0^{2\pi} \frac{d\theta}{(2-\cos\theta)^2}.$$

Risposta: $I = \frac{4\pi}{3\sqrt{3}}$.

Esercizio 4.12 (Compito del 6.06.2003). Calcolare il seguente integrale:

$$I = \int_{-\infty}^{\infty} \frac{x^2\left(x^2+\dfrac{13}{2}\right)}{\dfrac{x^5}{2}+\dfrac{13}{2}x^3+18x} \sin x \; dx.$$

Risposta: Si tratta della trasformata di Fourier-seno di una funzione razionale fratta, $f(x) = x^2(x^2+\frac{13}{2})/(\frac{1}{2}x^5+\frac{13}{2}x^3+18x)$. Dopo aver eliminato la singolarità ("eliminabile") in $x=0$, osservare che $I = \operatorname{Im}\int_{-\infty}^{\infty} f(x)e^{ix}\, dx$. Passare al piano complesso (...), semipiano superiore (...), poli semplici per $z=\pm 3i$, $z=\pm 2i$ (zeri del denominatore, biquadratica, ...), di cui considerare solo quelli con $\operatorname{Im} z > 0$. Risulta (...): $I = \pi(e^{-2}+e^{-3})$.

Esercizio 4.13 (Compito dell'1.07.2003). Calcolare l'integrale:

$$I = \int_{|z|=3} z^2 \sin\frac{1}{z+2}\, dz.$$

(Si consiglia di far ricorso a noti sviluppi in serie.)

Risposta: Posto $f(z) = z^2 \sin\frac{1}{z+2}$, si osserva che $f(z)$ presenta una singolarità in $z=-2$, punto interno al dominio limitato dal percorso di integrazione, $|z|=3$. Per caratterizzare tale singolarità e determinarne il residuo, occorre sviluppare $f(z)$ in serie di Laurent attorno a $z=-2$. Nel caso del seno, è opportuno ricorrere allo sviluppo in serie (di Taylor) di $\sin w$ attorno a $w=0$, e porre poi $w=1/(z+2)$. Nel caso di z^2, basta aggiungere e sottrarre 2. Eseguire quindi i prodotti termine a termine e raccogliere i termini con potenza comune in $1/(z+2)$:

$$\begin{aligned} f(z) &= [(z+2)-2]^2 \sin\frac{1}{z+2} \\ &= [(z+2)^2 - 4(z+2)+4]\left[\frac{1}{z+2} - \frac{1}{3!}\frac{1}{(z+2)^3} + \frac{1}{5!}\frac{1}{(z+2)^5} + \ldots\right] \\ &= (z+2) - 4 + \left(4-\frac{1}{3!}\right)\frac{1}{z+2} + \frac{4}{3!}\frac{1}{(z+2)^2} - \left(\frac{1}{5!}+\frac{4}{3!}\right)\frac{1}{(z+2)^3} + \ldots \end{aligned}$$

Ci si convince che esistono infiniti termini con esponente negativo nello sviluppo in serie di Laurent attorno a $z=-2$; dunque, tale punto è una singolarità essenziale per $f(z)$. Inoltre, il termine in $1/(z+2)$ ha per coefficiente $a_{-1} = \left(4-\frac{1}{3!}\right)$ che, per definizione, è il residuo di $f(z)$ in $z=-2$. Dunque, assumendo di percorrere $|z|=3$ secondo il verso antiorario, risulta:

$$I = 2\pi i\left(4-\frac{1}{3!}\right) = \frac{23}{3}\pi i.$$

Esercizio 4.14 (Compito del 10.04.2000). Calcolare l'integrale

$$I = \oint_\Gamma e^{-1/z} \sin \frac{1}{z} \, dz,$$

dove $\Gamma = \{z \in \mathbb{C} : |z| = 1\}$.

Risposta: Ragionare come per l'Esercizio 4.13. Risulta $I = 2\pi i$.

Esercizio 4.15 (Compito del 9.09.2003). Discutere l'integrale

$$I(p) = \int_0^{2\pi} \frac{\cos 2x}{1 - 2p \cos x + p^2} \, d\theta.$$

Calcolare quindi $I(2)$.

Risposta: Mediante l'usuale cambio di variabile $e^{ix} = z$, dopo facili passaggi l'integrale diventa:

$$I(p) = \frac{i}{2} \oint_\gamma \frac{1+z^4}{z^2} \frac{1}{pz^2 - (1+p^2)z + p} \, dz,$$

ove il contorno di integrazione γ è la circonferenza unitaria di centro l'origine, percorsa con verso antiorario. Siano inoltre $D_1 = \{z : |z| < 1\}$ e $D_2 = \{z : |z| > 1\}$ i domini interno ed esterno a γ, rispettivamente.

Limitiamoci dapprima a considerare il caso $p \in \mathbb{R}$, e poniamo:

$$f(z) = \frac{1+z^4}{z^2} \frac{1}{pz^2 - (1+p^2)z + p}.$$

Se $p = 0$, il trinomio di secondo grado a denominatore nella seconda frazione si riduce di grado, e $f(z) = -\frac{1+z^4}{z^3} = -z - \frac{1}{z^3}$. Tale funzione presenta un polo del terzo ordine in $z = 0$, con $\operatorname{Res}_{z=0} f(z) = 0$ (manca il termine in $1/z$ nello sviluppo in serie di Laurent attorno a $z = 0$). Di conseguenza, $I(0) = 0$.

Se invece $p \neq 0$, possiamo decomporre $f(z)$ come:

$$\frac{1}{pz^2 - (1+p^2)z + p} = \frac{1}{p(z-p)\left(z - \frac{1}{p}\right)} = \frac{1}{p^2 - 1} \left(\frac{1}{z-p} - \frac{1}{z - \frac{1}{p}} \right),$$

e quindi:

$$f(z) = \frac{1}{p^2 - 1} g(z) \left(\frac{1}{z-p} - \frac{1}{z - \frac{1}{p}} \right),$$

con

$$g(z) = \frac{1+z^4}{z^2}.$$

In tal caso, $f(z)$ presenta un polo di ordine 2 in $z = 0$, con residuo

$$R_0 = \operatorname*{Res}_{z=0} f(z) = \lim_{z \to 0} f'(z) = \frac{1+p^2}{p^2}.$$

Per $p \neq \pm 1$, $f(z)$ presenta inoltre dei poli semplici per $z = p$ e $z = 1/p$, evidentemente con residui:

$$R_1 = \operatorname*{Res}_{z=p} f(z) \quad = \frac{1}{p^2-1} g(p) = \frac{1+p^4}{p^2(p^2-1)},$$

$$R_2 = \operatorname*{Res}_{z=1/p} f(z) = -\frac{1}{p^2-1} g\left(\frac{1}{p}\right) = \frac{1+p^4}{p^2(1-p^2)} = -R_1.$$

Se $|p| < 1$, allora $z = p \in D_1$ (mentre $z = 1/p \in D_2$), e si ha:

$$I(p) = 2\pi i \frac{i}{2}(R_0 + R_1) = 2\pi \frac{p^2}{1-p^2}, \qquad |p| < 1, \tag{$*$}$$

che, in particolare, si riduce al valore già trovato $I(0) = 0$ per $p = 0$.

Se invece $|p| > 1$, allora $z = 1/p \in D_1$ (mentre $z = p \in D_2$), e si ha:

$$I(p) = 2\pi i \frac{i}{2}(R_0 + R_2) = 2\pi \frac{1}{p^2(p^2-1)}, \qquad |p| > 1. \tag{$**$}$$

In particolare, $I(2) = \pi/6$, che è il caso particolare richiesto dal testo.

Per $p = \pm 1$, i due poli semplici per $z = p$ e $z = 1/p$ vengono a coincidere in un polo doppio lungo il contorno di integrazione. Pertanto, non è possibile applicare i ragionamenti fatti finora. Nel senso del valor principale, essendo tale polo di ordine pari, l'integrale $I(p)$ diverge.

Un'interessante questione riguarda invece il valore di $I(p)$ per $p \in \mathbb{C}$. Se $|p| < 1$ (dove $|p|$ denota adesso il modulo del numero complesso p) o $|p| > 1$ si possono ripetere esattamente tutti i ragionamenti fatti per $p \in \mathbb{R}$ e ritrovare gli stessi risultati, dove però adesso p è un numero complesso. Le espressioni ($*$) e ($**$), cioè, possono essere prolungate per analiticità rispettivamente in D_1 e D_2.

E se invece $p = p_\circ$, con $|p_\circ| = 1$, ma $p_\circ \neq \pm 1$? Si può ricorrere al teorema di Plemelij-Sokhotski (Bernardini *et al.*, 1998):

Teorema 4.1 (di Plemelij-Sokhotski). *Sia $G(z)$ la funzione analitica definita dall'integrale:*

$$G(z) = \frac{1}{2\pi i} \int_\gamma \frac{g(t)}{t-z}\, \mathrm{d}t, \qquad z \notin \gamma,$$

con $g(t)$ lipshitziana su γ; se z tende ad un punto regolare ζ del contorno γ in ogni direzione non tangente a γ, $G(z)$ tende verso i limiti:

$$G^{\pm}(\zeta) = \frac{1}{2\pi i} \wp \int_\gamma \frac{g(t)}{t-z}\, \mathrm{d}t \pm \frac{1}{2} g(\zeta), \tag{4.10}$$

dove i segni $(+)$ e $(-)$ si riferiscono al caso in cui $z \to \zeta$ rispettivamente dall'interno e dall'esterno del contorno γ, percorso in senso antiorario, e $\wp$ denota integrazione nel senso del valor principale (o di Cauchy).

Dimostrazione. Vedi Bernardini *et al.* (1998). □

Nel nostro caso, la funzione $g(z)$ è lipschitziana lungo γ, in quanto si riduce ivi a combinazioni di funzioni seno e coseno che hanno per argomento multipli della fase di z. Per $|p| \neq 1$, abbiamo:

$$\begin{aligned} I(p) &= \frac{i}{2(p^2-1)} \left[\oint_\gamma \frac{g(z)}{z-p}\, \mathrm{d}z - \oint_\gamma \frac{g(z)}{z-\frac{1}{p}}\, \mathrm{d}z \right] \\ &= \begin{cases} 2\pi \frac{p^2}{1-p^2}, & p \in D_1, \\ 2\pi \frac{1}{p^2(p^2-1)}, & p \in D_2. \end{cases} \end{aligned}$$

Osserviamo adesso che, se $p \to p_\circ$ dall'interno di γ, con $|p_\circ| = 1$, allora $1/p \to 1/p_\circ$ dall'esterno di γ. Quindi la formula (4.10) va applicata col segno $\pm$ al primo integrale, e col segno $\mp$ al secondo integrale, seconda che $p \to p_\circ$ dall'interno o dall'esterno di γ. Posto:

$$I(p) = \frac{i}{2(p^2-1)}(I_1 - I_2),$$

si ha:

$$\begin{aligned}
I_1 &= \oint_\gamma \frac{g(z)}{z-p}\,\mathrm{d}z \to I_1^\pm = \wp \oint_\gamma \frac{g(z)}{z-p_\circ}\,\mathrm{d}z \pm ig(p_\circ) \\
&= i\pi g(p_\circ) \pm i\pi g(p_\circ) = \begin{cases} 2i\pi g(p_\circ) \\ 0, \end{cases} \\
I_2 &= \oint_\gamma \frac{g(z)}{z-\frac{1}{p}}\,\mathrm{d}z \to I_2^\pm = \wp \oint_\gamma \frac{g(z)}{z-\frac{1}{p_\circ}}\,\mathrm{d}z \mp ig\left(\frac{1}{p_\circ}\right) \\
&= i\pi g\left(\frac{1}{p_\circ}\right) \mp g\left(\frac{1}{p_\circ}\right) = \begin{cases} 0 \\ 2i\pi g\left(\frac{1}{p_\circ}\right), \end{cases}
\end{aligned}$$

sicché:

$$I(p) \to \frac{\pi}{1-p_\circ^2} \begin{cases} g(p_\circ) \\ -g\left(\frac{1}{p_\circ}\right) \end{cases} = \pm \frac{\pi}{1-p_\circ^2}\frac{1+p_\circ^4}{p_\circ^2}.$$

Esercizio 4.16 (Compito dell'1.10.2003). Calcolare l'integrale:

$$I = \int_0^\infty \frac{\cos x}{(x^2+a^2)(x^2+b^2)}\,\mathrm{d}x,$$

con $\mathrm{Re}\, a > 0$, $\mathrm{Re}\, b > 0$.

Risposta: Sfruttando il fatto che l'integrando è una funzione pari, si ha:

$$I = \frac{1}{2}\int_{-\infty}^\infty \frac{\cos x}{(x^2+a^2)(x^2+b^2)}\,\mathrm{d}x.$$

L'aggiunta di $i \sin x$ al numeratore non dà contributo all'integrale, in quanto è una funzione dispari. Quindi si può scrivere:

$$I = \frac{1}{2}\int_{-\infty}^\infty \frac{e^{ix}}{(x^2+a^2)(x^2+b^2)}\,\mathrm{d}x,$$

dove non occorre prendere la parte reale (come si fa di solito), anche perché a e b sono in generale numeri complessi. Completando il percorso d'integrazione al semipiano superiore, si ha:

$$I = \lim_{R\to+\infty} \frac{1}{2}\oint_{\gamma_R} \frac{e^{iz}}{(z^2+a^2)(z^2+b^2)}\,\mathrm{d}z = \frac{1}{2}\lim_{R\to+\infty}\oint_{\gamma_R} f(z)\,\mathrm{d}z,$$

dove $\gamma_R = \{z : |z| = R, \mathrm{Im}\, z > 0\} \cup \{z : |z| < R, \mathrm{Im}\, z = 0\}$, percorso nel verso positivo (antiorario). La funzione integranda presenta dei poli semplici in $z = \pm ia, \pm ib$, se $a \neq b$, ovvero due poli doppi in $z = \pm ia$ se $a = b$. Posto, ad esempio, $a = a_1 + ia_2$, con $a_1 = \mathrm{Re}\, a > 0$ e $a_2 = \mathrm{Im}\, a$, si ha che $ia = -a_2 + ia_1$, per cui tale polo si trova nel semipiano superiore ($a_1 > 0$), ma non necessariamente lungo l'asse immaginario ($a_2 \neq 0$, in generale). Analogamente per b. Ciò non comporta problemi per la discussione che segue.

Trattiamo dapprima il caso $a \neq b$. Per R sufficientemente grande ($R > \max(|a|, |b|)$), all'interno del dominio (semicerchio) delimitato da γ_R cadono soltanto i poli $z = +ia$ e $z = +ib$. Risulta

$$R_a = \operatorname*{Res}_{z=+ia} f(z) = \frac{e^{-a}}{2ia(b^2 - a^2)}.$$

Analogamente in $z = +ib$ (basta scambiare a con b). Per il teorema dei residui si ha pertanto:

$$I = \frac{1}{2}[2\pi i(R_a + R_b)] = \frac{\pi}{2}\frac{1}{b^2 - a^2}\left(\frac{e^{-a}}{a} - \frac{e^{-b}}{b}\right), \qquad a \neq b, \operatorname{Re} a > 0, \operatorname{Re} b > 0.$$

Nel caso $a = b$, si può procedere o calcolando il residuo nel polo doppio $z = +ia$ etc, oppure prendendo il limite del risultato trovato, per $b \to a$. In entrambi i modi, si trova:

$$I = \frac{\pi}{4}\frac{1+a}{a^3}e^{-a}, \qquad \operatorname{Re} a > 0.$$

Badare che in entrambi i casi non si è presa la parte reale del risultato finale: i risultati valgono per a e b complessi, purché $\operatorname{Re} a > 0$, $\operatorname{Re} b > 0$. (Cosa sarebbe successo se $\operatorname{Re} a < 0$ o $\operatorname{Re} b < 0$?)

Esercizio 4.17 (Compito del 9.12.2003). Calcolare l'integrale:

$$I = \int_0^{2\pi} \frac{\cos 2\theta}{3 - 2\cos\theta}\, d\theta$$

facendo uso del teorema dei residui.

Risposta: Mediante l'usuale sostituzione $z = e^{i\theta}$, l'integrale assegnato diventa

$$I = \frac{i}{2}\oint \frac{z^4 + 1}{z^2(z^2 - 3z + 1)}\, dz,$$

ove l'integrazione è estesa alla circonferenza unitaria, percorsa in verso antiorario. L'integrando presenta un polo doppio in $z = 0$, con residuo uguale a 3, e due poli semplici in $z = \frac{3\pm\sqrt{5}}{2}$. Di questi, soltanto $z = \frac{3-\sqrt{5}}{2}$ è interno al cerchio unitario, e l'integrando ha ivi residuo pari a $-\frac{7}{\sqrt{5}}$. Per il teorema dei residui, risulta infine $I = \pi\left(\frac{7\sqrt{5}}{5} - 3\right)$.

Esercizio 4.18 (Compito del 9.2.2004). Calcolare l'integrale:

$$I = \int_0^{\infty} \frac{\sin 3x}{x(x^2 + 4)}\, dx.$$

Risposta: La funzione integranda è pari e si trova che

$$I = \frac{1}{2}\operatorname{Im} \oint_\gamma f(z) dz,$$

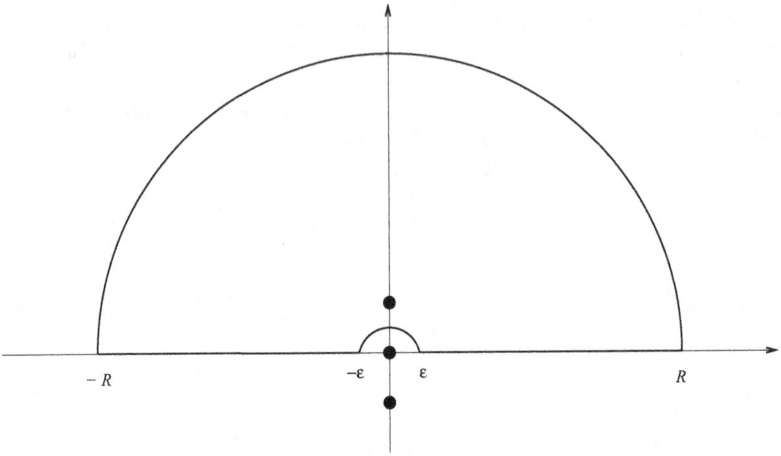

Fig. 4.3. Esercizio 4.18

dove

$$f(z) = \frac{e^{3iz}}{z(z^2+4)},$$

e γ è il percorso in Fig. 4.3, chiuso in senso antiorario nel semipiano superiore ($\mathrm{Im}\, z > 0$), in modo da garantire la convergenza dell'integrale. La funzione $f(z)$ presenta poli semplici in $z = 0$ (da aggirare come in figura), ed in $z = \pm 2$ (di cui solo $z = 2$ interno al dominio delimitato da γ, per R sufficientemente grande ed ϵ sufficientemente piccolo). (Vedi Teorema 4.1 per singolarità lungo il cammino d'integrazione.) Applicando il teorema dei residui, risulta:

$$I = \frac{1-e^{-6}}{8}\pi = \frac{\pi}{4} e^{-3} \sinh 3.$$

Esercizio 4.19 (Compito del 29.3.2004). Calcolare, coi metodi conosciuti:

$$I = \int_{-\infty}^{\infty} \frac{x^3 \sin x}{x^4 + 5x^2 + 4}\, dx.$$

Risposta: Scrivere $\sin x = \mathrm{Im}\, e^{ix}$. Gli zeri di $z^4 + 5z^2 + 4$ sono $z = \pm i, \pm 2i$. Chiudere il percorso d'integrazione nel semipiano superiore. Risulta $I = \dfrac{\pi(4-e)}{3e^2}$.

Esercizio 4.20 (Compito N.O. del 29.3.2004). Posto $\phi(x,y) = x^2 - y^2 + x$, determinare $\psi(x,y)$ tale che $F(z) = \phi(x,y) + i\psi(x,y)$ sia una funzione analitica di $z = x + iy$. Considerando $F(z)$ come il potenziale complesso di un campo vettoriale piano (irrotazionale e solenoidale), descrivere tale campo.

Risposta: Facendo uso delle condizioni di Cauchy-Riemann, Eq.i (3.36b), si ha:

$$\begin{aligned} d\psi &= \psi_x dx + \psi_y dy \\ &= -\phi_y dx + \phi_x dy \\ &= 2y dx + (2x+1) dy. \end{aligned}$$

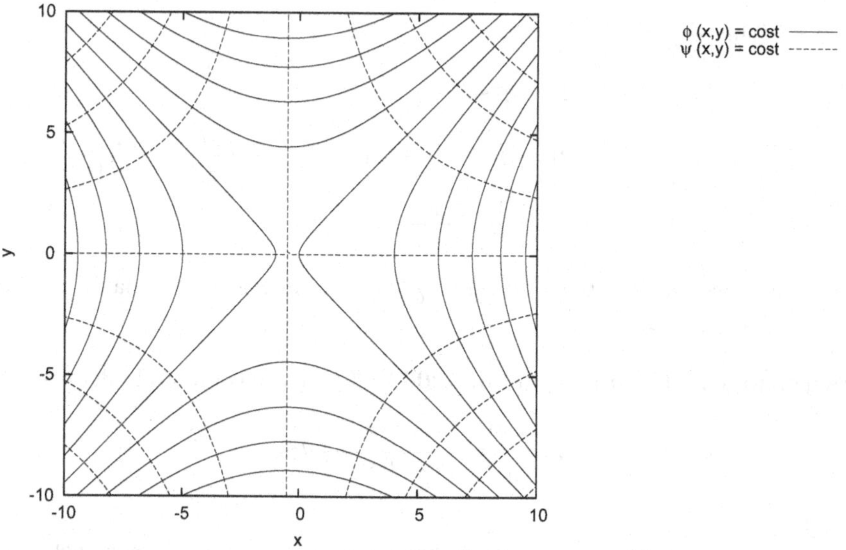

Fig. 4.4. Linee equipotenziali e linee di campo relative al potenziale complesso $F(z)$ dell'Esercizio 4.20

L'ultima relazione definisce il differenziale di ψ, che per costruzione è esatto. Integrando tale differenziale ad esempio lungo la spezzata che congiunge i punti $(0,0)$, $(x,0)$, (x,y), si trova:

$$\psi(x,y) - \psi(0,0) = \underbrace{2y \int_0^x dx'}_{y=0} + (2x+1) \int_0^y dy' = 2xy + y.$$

Posto, ad esempio, $\psi(0,0) = 0$, si trova infine:

$$\begin{aligned} F(z) &= (x^2 - y^2 + x) + i(2xy + y) \\ &= (x^2 + 2ixy - y^2) + (x + iy) \\ &= (x + iy)^2 + (x + iy) \\ &= z^2 + z, \end{aligned}$$

che è manifestamente una funzione analitica (polinomio). Le famiglie di linee coordinate e ortogonali (iperboli) definite da $\phi(x,y) = \text{cost}$ e $\psi(x,y) = \text{cost}$ (linee equipotenziali e linee di campo) sono mostrate in Fig. 4.4.

Esercizio 4.21 (Compito del 3.6.2004). Calcolare l'integrale:

$$I = \oint_\gamma z^2 \sin \frac{1}{z+2}\, dz,$$

ove $\gamma = \{z \in \mathbb{C}\colon |z| = 3\}$, percorso in verso antiorario.

Risposta: La funzione integranda presenta una singolarità essenziale in $z = -2$ (interna al dominio chiuso e limitato avente γ per frontiera). Risulta:

$$\begin{aligned} f(z) = z^2 \sin \frac{1}{z+2} = & \\ &= [(z+2)-2]^2 \sin \frac{1}{z+2} \\ &= [(z+2)^2 - 4(z+2) + 4] \left[\frac{1}{z+2} - \frac{1}{3!} \frac{1}{(z+2)^3} + \frac{1}{5!} \frac{1}{(z+2)^5} + \ldots \right] \\ &= \ldots + \left(4 - \frac{1}{3!}\right) \frac{1}{z+2} + \ldots \end{aligned}$$

da cui si evince che $\operatorname*{Res}_{z=-2} f(z) = 4 - \frac{1}{3!} = \frac{23}{6}$. Segue infine, per il teorema dei residui, che $I = \frac{23}{6} 2\pi i = \frac{23}{3} \pi i$.

Esercizio 4.22 (Compito del 5.7.2004). Calcolare col metodo dei residui:

$$I = \int_{-\infty}^{\infty} \frac{e^{-izt}}{z^2 + 3iz - 5} \, dz,$$

con $t > 0$.

Risposta: Essendo $t > 0$, occorre chiudere il percorso d'integrazione nel semipiano $\operatorname{Im} z < 0$, dove l'integrando presenta due poli semplici per $z = \pm \frac{\sqrt{11}}{2} - \frac{3}{2} i$. Il cammino di integrazione è percorso in senso orario, quindi occorre moltiplicare per $-2\pi i$. Risulta, in definitiva $I = -\frac{4\pi}{\sqrt{11}} e^{-\frac{3}{2}t} \sin \frac{\sqrt{11}}{2} t$.

Esercizio 4.23 (Compito dell'11.10.2004). Calcolare:

$$I = \int_0^{2\pi} \frac{\cos 2\theta}{3 - 2\cos\theta} \, d\theta.$$

Risposta: $I = \pi(7\sqrt{5} - 15)/5$.

Esercizio 4.24 (Compito del 9.12.2004). Calcolare l'integrale:

$$I = \int_0^{\infty} \frac{x^2}{x^4 + 1} dx$$

col metodo dei residui, mostrando che il risultato non cambia se si integra nel campo complesso nel semipiano superiore ovvero nel semipiano inferiore.

Risposta: $I = \frac{\pi}{2\sqrt{2}}$.

Esercizio 4.25 (Compito del 27.06.2006). Calcolare l'integrale:

$$I = \int_{-\infty}^{\infty} \frac{x^2 dx}{(x^2+4)^2(x^2 - 2x + 2)}.$$

Risposta: $I = 7\pi/200$.

5

Trasformate integrali

Testi di riferimento per questo capitolo sono Kolmogorov e Fomin (1980) e Logan (1997).

5.1 Trasformata di Laplace

Sia $f(t) : [0,+\infty[\to \mathbb{C}$, $f(t) \in L^1_{\mathrm{loc}}(0,+\infty)$. Ricordiamo che la notazione $L^1_{\mathrm{loc}}(0,+\infty)$ denota la classe delle funzioni $f(t) : [0,+\infty[\to \mathbb{C}$ tali che $\forall [\alpha,\beta] \subseteq [0,+\infty[$ $|f(t)|$ è integrabile secondo Lebesgue in $[\alpha,\beta]$. Sia poi $s \in \mathbb{C}$, e consideriamo l'integrale

$$\int_0^T e^{-st} f(t)\,\mathrm{d}t$$

per $T > 0$. La funzione $e^{-st}f(t)$ è integrabile in $[\alpha,\beta]$, in quanto:

$$|e^{-st}f(t)| = e^{-(\mathrm{Re}\, s)t}|f(t)| \leq M|f(t)|$$

ove $M = \max_{0\leq t\leq T} e^{-(\mathrm{Re}\, s)t}$, ed $f(t) \in L^1_{\mathrm{loc}}(0,\infty)$, per costruzione. Se esiste finito il:

$$\lim_{T\to\infty} \int_0^T e^{-st} f(t)\,\mathrm{d}t = \mathcal{L}[f;s] = F(s), \tag{5.1}$$

allora la funzione f si dice *$\mathcal{L}$-trasformabile* o *trasformabile secondo Laplace* in s, ed $F(s) = \mathcal{L}[f;s]$ prende il nome di *trasformata di Laplace di f in s_0*.

Sono funzioni trasformabili secondo Laplace le funzioni di *ordine esponenziale*. Una funzione $f(t) \in L^1_{\mathrm{loc}}(0,\infty)$ si dice di ordine esponenziale se esistono delle costanti reali positive $x_0, c, T > 0$ tali che

$$|f(t)| \leq ce^{x_0 t}, \quad t \geq T.$$

In tal caso, infatti, risulta:

$$|f(t)e^{-st}| = |f(t)e^{-(\mathrm{Re}\, s)t}| \leq ce^{(x_0 - \mathrm{Re}\, s)t},$$

da cui segue che $f(t)e^{-st}$ è integrabile in $[0,+\infty[$ non appena sia $\operatorname{Re} s > x_0$.

In generale, il dominio nel piano complesso $s \in \mathbb{C}$ nel quale una funzione f risulta $\mathcal{L}$-trasformabile è un semipiano del tipo $\operatorname{Re} s > a$, con a costante reale (Fig. 5.1). Ciò è suggerito dalla definizione stessa di trasformata di Laplace, (5.1), ed è precisato dal seguente teorema (omettere la dimostrazione).

Teorema 5.1 (Convergenza). *Sia* $f(t) \in L^1_{\mathrm{loc}}(0,\infty)$ *$\mathcal{L}$-trasformabile in* $s_0 \in \mathbb{C}$. *Allora* f *è $\mathcal{L}$-trasformabile in* $s \in \mathbb{C}$, *con* $\operatorname{Re} s > \operatorname{Re} s_0$.

Dimostrazione. Occorre provare che esiste finito il limite in Eq. (5.1). Consideriamo allora:

$$\int_0^T e^{-st} f(t)\,\mathrm{d}t = \int_0^T e^{-(s-s_0)t} e^{-s_0 t} f(t)\,\mathrm{d}t.$$

Vogliamo adesso integrare per parti, con $u(t) = e^{-(s-s_0)t}$ e $v(t) = e^{-s_0 t} f(t)$. Per poter fare ciò, è necessario prima provare che u e v siano assolutamente continue in $[0,T]$. La funzione u non presenta problemi, in quanto è lipschitziana in $[0,T]$, dunque assolutamente continua. Quanto a v, osserviamo che $e^{-s_0\tau} f(\tau)$ è integrabile in $[0,T]$, e quindi la funzione integrale:

$$\phi(t) = \int_0^t e^{-s_0\tau} f(\tau)\,\mathrm{d}\tau$$

è assolutamente continua in $[0,T]$, con $\phi'(t) = v(t) = e^{-s_0 t} f(t)$. Integrando per parti, quindi:

$$\int_0^T e^{-st} f(t)\,\mathrm{d}t = \left[e^{-(s-s_0)t}\phi(t)\right]_0^T + (s-s_0)\int_0^T \phi(t) e^{-(s-s_0)t}\,\mathrm{d}t =$$
$$= e^{-(s-s_0)T}\phi(T) + (s-s_0)\int_0^T \phi(t) e^{-(s-s_0)t}\,\mathrm{d}t.$$

Proviamo adesso che $\lim_{T\to\infty} e^{-(s-s_0)T}\phi(T) = 0$. Poiché $\phi(t)$ è assolutamente continua in ogni intervallo del tipo $[0,T]$, allora $\exists k > 0$ tale che $|\phi(T)| \le k$ per $T \ge 0$. Segue che:

$$|e^{-(s-s_0)T}\phi(T)| = e^{-(\operatorname{Re} s - \operatorname{Re} s_0)T}|\phi(T)| \le k e^{-(\operatorname{Re} s - \operatorname{Re} s_0)T} \to 0$$

per $T \to 0$, essendo $\operatorname{Re} s > \operatorname{Re} s_0$, per ipotesi.

Rimane da provare che esiste finito il limite per $T \to \infty$ dell'ultimo integrale. Ma analogamente,

$$\left|\int_0^T \phi(t) e^{-(s-s_0)t}\,\mathrm{d}t\right| \le \int_0^T |\phi(t)| e^{-(\operatorname{Re} s - \operatorname{Re} s_0)t}\,\mathrm{d}t \le$$
$$\le \frac{k}{\operatorname{Re} s - \operatorname{Re} s_0}\left(1 - e^{-(\operatorname{Re} s - \operatorname{Re} s_0)T}\right) \to \frac{k}{\operatorname{Re} s - \operatorname{Re} s_0},$$

per $T \to \infty$. □

Definizione 5.1 (Ascissa di convergenza). *Sia $f(t) \in L^1_{\text{loc}}(0, \infty)$. Consideriamo l'insieme*

$$\mathcal{I} = \{\text{Re}\, s\colon\ f(t) \text{ è } \mathcal{L}\text{-trasformabile in } s\}\,.$$

Posto $a = \inf \mathcal{I}$ (potendo a essere anche il simbolo $-\infty$ o $+\infty$), a prende il nome di ascissa di convergenza *per la trasformata di Laplace di f. Se $\mathcal{I} = \emptyset$, si pone $a = +\infty$, per convenzione.*

Osservazione 5.1. Possono accadere i seguenti casi:

s: $\text{Re}\, s > a$, allora $f(t)$ è $\mathcal{L}$-trasformabile in s.
s: $\text{Re}\, s < a$, allora $f(t)$ non è $\mathcal{L}$-trasformabile in s.
s: $\text{Re}\, s = a$, allora non si può dire nulla, in generale, circa la $\mathcal{L}$-trasformabilità di $f(t)$ in s.

La situazione nel piano complesso è schematizzata in Fig. 5.1.

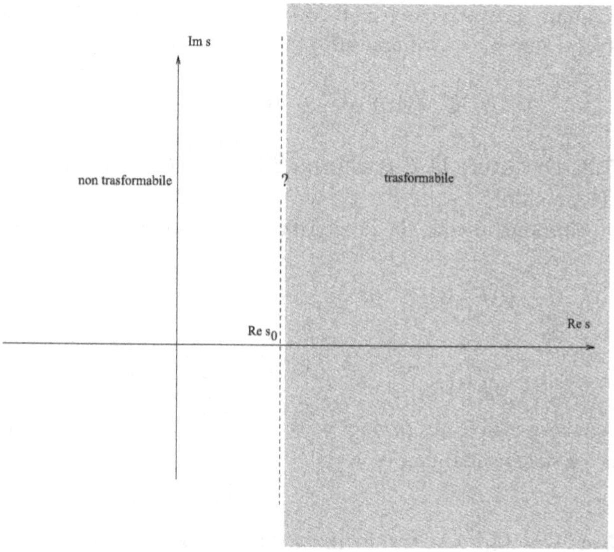

Fig. 5.1. Ascissa di convergenza

Esercizio 5.1. Discutere la $\mathcal{L}$-trasformabilità di $f(t) = e^{t^2}$.

Risposta: $f(t)$ è di classe $L^1_{\text{loc}}(0, \infty)$, ma *non* è di ordine esponenziale. Scegliamo $s \in \mathbb{R}$ e consideriamo

$$\int_0^T e^{-st} f(t)\,\mathrm{d}t = \int_0^T e^{t^2 - st}\,\mathrm{d}t = \int_0^T e^{\left(t - \frac{s}{2}\right)^2 - \frac{s^2}{4}}\,\mathrm{d}t \ge e^{-\frac{s^2}{4}} \int_0^T \mathrm{d}t = T e^{-\frac{s^2}{4}} \to \infty,$$

per $T \to \infty$. Si è fatto uso del fatto che $e^{\left(t-\frac{s}{2}\right)^2} \ge 1$. Segue che $f(t)$ *non* è $\mathcal{L}$-trasformabile per alcun $s \in \mathbb{C}$, ovvero che ha ascissa di convergenza $s = +\infty$.

Esercizio 5.2. Discutere la $\mathcal{L}$-trasformabilità di $f(t) = e^{\alpha t}$, $\alpha \in \mathbb{C}$.

Risposta: Risulta:

$$\int_0^T e^{-st} e^{\alpha t} = \left[\frac{e^{(\alpha - s)t}}{\alpha - s} \right]_0^T = \frac{e^{-(s-\alpha)T}}{\alpha - s} - \frac{1}{\alpha - s},$$

se $s \neq \alpha$, e poiché $|e^{-(s-\alpha)T}| = e^{-(\mathrm{Re}\, s - \mathrm{Re}\, \alpha)T}$, segue che $f(t)$ è $\mathcal{L}$-trasformabile e risulta

$$\mathcal{L}[e^{\alpha t}; s] = \frac{1}{s - \alpha}, \quad \text{per } \mathrm{Re}\, s > \mathrm{Re}\, \alpha.$$

Proviamo allora che l'ascissa di convergenza è proprio $a = \mathrm{Re}\, \alpha$. Basta provare che esiste un $s_0 \in \mathbb{C}$, con $\mathrm{Re}\, s_0 = \mathrm{Re}\, \alpha$, tale che $f(t)$ non sia $\mathcal{L}$-trasformabile in s_0. Posto $\alpha = \alpha' + i\alpha''$, consideriamo proprio $s_0 = \alpha' = \mathrm{Re}\, \alpha$. Si ha:

$$\int_0^T e^{-s_0 t} e^{\alpha t}\, \mathrm{d}t = \int_0^T e^{i\alpha'' t}\, \mathrm{d}t = \begin{cases} T, & \text{se } \alpha'' = 0, \\ \dfrac{e^{i\alpha'' T}}{i\alpha''}, & \text{se } \alpha'' \neq 0. \end{cases}$$

Nel primo caso, il limite per $T \to \infty$ diverge, nel secondo caso il limite non esiste. In ogni caso, rimane provato che $a = \mathrm{Re}\, \alpha$.

In particolare, per $\alpha = 0$, rimane provato che:

$$\mathcal{L}[1; s] = \frac{1}{s}, \quad \mathrm{Re}\, s > 0.$$

Esercizio 5.3. Discutere la $\mathcal{L}$-trasformabilità di $H(t-a)$, con $a \geq 0$ ed H la funzione di Heaviside.

Risposta: Supponendo che sia $T > a$ (dato che alla fine faremo tendere $T \to \infty$), risulta:

$$\int_0^T H(t-a) e^{-st}\, \mathrm{d}t = \int_a^T e^{-st} = -\frac{e^{-sT} - e^{-sa}}{s},$$

da cui:

$$\mathcal{L}[H(t-a); s] = \frac{1}{s} e^{-as}, \quad \mathrm{Re}\, s > 0.$$

L'ascissa di convergenza è proprio $a = 0$, come si verifica subito, provando che $H(t-a)$ non è $\mathcal{L}$-trasformabile per $s = 0$.

Esercizio 5.4. Calcolare la trasformata di Laplace di $f(t) = e^{-a^2 t^2}$.

Risposta: Si ha:

$$\mathcal{L}[f(t); s] = \int_0^\infty e^{-(st + a^2 t^2)}\, \mathrm{d}t.$$

Completando il quadrato:

$$st + a^2 t^2 = \left(at + \frac{s}{2a} \right)^2 - \frac{s^2}{4a^2} \equiv x^2 - \frac{s^2}{4a^2},$$

si ha:

$$\mathcal{L}[f(t); s] = e^{\frac{s^2}{4a^2}} \frac{1}{a} \int_{\frac{s}{2a}}^\infty e^{-x^2}\, \mathrm{d}x = \frac{\sqrt{\pi}}{2a} e^{\frac{s^2}{4a^2}} \operatorname{erfc}\left(\frac{s}{2a} \right).$$

Tabella 5.1. Tavola di alcune trasformate di Laplace, e loro ascisse di convergenza

$f(t)$	$F(s)$	
1	$\frac{1}{s}$	$\operatorname{Re} s > 0$
$e^{\alpha t}$	$\frac{1}{s-\alpha}$	$\operatorname{Re} s > \operatorname{Re} \alpha$
t^n	$\frac{n!}{s^{n+1}}$	$\operatorname{Re} s > 0$
$t^n e^{\alpha t}$	$\frac{n!}{(s-\alpha)^{n+1}}$	$\operatorname{Re} s > \operatorname{Re} \alpha$
$\sin \alpha t, \quad \cos \alpha t$	$\frac{\alpha}{s^2+\alpha^2}, \quad \frac{s}{s^2+\alpha^2}$	$\operatorname{Re} s > \lvert \operatorname{Im} \alpha \rvert$
$\sinh \alpha t, \quad \cosh \alpha t$	$\frac{\alpha}{s^2-\alpha^2}, \quad \frac{s}{s^2-\alpha^2}$	$\operatorname{Re} s > \lvert \operatorname{Re} \alpha \rvert$
$e^{\alpha t} \sin \beta t, \quad e^{\alpha t} \cos \beta t$	$\frac{\beta}{(s-\alpha)^2+\beta^2}, \quad \frac{s-\alpha}{(s-\alpha)^2+\beta^2}$	$\operatorname{Re} s > \max(\operatorname{Re} \alpha, \lvert \operatorname{Im} \beta \rvert)$
$H(t-a) \ (a \geq 0)$	$\frac{1}{s} e^{-as}$	$\operatorname{Re} s > 0$
$e^{-a^2 t^2}$	$\frac{\sqrt{\pi}}{2a} e^{\frac{s^2}{4a^2}} \operatorname{erfc}\left(\frac{s}{2a}\right)$	
$\frac{1}{\sqrt{t}} e^{-2\sqrt{at}}$	$\sqrt{\frac{\pi}{s}} e^{a/s} \operatorname{erfc}\left(\sqrt{\frac{a}{s}}\right)$	
$\operatorname{erfc} \frac{a}{2\sqrt{t}}$	$\frac{1}{s} e^{-a\sqrt{s}}$	$\operatorname{Re} s > 0$

Osservazione 5.2 (Funzione degli errori). Nell'esercizio precedente si è fatto uso della *funzione degli errori complementare:*

$$\operatorname{erfc} x = 1 - \operatorname{erf} x = \frac{2}{\sqrt{\pi}} \int_x^\infty e^{-u^2} \, \mathrm{d}u, \tag{5.2}$$

definita in termini della *funzione degli errori* (Fig. 5.2):

$$\operatorname{erf} x = \frac{2}{\sqrt{\pi}} \int_0^x e^{-u^2} \, \mathrm{d}u. \tag{5.3}$$

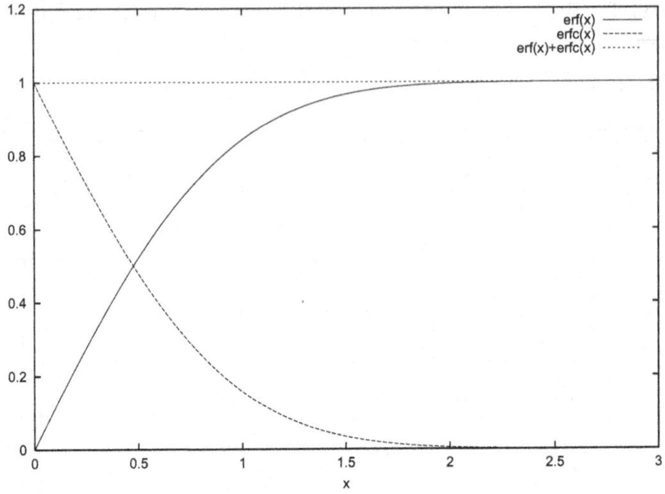

Fig. 5.2. Grafici della funzione degli errori, $\operatorname{erf} x$, e della funzione degli errori complementare, $\operatorname{erfc} x$

Integrando per parti la (5.2), si ha:

$$\begin{aligned}\operatorname{erfc} x &= \frac{2}{\sqrt{\pi}} \int_x^\infty e^{-u^2} \, \mathrm{d}u \\ &= \frac{2}{\sqrt{\pi}} \int_x^\infty e^{-u^2} u \cdot \frac{1}{u} \, \mathrm{d}u \\ &= \frac{2}{\sqrt{\pi}} \left(-\frac{1}{2u} e^{-u^2} \Big|_x^\infty - \int_x^\infty \frac{1}{2u^2} e^{-u^2} \, \mathrm{d}u \right) \\ &= \frac{2}{\sqrt{\pi}} \left(\frac{1}{2x} e^{-x^2} - \int_x^\infty \frac{1}{2u^2} e^{-u^2} \, \mathrm{d}u \right).\end{aligned}$$

Integrando ulteriormente per parti, si trova:

$$= \frac{2}{\sqrt{\pi}} e^{-x^2} \left(\frac{1}{2x} - \frac{1}{4x^3} \right) + \frac{1}{\sqrt{\pi}} \int_x^\infty \frac{3}{2u^4} e^{-u^2} \, \mathrm{d}u,$$

in cui l'ultimo integrale da calcolare è, in valore assoluto, sempre inferiore all'ultimo termine calcolato. Continuando in questo modo, si ottiene l'*espansione asintotica:*

$$\operatorname{erfc} x \sim \frac{2}{\sqrt{\pi}} e^{-x^2} \left(\frac{1}{2x} - \frac{2!}{(2x)^3} + \frac{4!}{2!(2x)^5} - \frac{6!}{3!(2x)^7} + \dots \right). \qquad (5.4)$$

Tale espansione *non* è convergente, ma realizza un'eccellente approssimazione di $\operatorname{erfc} x$ per grandi x.

Tale ultimo risultato può essere ottenuto servendosi di metodi generali per l'espansione asintotica di funzioni esprimibili come integrali di funzioni dipendenti da un parametro (metodo di Laplace, lemma di Watson) (Logan, 1997). Ci limitiamo qui ad osservare che tali metodi sono strettamente imparentati con la teoria della trasformazione di Laplace.

Esercizio 5.5. Provare che:

$$\mathcal{L}\left[\frac{1}{\sqrt{t}}e^{-2\sqrt{at}}; s\right] = \sqrt{\frac{\pi}{s}}e^{a/s}\operatorname{erfc}\left(\sqrt{\frac{a}{s}}\right).$$

Esercizio 5.6. Dimostrare le altre trasformate di Laplace elencate in Tab. 5.1.

Teorema 5.2 (Proprietà della trasformata di Laplace). *Sotto opportune ipotesi, è possibile dimostrare le seguenti proprietà della trasformata di Laplace, di cui omettiamo la dimostrazione. Nel seguito, a denota l'ascissa di convergenza di f, a_1 l'ascissa di convergenza di f_1, etc.*

Linearità:

$$\mathcal{L}[\lambda f_1(t) + \mu f_2(t); s] = \lambda\mathcal{L}[f_1(t); s] + \mu\mathcal{L}[f_2(t); s], \quad \operatorname{Re} s > \max(a_1, a_2). \tag{5.5}$$

Traslazione (1):

$$\mathcal{L}[e^{\alpha t}f(t); s] = \mathcal{L}[f(t); s-\alpha], \quad \operatorname{Re} s > a + \operatorname{Re}\alpha. \tag{5.6}$$

Traslazione (2): Se $b \geq 0$,

$$\mathcal{L}[H(t-b)f(t-b); s] = e^{-bs}\mathcal{L}[f(t); s], \quad \operatorname{Re} s > a. \tag{5.7}$$

Analiticità e derivate: $\mathcal{L}[f(t); s]$ è analitica nel semipiano $\operatorname{Re} s > a$ e inoltre:

$$\frac{d^n\mathcal{L}[f(t); s]}{ds^n} = (-1)^n\mathcal{L}[t^n f(t); s], \quad \operatorname{Re} s > a. \tag{5.8}$$

Cambio scala: Se $k > 0$, allora:

$$\mathcal{L}[f(kt); s] = \frac{1}{k}\mathcal{L}\left[f(t); \frac{s}{k}\right], \quad \operatorname{Re} s > ka. \tag{5.9}$$

Funzione periodica: Se $f(t)$ è periodica, con minimo periodo positivo $\ell > 0$, allora:

$$\mathcal{L}[f(t); s] = \frac{1}{1-e^{-s\ell}}\int_0^\ell e^{-st}f(t)\,\mathrm{d}t, \quad \operatorname{Re} s > 0. \tag{5.10}$$

Convoluzione: Siano $f_1, f_2 \in L^1_{\mathrm{loc}}(\mathbb{R})$. Si definisce la convoluzione fra f_1 e f_2 *la nuova funzione:*

$$(f_1 * f_2)(t) = \int_{-\infty}^{\infty} f_1(\tau)f_2(t-\tau)\,\mathrm{d}\tau. \tag{5.11}$$

Risulta allora:

$$\mathcal{L}[(f_1 * f_2)(t); s] = \mathcal{L}[f_1(t); s]\cdot\mathcal{L}[f_2(t); s], \quad \operatorname{Re} s > \max(a_1, a_2). \tag{5.12}$$

Trasformata della funzione integrale ("antiderivata"):

$$\mathcal{L}\left[\int_0^t f(\tau)\,\mathrm{d}\tau; s\right] = \frac{1}{s}\mathcal{L}[f(t); s], \quad \operatorname{Re} s > \max(a, 0). \tag{5.13}$$

Trasformata della derivata:

$$\mathcal{L}[f'(t); s] = s\mathcal{L}[f(t); s] - f(0), \tag{5.14a}$$

$$\mathcal{L}[f''(t); s] = s^2\mathcal{L}[f(t); s] - sf(0) - f'(0), \tag{5.14b}$$

e in generale:

$$\begin{aligned}\mathcal{L}[f^{(n)}(t); s] = s^n\mathcal{L}[f(t); s] - s^{n-1}f(0) - s^{n-2}f'(0) - \dots \\ \dots - sf^{(n-2)}(0) - f^{(n-1)}(0), \\ \operatorname{Re} s > \max(a, 0).\end{aligned} \tag{5.14c}$$

Dimostrazione. Omessa. □

Esercizio 5.7. Calcolare la trasformata di Laplace di $f(t) = \operatorname{erfc} \frac{a}{2\sqrt{t}}$ $(a > 0)$.

Risposta: Chiamiamo $f(s) = \mathcal{L}[f(t); s]$. Supponiamo s reale, $s > 0$. Il risultato si generalizza al caso s complesso, con $\operatorname{Re} s > 0$. In base alla definizione di $\operatorname{erfc} x$, risulta $f(0) = 0$, ed

$$f'(t) = \frac{a}{2\sqrt{\pi}}\frac{1}{t^{3/2}}e^{-\frac{a^2}{4t}}.$$

Servendoci del risultato relativo alla trasformata della derivata di una funzione, risulta allora:

$$sF(s) = \frac{a}{2\sqrt{\pi}}\int_0^\infty \frac{1}{t^{3/2}}e^{-\left(\frac{a^2}{4t}+st\right)}\,\mathrm{d}t = \frac{a}{\sqrt{\pi}}\int_0^\infty e^{-\left(\frac{a^2x^2}{4}+\frac{s}{x^2}\right)}\,\mathrm{d}x,$$

ove si è effettuata la sostituzione $x = 1/\sqrt{t}$. Completando il quadrato come:

$$\frac{a^2x^2}{4} + \frac{s}{x^2} = \left(\frac{ax}{2} - \frac{\sqrt{s}}{x}\right)^2 + a\sqrt{s},$$

ponendo ancora:

$$z = \frac{ax}{2} - \frac{\sqrt{s}}{x},$$

$$x = \frac{z + \sqrt{z^2 + 2a\sqrt{s}}}{a},$$

$$\frac{dz}{dx} = \frac{a}{2} + \frac{\sqrt{s}}{x^2} = a\frac{\sqrt{z^2 + 2a\sqrt{s}}}{z + \sqrt{z^2 + 2a\sqrt{s}}},$$

si ha:

$$sF(s) = \frac{a}{\sqrt{\pi}}e^{-a\sqrt{s}}\int_{-\infty}^\infty \frac{\mathrm{d}z}{a}\frac{z + \sqrt{z^2 + 2a\sqrt{s}}}{\sqrt{z^2 + 2a\sqrt{s}}}e^{-z^2} = e^{-a\sqrt{s}},$$

(l'integrando $\propto z$ è dispari ed integrato da $-\infty$ a $+\infty$, quindi l'integrale fa zero, mentre il secondo è proprio l'integrale gaussiano), da cui infine:

$$F(s) = \frac{1}{s} e^{-a\sqrt{s}}.$$

La Tab. 5.1 riporta le espressioni delle trasformate di Laplace di alcune funzioni. Essa può essere utilizzata in senso inverso per risalire alla funzione $f(t)$, una volta nota la sua trasformata $F(s)$, se è possibile riconoscere questa in uno dei casi elencati. Occorre chiedersi, a questo punto, quando e se l'antitrasformata esista, in che senso essa sia 'unica', e infine come fare a calcolarla nel caso generale. Sussistono a tal proposito i seguenti due teoremi, che enunciamo senza dimostrare.

Teorema 5.3 (di Lerch). *Se due funzioni $f, g \in L^1_{\text{loc}}(\mathbb{R})$ possiedono la stessa trasformata di Laplace, allora esse differiscono al più per una funzione 'nulla', ossia esiste $\omega : [0, \infty] \to \mathbb{C}$ tale che $f(t) = g(t) + \omega(t)$ e inoltre*

$$\int_0^x \omega(t)\,\mathrm{d}t = 0, \qquad \textit{per ogni } x > 0.$$

In particolare, segue che se due funzioni f e g sono continue *per $t \geq 0$ e possiedono la stessa trasformata di Laplace, allora esse sono identiche, ossia ω è la funzione identicamente nulla.*

Teorema 5.4 (formula di inversione della trasformata di Laplace). *Sia $f \in L^1_{\text{loc}}(\mathbb{R})$ una funzione $\mathcal{L}$-trasformabile, ed $F(s) = \mathcal{L}[f(t); s]$ la sua trasformata di Laplace. Allora,*

$$f(t) \equiv \mathcal{L}^{-1}[F(s); t] = \frac{1}{2\pi i} \int_{a-i\infty}^{a+i\infty} F(s) e^{st}\,\mathrm{d}s, \tag{5.15}$$

ove il percorso di integrazione nel piano complesso $s = a + i\sigma$, con a reale fissato e $-\infty < \sigma < +\infty$ (retta parallela all'asse $\operatorname{Im} s$, percorso di Bromwich*) è tale da trovarsi a destra di ogni singolarità della funzione $F(s)$.*

Osservazione 5.3. L'integrale (5.15) è da intendersi nel senso del valor principale o secondo Cauchy, cioè:

$$\int_{a-i\infty}^{a+i\infty} \mathrm{d}s \;\cdots\; = \lim_{R\to\infty} \int_{a-iR}^{a+iR} \cdots\;.$$

In altri termini, gli estremi d'integrazione inferiore e superiore tendono a $\pm i\infty$ con la stessa rapidità.

La teoria della trasformata ed antitrasformata di Laplace trova applicazione nella soluzione di equazioni e sistemi di equazioni differenziali ordinarie, equazioni alle derivate parziali, ed equazioni alle differenze finite, come mostrano gli esempi che seguono.

Altre applicazioni riguardano particolari equazioni integrali ed integro-differenziali, come le equazioni di Volterra ed il problema di Sturm-Liouville. Nelle trattazioni classiche della trasformata di Laplace, si approfitta dello studio di $\mathcal{L}[t^n; s]$ per n intero per introdurre la funzione $\Gamma(x)$ di Eulero, che generalizza il fattoriale di un numero intero al caso di x reale (e poi complesso, per prolungamento analitico).

Per economia di spazio, rimando a testi più specializzati per la trattazione di tali argomenti, ripromettendomi di farne cenno un po' più estesamente in successive versioni di questi appunti.

Esercizio 5.8 (Metodo degli operatori). Determinare la soluzione del sistema di equazioni differenziali (problema di Cauchy):

$$\begin{aligned} x' + y' + x - y &= 0 \\ x' - y' + x + y &= \sin t \\ x(0) = y(0) &= 0. \end{aligned}$$

Risposta: Siano $x = x(t)$, $y = y(t)$ le funzioni incognite e $X(s) = \mathcal{L}[x(t); s]$, $Y(s) = \mathcal{L}[y(t); s]$ le loro trasformate di Laplace. Trasformando ambo i membri delle equazioni, facendo uso della (5.14a) e dei risultati di Tab. 5.1, si ha:

$$\begin{aligned} s(X + Y) + X - Y &= 0 \\ s(X - Y) + X - Y &= \frac{1}{1 + s^2}, \end{aligned}$$

che, per ogni fissato valore di s a destra dell'ascissa di convergenza delle trasformate di x e y, è un sistema lineare di equazioni algebriche (non più differenziali!) nelle trasformate X e Y. Notare che le condizioni iniziali sono già state inglobate. Risolvendo tale sistema, ad esempio col metodo di Cramer, si ha:

$$\begin{aligned} X &= \frac{1}{2}\frac{1}{1+s}\frac{1}{1+s^2} = \frac{1}{4}\left[\frac{1-s}{1+s^2} + \frac{1}{1+s}\right], \\ Y &= \frac{1}{2}\frac{1}{1-s}\frac{1}{1+s^2} = \frac{1}{4}\left[\frac{1+s}{1+s^2} + \frac{1}{1-s}\right], \end{aligned}$$

ove nell'ultimo passaggio si è fatto uso dell'usuale metodo di decomposizione in 'fratti semplici'. Ad esempio,

$$\frac{1}{1+s}\frac{1}{1+s^2} = \frac{As + B}{1+s^2} + \frac{C}{1+s} = \frac{(A+C)s^2 + (A+B)s + B + C}{(1+s^2)(1+s)},$$

da cui, confrontando i numeratori, per il principio di identità dei polinomi, deve essere

$$\begin{aligned} A + C &= 0, \\ A + B &= 0, \\ B + C &= 1, \end{aligned}$$

da cui $B = C = \frac{1}{2}$ e $A = -\frac{1}{2}$. Servendosi infine ancora della Tab. 5.1, ma stavolta per trovare le antitrasformate, ed antitrasformando ambo i membri, si trova la soluzione cercata:

$$x(t) = \frac{1}{4}\left(\sin t - \cos t + e^{-t}\right),$$
$$y(t) = \frac{1}{4}\left(\sin t + \cos t - e^{t}\right).$$

Il metodo illustrato da questo esercizio è anche noto col nome di *metodo degli operatori* (Kolmogorov e Fomin, 1980). Esso istituisce una corrispondenza biunivoca fra l'algebra degli operatori differenziali lineari (mediante i quali è possibile costruire un'equazione o un sistema di equazioni differenziali lineari a coefficienti costanti) e l'algebra dei polinomi.

Il metodo suggerito dall'esempio precedente può essere applicato anche ad equazioni differenziali alle derivate parziali. Si intende che in tal caso si trasforma secondo Laplace rispetto ad una sola variabile, mantenendo fissata l'altra. Consideriamo il seguente esempio, relativo all'equazione di diffusione.

Esercizio 5.9 (Fiume inquinato). Sia $u = u(x,t)$ la concentrazione di una sostanza inquinante relativa alla sezione di coordinata x di un fiume ($x \geq 0$) al tempo $t \geq 0$. Ad ogni istante di tempo $t \geq 0$ supponiamo che la concentrazione relativa alla posizione $x = 0$ sia fissata, e ad esempio sia $u(0,t) = 1$ (una fabbrica sita in $x = 0$ costituisce una sorgente costante di inquinamento per il nostro fiume). Ci chiediamo come evolva nel tempo e lungo il fiume la concentrazione u.

Risposta: Un semplice modello che descrive la questione è dato dal seguente problema di Dirichlet per l'equazione di diffusione:

$$u_t - u_{xx} = 0, \quad x > 0, \quad t \geq 0, \tag{5.16a}$$
$$u(x,0) = 0, \quad x > 0, \tag{5.16b}$$
$$u(0,t) = 1, \quad t \geq 0, \tag{5.16c}$$

ove si è posto la costante di diffusione pari ad uno. Osserviamo subito che, a differenza del caso dell'equazione del calore per una sbarra, il dominio di variabilità per x è supposto illimitato superiormente, $0 \leq x < \infty$. Si richiede tuttavia che la concentrazione $u(x,t)$ sia finita, cioè, che $u(x,t)$ sia una funzione limitata. In luogo della condizione al contorno di Dirichlet all'altro estremo, dunque, qui si richiede che sia finito il $\lim_{x\to\infty} u(x,t)$.

Procediamo trasformando secondo Laplace e *rispetto al tempo* t (x fissato) ambo i membri dell'Eq. (5.16a), facendo uso della (5.14a) e della condizione al contorno (5.16b) per $t = 0$. Posto $U(s,x) = \mathcal{L}[u(x,t);s]$, risulta:

$$sU(x,s) - U_{xx}(x,s) = 0,$$

che è un'equazione differenziale ordinaria per $U(s,x)$, con x variabile indipendente ed s parametro. Il suo integrale generale è:

$$U(x,s) = a(s)e^{-\sqrt{s}x} + b(s)e^{\sqrt{s}x}.$$

Per avere soluzioni limitate nel limite $x \to +\infty$, occorre scegliere $b(s) = 0$, e quindi:

$$U(x,s) = a(s)e^{-\sqrt{s}x}.$$

Prendendo adesso la trasformata di Laplace della condizione al contorno (5.16c) e servendosi della Tab. 5.1, si ottiene $U(0,s) = 1/s$, sicché $a(s) = 1/s$. In definitiva:

$$U(x,s) = \frac{1}{s} e^{-\sqrt{s}x},$$

che già ingloba tutte le condizioni al contorno. Antitrasformando (Esercizio 5.7), si trova la soluzione cercata:

$$u(x,t) = \operatorname{erfc}\left(\frac{x}{2\sqrt{t}}\right),$$

il cui grafico è riportato in Fig. 5.3.

Si nota che, inizialmente, la sostanza inquinante è tutta concentrata attorno alla sorgente, $x = 0$. Col passare del tempo, essa diffonde lungo il fiume, e tende ovunque al valore massimo, pari al valore costante alla sorgente, $u(0,t) = 1$.

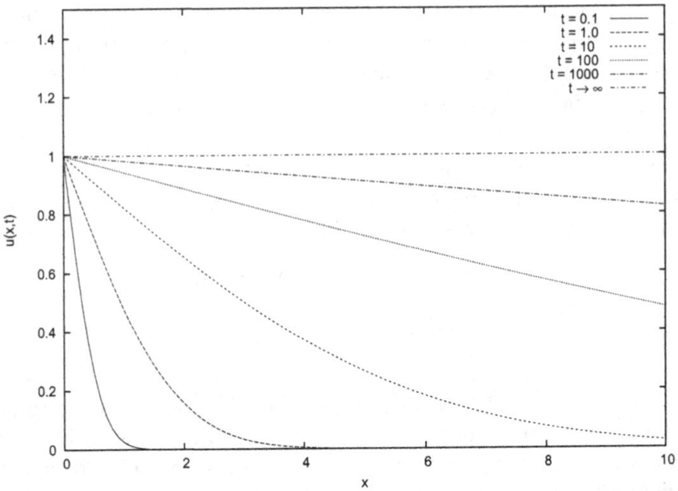

Fig. 5.3. Esercizio 5.9: concentrazione di una sostanza inquinante lungo un fiume

Esercizio 5.10 (Successione di Fibonacci). Quante coppie di conigli verranno prodotte in un anno, a partire da un'unica coppia, se ogni mese ciascuna coppia dà alla luce una nuova coppia che diventa produttiva a partire dal secondo mese?

Risposta: Tale problema si trova formulato nel *Liber abaci* di Leonardo di Bonaccio Pisano (1180 ca.–1250), detto il Fibonacci ("figlio di Bonaccio"). Essa conduce alla successione definita per ricorrenza:

$$y_{n+2} = y_n + y_{n+1}, \tag{5.17a}$$

$$y_0 = 0, \tag{5.17b}$$

$$y_1 = 1. \tag{5.17c}$$

Ogni termine è somma dei precedenti due. I primi termini sono:

$$y_n = 0,\ 1,\ 1,\ 2,\ 3,\ 5,\ 8,\ 13,\ 21,\ \ldots$$

Tale successione trova applicazione in questioni di fillotassi e di sviluppo organico. Recentemente, la successione di Fibonacci è stata usata in modelli matematici utilizzati per descrivere i cosiddetti quasicristalli (Gardner, 1977; Penrose, 1978; Quilichini e Janssen, 1997), strutture cristalline dotate di simmetria puntuale, ma non di simmetria traslazionale. Il limite

$$m = \lim_{n\to\infty} \frac{y_{n+1}}{y_n} = \frac{\sqrt{5}+1}{2} = 1.618034\ldots, \tag{5.18}$$

è noto come *sezione aurea* (Livi, 2003). Questa può essere definita geometricamente come la parte di un segmento media proporzionale fra l'intero segmento (1) e la sua parte residua,

$$1 : m = m : 1 - m.$$

Fra' Luca Pacioli (1445–1514), nella sua edizione di Euclide intitolata *De divina proportione* (forse illustrata dallo stesso Leonardo da Vinci), stabiliva precisi canoni estetici che legavano le proporzioni degli edifici alla sezione aurea, *divina proportio,* appunto. Tali canoni avrebbero influenzato notevolmente l'arte rinascimentale. Nell'*uomo vitruviano* di Leonardo, l'ombelico divide l'altezza umana secondo la sua sezione aurea (Fig. 5.4).

Vogliamo determinare il termine generico della successione (5.17). Consideriamo a tal proposito la funzione $y(t) : [0, \infty] \to \mathbb{N}$ definita ponendo:

$$y(t) = y_n, \qquad n \le t < n+1.$$

La (5.17a) si traduce allora nell'*equazione alle differenze finite* (Brand, 1966):

$$y(t+2) = y(t) + y(t+1).$$

Le condizioni (5.17b) e (5.17c) equivalgono allora a dire che:

$$\begin{aligned} y(t) &= 0, \qquad 0 \le t < 1, \\ y(t) &= 1, \qquad 1 \le t < 2. \end{aligned}$$

Facendo uso di tali condizioni, si ha:

$$\begin{aligned}
\mathcal{L}[y(t); s] &= \int_0^\infty y(t) e^{-st}\,\mathrm{d}t = Y(s); \\
\mathcal{L}[y(t+1); s] &= \int_0^\infty y(t+1) e^{-st}\,\mathrm{d}t = \int_1^\infty y(\tau) e^{-s(\tau-1)}\,\mathrm{d}\tau = e^s Y(s); \\
\mathcal{L}[y(t+1); s] &= \int_0^\infty y(t+2) e^{-st}\,\mathrm{d}t = \int_2^\infty y(\tau) e^{-s(\tau-2)}\,\mathrm{d}\tau \\
&= e^{2s}\left(Y(s) - \int_1^2 y(\tau) e^{-s\tau}\,\mathrm{d}\tau \right) = e^{2s}\left[Y(s) + \frac{1}{s}\left(e^{-2s} - e^{-s}\right)\right],
\end{aligned}$$

ove di volta in volta si è posto $\tau = t+1$ e $\tau = t+2$. Si ha pertanto:

$$e^{2s}\left[Y(s) + \frac{1}{s}\left(e^{-2s} - e^{-s}\right)\right] = Y(s) + e^s Y(s),$$

che risolta rispetto a $Y(s)$ restituisce:

$$Y(s) = \frac{1 - e^s}{s(1 + e^s - e^{2s})} = \frac{e^{-2s} - e^{-s}}{s(e^{-2s} + e^{-s} - 1)}.$$

Posto $x = e^{-s}$, la quantità tra parentesi al denominatore si annulla per $x^2 + x - 1 = 0$, ossia per $x = \frac{-1 \pm \sqrt{5}}{2} = b, -\frac{1}{b}$, avendo posto $b = \frac{-1+\sqrt{5}}{2} > 0$. Note tali radici, è possibile decomporre $1/(x^2 + x - 1)$ in 'fratti semplici' (cfr. Esercizio 5.8), e ottenere in definitiva:

$$Y(s) = -\frac{b}{1 + b^2} \frac{1}{s} \left(e^{-2s} - e^{-s}\right) \left(\frac{1}{b} \frac{1}{1 - \frac{e^{-s}}{b}} - b \frac{1}{1 + b e^{-s}} \right).$$

Facendo uso dello sviluppo di $1/(1 - z)$,

$$\begin{aligned} Y(s) &= -\frac{b}{1 + b^2} \frac{1}{s} \left(e^{-2s} - e^{-s}\right) \sum_{k=0}^{\infty} \left[\frac{1}{b} \left(\frac{e^{-s}}{b} \right)^k + b(-b e^{-s})^k \right] \\ &= -\frac{b}{1 + b^2} \sum_{k=0}^{\infty} \left(\frac{1}{b^{k+1}} - (-b)^{k+1} \right) \left(\frac{e^{-(k+2)s}}{s} - \frac{e^{-(k+1)s}}{s} \right). \end{aligned}$$

Infine, antitrasformando termine a termine la serie (Tab. 5.1), si ha:

$$y(t) = -\frac{b}{1 + b^2} \sum_{k=0}^{\infty} \left(\frac{1}{b^{k+1}} - (-b)^{k+1} \right) [H(t - k - 2) - H(t - k - 1)].$$

A noi interessano soltanto i valori di $y(t)$ per $t = n$ intero, in corrispondenza ai quali il termine fra parentesi quadre è diverso da zero, ed uguale a -1 soltanto per $k = n - 1$, sicché, in definitiva:

$$y_n = \frac{b}{1 + b^2} \left(\frac{1}{b^n} - (-b)^n \right) = \frac{1}{\sqrt{5}} \left[\left(\frac{1 + \sqrt{5}}{2} \right)^n - \left(\frac{1 - \sqrt{5}}{2} \right)^n \right], \tag{5.19}$$

che è il termine generico della successione di Fibonacci che cercavamo (formula di Binet; cfr Livi, 2003).

Può sembrare strano che dei radicali (numeri irrazionali) figurino nell'espressione (5.19), che per ogni n definisce sempre un numero intero, y_n. Se ci si riflette un po', tuttavia, ci si accorge che sviluppando i binomi in $(1 + \sqrt{5})^n - (1 - \sqrt{5})^n$ secondo la regola di Newton sopravvivono soltanto i termini con potenze dispari di $\sqrt{5}$. Il fattore $\sqrt{5}$ in più si semplifica col denominatore in (5.19), e y_n rimane così sempre un numero intero.

Posto:

$$\sinh \alpha = \frac{1}{2}, \qquad \cosh \alpha = \frac{\sqrt{5}}{2},$$

ciò che è lecito fare in quanto $\cosh^2 \alpha - \sinh^2 \alpha = 1$, si dimostra con facili calcoli che:

$$y_n = \frac{\sinh n\alpha}{\cosh \alpha}, \quad \text{se } n \text{ è pari}, \tag{5.20a}$$

$$y_n = \frac{\cosh n\alpha}{\cosh \alpha}, \quad \text{se } n \text{ è dispari}. \tag{5.20b}$$

Da tali relazioni discende subito che $\lim_{n \to \infty} \frac{y_n}{y_{n+1}} = e^{-\alpha}$ (Fig. 5.4).

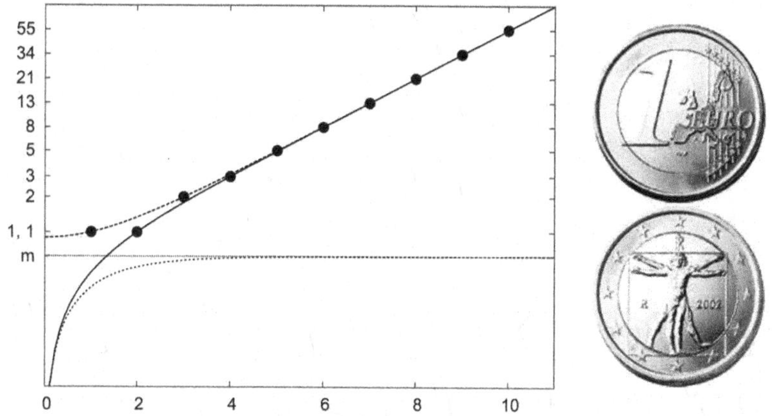

Fig. 5.4. Esercizio 5.10: successione di Fibonacci. In scala semilogaritmica, sono anche riportate le funzioni $f(x) = \sinh \alpha x / \cosh \alpha$ e $g(x) = \cosh \alpha x / \cosh \alpha$, che coincidono con y_n per $x = n$, seconda che n sia pari o dispari, rispettivamente. La curva tratteggiata rappresenta il rapporto $f(x)/g(x+1)$, che tende alla sezione aurea m per $x \to \infty$. A destra, recto e verso della moneta da un euro coniata in Italia. Il verso raffigura il leonardesco uomo di Vitruvio, il cui ombelico divide l'altezza della figura secondo la sua sezione aurea (prendete un righello e controllate)

5.2 Trasformata di Fourier

5.2.1 Formula integrale di Fourier

Nel Cap. 2 abbiamo dato condizioni per la sviluppabilità di una funzione definita in un intervallo chiuso e limitato in serie trigonometrica di Fourier. Abbiamo osservato che, al di fuori di tale intervallo, la serie di Fourier converge al prolungamento per periodicità della funzione. Nel caso in cui la funzione sia definita in intervalli non limitati (ad esempio, in $[0, +\infty[$ o in $]-\infty, \infty[$), è possibile dare condizioni affinché valga piuttosto uno "sviluppo" integrale di Fourier. In tale "sviluppo", al posto di una sommatoria estesa ad una infinità (numerabile) di frequenze discrete, si deve far uso di un integrale esteso ad una infinità (non numerabile) di frequenze, variabili con continuità da $-\infty$ a $+\infty$.

Sia infatti $f : [-L, L] \to \mathbb{R}$ una funzione sviluppabile in serie di Fourier (2.1),

$$f(x) = \frac{a_0}{2} + \sum_{k=1}^{\infty} \left(a_k \cos \frac{k\pi}{L} x + b_k \sin \frac{k\pi}{L} x \right) \tag{5.21}$$

e sostituiamo ai coefficienti a_k, b_k le loro espressioni (2.6):

$$\begin{aligned} a_0 &= \frac{1}{L} \int_{-L}^{L} f(t)\, \mathrm{d}t \\ a_k &= \frac{1}{L} \int_{-L}^{L} f(t) \cos \frac{k\pi}{L} t\, \mathrm{d}t \\ b_k &= \frac{1}{L} \int_{-L}^{L} f(t) \sin \frac{k\pi}{L} t\, \mathrm{d}t. \end{aligned} \tag{5.22}$$

Si ottiene:

$$\begin{aligned} f(x) &= \frac{1}{2L} \int_{-L}^{L} f(t)\, \mathrm{d}t + \frac{1}{L} \sum_{k=1}^{\infty} \int_{-L}^{L} f(t) \left(\cos \frac{k\pi x}{L} \cos \frac{k\pi t}{L} + \sin \frac{k\pi x}{L} \sin \frac{k\pi t}{L} \right) \\ &= \frac{1}{2L} \int_{-L}^{L} f(t)\, \mathrm{d}t + \frac{1}{\pi} \sum_{k=1}^{\infty} \frac{\pi}{L} \int_{-L}^{L} f(t) \cos \frac{k\pi}{L} (t - x)\, \mathrm{d}t. \end{aligned} \tag{5.23}$$

Supponiamo adesso che $f \in L^1(-\infty, \infty)$, ossia che la funzione f sia assolutamente integrabile da $-\infty$ a $+\infty$:

$$\int_{-\infty}^{\infty} |f(t)|\, \mathrm{d}t < \infty.$$

In virtù di tale ultima condizione, il primo termine dello sviluppo (5.23) tende a zero per $L \to \infty$. Il secondo termine, invece, si può pensare come le somme secondo Cauchy dell'integrale

$$\int_0^{\infty} F(\lambda)\, \mathrm{d}\lambda,$$

con

$$F(\lambda) = \frac{1}{\pi} \int_{-L}^{L} f(t) \cos \lambda (t - x)\, \mathrm{d}t.$$

La partizione dell'intervallo $(0, \infty)$ utilizzata per costruire le somme secondo Cauchy è data dai punti $\lambda_k = k\pi/L$, mentre $\Delta\lambda = \pi/L$ è il passo della partizione. Al limite per $L \to \infty$ si ottiene così la rappresentazione richiesta:

$$f(x) = \frac{1}{\pi} \int_0^{\infty} \mathrm{d}\lambda \int_{-\infty}^{\infty} \mathrm{d}t f(t) \cos \lambda (t - x), \tag{5.24}$$

che prende il nome di *formula integrale di Fourier*. Per sottolineare l'analogia con la serie (2.1), si può anche scrivere:

$$f(x) = \int_0^{\infty} (a_\lambda \cos \lambda x + b_\lambda \sin \lambda x)\, \mathrm{d}\lambda, \tag{5.25}$$

con

$$a_\lambda = \frac{1}{\pi} \int_{-\infty}^{\infty} f(t) \cos \lambda t \, \mathrm{d}t, \tag{5.26a}$$

$$b_\lambda = \frac{1}{\pi} \int_{-\infty}^{\infty} f(t) \sin \lambda t \, \mathrm{d}t. \tag{5.26b}$$

La formula integrale di Fourier si dimostra, in effetti, se f è una funzione assolutamente integrabile in $]-\infty, +\infty[$ e se essa soddisfa nel punto x alla *condizione del Dini*, ossia se $\exists \delta > 0$ tale che l'integrale:

$$\int_{-\delta}^{\delta} \left| \frac{f(x+t) - f(x)}{t} \right| \mathrm{d}t < \infty. \tag{5.27}$$

Facendo uso del fatto che la funzione coseno è pari e che la funzione seno è dispari, e ricordando le formule di Eulero, si ottiene la *formula di Eulero complessa:*

$$f(x) = \frac{1}{2\pi} \int_{-\infty}^{\infty} \mathrm{d}\lambda \int_{-\infty}^{\infty} \mathrm{d}x' f(x') e^{-i\lambda(x'-x)}, \qquad \forall x \in \mathbb{R}. \tag{5.28}$$

5.2.2 Trasformata di Fourier in $L^1(-\infty, \infty)$

Per quanto visto, ha senso dare allora la seguente:

Definizione 5.2. *Se* $f \in L^1(-\infty, \infty)$, *si definisce la* trasformata di Fourier di f *il valore dell'integrale:*

$$\mathcal{F}[f(x); \lambda] = \hat{f}(\lambda) = \frac{1}{\sqrt{2\pi}} \int_{-\infty}^{\infty} f(x) e^{-i\lambda x} \, \mathrm{d}x, \tag{5.29}$$

e risulta:

$$f(x) = \frac{1}{\sqrt{2\pi}} \int_{-\infty}^{\infty} \hat{f}(\lambda) e^{i\lambda x} \, \mathrm{d}\lambda \tag{5.30}$$

(antitrasformata di Fourier).

Osservazione 5.4.

1. La scelta del fattore moltiplicativo $1/\sqrt{2\pi}$ nelle (5.29) e (5.30) è convenzionale, e serve a rendere più simmetrica la notazione. L'altra convenzione in uso nei testi è quella di assegnare un fattore $1/(2\pi)$ alla formula per la trasformata, e quindi il fattore 1 alla formula per l'antitrasformata.
2. Un'altra convenzione in uso è quella di utilizzare $e^{i\lambda x}$ nella definizione della trasformata, ed $e^{-i\lambda x}$ nella formula per l'antitrasformata.
3. L'integrale (5.29) esiste per ogni $f \in L^1(-\infty, \infty)$. Tuttavia, esso in generale non definisce una funzione assolutamente integrabile, ossia, in generale, $\hat{f} \notin L^1(-\infty, \infty)$. Si può però affermare che $\hat{f}$ è continua, che $\hat{f} \in L^\infty(-\infty, \infty)$, con $\| \hat{f} \|_\infty \leq \| f \|_1$, e che $\lim_{\lambda \to \pm\infty} \hat{f}(\lambda) = 0$.

4. Nelle applicazioni fisiche, se la coordinata x da cui dipende f ha le dimensioni di una lunghezza (cioè, x rappresenta una posizione), allora la coordinata λ (coniugata di x nella trasformata di Fourier) ha le dimensioni dell'inverso di una lunghezza, ossia di un numero d'onda, in modo tale che il prodotto $\lambda \cdot x$ che figura ad argomento degli esponenziali in (5.29) e (5.30) sia adimensionale. Analogamente, se x ha le dimensioni di un tempo, allora λ ha le dimensioni di una frequenza. In tal caso, useremo anche la notazione $x \mapsto t$, $\lambda \mapsto \omega$.

Nelle ipotesi in cui abbia senso calcolare i seguenti integrali, derivate etc, sussistono le seguenti:

Proprietà.

1. Trasformata di Fourier della derivata:

$$\mathcal{F}[f'(x);\lambda] = i\lambda\mathcal{F}[f(x);\lambda], \tag{5.31a}$$
$$\mathcal{F}[f^{(n)}(x);\lambda] = (i\lambda)^n\mathcal{F}[f(x);\lambda]. \tag{5.31b}$$

2. Trasformata di Fourier di una convoluzione:

$$f * g\,(x) = \int_{-\infty}^{\infty} f(x')\,g(x-x')\,\mathrm{d}x', \tag{5.32a}$$
$$\mathcal{F}[f*g;\lambda] = a\mathcal{F}[f;\lambda]\cdot\mathcal{F}[g;\lambda], \tag{5.32b}$$

dove $a = \sqrt{2\pi}$ se si adopera la convenzione simmetrica per la definizione della coppia trasformata/antitrasformata, $a = 1$ se si adopera la convenzione asimmetrica.

5.2.3 Trasformata di Fourier in $L^2(-\infty,\infty)$

Abbiamo osservato che, se $f \in L^1(-\infty,\infty)$, ha senso calcolare $\hat{f}$, tuttavia non sempre $\hat{f} \in L^1(-\infty,\infty)$. Dunque, nonostante tutti gli sforzi notazionali, la trasformata di Fourier definita in $L^1(-\infty,\infty)$ e l'antitrasformata non sono in generale funzioni dello stesso tipo, potendo la seconda non esistere. Si estende pertanto il concetto di trasformata di Fourier allo spazio $L^2(-\infty,\infty)$, ove sussiste il seguente:

Teorema 5.5 (di Fourier-Plancherel). *Sia $f \in L^2(-\infty,\infty)$. Si definisce* trasformata di Fourier *di f la funzione:*

$$\hat{f}(\lambda) = \frac{1}{\sqrt{2\pi}}\int_{-\infty}^{\infty} f(x)e^{-i\lambda x}\,\mathrm{d}x = \lim_{a\to\infty}\int_{-a}^{a} f(x)e^{-i\lambda x}\,\mathrm{d}x, \tag{5.33}$$

ove il limite è inteso nel senso della media quadratica, ossia posto

$$\hat{f}_a(\lambda) = \int_{-a}^{a} f(x)e^{-i\lambda x}\,\mathrm{d}x, \tag{5.34}$$

risulta:

$$\lim_{a\to\infty} \| \hat{f}_a - \hat{f} \| = \lim_{a\to\infty} \int_{-\infty}^{\infty} |\hat{f}_a(\lambda) - \hat{f}(\lambda)|^2 \, \mathrm{d}\lambda = 0. \tag{5.35}$$

Osservazione 5.5.

1. $\hat{f}(\lambda)$ è ancora una funzione di $L^2(-\infty, \infty)$.
2. L'operatore $\mathcal{F}$ definito in $L^2(-\infty, \infty)$ è invertibile, anzi unitario, il suo inverso essendo definito dalla formula per l'antitrasformata.
3. Se risulta anche $f \in L^1(-\infty, \infty)$, allora le trasformate di Fourier date mediante le due definizioni coincidono.
4. Valgono le proprietà già osservate per le derivate e la convoluzione.
5. Se $f, g \in L^2(-\infty, \infty)$, sussiste l'uguaglianza:

$$\int_{-\infty}^{\infty} f(x) g^*(x) \, \mathrm{d}x = \int_{-\infty}^{\infty} \hat{f}(\lambda) \hat{g}^*(\lambda) \, \mathrm{d}\lambda, \tag{5.36}$$

che nel caso particolare $f = g$ si specializza nell'*uguaglianza di Parseval:*

$$\int_{-\infty}^{\infty} |f(x)|^2 \, \mathrm{d}x = \int_{-\infty}^{\infty} |\hat{f}(\lambda)|^2 \, \mathrm{d}\lambda. \tag{5.37}$$

Nella prima versione, tale uguaglianza si può anche scrivere simbolicamente come $\langle g|f \rangle = \langle \mathcal{F}[g] | \mathcal{F}[f] \rangle$, con $\langle \cdot | \cdot \rangle$ il prodotto scalare indotto dalla norma di L^2, mentre nella seconda versione l'uguaglianza di Parseval propriamente detta si può anche scrivere come:

$$\| f \| = \| \hat{f} \| . \tag{5.38}$$

Entrambe le circostanze esprimono il fatto che l'operatore $\mathcal{F}$ è unitario, cioè "conserva gli angoli" e le "lunghezze".

Per la definizione della trasformata di Fourier nello spazio delle funzioni a decrescenza rapida e nello spazio delle distribuzioni rimandiamo al corso di teoria ed a testi più specializzati (vedi ad es. Kolmogorov e Fomin (1980)).

5.2.4 Esercizi

Esercizio 5.11 (Funzione caratteristica). Determinare la trasformata di Fourier della funzione

$$f(x) = \begin{cases} 1, & |x| \le a, \\ 0, & |x| > a. \end{cases} \tag{5.39}$$

Risposta: Tale funzione è la funzione caratteristica relativa all'intervallo $[-a, a]$, $f(x) = \chi_{[-a,a]}(x)$. In generale, la *funzione caratteristica* relativa ad un insieme Ω (di elementi di natura qualsiasi) è definita come

$$\chi_\Omega(x) = \begin{cases} 1, & x \in \Omega, \\ 0, & x \notin \Omega. \end{cases} \tag{5.40}$$

Nel nostro caso, f appartiene sia ad $L^1(-\infty,\infty)$, sia ad $L^2(-\infty,\infty)$.

Per $\lambda \neq 0$, si ha:

$$\hat{f}(\lambda) = \frac{1}{\sqrt{2\pi}} \int_{-\infty}^{\infty} f(x) e^{-i\lambda x} \, \mathrm{d}x = \frac{1}{\sqrt{2\pi}} \int_{-a}^{a} 1 \cdot e^{-i\lambda x} \, \mathrm{d}x$$
$$= \frac{1}{\sqrt{2\pi}} \frac{e^{i\lambda a} - e^{-i\lambda a}}{i\lambda} = \frac{2}{\sqrt{2\pi}} \frac{\sin \lambda a}{\lambda} = \frac{2a}{\sqrt{2\pi}} j_0(\lambda a),$$

dove $j_0(\omega) = (\sin\omega)/\omega$ è la funzione di Bessel sferica del primo tipo e di ordine zero (vedi Definizione 5.3).

Se invece $\lambda = 0$, si ha direttamente

$$\hat{f}(0) = \frac{1}{\sqrt{2\pi}} \int_{-a}^{a} \mathrm{d}x = \frac{2a}{\sqrt{2\pi}},$$

che è poi il limite del risultato generale, per $\lambda \to 0$. Con tale identificazione, si ha dunque:

$$\hat{\chi}_{[-a,a]}(\lambda) = \frac{2a}{\sqrt{2\pi}} j_0(\lambda a). \tag{5.41}$$

Tale risultato è rappresentato in Fig. 5.5.

Osserviamo che $f \in L^1(-\infty,\infty)$, tuttavia $\hat{f} \notin L^1(-\infty,\infty)$: la funzione $\hat{f}(\lambda)$ non è assolutamente integrabile in $(-\infty,\infty)$, pur essendo integrabile in tale intervallo (vedi Esercizio 5.23). Al contrario, sia f che la sua trasformata $\hat{f}$ appartengono ad $L^2(-\infty,\infty)$, e dunque verificano l'uguaglianza di Parseval (vedi Esercizio 5.24).

La funzione $f(x)$ è a supporto compatto, essendo diversa da zero soltanto entro un intervallo di lunghezza $\Delta x = 2a$. La sua trasformata (vedi Fig. 5.5), pur non essendo identicamente nulla al di fuori di un qualsiasi intervallo limitato, assume valori sempre più piccoli (in valore assoluto) per valori di λ sufficientemente grandi. In particolare, risulta $\lim_{\lambda\to\pm\infty} \hat{f}(\lambda) = 0$, come ci si attendeva. Una stima dell'estensione dell'intervallo entro cui $\hat{f}(\lambda)$ è significativamente diversa da zero è fornita dalla distanza fra i suoi primi due zeri (*nodal separation*):

$$\sin \lambda a = 0 \Rightarrow \lambda a = k\pi, \quad k \in \mathbb{Z},$$

da cui $\Delta\lambda = 2\pi/a$. (È un po' lo stesso criterio che si adopera in ottica per definire il potere risolutivo etc.) Il prodotto tra tali due ampiezze è:

$$\Delta x \Delta\lambda = 4\pi, \tag{5.42}$$

indipendente da a, dunque dai dettagli della funzione. Tale risultato è abbastanza generale. Se Δx, $\Delta\lambda$ denotano una stima (convenientemente definita) dell'estensione del supporto di $f(x)$ e della sua trasformata di Fourier $\hat{f}(\lambda)$, allora $\Delta x \Delta\lambda = \text{cost.}$ Tale risultato è alla base del *principio di indeterminazione* in Meccanica quantistica. Vedi anche l'Esercizio 5.16.

Osservazione 5.6. La funzione

$$h_a(x) = \frac{1}{\pi} \frac{\sin(ax)}{x}, \tag{5.43}$$

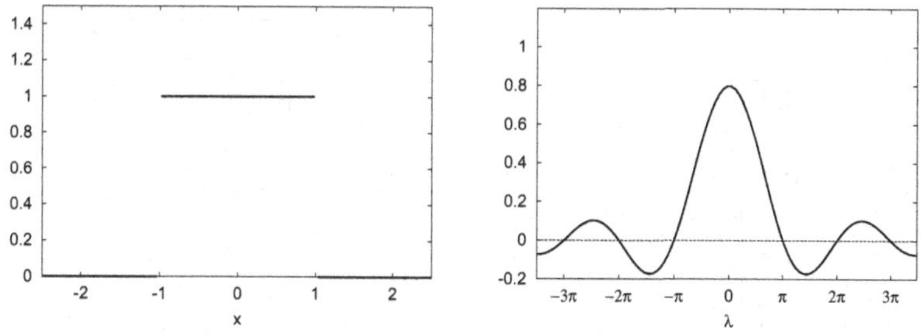

Fig. 5.5. Trasformata di Fourier della funzione caratteristica relativa all'intervallo $[-1, 1]$: relazione di indeterminazione

è un'"approssimazione" della funzione δ di Dirac (Cohen-Tannoudji *et al.*, 1977a), nel senso che

$$\lim_{a \to \infty} \int_{-\infty}^{\infty} h_a(x) f(x) \, \mathrm{d}x = f(0). \tag{5.44}$$

Tale funzione è caratterizzata da una distanza nodale $\Delta x = \pi/a$ e da un massimo per $x = 0$ di altezza a/π. Al tendere di a ad infinito, la distanza nodale tende a zero, mentre l'altezza del massimo diverge.

Osservazione 5.7. Notiamo che, mentre la funzione $f(x)$ è caratterizzata da una discontinuità nei punti $x = \pm a$, la sua trasformata di Fourier è caratterizzata da un comportamento oscillante (e decrescente in modulo). Le oscillazioni sono caratterizzate da uno pseudo-periodo $2\pi/a$, inversamente proporzionale alla dimensione lineare che caratterizza la discontinuità della funzione f. Tale fatto è abbastanza generale: se una funzione è caratterizzata da una discontinuità (ovviamente, integrabile), la sua trasformata di Fourier presenta oscillazioni (smorzate) il cui pseudo-periodo è inversamente proporzionale alla scala lineare della discontinuità. (La "discontinuità" non deve essere necessariamente tale: anche un punto di flesso pronunciato può dar luogo ad oscillazioni nella trasformata di Fourier.) Non dimostriamo tale circostanza, ma invitiamo il lettore a verificarlo in molti degli esempi che seguono, tutte le volte che la funzione di cui va determinata la trasformata di Fourier presenta una discontinuità.[1]

Definizione 5.3 (Funzioni di Bessel sferiche). *Le* funzioni di Bessel sferiche *del primo tipo di ordine n sono definite dalla* formula di Rayleigh:

$$j_n(x) = (-1)^n x^n \left(\frac{\mathrm{d}}{x \, \mathrm{d}x} \right)^n \frac{\sin x}{x}, \tag{5.45}$$

[1] Questo fatto è alla base di diversi fenomeni fisici, come le *oscillazioni di Friedel* che si osservano nella distribuzione elettronica attorno ad un nucleo in un gas di Fermi (Ashcroft e Mermin, 1976). In tal caso, la discontinuità deriva sostanzialmente dalla discontinuità al livello di Fermi della funzione di distribuzione.

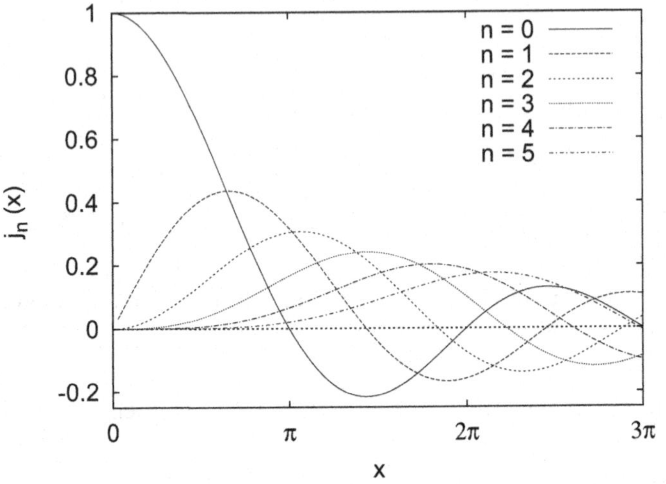

Fig. 5.6. Funzioni di Bessel sferiche $j_n(x)$ per $n = 0, 1, 2, 3, 4, 5$

e sono legate alle funzioni di Bessel del primo tipo di ordine semi-intero dalla relazione:

$$j_n(x) = \sqrt{\frac{\pi}{2x}} J_{n+\frac{1}{2}}(x). \tag{5.46}$$

L'espressione esplicita delle prime tre funzioni di Bessel sferiche è la seguente:

$$j_0(x) = \frac{\sin x}{x}, \tag{5.47a}$$

$$j_1(x) = \frac{\sin x - x \cos x}{x^2}, \tag{5.47b}$$

$$j_2(x) = \frac{(3 - x^2)\sin x - 3x \cos x}{x^3}, \tag{5.47c}$$

ed il loro grafico è rappresentato in Fig. 5.6.

Esercizio 5.12. Determinare la trasformata di Fourier della funzione:

$$f(x) = \begin{cases} 1 - x^2, & |x| \leq 1, \\ 0, & |x| > 1. \end{cases} \tag{5.48}$$

Servirsi del risultato per valutare l'integrale:

$$I = \int_0^\infty \left(\frac{x \cos x - \sin x}{x^3} \right) \cos \frac{x}{2} \, \mathrm{d}x. \tag{5.49}$$

Risposta: Integrare per parti $x^2 e^{-i\lambda x}$. A conti fatti, risulta:

$$\hat{f}(\lambda) = \frac{1}{\sqrt{2\pi}} \int_{-\infty}^{\infty} f(x) e^{-i\lambda x} \, dx = \frac{4}{\sqrt{2\pi}\,\lambda} j_1(\lambda). \tag{5.50}$$

Per valutare l'integrale I, ricordare l'espressione della funzione di Bessel sferica di ordine uno, $j_1(\lambda)$, ed osservare che sia il coseno, sia $j_1(\lambda)$ sono funzioni pari, mentre il seno è una funzione dispari. Dunque, cambiando opportunamente nome alla variabile di integrazione da x a λ,

$$\begin{aligned} I = -\int_0^{\infty} \frac{j_1(\lambda)}{\lambda} \cos\frac{\lambda}{2} \, d\lambda &= -\frac{1}{2} \int_{-\infty}^{\infty} \frac{j_1(\lambda)}{\lambda} \cos\frac{\lambda}{2} \, d\lambda \\ = -\frac{1}{2} \int_{-\infty}^{\infty} \frac{j_1(\lambda)}{\lambda} e^{i\frac{1}{2}\lambda} &= -\frac{1}{2} \frac{\sqrt{2\pi}}{4} \sqrt{2\pi} \frac{1}{\sqrt{2\pi}} \int_{-\infty}^{\infty} \hat{f}(\lambda) e^{i\lambda \frac{1}{2}} \, d\lambda \\ &= -\frac{\pi}{4} f\left(\frac{1}{2}\right) = -\frac{3\pi}{16}, \end{aligned}$$

in cui si è riconosciuta l'espressione dell'antitrasformata di $\hat{f}$ per $x = \frac{1}{2}$.

Definizione 5.4 (Trasformata seno di Fourier). *Sia $f \in L^1(0, \infty)$. Si definisce la coppia di* trasformata *e* antitrasformata seno di Fourier *di f come:*

$$F_S(\omega) = \int_0^{\infty} f(t) \sin \omega t \, dt, \tag{5.51a}$$

$$f(t) = \frac{2}{\pi} \int_0^{\infty} F_S(\omega) \sin \omega t \, d\omega. \tag{5.51b}$$

Definizione 5.5 (Trasformata coseno di Fourier). *Sia $f \in L^1(0, \infty)$. Si definisce la coppia di* trasformata *e* antitrasformata coseno di Fourier *di f come:*

$$F_C(\omega) = \int_0^{\infty} f(t) \cos \omega t \, dt, \tag{5.52a}$$

$$f(t) = \frac{2}{\pi} \int_0^{\infty} F_C(\omega) \cos \omega t \, d\omega. \tag{5.52b}$$

Osservazione 5.8. Se inoltre $f \in L^2(0, \infty)$, dall'uguaglianza di Parseval segue che:

$$\int_0^{\infty} d\omega |F_C(\omega)|^2 = \int_0^{\infty} d\omega |F_S(\omega)|^2 = \frac{\pi}{2} \int_0^{\infty} dt |f(t)|^2. \tag{5.53}$$

Osservazione 5.9 (Convenzione sui coefficienti). A differenza che per la coppia di trasformata/antitrasformata di Fourier, Eq.i 5.29 e 5.30, abbiamo preferito servirci della convenzione asimmetrica dei coefficienti ($1 \leftrightarrow \frac{1}{2\pi}$, invece che $\frac{1}{\sqrt{2\pi}} \leftrightarrow \frac{1}{\sqrt{2\pi}}$). Questo perché, sebbene la convenzione simmetrica dei coefficienti sia necessaria per rendere l'operatore $\mathcal{F}$ unitario in $L^2(-\infty, \infty)$, in molti testi ed in molte applicazioni si utilizzano invece le definizioni:

$$\hat{f}(\lambda) = \int_{-\infty}^{\infty} f(x) e^{-i\lambda x}\, \mathrm{d}x, \tag{5.54a}$$

$$f(x) = \frac{1}{2\pi} \int_{-\infty}^{\infty} \hat{f}(\lambda) e^{i\lambda x}\, \mathrm{d}\lambda. \tag{5.54b}$$

Di volta in volta, negli esercizi sarà chiaro a quale definizione staremo facendo riferimento.[2]

Esercizio 5.13. Calcolare la trasformata seno di e^{-t}, $t \geq 0$.

Risposta:

Metodo diretto. Si ha:

$$F_S(\omega) = \int_0^{\infty} e^{-t} \sin \omega t\, \mathrm{d}t = (\text{per parti} \ldots) = \omega - \omega^2 F_S(\omega),$$

da cui, risolvendo rispetto a $F_S(\omega)$,

$$F_S(\omega) = \frac{\omega}{1+\omega^2}. \tag{5.55}$$

Metodo alternativo. Si può anche scrivere:

$$F_S(\omega) = \operatorname{Im} \int_0^{\infty} e^{-t+i\omega t}\, \mathrm{d}t = \operatorname{Im} \left[\frac{e^{(-1+i\omega)t}}{-1+i\omega} \right]_0^{\infty} = \operatorname{Im} \left(\frac{1}{1-i\omega} \right) = \frac{\omega}{1+\omega^2}.$$

Con tale metodo, senza necessità di ulteriori calcoli, si trova anche che:

$$F_C(\omega) = \int_0^{\infty} e^{-t} \cos \omega t\, \mathrm{d}t = \operatorname{Re} \int_0^{\infty} e^{-t+i\omega t} = \operatorname{Re} \left(\frac{1}{1-i\omega} \right) = \frac{1}{1+\omega^2}.$$

Metodo dei residui? Non si può applicare: non si può applicare il lemma di Jordan, in quanto e^{-z} non tende a zero per $|z| \to \infty$ in nessun semipiano.

Applicazione al calcolo di integrali. Facendo uso dell'uguaglianza di Parseval, si trova che:

$$\int_0^{\infty} \frac{\mathrm{d}x}{(x^2+1)^2} = \int_0^{\infty} [F_C(\omega)]^2\, \mathrm{d}\omega = \frac{\pi}{2} \int_0^{\infty} [f(t)]^2\, \mathrm{d}t = \frac{\pi}{2} \int_0^{\infty} e^{-2t}\, \mathrm{d}t = \frac{\pi}{4},$$

$$\int_0^{\infty} \frac{x^2}{(x^2+1)^2}\, \mathrm{d}x = \frac{\pi}{4}.$$

---

[2] La coppia di operatori $\mathcal{F}$ e $\mathcal{F}^{-1} = \mathcal{F}^\dagger$ costruita mediante la convenzione simmetrica $\frac{1}{\sqrt{2\pi}} \leftrightarrow \frac{1}{\sqrt{2\pi}}$ esprime tali operatori in termini di loro autofunzioni ortonormali, $u_\lambda(x) = \frac{1}{\sqrt{2\pi}} e^{i\lambda x}$, mentre la coppia di operatori $\mathcal{F}$ e $\mathcal{F}^{-1} \neq \mathcal{F}^\dagger$ costruita mediante la convenzione asimmetrica $1 \leftrightarrow \frac{1}{2\pi}$ esprime tali operatori mediante loro autofunzioni ortogonali, ma non normalizzate. La condizione di ortormalizzazione si intende nel senso delle distribuzioni, $\int u_\lambda(x) u_{\lambda'}(x)\, \mathrm{d}x = \delta(\lambda - \lambda')$. Cfr. il calcolo della matrice di passaggio P alla base degli autovettori di una matrice diagonalizzabile: tale matrice è unitaria se gli autovettori sono stati preventivamente ortonormalizzati, altrimenti è soltanto invertibile, e l'inversa non coincide con l'hermitiana coniugata.

Esercizio 5.14. Calcolare

$$I_m = \int_0^\infty \frac{x \sin mx}{x^2+1}\,\mathrm{d}x.$$

Risposta: Facendo uso del risultato dell'esercizio precedente, per $m \neq 0$ si riconosce in I_m l'antitrasformata seno di e^{-t}, a meno di un coefficiente. Si ha:

$$I_m = \int_0^\infty F_S(\omega) \sin m\omega \,\mathrm{d}\omega = \frac{\pi}{2} f(m) = \frac{\pi}{2} e^{-m}.$$

Esercizio 5.15 (Trasformata di Fourier di una lorentziana). Determinare la trasformata di Fourier di

$$f(t) = \frac{1}{t^2+a^2}, \quad a > 0. \tag{5.56}$$

Risposta: Si tratta di una funzione di $L^2(-\infty,\infty)$. Ci aspettiamo dunque che anche la sua trasformata $\hat{f}(\omega)$ sia di $L^2(-\infty,\infty)$. Adoperiamo la convenzione asimmetrica sui coefficienti. Occorre calcolare l'integrale:

$$\hat{f}(\omega) = \int_{-\infty}^\infty \frac{e^{-i\omega t}}{t^2+a^2}\,\mathrm{d}t \tag{5.57}$$

per ogni valore di $\omega \in \mathbb{R}$.

Adoperiamo il metodo dei residui, ossia utilizziamo il prolungamento al piano complesso della funzione integranda, ossia

$$g(z) = \frac{e^{-i\omega z}}{z^2+a^2},$$

e scegliamo opportunamente un percorso di integrazione chiuso (Fig. 5.7) , tale che l'integrale di $g(z)$ lungo la parte rettilinea γ_1 di tale percorso tenda all'integrale desiderato, per $R \to \infty$, e l'integrale lungo la parte curvilinea γ_2 tenda a zero (per il lemma di Jordan). Occorre distinguere i casi $\omega > 0$ e $\omega < 0$.

Nel caso $\omega > 0$,

$$|e^{-i\omega z}| = e^{\omega \operatorname{Im} z}$$

tende a zero uniformemente nel semipiano inferiore, cioè per $\operatorname{Im} z < 0$, e dunque occorre scegliere il percorso indicato in Fig. 5.7 a destra. Per R sufficientemente grande (più precisamente, per $R > a$), all'interno di tale percorso cade il punto $z = -ia$, che è una singolarità polare semplice per $g(z)$. Il cammino è percorso in senso orario, dunque, per il teorema dei residui:

$$\oint_\gamma g(z)\,\mathrm{d}z = -2\pi i \operatorname*{Res}_{z=-ia} g(z) = -2\pi i \lim_{z\to -ia} g(z)(z+ia) = \frac{\pi}{a} e^{-\omega a}.$$

D'altronde,

$$\oint_\gamma g(z)\,\mathrm{d}z = \int_{\gamma_1} g(z)\,\mathrm{d}z + \int_{\gamma_2} g(z)\,\mathrm{d}z \to \hat{f}(\omega),$$

per $R \to \infty$, per il lemma di Jordan. Segue dunque che

$$\hat{f}(\omega) = \frac{\pi}{a} e^{-\omega a}, \quad \omega > 0.$$

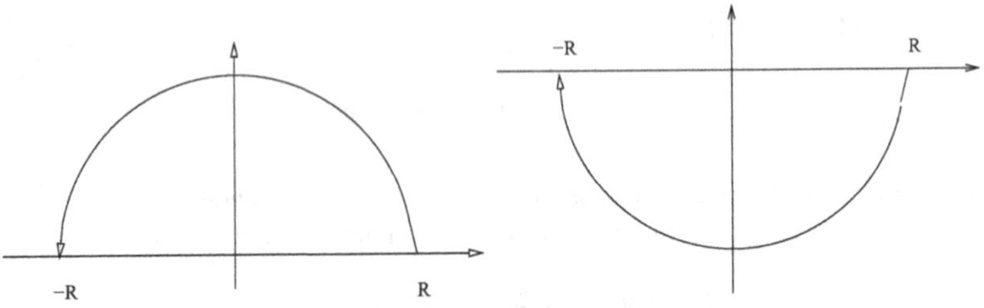

Fig. 5.7. Percorsi di integrazione usati nell'Esercizio 5.15

Nel caso $\omega < 0$, si procede analogamente, stavolta però servendosi del contorno di Fig. 5.7 (sinistra). Tale cammino è percorso in senso antiorario, dunque occorre moltiplicare per $+2\pi i$, e la singolarità da considerare (ancora una volta un polo semplice) è $z = +ia$. Si trova:

$$\hat{f}(\omega) = \frac{\pi}{a} e^{\omega a}, \quad \omega < 0.$$

Riassumendo, si ha:

$$\hat{f}(\omega) = \frac{\pi}{a} e^{-|\omega| a} \tag{5.58}$$

per ogni valore di ω.

Verificare che anche per $\omega = 0$ il risultato è valido. In particolare, la trasformata di Fourier di una funzione (definita mediante la convenzione asimmetrica dei coefficienti) per $\omega = 0$ restituisce il *valore medio* della funzione:

$$\hat{f}(0) = \int_{-\infty}^{\infty} \frac{\mathrm{d}t}{t^2 + a^2} = \frac{\pi}{a}.$$

Osservazione 5.10. La trasformata di Fourier $\hat{f}(\omega)$ di una funzione reale $f(t)$ pari (nella variabile t) è una funzione reale pari (nella variable ω).

La trasformata di Fourier di una funzione dispari è una funzione immaginaria pura, la cui parte immaginaria è dispari (in ω).

Esercizio 5.16 (Trasformata di Fourier di una gaussiana). Determinare la trasformata di Fourier di

$$f(t) = e^{-at^2}. \tag{5.59}$$

Risposta: Serviamoci stavolta della definizione di trasformata di Fourier mediante la convenzione simmetrica sui coefficienti. Occorre calcolare l'integrale:

$$\hat{f}(\omega) = \frac{1}{\sqrt{2\pi}} \int_{-\infty}^{\infty} e^{-at^2} e^{-i\omega t} \, \mathrm{d}t. \tag{5.60}$$

Primo metodo. Derivando primo e secondo membro rispetto ad ω, ed integrando per parti il secondo membro, si ha:

$$\sqrt{2\pi}\hat{f}'(\omega) = -i\int_{-\infty}^{\infty} \underbrace{e^{-at^2}t}\, e^{-i\omega t}\, dt$$

$$= -i\left[-\frac{1}{2a}e^{-at^2}e^{-i\omega t}\Big|_{-\infty}^{\infty} - \frac{i}{2a}\omega\int_{-\infty}^{\infty} e^{-at^2}e^{-i\omega t}\, dt\right] = -\frac{\omega}{2a}\hat{f}(\omega)\sqrt{2\pi},$$

da cui

$$\frac{\hat{f}'}{\hat{f}} = -\frac{\omega}{2a},$$

il cui integrale generale è:

$$\hat{f}(\omega) = Ce^{-\frac{\omega^2}{4a}}.$$

La costante C si determina osservando che

$$\hat{f}(0) = \frac{1}{\sqrt{2\pi}}\int_{-\infty}^{\infty} e^{-at^2}\, dt = \frac{1}{\sqrt{2a}}.$$

Segue che la trasformata di Fourier di una gaussiana è *ancora una gaussiana*, cioè:

$$\hat{f}(\omega) = \frac{1}{\sqrt{2a}}e^{-\frac{\omega^2}{4a}}. \tag{5.61}$$

Osserviamo inoltre che, per $a = \frac{1}{2}$, risulta $f(t) = \hat{f}(t)$, ossia $\mathcal{F}[f] = f$ (gaussiana come punto unito della trasformata di Fourier, o autofunzione con autovalore 1 etc).

La "larghezza" di una gaussiana è data dalla sua deviazione standard. Si ha: $\Delta t = 1/\sqrt{2a}$, mentre $\Delta\omega = \sqrt{2a}$, e quindi, nel caso di una gaussiana, la relazione di indeterminazione si esprime come:

$$\Delta\omega \cdot \Delta t = 1. \tag{5.62}$$

Secondo metodo. Torniamo a considerare l'integrale:

$$\hat{f}(\omega) = \frac{1}{\sqrt{2\pi}}\int_{-\infty}^{\infty} e^{-at^2-i\omega t}\, dt. \tag{5.63}$$

Completiamo il quadrato ad argomento dell'esponenziale:

$$-at^2 - i\omega t = -a\left(t^2 + \frac{i\omega}{a} - \frac{\omega^2}{4a^2} + \frac{\omega^2}{4a^2}\right) = -\frac{\omega^2}{4a} - a\left(t + \frac{i\omega}{2a}\right)^2,$$

con cui:

$$\sqrt{2\pi}\hat{f}(\omega) = e^{-\frac{\omega^2}{4a}}\int_{-\infty}^{\infty} e^{-a\left(t+\frac{i\omega}{2a}\right)^2}\, dt.$$

Questo ci porta a considerare il cambiamento di variabili

$$z = t + \frac{i\omega}{2a}.$$

Non è lecito, tuttavia, effettuare tale cambiamento di variabili senza alcuna giustificazione. Consideriamo, a tal proposito, l'integrale

$$\oint_\gamma e^{-az^2}\, dz$$

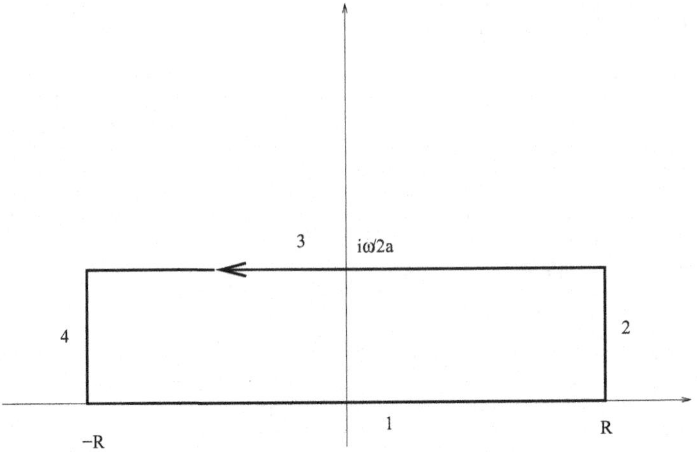

Fig. 5.8. Percorso d'integrazione utilizzato per giustificare il cambiamento di variabili nel secondo metodo dell'Esercizio 5.16

esteso al percorso $\gamma = \gamma_1 \cup \gamma_2 \cup \gamma_3 \cup \gamma_4$ di Fig. 5.8. Poiché la funzione integranda non ha singolarità all'interno di tale percorso, l'integrale è nullo. Gli integrali lungo i percorsi γ_2 e γ_4 tendono a zero per $R \to \infty$ e quindi, in tale limite,

$$\int_{\gamma_1} e^{-az^2}\,\mathrm{d}z = -\int_{\gamma_3} e^{-az^2}\,\mathrm{d}z = \int_{-\gamma_3} e^{-az^2},$$

dove con $-\gamma_3$ indichiamo il cammino γ_3 percorso in senso inverso a quello di Fig. 5.8. Dall'ultima uguaglianza segue che:

$$\int_{-\infty}^{\infty} e^{-at^2}\,\mathrm{d}t = \int_{-\infty}^{\infty} e^{-a\left(t+\frac{i\omega}{2a}\right)^2}\,\mathrm{d}t,$$

che è quanto ci mancava di provare. Infine,

$$\sqrt{2\pi}\hat{f}(\omega) = e^{-\frac{\omega^2}{4a}} \int_{-\infty}^{\infty} e^{-at^2}\,\mathrm{d}t = \sqrt{\frac{\pi}{a}}e^{-\frac{\omega^2}{4a}},$$

da cui la (5.61).

Esercizio 5.17. Servendosi del risultato dell'esercizio precedente e della formula per la trasformata di Fourier della derivata, verificare che:

$$\mathcal{F}[te^{-at^2};\omega] = -\frac{i\omega}{(2a)^{3/2}}e^{-\frac{\omega^2}{4a}}. \tag{5.64}$$

Esercizio 5.18 (Trasformata di Fourier di una gaussiana in tre dimensioni). Determinare la trasformata di Fourier della funzione

$$f(\boldsymbol{r}) = e^{-a|\boldsymbol{r}|^2}. \tag{5.65}$$

Risposta: La trasformata di Fourier di una funzione $f(\boldsymbol{r})$ di n variabili reali si definisce come

$$\hat{f}(\boldsymbol{k}) = \frac{1}{(2\pi)^{n/2}} \int f(\boldsymbol{r}) e^{-i\boldsymbol{k}\cdot\boldsymbol{r}} \, \mathrm{d}^n\boldsymbol{r}, \tag{5.66}$$

ove l'integrazione è estesa a tutto $\mathbb{R}^n$, e $\boldsymbol{k}\cdot\boldsymbol{r} = k_1 x_1 + \ldots + k_n x_n$ è l'usuale prodotto scalare tra vettori di $\mathbb{R}^n$.

Nel nostro caso, passando a coordinate sferico-polari ed eseguendo le integrazioni rispetto alle variabili angolari, si trova:

$$\begin{aligned}(2\pi)^{3/2}\hat{f}(\boldsymbol{k}) &= \int_0^{2\pi} \mathrm{d}\phi \int_0^{\pi} \mathrm{d}\theta \sin\theta \int_0^{\infty} \mathrm{d}r\, r^2\, e^{-ar^2 - ikr\cos\theta} \\ &= \frac{4\pi}{k}\int_0^{\infty} \mathrm{d}r\, r\, e^{-ar^2} \sin kr \\ &= \frac{4\pi}{k}\mathcal{F}_S[r\, e^{-ar^2}; k],\end{aligned}$$

dove con $\mathcal{F}_S$ abbiamo denotato la trasformata seno (unidimensionale) della funzione $r\, e^{-ar^2}$.

Ma dall'esercizio precedente segue che

$$\int_{-\infty}^{\infty} x e^{-ax^2 - ikx} \, \mathrm{d}x = -\frac{i}{2a}\sqrt{\frac{\pi}{a}} k e^{-\frac{k^2}{4a}}.$$

Separando l'integrazione fra $-\infty$ e 0 e quella da 0 da ∞, cambiando variabile $x \mapsto -x$ nel primo integrale e raccogliendo i termini, si trova:

$$\int_0^{\infty} \mathrm{d}x\, x e^{-ax^2} \sin kx = \frac{1}{4a}\sqrt{\frac{\pi}{a}} k e^{-\frac{k^2}{4a}},$$

da cui, in definitiva:

$$(2\pi)^{3/2}\hat{f}(\boldsymbol{k}) = \left(\frac{\pi}{a}\right)^{3/2} e^{-\frac{k^2}{4a}}, \tag{5.67}$$

cioè la trasformata di Fourier di una gaussiana è ancora una gaussiana, anche in tre dimensioni.

Esercizio 5.19. Determinare la trasformata di Fourier della funzione

$$f(t) = \begin{cases} e^{-t}, & t > 0, \\ -e^{t}, & t < 0. \end{cases} \tag{5.68}$$

Risposta: La funzione è dispari, dunque la sua trasformata di Fourier è puramente immaginaria, con parte immaginaria dispari. Si trova infatti (convenzione asimmetrica per i coefficienti):

$$\hat{f}(\omega) = -\frac{2i\omega}{1+\omega^2}.$$

Esercizio 5.20. Determinare la trasformata di Fourier della funzione

$$f(t) = \begin{cases} \sin t, & |t| \le \pi, \\ 0, & |t| > \pi. \end{cases} \tag{5.69}$$

Risposta: (Funzione dispari.) Si trova:

$$\hat{f}(\omega) = \begin{cases} i\left[\frac{\sin(\omega-1)\pi}{\omega-1} - \frac{\sin(\omega+1)\pi}{\omega+1}\right], & \omega \neq \pm 1, \\ i\pi \operatorname{sgn} \omega, & \omega = \pm 1. \end{cases}$$

Esercizio 5.21. Determinare la trasformata di Fourier della funzione

$$f(t) = \frac{t}{t^4 + 1}. \tag{5.70}$$

Risposta: (Funzione dispari.) Ricorrere al metodo dei residui e distinguere i casi $\omega > 0$ e $\omega < 0$. Si trova:

$$\hat{f}(\omega) = -i\pi e^{-\frac{\sqrt{2}}{2}|\omega|} \sin \frac{\sqrt{2}}{2}\omega.$$

Esercizio 5.22. Determinare la trasformata seno della funzione

$$f(t) = \begin{cases} 1, & 0 \leq t \leq 1, \\ 0, & t > 1. \end{cases} \tag{5.71}$$

Servendosi di tale risultato, calcolare

$$I = \int_0^\infty \frac{1}{y} \sin^3 \frac{y}{2} \, \mathrm{d}y.$$

Risposta: Si trova facilmente:

$$\mathcal{F}_S[f; \omega] = \frac{1 - \cos \omega}{\omega} = \frac{2}{\omega} \sin^2 \frac{\omega}{2}.$$

Servendosi della formula per l'antitrasformata seno per $t = \frac{1}{2}$, si trova $I = \frac{\pi}{4}$.

Esercizio 5.23. Calcolare

$$I_1 = \int_{-\infty}^\infty \frac{\sin ax}{x} \, \mathrm{d}x.$$

Risposta: Mediante il cambio di variabile $ax = t$, cominciamo con l'osservare che I_1 non dipende dal fattore di scala a, ossia che:

$$I_1 = \int_{-\infty}^\infty \frac{\sin t}{t} \, \mathrm{d}t.$$

Un modo per calcolare tale integrale, basato sul metodo dei residui, si trova su Spiegel (1975, esercizio 18 a p. 184).

Un metodo alternativo consiste nell'osservare che la funzione integranda è, a meno di un coefficiente, la trasformata di Fourier della funzione caratteristica relativa all'intervallo $[-1, 1]$ (Esercizio 5.11). Servendosi della formula per l'antitrasformata nell'origine, si trova $I_1 = \pi$.

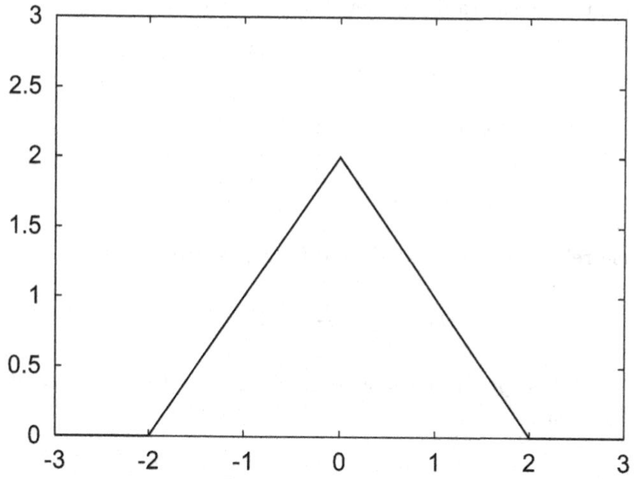

Fig. 5.9. Esercizio 5.24

Esercizio 5.24. Calcolare

$$I_p = \int_{-\infty}^{\infty} \frac{\sin^p x}{x^p}\, \mathrm{d}x, \quad p \in \mathbb{N}.$$

Risposta: Abbiamo già calcolato tale integrale nel caso $p = 1$.
Nel caso $p = 2$, integrando per parti, si ha:

$$\int_{-\infty}^{\infty} \frac{\sin^2 x}{x^2}\, \mathrm{d}x = -\frac{\sin^2 x}{x}\bigg|_{-\infty}^{\infty} + \int_{-\infty}^{\infty} \frac{2 \sin x \cos x}{x}\, \mathrm{d}x = \int_{-\infty}^{\infty} \frac{\sin 2x}{x}\, \mathrm{d}x = \pi,$$

per il risultato precedente.

Nel contesto delle trasformate di Fourier, tuttavia, è istruttivo procedere in quest'altro modo. Sia $f(t) = \chi_{[-1,1]}(t)$ la funzione caratteristica definita nell'Esercizio 5.11. La sua trasformata di Fourier (convenzione asimmetrica sui coefficienti) è:

$$\hat{f}(\omega) = 2\frac{\sin \omega}{\omega}.$$

Studiamo adesso la convoluzione di $f(t)$ con se stessa. Si ha:

$$g(t) = f * f\,(t) = \int_{-\infty}^{\infty} f(\tau) f(t-\tau)\, \mathrm{d}\tau = \int_{-1}^{1} f(t-\tau)\, \mathrm{d}\tau.$$

Al variare di t, è facile convincersi che (Fig. 5.9):

$$g(t) = \begin{cases} 0, & t \leq -2, \\ 2+t, & -2 < t \leq 0, \\ 2-t, & 0 < t \leq 2, \\ 0, & t > 2. \end{cases}$$

D'altra parte, la trasformata di Fourier di tale convoluzione è:

$$\hat{g}(\omega) = \hat{f}^2(\omega) = 4\frac{\sin^2 \omega}{\omega^2},$$

mentre per l'antitrasformata si può scrivere:

$$g(t) = \frac{1}{2\pi} \int_{-\infty}^{\infty} 4\frac{\sin^2 \omega}{\omega^2} e^{i\omega t} \, d\omega.$$

Valutando tale relazione per $t = 0$, dove $g(0) = 2$, si trova infine

$$I_2 = \int_{-\infty}^{\infty} \frac{\sin^2 \omega}{\omega^2} \, d\omega = \pi.$$

Nel caso $p = 3$, si può procedere partendo da $f * f * f$ e seguendo il metodo precedente. Si trova $I_3 = \frac{3}{4}\pi$.

5.2.5 Applicazione della trasformata di Fourier alla soluzione di alcune PDE e di alcune equazioni integrali

La trasformata della derivata di una funzione è uguale a $i\omega$ moltiplicato la trasformata della funzione stessa. Dunque, la trasformata di Fourier muta operatori differenziali in operatori algebrici (operatori di moltiplicazione). Questa proprietà può essere sfruttata per modificare equazioni differenziali (alle derivate parziali) in equazioni algebriche (o equazioni differenziali ordinarie) per la funzione trasformata. Risolte queste, si antitrasforma per avere la funzione incognita.

La trasformata di Fourier trova applicazione anche nella soluzione di equazioni di convoluzione, in quanto muta la convoluzione di due funzioni nel prodotto delle loro trasformate, ossia, ancora una volta, fa passare da un'operazione integrale ad un'operazione algebrica.

Consideriamo i seguenti esempi.

Propagazione del calore lungo una sbarra semi-infinita

Consideriamo il seguente problema, relativo alla propagazione del calore lungo una sbarra semi-infinita:

$$u_t - \kappa u_{xx} = 0, \quad x > 0, \quad t > 0, \tag{5.72a}$$

$$u(x, 0) = f(x), \quad x > 0, \quad t = 0 \tag{5.72b}$$

$$u(0, t) = 0, \quad x = 0, \quad t > 0. \tag{5.72c}$$

La funzione $u(x,t)$ rappresenta la temperatura della sbarra alla posizione x ed al tempo t, $f(x)$ è il profilo di temperatura iniziale della sbarra. La condizione (5.72c) indica che l'estremo $x = 0$ della sbarra è costantemente posto a contatto con un termostato con $u = 0$. Aggiungiamo la condizione (fisicamente motivata) che $u(x,t)$ si mantenga limitata.

Denotiamo con

$$\hat{u}(\xi, t) = \int_{-\infty}^{\infty} u(x,t) e^{-i\xi x} \, \mathrm{d}x$$

la trasformata di Fourier (spaziale) del profilo di temperatura al tempo t. Trasformando ambo i membri della (5.72a) e facendo uso del risultato relativo alla trasformata di una derivata, si ottiene così

$$\hat{u}_t = -\kappa \xi^2 \hat{u}.$$

Tale equazione, ricavata per trasformazione di Fourier da una PDE, è adesso una equazione differenziale ordinaria (ODE), in cui l'unica derivata è rispetto a t, e ξ figura come parametro. Il suo integrale generale è:

$$\hat{u}(\xi, t) = C(\xi) e^{-\kappa \xi^2 t}.$$

La "costante" di integrazione $C(\xi)$ si determina osservando che, a $t = 0$, la u deve verificare la condizione (5.72b), che trasformata secondo Fourier diventa: $\hat{u}(\xi, 0) = \hat{f}(\xi)$. Segue che $C(\xi) = \hat{f}(\xi)$ e dunque:

$$\hat{u}(\xi, t) = \hat{f}(\xi) e^{-\kappa \xi^2 t}.$$

Abbiamo così determinato la trasformata di Fourier della funzione u, che risulta espressa dal prodotto di due trasformate di Fourier. La funzione $u(x,t)$ sarà dunque la convoluzione delle antitrasformate di tali funzioni. Ricordando che $\mathcal{F}[e^{-ax^2}; \xi] = \sqrt{\pi/a} e^{-\xi^2/(4a)}$ (Esercizio 5.16), antitrasformando si trova:

$$u(x,t) = \frac{1}{\sqrt{4\pi\kappa t}} \int_{-\infty}^{\infty} e^{-\frac{1}{4\kappa t} y^2} f(x-y) \, \mathrm{d}y, \tag{5.73}$$

che prende il nome di *integrale di Poisson* dell'equazione del calore per una sbarra semi-infinita.

Includiamo adesso la condizione omogenea (5.72c), di cui non abbiamo ancora fatto uso. Procediamo per separazione delle variabili, ossia supponiamo che

$$u(x,t) = X(x) T(t).$$

Dalla (5.72a) segue allora che $XT' = \kappa X'' T$, ovvero

$$\frac{X''}{X} = \frac{1}{\kappa} \frac{T'}{T} = -\lambda^2,$$

da cui

$$\begin{aligned} X'' + \lambda^2 X &= 0, \\ T' + \kappa \lambda^2 T &= 0, \end{aligned}$$

e quindi

$$X(x) = A\cos\lambda x + B\sin\lambda x,$$
$$T(t) = Ce^{-\kappa\lambda^2 t}.$$

La condizione (5.72c) impone che sia $A = 0$. Dunque, per il principio di sovrapposizione, è possibile pensare $u(x,t)$ come una sovrapposizione di infinite componenti del tipo $e^{-\kappa\lambda^2 t}\sin\lambda x$, ciascuna corrispondente ad un diverso valore di λ, cioè:[3]

$$u(x,t) = \int_0^\infty B(\lambda)\sin\lambda x e^{-\kappa\lambda^2 t}\,\mathrm{d}\lambda.$$

La funzione $B(\lambda)$ si trova imponendo la (5.72b), ossia che

$$u(x,0) = \int_0^\infty B(\lambda)\sin\lambda x\,\mathrm{d}\lambda = f(x).$$

Segue che $B(\lambda)$ è l'antitrasformata seno di $f(x)$, cioè:

$$B(\lambda) = \frac{2}{\pi}\int_0^\infty f(y)\sin\lambda y\,\mathrm{d}y,$$

e in definitiva:

$$u(x,t) = \frac{2}{\pi}\int_0^\infty \mathrm{d}\lambda\int_0^\infty \mathrm{d}y e^{-\kappa\lambda^2 t} f(y)\sin\lambda x\sin\lambda y.$$

Ma:

$$\sin\lambda x\sin\lambda y = \frac{1}{2}[\cos\lambda(x-y) - \cos\lambda(x+y)],$$

e facendo uso della formula per la trasformata coseno della gaussiana (che si può derivare per esercizio dai risultati dell'Esercizio 5.16),

$$\int_0^\infty e^{-\alpha\lambda^2}\cos\beta\lambda\,\mathrm{d}\lambda = \frac{1}{2}\sqrt{\frac{\pi}{\alpha}}e^{-\frac{\beta^2}{4\alpha}},$$

si trova:

$$\begin{aligned} u(x,t) &= \frac{1}{2\sqrt{\pi\kappa t}}\left[\int_0^\infty f(y)e^{-(x-y)^2/4\kappa t}\,\mathrm{d}y - \int_0^\infty f(y)e^{-(x+y)^2/4\kappa t}\,\mathrm{d}y\right] \\ &= \frac{1}{\pi}\left[\int_{-x/2\sqrt{\kappa t}}^\infty e^{-w^2} f(2w\sqrt{\kappa t}+x)\,\mathrm{d}w - \int_{x/2\sqrt{\kappa t}}^\infty e^{-w^2} f(2w\sqrt{\kappa t}-x)\,\mathrm{d}w\right] \end{aligned}$$

ove si è fatto uso dei cambiamenti di variabile $w = \frac{y\pm x}{2\sqrt{\kappa t}}$.

[3] L'integrazione è estesa da 0 a $+\infty$, e non da $-\infty$ a $+\infty$, perché sarebbe sempre possibile riportarsi a tale caso mediante la posizione $\frac{1}{2}[B(\lambda) + B(-\lambda)] \mapsto B(\lambda)$ ed effettuando poi un opportuno cambio di variabili.

Nel caso particolare di un profilo iniziale costante di temperatura, $f(x) = u_0$, si trova:

$$\begin{aligned}
u(x,t) &= \frac{u_0}{\sqrt{\pi}} \int_{-x/2\sqrt{\kappa t}}^{\infty} e^{-w^2}\,\mathrm{d}w - \int_{x/2\sqrt{\kappa t}}^{\infty} e^{-w^2}\,\mathrm{d}w \\
&= \frac{u_0}{\sqrt{\pi}} \int_{-x/2\sqrt{\kappa t}}^{x/2\sqrt{\kappa t}} e^{-w^2}\,\mathrm{d}w \\
&= \frac{2u_0}{\sqrt{\pi}} \int_0^{x/2\sqrt{\kappa t}} e^{-w^2}\,\mathrm{d}w \\
&= u_0\,\mathrm{erf}\left[\frac{x}{2\sqrt{\kappa t}}\right].
\end{aligned}$$

Esercizio 5.25. Determinare il profilo di temperatura di una sbarra infinita ($-\infty < x < \infty$) avente profilo di temperatura iniziale $u(x,0) = f(x)$, con

$$f(x) = \begin{cases} u_0, & |x| \le a, \\ 0, & |x| > a. \end{cases}$$

Risposta: Per il principio di sovrapposizione, essendo la sbarra infinita, stavolta si ha:

$$u(x,t) = \int_0^{\infty} \mathrm{d}\lambda [A(\lambda)\cos\lambda x + B(\lambda)\sin\lambda x] e^{-\kappa\lambda^2 t}.$$

Poiché il profilo iniziale di temperatura è pari, deve essere $B(\lambda) = 0$, mentre le $A(\lambda)$ si determinano come trasformata coseno di $f(x)$:

$$A(\lambda) = \frac{2}{\pi}\int_0^{\infty} f(y)\cos\lambda y\,\mathrm{d}y = \frac{2u_0}{\pi}\int_0^a \mathrm{d}y \cos\lambda y = \frac{2u_0}{\pi}\frac{1}{\lambda}\sin\lambda a,$$

e dunque:

$$\begin{aligned}
u(x,t) &= \frac{2u_0}{\pi}\int_0^{\infty} \mathrm{d}\lambda \frac{1}{\lambda}\sin\lambda a \cos\lambda x\, e^{-\kappa\lambda^2 t} \\
&= \frac{2u_0}{\pi}\int_0^a \mathrm{d}y \int_0^{\infty} \mathrm{d}\lambda \cos\lambda x \cos\lambda y\, e^{-\kappa\lambda^2 t}.
\end{aligned}$$

Ma:

$$\cos\lambda x \cos\lambda y = \frac{1}{2}[\cos\lambda(x+y) + \cos\lambda(x-y)],$$

e sostituendo:

$$\begin{aligned}
u(x,t) &= \frac{u_0}{\pi}\int_0^a \mathrm{d}y \left[\int_0^{\infty} \mathrm{d}\lambda e^{-\kappa\lambda^2 t}\cos\lambda(x+y) + \int_0^{\infty} \mathrm{d}\lambda e^{-\kappa\lambda^2 t}\cos\lambda(x-y)\right] \\
&= \frac{u_0}{2\pi}\sqrt{\frac{\pi}{\kappa t}}\int_0^a \mathrm{d}y \left[e^{-(x+y)^2/4\kappa t} + e^{-(x-y)^2/4\kappa t}\right] \\
&= \frac{u_0}{\sqrt{\pi}}\left[\int_{x/2\sqrt{\kappa t}}^{(a+x)/2\sqrt{\kappa t}} e^{-w^2}\,\mathrm{d}w - \int_{x/2\sqrt{\kappa t}}^{(-a+x)/2\sqrt{\kappa t}} e^{-w^2}\,\mathrm{d}w\right] \\
&= \frac{u_0}{2}\left[\mathrm{erf}\left(\frac{x+a}{2\sqrt{\kappa t}}\right) - \mathrm{erf}\left(\frac{x-a}{2\sqrt{\kappa t}}\right)\right],
\end{aligned}$$

dove si è fatto uso del cambio di variabile $w = (x \pm y)/2\sqrt{\kappa}$.

Equazione delle onde

Consideriamo il seguente problema, relativo alla propagazione delle onde lungo una sbarra infinita:

$$u_{tt} - a^2 u_{xx} = 0, \qquad -\infty < x < \infty, \quad t \geq 0, \tag{5.74a}$$
$$u(x,0) = f(x), \quad -\infty < x < \infty, \quad t = 0 \tag{5.74b}$$
$$u_t(x,0) = 0, \qquad -\infty < x < \infty, \quad t = 0, \tag{5.74c}$$

con $u(x,t)$ limitata. Procediamo per separazione delle variabili, supponendo che $u(x,t) = X(x)T(t)$. Sostituendo, si trova, al solito,

$$T'' + \lambda^2 a^2 T = 0,$$
$$X'' + \lambda^2 X = 0,$$

da cui

$$T(t) = A\cos\lambda at + B\sin\lambda at,$$
$$X(x) = C\cos\lambda x + D\sin\lambda x.$$

Derivando T rispetto al tempo, e facendo uso della condizione (5.74c), si trova $T_t(0) = B\lambda = 0$, da cui $B = 0$. Segue che

$$u_\lambda(x,t) = [C(\lambda)\cos\lambda x + D(\lambda)\sin\lambda x]\cos\lambda at$$

è una possibile soluzione della (5.74a), che in più soddisfa la condizione (5.74c). L'indice λ non indica derivazione parziale, ma solo la dipendenza (parametrica) di tale soluzione da λ.

L'integrale generale può dunque essere espresso come sovrapposizione di tali soluzioni, al variare del parametro continuo λ, ossia:

$$u(x,t) = \int_0^\infty [C(\lambda)\cos\lambda x + D(\lambda)\sin\lambda x]\cos\lambda at \; \mathrm{d}\lambda.$$

Per $t = 0$, imponendo la condizione iniziale (5.74b), si trova che

$$u(x,0) = \int_0^\infty [C(\lambda)\cos\lambda x + D(\lambda)\sin\lambda x] \; \mathrm{d}\lambda = f(x),$$

ossia che $C(\lambda)$ e $D(\lambda)$ sono rispettivamente proporzionali alle trasformate coseno e seno di f:

$$C(\lambda) = \frac{1}{\pi}\int_{-\infty}^{\infty} \mathrm{d}y\, f(y)\cos\lambda y,$$
$$D(\lambda) = \frac{1}{\pi}\int_{-\infty}^{\infty} \mathrm{d}y\, f(y)\sin\lambda y,$$

con cui, sostituendo nell'espressione di $u(x,t)$:

$$\begin{aligned}
u(x,t) &= \frac{1}{\pi}\int_{-\infty}^{\infty} \mathrm{d}y \int_0^\infty \mathrm{d}\lambda\, f(y)[\cos\lambda x\cos\lambda y + \sin\lambda x \sin\lambda y]\cos\lambda a t \\
&= \frac{1}{\pi}\int_{-\infty}^{\infty} \mathrm{d}y \int_0^\infty \mathrm{d}\lambda\, f(y)\cos\lambda(x-y)\cos\lambda a t \\
&= \frac{1}{2\pi}\int_{-\infty}^{\infty} \mathrm{d}y \int_0^\infty \mathrm{d}\lambda\, f(y)[\cos\lambda(x-y+at) + \cos\lambda(x+y-at)] \\
&= \frac{1}{2}[f(x+at)+f(x-at)],
\end{aligned}$$

in cui, nell'ultimo passaggio, s'è fatto uso dell'espressione per l'antitrasformata coseno di $f(x)$. Si ritrova così la soluzione di D'Alembert del problema (5.74). (Il termine in ψ manca, in quanto $\psi = 0$.)

Equazione di Laplace su un semipiano

Consideriamo adesso l'equazione di Laplace sul semipiano $y > 0$:

$$u_{xx} + u_{yy} = 0, \qquad y > 0, \tag{5.75a}$$
$$u(x,0) = f(x), \quad y = 0, \tag{5.75b}$$

con $u(x,y)$ limitata. Procedendo per separazione delle variabili, stavolta si ha $X'' + \lambda^2 X = 0$, $Y'' - \lambda^2 Y = 0$, da cui:

$$\begin{aligned}
X(x) &= A\cos\lambda x + B\sin\lambda x, \\
Y(y) &= Ce^{-\lambda y} + De^{+\lambda y}.
\end{aligned}$$

Dovendo essere $u(x,y)$ limitata nel semipiano superiore, deve essere $D = 0$. Dunque è possibile costruire l'integrale generale della (5.75a) come sovrapposizione delle soluzioni particolari trovate, al variare di $\lambda > 0$:

$$u(x,y) = \int_0^\infty \mathrm{d}\lambda\, e^{-\lambda y}[A(\lambda)\cos\lambda x + B(\lambda)\sin\lambda x].$$

Imponendo la (5.75b) si trova che $A(\lambda)$ e $B(\lambda)$ devono essere rispettivamente la trasformata coseno e seno di $f(x)$ (a meno di un fattore due):

$$\begin{aligned}
A(\lambda) &= \frac{1}{\pi}\int_{-\infty}^{\infty} \mathrm{d}v\, f(v)\cos\lambda v, \\
B(\lambda) &= \frac{1}{\pi}\int_{-\infty}^{\infty} \mathrm{d}v\, f(v)\sin\lambda v.
\end{aligned}$$

Sostituendo nell'espressione per $u(x,y)$ si trova:

$$u(x,y) = \frac{1}{\pi}\int_0^\infty \mathrm{d}\lambda \int_{-\infty}^{\infty} \mathrm{d}v\, f(v)\cos\lambda(v-x)e^{-\lambda y}.$$

Ma

$$\int_0^\infty \mathrm{d}\lambda \cos\lambda(v-x)e^{-\lambda y} = \frac{y}{y^2+(v-x)^2},$$

con cui:

$$u(x,y) = \frac{1}{\pi}\int_{-\infty}^{\infty} \mathrm{d}v\, f(v)\frac{y}{y^2+(v-x)^2}. \tag{5.76}$$

Posto:

$$K(t,x) = \frac{1}{\pi}\frac{y}{y^2+t^2}, \tag{5.77}$$

si riconosce che la soluzione $u(x,y)$ del problema (5.75) si può esprimere come convoluzione (rispetto ad x) fra il dato al contorno $f(x)$ ed il kernel (5.77) *(kernel di Poisson per il semipiano):*

$$u(x,y) = \int_{-\infty}^{\infty} \mathrm{d}v\, f(v)K(v-x,y) = f * K.$$

Equazioni integrali di convoluzione

Esercizio 5.26. Determinare la soluzione $y(x)$ dell'equazione integrale di convoluzione ($a < b$):

$$\int_{-\infty}^{\infty} \frac{y(u)}{(x-u)^2+a^2}\,\mathrm{d}u = \frac{1}{x^2+b^2}.$$

Risposta: Prendendo la trasformata di Fourier del primo e del secondo membro, osservando che al primo membro figura una convoluzione, e ricordando che:

$$\mathcal{F}\left[\frac{1}{x^2+b^2};k\right] = \int_{-\infty}^{\infty} \frac{e^{-ikx}}{x^2+b^2}\,\mathrm{d}x = \frac{\pi}{b}e^{-b|k|},$$

si trova:

$$\hat{y}(k)\frac{\pi}{a}e^{-a|k|} = \frac{\pi}{b}e^{-b|k|},$$

da cui:

$$\hat{y}(k) = \frac{a}{b}e^{(a-b)|k|}$$

e quindi, antitrasformando:

$$\begin{aligned}
y(x) &= \frac{a}{2\pi b}\int_{-\infty}^{\infty} e^{ikx+(a-b)|k|}\,\mathrm{d}k \\
&= \frac{a}{2\pi b}\left[\int_{-\infty}^{0} e^{ikx-(a-b)k}\,\mathrm{d}k + \int_0^\infty e^{ikx+(a-b)k}\,\mathrm{d}k\right] \\
&= \frac{a}{2\pi b}\left[\int_0^\infty e^{-ikx+(a-b)k}\,\mathrm{d}k + \int_0^\infty e^{ikx+(a-b)k}\,\mathrm{d}k\right] \\
&= \frac{a}{\pi b}\int_0^\infty e^{(a-b)k}\cos kx\,\mathrm{d}k \\
&= \frac{b-a}{\pi b}\frac{a}{x^2+(b-a)^2},
\end{aligned}$$

che tende a $\delta(x)$ per $b \to a$.

Esercizio 5.27. Risolvere:

$$\int_{-\infty}^{\infty} y(u)y(x-u)\,\mathrm{d}u = e^{-x^2}.$$

Risposta: Trasformando, si trova $\hat{y}^2(k) = \sqrt{\pi}e^{-k^2/4}$, da cui $\hat{y}(k) = \pi^{1/4}e^{-k^2/8}$, e quindi, antitrasformando,

$$y(x) = \sqrt[4]{\frac{4}{\pi}}e^{-2x^2}.$$

Esercizio 5.28. Risolvere le seguenti equazioni di convoluzione (Krasnov *et al.*, 1977):

1. $\displaystyle\int_0^{\infty} \varphi(t)\cos xt\,\mathrm{d}t = \frac{1}{1+x^2},\ x > 0.$
2. $\displaystyle\int_0^{\infty} \varphi(t)\sin xt\,\mathrm{d}t = f(x)$, dove $f(x) = \begin{cases} \frac{\pi}{2}\sin x, & 0 \le x \le \pi, \\ 0, & x > \pi. \end{cases}$
3. $\displaystyle\int_0^{\infty} \varphi(t)\cos xt\,\mathrm{d}t = f(x)$, dove $f(x) = \begin{cases} \frac{\pi}{2}\cos x, & 0 \le x \le \pi, \\ 0, & x > \pi. \end{cases}$
4. $\displaystyle\int_0^{\infty} \varphi(t)\cos xt\,\mathrm{d}t = e^{-x}\cos x,\ x > 0.$
5. $\displaystyle\varphi(x) + \int_{-\infty}^{\infty} K(x-t)\varphi(t)\,\mathrm{d}t = f(x).$

Risposta:

1. $\varphi(x) = e^{-x}$.
2. $\varphi(t) = \begin{cases} \frac{1}{1-t^2}\sin \pi t, & t \ne 1, \\ \frac{\pi}{2}, & t = 1. \end{cases}$
3. $\varphi(t) = \begin{cases} \frac{1}{\pi}\frac{2t}{1-t^2}\sin \pi t, & t \ne 1, \\ 1, & t = 1. \end{cases}$
4. $\displaystyle\varphi(t) = \frac{2}{\pi}\frac{t^2+2}{t^2+4}.$
5. $\displaystyle\varphi(x) = \frac{1}{2\pi}\int_{-\infty}^{\infty} e^{ikx}\frac{\hat{f}(k)}{1-\hat{K}(k)}\,\mathrm{d}k.$

5.3 Temi d'esame svolti

Esercizio 5.29 (Compito N.O. del 10.2.2006). Considerare l'equazione

$$f(x) = x + \int_{-\infty}^{+\infty} g(x-y)f(y)dy$$

con $g(x)$ derivabile ovunque ed appartenente ad L^1. Utilizzare le trasformate di Fourier per dimostrare che esistono soluzioni della forma $f(x) = \alpha x + \beta$.

Dimostrare che se esiste un k_0 per cui la trasformata di Fourier $\tilde{g}(k_0) = 1$, allora l'equazione omogenea ammette una soluzione non banale. Determinare in tal caso la forma della soluzione generale. Nel caso in cui

$$g(x) = \frac{1}{\pi(x^2+1)^2}$$

stabilire (senza fare calcoli espliciti) se la trasformata di Fourier $\tilde{g}(k)$ è derivabile su tutto l'asse reale. Calcolare quindi esplicitamente la trasformata di Fourier e determinare i coefficienti α e β della soluzione dell'equazione integrale in tale caso particolare.

Esercizio 5.30 (Compito N.O. del 13.3.2006). Data la funzione

$$f(x) = \frac{1}{4\cos x - 5}:$$

1. Discutere le proprietà di convergenza del suo sviluppo in serie di Fourier (trigonometrica) in $[-\pi, \pi]$.
2. Calcolare esplicitamente i coefficienti di Fourier e scrivere la serie. (*Suggerimento:* Calcolare gli integrali sulla circonferenza unitaria utilizzando il teorema dei residui, e ricordando che per le funzioni generalmente analitiche la somma dei residui è zero).
3. Dimostrare che $f(x)$, prolungata a tutto l'asse reale, soddisfa condizioni sufficienti affinché la trasformata di Fourier della serie, effettuata termine a termine (e nel senso delle distribuzioni), dia una serie di distribuzioni convergente alla trasformata di Fourier di $f(x)$.
4. Scrivere esplicitamente quest'ultima serie.

Esercizio 5.31 (Compito N.O. del 1.6.2006). Dopo aver stabilito se (come conseguenza di qualche teorema) esiste nello spazio complesso $L^2(-\infty, +\infty)$ una funzione $\varphi(x)$ tale che

$$\lim_{N\to\infty} \left\| \varphi(x) - \int_{-N}^{N} f(y)e^{-ixy}dy \right\| = 0,$$

dove

$$f(x) = \begin{cases} e^{-(x-1)}, & \text{se } x \geq 1 \\ -2e^{(x-1)}, & \text{se } x < 1, \end{cases}$$

1. Dire se sono soddisfatte le condizioni per cui $\varphi(x)$ coincide con la trasformata di Fourier $\mathcal{F}[f]$ della funzione $f(x)$.
2. Determinare $\varphi(x)$ e stabilire se appartiene a $L^1(-\infty, +\infty)$.
3. Dire se sono soddisfatte le condizioni per l'esistenza della trasformata di Fourier inversa $\mathcal{F}^{-1}[\varphi]$ e se $\mathcal{F}^{-1}[\varphi] = f$ puntualmente su tutto l'asse reale.
4. Calcolare esplicitamente $\mathcal{F}^{-1}[\varphi]$ nel punto $x = 1$.

Esercizio 5.32 (Compito N.O. del 27.6.2006). La distribuzione $F[\varphi]$ è definita per $\forall\varphi \in S$ come la somma della serie

$$F[\varphi] = \sum_{n=1}^{\infty} \frac{1}{n!}\varphi(\sqrt{n}).$$

Detta $\tilde{F}$ la trasformata di Fourier della distribuzione, calcolare $\tilde{F}[\varphi_0]$ per

$$\varphi_0(x) = e^{-2x^2}.$$

Facoltativo:

1. Dire se $\varphi_0 \in S$.
2. Dimostrare che la definizione di $F[\varphi]$ è valida per $\forall\varphi \in S$.

Tabella 5.2. Tavola di alcune trasformate di Fourier

$f(x) = \frac{1}{2\pi}\int_{-\infty}^{\infty} \hat{f}(k)e^{ikx}\,\mathrm{d}k$	$\hat{f}(k) = \int_{-\infty}^{\infty} f(x)e^{-ikx}\,\mathrm{d}x$
$\chi_{[-a,a]}(x)$, $a > 0$	$\frac{2}{k}\sin ka$
$e^{-a\lvert x\rvert}$, $a > 0$	$\frac{2a}{k^2 + a^2}$
e^{-ax^2}, $a > 0$	$\sqrt{\frac{\pi}{a}}e^{-k^2/4a}$
$\frac{1}{x^2 + a^2}$, $a > 0$	$\frac{\pi}{a}e^{-a\lvert k\rvert}$
$\frac{x}{x^2 + a^2}$, $a > 0$	$-i\pi e^{-a\lvert k\rvert}\operatorname{sgn} k$
$e^{-a\lvert x\rvert}\cos bx$, $a, b > 0$	$\frac{a}{a^2 + (b+k)^2} + \frac{a}{a^2 + (b-k)^2}$

6

Equazioni integrali e funzioni di Green

Per la teoria, cfr. Kolmogorov e Fomin (1980). La maggioranza degli esercizi è tratta da Krasnov *et al.* (1977). Alcuni esercizi sono tratti da Spiegel (1994) e da Logan (1997).

Per una nota storica su George Green (1793–1841) ed una breve rassegna delle applicazioni della funzione di Green e del teorema di Green in fisica, vedi Challis e Sheard (2003).

6.1 Equazioni di Fredholm

6.1.1 Generalità

Sia $f : [a, b] \to \mathbb{C}$ una funzione di $L^2(a, b)$ e $K : [a, b] \times [a, b] \to \mathbb{C}$ tale che

$$\| K \|^2 = \int_a^b \mathrm{d}x \int_a^b \mathrm{d}t |K(x,t)|^2 < \infty. \tag{6.1}$$

Un'*equazione integrale di Fredholm* è un'equazione integrale (lineare) del tipo:

$$\varphi(x) - \lambda \int_a^b K(x,t)\varphi(t)\,\mathrm{d}t = f(x), \tag{6.2}$$

dove $\lambda \in \mathbb{C}$ e $\varphi \in L^2(a, b)$ è la funzione indeterminata. La funzione $K(x, t)$ prende il nome di *nucleo* o *kernel* dell'equazione integrale ed $f(x)$ di *termine noto.* Sotto la condizione (6.1) il kernel $K(x, t)$ si dice *di Hilbert-Schmidt* e il corrispondente operatore integrale

$$\mathcal{K} \cdot = \int_a^b \mathrm{d}t K(x,t) \cdot \tag{6.3}$$

risulta essere compatto.

Angilella G. G. N.: Esercizi di metodi matematici della fisica.

Equazioni del tipo (6.2) si dicono *di seconda specie*. Equazioni del tipo:

$$\int_a^b K(x,t)\varphi(t)\,\mathrm{d}t = f(x), \tag{6.4}$$

si dicono invece *di prima specie*.

Si diranno *omogenee* le equazioni che mancano del termine noto, cioè per le quali $f(x) = 0$, *non omogenee* in tutti gli altri casi.

6.1.2 Equazioni a nucleo separabile

Il nucleo di un'equazione integrale lineare si dice *separabile* o anche *degenere* se ammette la decomposizione:

$$K(x,t) = \sum_{k=1}^{n} a_k(x) b_k(t), \tag{6.5}$$

ove si può supporre, senza perdita di generalità, che le a_k, b_k siano funzioni l.i. Sostituendo l'espressione (6.5) nella (6.2), rimane determinata la *forma funzionale* della soluzione $\varphi(x)$ come:

$$\varphi(x) = f(x) + \lambda \sum_{k=1}^{n} c_k a_k(x), \tag{6.6}$$

ove i c_k sono coefficienti numerici, dipendenti implicitamente da $\varphi(x)$ come:

$$c_k = \int_a^b \mathrm{d}t\, \varphi(t) b_k(t). \tag{6.7}$$

Per determinarli, sostituiamo la loro espressione (6.7) nella (6.6). Si trova:

$$\sum_{k=1}^{n} a_k(x) \left\{ c_k - \int_a^b \mathrm{d}t\, b_k(t) \left[f(t) + \lambda \sum_{h=1}^{n} c_h a_h(t) \right] \right\} = 0,$$

da cui, per la l.i. delle $a_k(x)$, segue che:

$$c_k - \lambda \sum_{h=1}^{n} A_{kh} c_h = f_k,$$

ovvero:

$$\sum_{h=1}^{n} (\delta_{kh} - \lambda A_{kh}) c_h = f_k, \tag{6.8}$$

dove si è posto:

$$A_{kh} = \int_a^b \mathrm{d}t\, b_k(t) a_h(t),$$

$$f_k = \int_a^b \mathrm{d}t\, b_k(t) f(t).$$

La soluzione dell'equazione integrale (6.2) è dunque ricondotta a quella del sistema lineare (6.8).

Equazioni non omogenee a nucleo separabile

Se l'equazione integrale è non omogenea, allora il sistema lineare (6.8) è completo, e va risolto, ad esempio, col metodo di Cramer (cfr. Teorema 1.2). In corrispondenza ai valori di λ per i quali risulta $\det(\delta_{kh} - \lambda A_{kh}) = 0$ il sistema sarà impossibile, e la (6.2) non avrà soluzioni in corrispondenza a tali valori. Diversamente, la soluzione esiste ed è unica.

Esercizio 6.1. Risolvere le seguenti equazioni di Fredholm di II specie non omogenee a nucleo degenere (Krasnov *et al.*, 1977, pp. 56-59).[1]

1. $\varphi(x) - 4\int_0^{\pi/2} \sin^2 x\, \varphi(t)\, dt = 2x - \pi.$
2. $\varphi(x) - \int_{-1}^{1} e^{\arcsin x} \varphi(t)\, dt = \tan x.$
3. $\varphi(x) - \lambda\int_{-\pi/4}^{\pi/4} \tan t\, \varphi(t)\, dt = \operatorname{cotg} x.$
4. $\varphi(x) - \lambda\int_0^1 \cos(q \log t)\varphi(t)\, dt = 1.$
5. $\varphi(x) - \lambda\int_0^1 \arccos t\, \varphi(t)\, dt = \dfrac{1}{\sqrt{1-x^2}}.$
6. $\varphi(x) - \lambda\int_0^1 \left(\log \dfrac{1}{t}\right)^p \varphi(t)\, dt = 1,\ p > -1.$
7. $\varphi(x) - \lambda\int_0^1 (x \log t - t \log x)\varphi(t)\, dt = \dfrac{6}{5}(1 - 4x).$
8. $\varphi(x) - \lambda\int_0^{\pi/2} \sin x \cos t\, \varphi(t)\, dt = \sin x.$
9. $\varphi(x) - \lambda\int_0^{2\pi} |x - t| \sin x\, \varphi(t)\, dt = x.$
10. $\varphi(x) - \lambda\int_0^{\pi} \sin(x - t)\, \varphi(t)\, dt = \cos x.$
11. $\varphi(x) - \lambda\int_0^{2\pi} (\sin x \cos t - \sin 2x \cos 2t + \sin 3x \cos 3t)\varphi(t)\, dt = \cos x.$
12. $\varphi(x) - \dfrac{1}{2}\int_{-1}^{1} \left[x - \dfrac{1}{2}(3t^2 - 1) + \dfrac{1}{2}t(3x^2 - 1)\right] \varphi(t)\, dt = 1.$
13. $\varphi(x) - \lambda\int_{-\pi}^{\pi} (x \cos t + t^2 \sin x + \cos x \sin t)\varphi(t)\, dt = x.$

Risposta:

1. $\varphi(x) = 2x - \pi + \dfrac{\pi^2}{\pi - 1} \sin^2 x.$
2. $\varphi(x) = \tan x.$

[1] Alcuni esercizi richiedono la conoscenza delle principali proprietà della funzione Γ euleriana, cfr. 4.1.

3. $\varphi(x) = \operatorname{cotg} x + \frac{\pi}{2}\lambda.$
4. $\varphi(x) = \frac{1+q^2}{1+q^2-\lambda}.$
5. $\varphi(x) = \frac{1}{\sqrt{1-x^2}} - \frac{\pi^2}{8}\frac{\lambda}{\lambda-1},\ \lambda \neq 1.$
6. $\varphi(x) = \frac{1}{1-\lambda\Gamma(p+1)}.$
7. $\varphi(x) = \frac{6}{5}(1-4x) + \frac{2\lambda^2 x + \left(\lambda + \frac{\lambda^2}{4}\right)\log x}{1+\frac{29}{48}\lambda^2}.$
8. $\varphi(x) = \frac{2}{2-\lambda}\sin x,\ \lambda \neq 2.$
9. $\varphi(x) = x + \lambda\pi^3 \sin x.$
10. $\varphi(x) = 2\frac{2\cos x + \pi\lambda \sin x}{4+\pi^2\lambda^2}.$
11. $\varphi(x) = \cos x + \pi\lambda \sin x.$
12. $\varphi(x) = \frac{5}{16} + \frac{15}{32}(x+1)^2.$
13. $\varphi(x) = x + \frac{2\lambda\pi}{1+2\lambda^2\pi^2}(\lambda\pi x - 4\lambda\pi \sin x + \cos x).$

Equazioni omogenee a nucleo separabile

Se l'equazione integrale (6.2) è omogenea, il sistema lineare (6.8) ad essa equivalente è omogeneo, e va dunque discusso servendosi del teorema di Rouché-Capelli (Teorema 1.3). Occorre cercare i valori di λ in corrispondenza ai quali risulta $\det(\delta_{kh} - \lambda A_{kh}) = 0$. Tali valori prendono anche il nome di *numeri caratteristici* dell'equazione integrale (6.2) e sono i reciproci degli autovalori dell'operatore integrale (6.3).

Nel caso di un nucleo separabile, tali valori di λ sono in numero finito, $\lambda = \lambda_k$, $k = 1, \ldots n$. In corrispondenza a ciascuno di essi, esistono infinite soluzioni della (6.2), proporzionali alle cosiddette *funzioni proprie*.

Esercizio 6.2. Risolvere le seguenti equazioni di Fredholm di II specie omogenee a nucleo degenere (Krasnov *et al.*, 1977, pp. 62-65).

1. $\varphi(x) - \lambda \int_0^\pi (\cos^2 x \cos 2t + \cos 3x \cos^3 t)\, \varphi(t)\, dt = 0.$
2. $\varphi(x) - \lambda(3x-2) \int_0^1 t\, \varphi(t)\, dt = 0.$
3. $\varphi(x) - \lambda \int_0^1 (t\sqrt{x} - x\sqrt{t})\, \varphi(t)\, dt = 0.$
4. $\varphi(x) - \lambda \int_0^{\pi/4} \sin^2 x\, \varphi(t)\, dt = 0.$
5. $\varphi(x) - \lambda \int_0^{2\pi} \sin x \cos t\, \varphi(t)\, dt = 0.$
6. $\varphi(x) - \lambda \int_0^{2\pi} \sin x \sin t\, \varphi(t)\, dt = 0.$

7. $\varphi(x) - \lambda \int_0^{\pi} \cos(x+t)\,\varphi(t)\,\mathrm{d}t = 0.$

8. $\varphi(x) - \lambda \int_0^1 (45x^2 \log t - 9t^2 \log x)\,\varphi(t)\,\mathrm{d}t = 0.$

9. $\varphi(x) - \lambda \int_0^1 (2xt - 4x^2)\,\varphi(t)\,\mathrm{d}t = 0.$

10. $\varphi(x) - \lambda \int_{-1}^1 (5xt^3 + 4x^2 t)\,\varphi(t)\,\mathrm{d}t = 0.$

11. $\varphi(x) - \lambda \int_{-1}^1 (5xt^3 + 4x^2 t + 3xt)\,\varphi(t)\,\mathrm{d}t = 0.$

12. $\varphi(x) - \lambda \int_{-1}^1 (x \cosh t - t \sinh x)\,\varphi(t)\,\mathrm{d}t = 0.$

13. $\varphi(x) - \lambda \int_{-1}^1 (x \cosh t - t^2 \sinh x)\,\varphi(t)\,\mathrm{d}t = 0.$

14. $\varphi(x) - \lambda \int_{-1}^1 (x \cosh t - t \cosh x)\,\varphi(t)\,\mathrm{d}t = 0.$

Risposta:

1. $\lambda_1 = \frac{4}{\pi}$, $\lambda_2 = \frac{8}{\pi}$, $\varphi_1(x) = \cos^2 x$, $\varphi_2(x) = \cos 3x$.
2. Solo la soluzione banale, $\varphi(x) = 0$.
3. Nessun numero caratteristico reale.
4. $\lambda_1 = \frac{8}{\pi - 2}$, $\varphi_1(x) = \sin^2 x$.
5. Nessuna soluzione distinta dalla banale.
6. $\lambda_1 = \frac{1}{\pi}$, $\varphi_1(x) = \sin x$.
7. $\lambda_1 = -\frac{2}{\pi}$, $\lambda_2 = \frac{2}{\pi}$, $\varphi_1(x) = \sin x$, $\varphi_2(x) = \cos x$.
8. Nessun numero caratteristico reale.
9. $\lambda_1 = \lambda_2 = 3$, $\varphi(x) = x - 2x^2$.
10. $\lambda_1 = \frac{1}{2}$, $\varphi_1(x) = \frac{5}{2}x + \frac{10}{3}x^2$.
11. $\lambda_1 = \frac{1}{4}$, $\varphi_1(x) = \frac{3}{2}x + x^2$.
12. $\lambda_1 = -\frac{e}{2}$, $\varphi_1(x) = \sinh x$.
13. Nessuna soluzione distinta dalla banale.
14. Nessun numero caratteristico reale.

Un modo equivalente di procedere è quello di ricavare il sistema dei coefficienti per sostituzione diretta, come mostra il seguente:

Esercizio 6.3. Risolvere l'equazione integrale (Krasnov *et al.*, 1977, p. 77, n. 160):

$$\varphi(x) - \lambda \int_0^{\pi} \cos(x+t)\varphi(t)\,\mathrm{d}t = 0.$$

Risposta: Il nucleo è separabile:

$$K(x,t) = \cos(x+t) = \cos x \cos t - \sin x \sin t,$$

ed è anche simmetrico (vedi oltre):

$$K(x,t) = \cos(x+t) = \cos(t+x) = K(t,x).$$

Si ha:

$$\begin{aligned}\varphi(x) &= \lambda \cos x \int_0^\pi \varphi(t) \cos t \, \mathrm{d}t - \lambda \sin x \int_0^\pi \varphi(t) \sin t \, \mathrm{d}t \\ &= A \cos x + B \sin x.\end{aligned}$$

Tornando a sostituire la forma funzionale trovata nel secondo rigo nel primo rigo al posto di $\varphi(t)$, si trova:

$$A\cos x + B\sin x = \lambda \cos x \int_0^\pi (A\cos t + B\sin t)\cos t \, \mathrm{d}t - \lambda \sin x \int_0^\pi (A\cos t + B\sin t)\, \mathrm{d}t.$$

Dopo aver calcolato:

$$\begin{aligned}\int_0^\pi \cos^2 t \, \mathrm{d}t &= \frac{\pi}{2} \\ \int_0^\pi \sin^2 t \, \mathrm{d}t &= \frac{\pi}{2} \\ \int_0^\pi \sin t \cos t \, \mathrm{d}t &= 0,\end{aligned}$$

si trova:

$$A\left(1 - \lambda\frac{\pi}{2}\right)\cos x + B\left(1 + \lambda\frac{\pi}{2}\right)\sin x = 0.$$

Per il principio di identità dei polinomi trigonometrici (o, per dirla diversamente, essendo seno e coseno funzioni l.i.), devono essere nulli i coefficienti di seno e coseno, cioè:

$$\begin{aligned}A &= 0, \quad 1 + \lambda\frac{\pi}{2} = 0, \\ B &= 0, \quad 1 - \lambda\frac{\pi}{2} = 0.\end{aligned}$$

Posto:

$$\begin{aligned}\lambda_1 &= -\frac{2}{\pi}, \quad \varphi_1(x) = \sin x, \\ \lambda_2 &= \frac{2}{\pi}, \quad \varphi_2(x) = \cos x,\end{aligned}$$

segue che, se $\lambda = \lambda_i$ le soluzioni sono del tipo $\varphi(x) = C\varphi_i(x)$, per ogni $C \neq 0$. Se invece $\lambda \neq \lambda_i$, l'unica soluzione è quella banale.

Esercizio 6.4. Risolvere l'equazione integrale (Krasnov *et al.*, 1977, p. 77, n. 163):

$$\varphi(x) - \frac{1}{4}\int_{-2}^{2} |x|\varphi(t)\, \mathrm{d}t = 0.$$

Risposta: Il nucleo è degenere, ma non simmetrico (vedi oltre). La soluzione (se esiste) è del tipo $\varphi(x) = C|x|$. Sostituendo, si trova:

$$C|x| - \frac{1}{4}|x|C\int_{-2}^{2}|t|\,\mathrm{d}t = 0$$
$$C|x|\left(1 - \frac{1}{4}2\int_{0}^{2}t\,\mathrm{d}t\right) = 0$$
$$C|x|(1-1) = 0,$$

che è un'identità. Segue che l'equazione ha soluzioni non banali $\varphi(x) = C|x|$ per ogni $C \neq 0$.

Esercizio 6.5. Risolvere le seguenti equazioni integrali (Krasnov *et al.*, 1977, p. 77).

1. $\varphi(x) - \lambda\int_0^{\pi}(\cos^2 x\cos 2t + \cos^3 t\cos 3x)\varphi(t)\,\mathrm{d}t = 0.$
2. $\varphi(x) - \lambda\int_0^1 \arccos x\varphi(t)\,\mathrm{d}t = 0.$
3. $\varphi(x) - 2\lambda\int_0^{\pi/4}\frac{\varphi(t)}{1+\cos 2t}\,\mathrm{d}t = 0.$
4. $\varphi(x) + 6\lambda\int_0^1 (x^2 - 2xt)\varphi(t)\,\mathrm{d}t = 0.$

Risposta:

1. $\lambda_1 = 4/\pi$, $\varphi_1(x)\cos^2 x$; $\lambda_2 = 8/\pi$, $\varphi_1(x)\cos 3x$.
2. Se $\lambda = 1$, $\varphi(x) = C\arccos x$, altrimenti solo la soluzione banale.
3. $\varphi(x) = C$.
4. $\varphi(x) = C(x - x^2)$.

6.1.3 Equazioni a nucleo simmetrico

Un'equazione di Fredholm si dice *a nucleo simmetrico* se risulta:

$$K(x,t) = K^*(t,x), \qquad \forall (x,t) \in [a,b]\times[a,b].$$

Poiché saremo interessati, nella pratica, a nuclei reali, ci basterà verificare che $K(x,t) = K(t,x)$.

Nel caso di un'equazione di Fredholm omogenea a nucleo simmetrico, si può provare che:

1. I numeri caratteristici sono numeri reali.
2. A ciascun numero caratteristico λ corrispondono q funzioni proprie l.i., dove $q \leq \lambda^2 \parallel K \parallel^2$. Il numero intero q è detto molteplicità del numero caratteristico λ.
3. A numeri caratteristici distinti $\lambda_1 \neq \lambda_2$ corrispondono funzioni caratteristiche $\varphi_1(x)$, $\varphi_2(x)$ ortogonali, nel senso che:

$$\int_a^b \varphi_1(t)\,\varphi_2(t)\,\mathrm{d}t = 0.$$

Equazioni a nucleo simmetrico omogenee

Esercizio 6.6. Risolvere l'equazione di Fredholm (Krasnov *et al.*, 1977, p. 70, n. 139):

$$\varphi(x) - \lambda \int_0^\pi K(x,t)\,\varphi(t)\,\mathrm{d}t = 0,$$

dove

$$K(x,t) = \begin{cases} \sin x \cos t, & 0 \le x \le t, \\ \sin t \cos x, & t \le x \le \pi. \end{cases}$$

Risposta: Si tratta di un'equazione di Fredholm di seconda specie omogenea, a nucleo di Hilbert-Schmidt simmetrico.

Verificate che $\| K \|^2 = \frac{\pi^2}{4}$. (*Suggerimento:* nel caso di un nucleo simmetrico, l'integrazione prevista dalla (6.1) si riduce a quella estesa ad uno dei due triangoli in cui il dominio $[a,b] \times [a,b]$ risulta diviso dalla prima bisettrice.)

Sostituendo l'espressione esplicita del nucleo nell'equazione, derivando successivamente due volte e semplificando, si ha:

$$\varphi(x) = \lambda \cos x \int_0^x \varphi(t)\, \sin t\,\mathrm{d}t - \lambda \sin x \int_\pi^x \varphi(t)\, \cos t\,\mathrm{d}t, \qquad (*)$$

$$\begin{aligned} \varphi'(x) &= -\lambda \sin x \int_0^x \varphi(t)\, \sin t\,\mathrm{d}t + \lambda\varphi(x)\, \sin\cancel{x} \cos x \\ &\quad -\lambda \cos x \int_\pi^x \varphi(t)\, \cos t\,\mathrm{d}t - \lambda\varphi(x)\, \cos\cancel{x} \sin x, \qquad (**) \\ \varphi''(x) &= -\lambda \cos x \int_0^x \varphi(t)\, \sin t\,\mathrm{d}t - \underbrace{\lambda\varphi(x)\, \sin^2 x} \\ &\quad +\lambda \sin x \int_\pi^x \varphi(t)\, \cos t\,\mathrm{d}t - \underbrace{\lambda\varphi(x)\, \cos^2 x} \\ &= -\lambda\varphi(x) - \varphi(x), \end{aligned}$$

dove, nell'ultimo passaggio, si è tornati a fare uso della $(*)$. Si trova così che l'equazione integrale di partenza è equivalente all'equazione differenziale:

$$\begin{aligned} \varphi'' + (1+\lambda)\varphi &= 0, \\ \varphi(0) = \varphi'(\pi) &= 0, \end{aligned}$$

ove le condizioni omogenee al contorno sono state ottenute sostituendo $x = 0$ nella $(*)$ e $x = \pi$ nella $(**)$.

Dall'equivalenza che siamo venuti a dimostrare, segue che l'equazione integrale di partenza *comprende le condizioni al contorno*. Questa circostanza è del tutto generale.

L'equazione differenziale trovata è del secondo ordine, omogenea, a coefficienti costanti, e si discute usualmente, distinguendo i seguenti casi:

$\lambda = -1$ Si ha $\varphi'' = 0$. Segue che $\varphi(x) = Ax + B$. Ma $\varphi(0) = \varphi(\pi) = 0$ implica che $A = B = 0$, dunque $\varphi(x) \equiv 0$.

$1+\lambda=\alpha^2>0$ Si ha $\varphi(x) = A\cos\alpha x + B\sin\alpha x$, da cui $\varphi'(x) = -A\alpha\sin\alpha x + B\alpha\cos\alpha x$. Le condizioni al contorno comportano che

$$\begin{aligned}\varphi(0) &= A = 0,\\ \varphi'(\pi) &= B\alpha\cos\alpha\pi = 0,\end{aligned}$$

da cui $A=0$, $B\neq 0$, con $\alpha\pi = (k+\frac{1}{2})\pi$, cioè:

$$\begin{aligned}\lambda_k &= -1+\left(k+\frac{1}{2}\right)^2 = \left(k+\frac{3}{2}\right)\left(k-\frac{1}{2}\right) > -1,\\ \varphi_k(x) &= \sin\left(k+\frac{1}{2}\right)x, \qquad k\in\mathbb{Z},\end{aligned}$$

che sono i numeri caratteristici e le funzioni proprie cercate.
Per $\lambda = \lambda_k$, l'equazione integrale ha dunque infinite soluzioni distinte dalla banale, date da $\varphi(x) = B\varphi_k(x)$. Tra queste, quella normalizzata, cioè tale che $\int_0^\pi \mathrm{d}t|\tilde{\varphi}_k(t)|^2 = 1$, è:

$$\tilde{\varphi}_k(x) = \sqrt{\frac{2}{\pi}}\sin\left(k+\frac{1}{2}\right)x.$$

$1+\lambda=-\alpha^2<0$ Si ha stavolta $\varphi(x) = Ae^{-\alpha x} + Be^{\alpha x}$. Derivando ed imponendo le condizioni al contorno, si trova stavolta:

$$\begin{aligned}\varphi(0) &= A+B = 0,\\ \varphi'(\pi) &= B\alpha(e^{\alpha\pi}+e^{-\alpha\pi}) = 2B\alpha\cosh\alpha\pi = 0.\end{aligned}$$

La seconda condizione comporta necessariamente $B=0$ e la prima $A=0$. Dunque l'unica soluzione possibile in questo caso è quella banale.

Esercizio 6.7. Risolvere l'equazione di Fredholm (Krasnov *et al.*, 1977, p. 71, n. 142):

$$\varphi(x) - \lambda\int_0^1 K(x,t)\,\varphi(t)\,\mathrm{d}t = 0,$$

dove

$$K(x,t) = e^{-|x-t|}.$$

Risposta: Si tratta di un'equazione di Fredholm di seconda specie omogenea, a nucleo di Hilbert-Schmidt simmetrico, con $\| K \|^2 = \frac{1}{2}(e^2-3)$. Derivando due volte, si trova che essa è equivalente all'equazione differenziale con condizioni al contorno omogenee:

$$\begin{aligned}\varphi'' + (2\lambda-1)\varphi &= 0,\\ \varphi(0)-\varphi'(0) &= 0,\\ \varphi(1)-\varphi'(1) &= 0.\end{aligned}$$

Occorre distinguere i seguenti casi:

$2\lambda-1=0$ Solo la soluzione banale.

$2\lambda - 1 = -\alpha^2 < 0$ Si ha $\varphi(x) = Ae^{-\alpha x} + Be^{\alpha x}$. Derivando ed imponendo le condizioni al contorno, si trova

$$\begin{aligned}(1+\alpha)A + (1-\alpha)B &= 0,\\ (1-\alpha)e^{-\alpha}A + (1+\alpha)e^{\alpha}B &= 0,\end{aligned}$$

che è un sistema omogeneo nelle indeterminate A e B. Il determinante della matrice dei coefficienti vale:

$$f(\alpha) = (1+\alpha)^2 e^{\alpha} - (1-\alpha)^2 e^{-\alpha}.$$

La condizione $f(\alpha) = 0$ equivale a:

$$\left|\frac{1+\alpha}{1-\alpha}\right| = e^{-\alpha},$$

la cui unica soluzione è data da $\alpha = 0$, valore non consentito ($\alpha > 0$, per costruzione). Dunque, in questo caso non ci sono soluzioni distinte dalla banale.

$2\lambda - 1 = \alpha^2 > 0$ Si ha stavolta $\varphi(x) = A\cos\alpha x + B\sin\alpha x$, e le condizioni omogenee al contorno diventano:

$$\begin{aligned}A - \alpha B &= 0,\\ A(\cos\alpha - \alpha\sin\alpha) + B(\sin\alpha + \alpha\cos\alpha) &= 0,\end{aligned}$$

che è un sistema lineare omogeneo in A e B. La condizione che si annulli il determinante della matrice dei coefficienti equivale a:

$$\frac{2\alpha}{\alpha^2 - 1} = \tan\alpha, \tag{6.9}$$

che ha infinite soluzioni α_k, come mostra graficamente la Fig. 6.1.
Di tali soluzioni non sappiamo dare la dipendenza esplicita da $k \in \mathbb{N}$. Tuttavia, per $\alpha \to \infty$, il primo membro della (6.9) tende a zero, e poiché $\tan\alpha = 0$ per $\alpha = k\pi$, possiamo concludere che una prima approssimazione di α_k è proprio $k\pi$, per $k \gg 1$. Per ottenere un'approssimazione migliore, possiamo sviluppare il secondo membro della (6.9) attorno ad $\alpha = k\pi$, e prendere il comportamento asintotico del primo membro per $\alpha \gg 1$ (in questo caso, il primo termine dello sviluppo in serie di Laurent attorno al punto all'infinito). Si trova:

$$\frac{2}{\alpha} \approx \alpha - k\pi,$$

da cui (scartando la soluzione negativa)

$$\alpha_k \approx \frac{k\pi + \sqrt{k^2\pi^2 + 8}}{2}, \qquad k \gg 1.$$

In corrispondenza ai valori $\alpha = \alpha_k$ che risolvono la (6.9) si ottengono i numeri caratteristici e le funzioni proprie dell'equazione integrale assegnata come:

$$\begin{aligned}\lambda_k &= \frac{1}{2}(1+\alpha_k)^2, \qquad k \in \mathbb{N},\\ \alpha_k &= \sqrt{2\lambda_k - 1},\\ \varphi_k(x) &= \alpha_k \cos\alpha_k x + \sin\alpha_k x.\end{aligned}$$

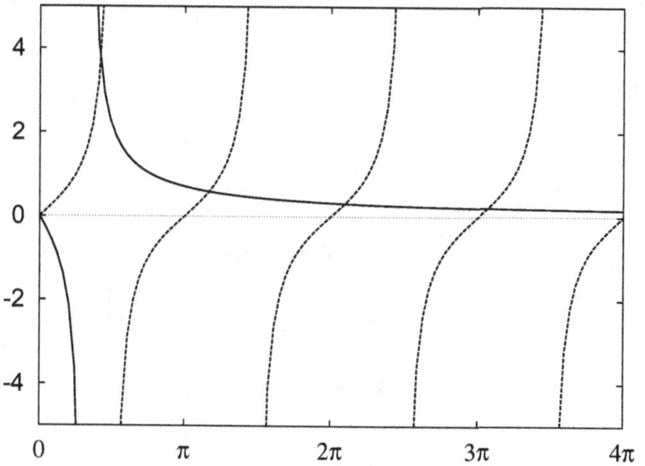

Fig. 6.1. Esercizio 6.7. La figura mostra i grafici delle funzioni $2\alpha/(\alpha^2-1)$ e $\tan\alpha$, le cui intersezioni per $\alpha > 0$ sono legate ai numeri caratteristici dell'equazione integrale dell'Esercizio 6.7

Esercizio 6.8. Determinare i numeri caratteristici e le funzioni proprie delle equazioni di Fredholm omogenee di seconda specie, i cui nuclei (simmetrici) sono i seguenti (Krasnov *et al.*, 1977, pp. 67-71).

1. $K(x,t) = 1 + xt + x^2t^2$, $-1 \le x, t \le 1$.
2. $K(x,t) = \begin{cases} x(t-1), & 0 \le x \le t, \\ t(x-1), & t \le x \le 1. \end{cases}$
3. $K(x,t) = \begin{cases} t(x+1), & 0 \le x \le t, \\ x(t+1), & t \le x \le 1. \end{cases}$
4. $K(x,t) = \begin{cases} (x+1)(t-2), & 0 \le x \le t, \\ (t+1)(x-2), & t \le x \le 1. \end{cases}$
5. $K(x,t) = \begin{cases} \sin x \cos t, & 0 \le x \le t, \\ \sin t \cos x, & t \le x \le \frac{\pi}{2}. \end{cases}$
6. $K(x,t) = \begin{cases} \sin x \sin(t-1), & -\pi \le x \le t, \\ \sin t \sin(x-1), & t \le x \le \pi. \end{cases}$
7. $K(x,t) = \begin{cases} \sin\left(x+\frac{\pi}{4}\right)\sin\left(t-\frac{\pi}{4}\right), & 0 \le x \le t, \\ \sin\left(t+\frac{\pi}{4}\right)\sin\left(x-\frac{\pi}{4}\right), & t \le x \le \pi. \end{cases}$
8. $K(x,t) = \begin{cases} -e^{-t}\sinh x, & 0 \le x \le t, \\ -e^{-x}\sinh t, & t \le x \le 1. \end{cases}$

9. $K(x,t) = \begin{cases} \cos x \sin t, & 0 \le x \le t, \\ \cos t \sin x, & t \le x \le \pi. \end{cases}$

Risposta:

1.

$$\begin{aligned} \lambda_1 &= \frac{3}{2}, & \varphi_1(x) &= x, \\ \lambda_2 &= \frac{27+3\sqrt{61}}{8}, & \varphi_2(x) &= \left(x^2 + \frac{6-\sqrt{61}}{5}\right), \\ \lambda_3 &= \frac{27-3\sqrt{61}}{8}, & \varphi_3(x) &= \left(x^2 + \frac{6+\sqrt{61}}{5}\right). \end{aligned}$$

2. $\lambda_k = -k^2\pi^2$, $\varphi_k(x) = \sin k\pi x$, $k \in \mathbb{N}$.
3.

$$\begin{aligned} \lambda_0 &= 1, & \varphi_0(x) &= e^x, \\ \lambda_k &= -k^2\pi^2, & \varphi_k(x) &= \sin k\pi x + k\pi \cos k\pi x, \qquad k \in \mathbb{N}. \end{aligned}$$

4. $\lambda_k = -\frac{1}{3}\alpha_k^2$, con $\alpha_k - \frac{1}{\alpha_k} = 2 \operatorname{cotg} \alpha_k$, e $\varphi_k(x) = \sin \alpha_k x + \alpha_k \cos \alpha_k x$, $k \in \mathbb{N}$.
5. $\lambda_k = 4k^2 - 1$, $\varphi_k(x) = \sin 2kx$, $k \in \mathbb{N}$.
6. $\lambda_k = \frac{1-\alpha_k^2}{\sin 1}$, con $\tan 2\pi\alpha_k + \alpha_k \tan 1 = 0$, e $\varphi_k(x) = \sin \alpha_k(\pi + x)$.
7. $\lambda_k = 1 - \alpha_k^2$, con $\alpha_k - \frac{1}{\alpha_k} = 2 \operatorname{cotg} \alpha_k \pi$, e $\varphi_k(x) = \sin \alpha_k x + \alpha_k \cos \alpha_k x$.
8. $\lambda_k = -1 - \alpha_k^2$, con $\alpha_k + \tan \alpha_k = 0$ $(\mu_k > 0)$, e $\varphi_k(x) = \sin \alpha_k x$.
9. $\lambda_k = 1 - \left(k + \frac{1}{2}\right)^2$, $\varphi_k(x) = \cos\left(k + \frac{1}{2}\right)x$, $k \in \mathbb{Z}$.

Equazioni a nucleo simmetrico non omogenee

Torniamo a considerare la generica equazione di Fredholm (non omogenea) a nucleo simmetrico:

$$\varphi(x) - \lambda \int_a^b K(x,t)\varphi(t)\, dt = f(x). \tag{6.10}$$

Ricordiamo il procedimento per la sua soluzione (noto dalla teoria).

1. Si studia l'equazione omogenea associata

$$\varphi(x) - \lambda \int_a^b K(x,t)\varphi(t)\, dt = 0 \tag{6.11}$$

   e si determinano i suoi numeri caratteristici λ_k e le corrispondenti funzioni proprie $\varphi_k(x)$:
   a) essendo $K(x,t) = K^*(t,x)$, i numeri caratteristici λ_k sono reali;

b) essi sono in numero finito (diciamo, N) se il nucleo K è separabile, mentre sono in numero infinito se K non è separabile.

2. Si determinano le funzioni caratteristiche *normalizzate* $\tilde{\varphi}_k(x)$, tali cioè che[2]

$$\int_a^b |\tilde{\varphi}_k(t)|^2 \, dt = 1.$$

3. Si calcolano i coefficienti

$$a_k = \int_a^b f(t)\varphi_k(t) \, dt.$$

4. Se $\lambda \neq \lambda_k$, $\forall k$, la soluzione della (6.10) esiste, è unica, e si può esprimere come:[3]

$$\varphi(x) = f(x) - \lambda \sum_{k=1}^{N} \frac{a_k}{\lambda - \lambda_k} \tilde{\varphi}_k(x). \tag{6.12}$$

5. Nel caso in cui, invece, λ coincida con qualcuno dei numeri caratteristici, sia esso (a meno di riordinamenti) $\lambda_1 = \ldots = \lambda_h$, con molteplicità h, allora la (6.10) ammette soluzioni se e solo se

$$a_i = \int_a^b f(t)\tilde{\varphi}_i(t) \, dt = 0, \qquad i = 1, \ldots h,$$

ossia se il termine noto è ortogonale a tutte le funzioni proprie (l.i.) relative al numero caratteristico λ_1. In tal caso, le soluzioni della (6.10) sono infinite (∞^h) e si possono esprimere come:

$$\varphi(x) = f(x) + c_1\varphi_1(x) + \ldots + c_h\varphi_h(x) - \lambda \sum_{k=h+1}^{N} \frac{a_k}{\lambda - \lambda_k} \tilde{\varphi}_k(x), \tag{6.13}$$

con $c_1, \ldots c_h$ costanti arbitrarie.

Osservazione 6.1. In termini operatoriali, un modo più rapido per ricordare tale procedimento è il seguente:

1. Pensare alla (6.10) come
$$(1 - \lambda\mathcal{K})\varphi = f,$$
con $\mathcal{K}$ definito dalla (6.3).
2. Allora essa ammette un'unica soluzione se e solo se $\exists(1 - \lambda\mathcal{K})^{-1}$, ossia se λ non è uguale a nessuno dei numeri caratteristici dell'operatore integrale $\mathcal{K}$:
$$\lambda_k \mathcal{K} \varphi_k = \varphi_k.$$

---

[2] Attenzione: Krasnov *et al.* (1977), erroneamente, non normalizza le funzioni proprie.

[3] Nel caso in cui $N = \infty$, il tipo di convergenza di tale serie dipende dallo spazio di funzioni scelto per f, K e φ.

3. Quest'ultima relazione ci dice che $1/\lambda_k$ sono gli autovalori, e φ_k le autofunzioni dell'operatore $\mathcal{K}$. (Rammentate che i numeri caratteristici sono i reciproci degli autovalori.) Essa pertanto ci consente di scrivere la rappresentazione spettrale dell'operatore $\mathcal{K}$ come:
$$\mathcal{K} = \sum_k \frac{1}{\lambda_k} |\tilde{\varphi}_k\rangle\langle\tilde{\varphi}_k|,$$
e quindi, quando esiste, della sua funzione $(1-\lambda\mathcal{K})^{-1}$ come:
$$(1-\lambda\mathcal{K})^{-1} = \sum_k \left(1 - \frac{\lambda}{\lambda_k}\right)^{-1} |\tilde{\varphi}_k\rangle\langle\tilde{\varphi}_k|,$$
dove $|\tilde{\varphi}_k\rangle\langle\tilde{\varphi}_k|$ è l'operatore di proiezione sull'autofunzione (normalizzata) $\tilde{\varphi}_k$.
4. Ma:
$$\left(1 - \frac{\lambda}{\lambda_k}\right)^{-1} = 1 - \frac{\lambda}{\lambda - \lambda_k},$$
e
$$\sum_k |\tilde{\varphi}_k\rangle\langle\tilde{\varphi}_k| = 1$$
(l'operatore identità), e quindi $\varphi = (1-\lambda\mathcal{K})^{-1} f$ equivale a dire:
$$\begin{aligned} |\varphi\rangle &= \sum_k \left(1 - \frac{\lambda}{\lambda - \lambda_k}\right) |\tilde{\varphi}_k\rangle\langle\tilde{\varphi}_k|f\rangle \\ &= f - \lambda \sum_k \frac{\langle\tilde{\varphi}_k|f\rangle}{\lambda - \lambda_k} |\tilde{\varphi}_k\rangle. \end{aligned}$$
5. Nel caso in cui λ coincida con qualcuno dei numeri caratteristici, l'operatore $1 - \lambda\mathcal{K}$ non è invertibile, e l'equazione integrale ammette soluzione soltanto se il termine noto è ortogonale a ciascuna funzione propria relativa a tale numero caratteristico.

Esercizio 6.9. Risolvere la seguente equazione di Fredholm non omogenea, a nucleo simmetrico (Krasnov *et al.*, 1977, pp. 83, n. 168):
$$\varphi(x) - 2\int_0^{\pi/2} K(x,t)\varphi(t)\, \mathrm{d}t = \cos 2x,$$
dove
$$K(x,t) = \begin{cases} \sin x \cos t, & 0 \le x \le t, \\ \sin t \cos x, & t \le x \le \frac{\pi}{2}. \end{cases}$$

Risposta: Cominciamo a studiare l'omogenea associata, con parametro λ qualsiasi (in seguito, considereremo $\lambda = 2$):
$$\varphi(x) - \lambda\int_0^{\pi/2} K(x,t)\varphi(t)\, \mathrm{d}t = 0,$$
e determiniamone numeri caratteristici e funzioni proprie. Il nucleo è simmetrico ma non separabile, dunque ci aspettiamo infiniti numeri caratteristici, reali.

Derivando due volte, si ottiene la seguente equazione differenziale con condizioni omogenee al contorno, equivalenti all'equazione integrale data:

$$\varphi'' + (\lambda + 1)\varphi = 0,$$
$$\varphi(0) = \varphi\left(\frac{\pi}{2}\right) = 0.$$

Si discutono i soliti tre casi, seconda del segno di $\lambda + 1$.

Se $\lambda \leq -1$, sussiste solo la soluzione banale.

Se $\lambda + 1 = \alpha^2 > 0$, l'integrale generale è del tipo $\varphi(x) = A\cos\alpha x + B\sin\alpha x$, e le condizioni al contorno comportano:

$$\varphi(0) = A = 0$$
$$\varphi\left(\frac{\pi}{2}\right) = B\sin\alpha\frac{\pi}{2} = 0,$$

da cui $A = 0$, $B \neq 0$, $\alpha_k = 2k$ ($k \in \mathbb{Z}$, $k \neq 0$). I numeri caratteristici sono quindi $\lambda_k = 4k^2 - 1$ e le funzioni proprie $\varphi_k(x) = \sin(2kx)$.

Nel nostro caso, $\lambda = 2 = -1 + 4k^2$, cioè $4k^2 = 3$. Tale equazione non ammette soluzioni in $\mathbb{Z}$, in quanto il primo membro è un intero pari, e il secondo è un intero dispari. Dunque $\lambda = 2$ non è uguale ad alcun numero caratteristico, e l'equazione integrale ammette un'unica soluzione.

Normalizziamo le funzioni proprie. Determiniamo cioè C in $\tilde{\varphi}_k(x) = C\sin(2kx)$ in modo che $\langle\tilde{\varphi}_k|\tilde{\varphi}_k\rangle = 1$. Si ha:

$$1 = C^2 \int_0^{\pi/2} \sin^2(2kt)\,dt = \frac{\pi}{4}C^2,$$

da cui $C = 2/\sqrt{\pi}$ e quindi:

$$\tilde{\varphi}_k(x) = \frac{2}{\sqrt{\pi}}\sin(2kx).$$

Determiniamo adesso i coefficienti c_k:

$$\begin{aligned} c_k = \langle\tilde{\varphi}_k|f\rangle &= \frac{2}{\sqrt{\pi}}\int_0^{\pi/2} \sin^2(2kt)\cos 2t\,dt \\ &= \frac{1}{\sqrt{\pi}}\int_0^{\pi/2} [\sin 2(k+1)t + \sin 2(k-1)t]\,dt \\ &= \begin{cases} \frac{1+(-1)^k}{\sqrt{\pi}}\frac{k}{k^2-1}, & k \neq \pm 1, \\ 0, & k = \pm 1. \end{cases} \end{aligned}$$

Segue che sono diversi da zero soltanto i coefficienti con $|k|$ pari, ossia $k = \pm 2n$, con $c_{2n} = (4n/\sqrt{\pi})/(4n^2 - 1)$. La soluzione dell'equazione integrale è dunque:

$$\varphi(x) = \cos 2x - 2 \cdot \frac{4}{\pi}\sum_{|n|=1}^{\infty} \frac{2n}{(4n^2-1)(3-16n^2)}\sin(4nx),$$

e poiché $n\sin(4nx) = (-n)\sin(-4nx)$, essa può anche essere scritta come:

$$\varphi(x) = \cos 2x - 4 \cdot \frac{4}{\pi}\sum_{n=1}^{\infty} \frac{2n}{(4n^2-1)(3-16n^2)}\sin(4nx).$$

Esercizio 6.10. Risolvere le seguenti equazioni di Fredholm non omogenee, a nucleo simmetrico (Krasnov *et al.*, 1977, pp. 82-83).

1. $\varphi(x) - \frac{\pi^2}{4} \int_0^1 K(x,t)\,\varphi(t)\;\mathrm{d}t = \frac{1}{2}x$, con $K(x,t) = \begin{cases} \frac{1}{2}x(2-t), & 0 \le x \le t, \\ \frac{1}{2}t(2-x), & t \le x \le 1. \end{cases}$

2. $\varphi(x) + \int_0^1 K(x,t)\,\varphi(t)\;\mathrm{d}t = xe^x$, con $K(x,t) = \begin{cases} \frac{\sinh x \sinh(t-1)}{\sinh 1}, & 0 \le x \le t, \\ \frac{\sinh t \sinh(x-1)}{\sinh 1}, & t \le x \le 1. \end{cases}$

3. $\varphi(x) - \lambda \int_0^1 K(x,t)\,\varphi(t)\;\mathrm{d}t = x - 1$, con $K(x,t) = \begin{cases} x - t, & 0 \le x \le t, \\ t - x, & t \le x \le 1. \end{cases}$

4. $\varphi(x) - \lambda \int_0^\pi K(x,t)\,\varphi(t)\;\mathrm{d}t = 1$, con $K(x,t) = \begin{cases} \sin x \cos t, & 0 \le x \le t, \\ \sin t \cos x, & t \le x \le \pi. \end{cases}$

5. $\varphi(x) - \lambda \int_0^1 K(x,t)\,\varphi(t)\;\mathrm{d}t = x$, con $K(x,t) = \begin{cases} (x+1)(t-3), & 0 \le x \le t, \\ (t+1)(x-3), & t \le x \le 1. \end{cases}$

6. $\varphi(x) - \int_0^\pi K(x,t)\,\varphi(t)\;\mathrm{d}t = \sin x$, con $K(x,t) = \begin{cases} \sin\left(x + \frac{\pi}{4}\right)\sin\left(t - \frac{\pi}{4}\right), & 0 \le x \le \\ \sin\left(t + \frac{\pi}{4}\right)\sin\left(x - \frac{\pi}{4}\right), & t \le x \le \end{cases}$

7. $\varphi(x) - \int_0^1 K(x,t)\,\varphi(t)\;\mathrm{d}t = \sinh x$, con $K(x,t) = \begin{cases} -e^{-t}\sinh x, & 0 \le x \le t, \\ -e{-}x \sinh t, & t \le x \le 1. \end{cases}$

8. $\varphi(x) - \lambda \int_0^1 K(x,t)\,\varphi(t)\;\mathrm{d}t = \cosh x$, con $K(x,t) = \begin{cases} \frac{\cosh x \cosh(t-1)}{\sinh 1}, & 0 \le x \le t, \\ \frac{\cosh t \cosh(x-1)}{\sinh 1}, & t \le x \le 1. \end{cases}$

9. $\varphi(x) - \lambda \int_0^\pi |x-t|\,\varphi(t)\;\mathrm{d}t = 1.$

6.1.4 Teoremi di Fredholm

Consideriamo le equazioni di Fredholm:

$$\varphi(x) - \lambda \int_a^b K(x,t)\,\varphi(t)\,\mathrm{d}t = f(x), \tag{6.14a}$$

$$\varphi(x) - \lambda \int_a^b K(x,t)\,\varphi(t)\,\mathrm{d}t = 0, \tag{6.14b}$$

$$\psi(t) - \mu \int_a^b \psi(x) K(x,t)\,\mathrm{d}x = 0, \tag{6.14c}$$

$$\psi(t) - \mu \int_a^b \psi(x) K(x,t)\,\mathrm{d}x = g(x) \tag{6.14d}$$

rispettivamente completa, omogenea associata, omogenea associata all'aggiunta, aggiunta. Sussistono allora i seguenti teoremi.

Teorema 6.1 (dell'alternativa; Fredholm, 1). *Le seguenti affermazioni sono mutuamente esclusive (nel senso che se una è vera, allora l'altra è falsa; inoltre, almeno una è vera):*

F.1 la (6.14a) *ammette una ed una sola soluzione;*
F.2 la (6.14b) *ammette almeno una sola soluzione distinta dalla banale.*

Teorema 6.2 (Fredholm, 2). *Se vale F.1 per la* (6.14a), *allora essa vale anche per la* (6.14d). *In ogni caso, le* (6.14b) *e* (6.14c) *hanno lo stesso numero di soluzioni l.i.*

Teorema 6.3 (Fredholm, 3). *Se vale la F.2, allora la* (6.14a) *ammette soluzioni se e solo se risulta*

$$\int_a^b f(x)\psi(x)\,\mathrm{d}x = 0$$

per ogni ψ, *soluzione della* (6.14c).

È evidente l'analogia col teorema di Rouché-Capelli (Teorema 1.3).

Esercizio 6.11. Discutere la resolubilità dell'equazione integrale (Krasnov *et al.*, 1977, p. 87):

$$\varphi(x) - \lambda \int_0^\pi \cos(x+t)\,\varphi(t)\,\mathrm{d}t = \cos 3x.$$

Risposta: L'omogenea associata ha soluzioni del tipo:

$$\varphi(x) = a\lambda\cos x - b\lambda\sin x.$$

Tornando a sostituire nell'equazione omogenea associata stessa, si trova il sistema lineare omogeneo:

$$\begin{aligned} \left(1-\lambda\frac{\pi}{2}\right) a \qquad\qquad &= 0 \\ \left(1+\lambda\frac{\pi}{2}\right) b &= 0, \end{aligned}$$

il determinante della cui matrice dei coefficienti è

$$D(\lambda) = 1 - \lambda^2\frac{\pi^2}{4}.$$

Se $\lambda \neq \pm\frac{2}{\pi}$, allora l'omogenea associata ammette soltanto la soluzione banale. Si verifica l'opposto di F.2, dunque deve essere verificato F.1, cioè l'equazione completa ammette una ed una sola soluzione, che si determina con uno dei metodi descritti in precedenza. Si trova, in particolare,

$$\varphi(x) = \cos 3x.$$

Se $\lambda = \pm\frac{2}{\pi}$, allora l'omogenea associata ammette soluzioni distinte dalla banale, che sono del tipo:

$$\varphi(x) = a\cos x, \qquad a \neq 0,$$

se $\lambda = -2/\pi$, oppure del tipo:

$$\varphi(x) = b \sin x, \qquad b \neq 0,$$

se $\lambda = 2/\pi$. Il teorema di Fredholm, 3 consente di stabilire se l'equazione completa ammette soluzione (non unica). Poiché risulta:

$$\int_0^\pi \cos 3t \cos t \, dt = 0$$
$$\int_0^\pi \cos 3t \sin t \, dt = 0,$$

in ciascun caso l'equazione completa ammette soluzioni (non uniche), date da:

$$\text{se } \lambda = -\frac{2}{\pi}, \quad \varphi(x) = \cos 3x + a \cos x,$$
$$\text{se } \lambda = \frac{2}{\pi}, \quad \varphi(x) = \cos 3x + b \sin x.$$

Esercizio 6.12. Discutere la resolubilità delle seguenti equazioni integrali (Krasnov *et al.*, 1977, p. 89).

1. $\varphi(x) - \lambda \int_0^\pi \cos^2 x \, \varphi(t) \, dt = 1.$
2. $\varphi(x) - \lambda \int_{-1}^1 x e^t \, \varphi(t) \, dt = x.$
3. $\varphi(x) - \lambda \int_0^{2\pi} |x - \pi| \, \varphi(t) \, dt = x.$
4. $\varphi(x) - \lambda \int_0^1 (2xt - 4x^2) \, \varphi(t) \, dt = 1 - 2x.$
5. $\varphi(x) - \lambda \int_{-1}^1 (x^2 - 2xt) \, \varphi(t) \, dt = x^3 - x.$
6. $\varphi(x) - \lambda \int_0^{2\pi} \left(\frac{1}{\pi} \cos x \cos t + \frac{1}{\pi} \sin 2x \sin 2t \right) \varphi(t) \, dt = \sin x.$
7. $\varphi(x) - \lambda \int_0^1 K(x,t) \, \varphi(t) \, dt = 1$, con $K(x,t) = \begin{cases} \cosh x \sinh t, & 0 \leq x \leq t, \\ \cosh t \sinh x, & t \leq x \leq 1. \end{cases}$

Risposta:

1. $\varphi(x) = 1 + \dfrac{2\lambda\pi}{2 - \lambda\pi} \cos^2 x$, se $\lambda \neq \dfrac{2}{\pi}$; nessuna soluzione se $\lambda = \dfrac{2}{\pi}$.
2. $\varphi(x) = \dfrac{e}{e - 2\lambda} x$, se $\lambda \neq \dfrac{e}{2}$; nessuna soluzione se $\lambda = \dfrac{e}{2}$.
3. $\varphi(x) = x + \dfrac{2\pi^2\lambda}{1 - \pi^2\lambda} |x - \pi|$, se $\lambda \neq \dfrac{1}{\pi^2}$; nessuna soluzione se $\lambda = \dfrac{1}{\pi^2}$.
4. $\varphi(x) = \dfrac{3x(2\lambda^2 x - 2\lambda^2 - 5\lambda - 6) + (\lambda + 3)^2}{(\lambda + 3)^2}$, se $\lambda \neq -3$; nessuna soluzione se $\lambda = -3$.
5. $\varphi(x) = x^3 - \dfrac{3}{5} \dfrac{4\lambda + 5}{4\lambda + 3} x$, se $\lambda \neq \dfrac{3}{2}$, $\lambda \neq -\dfrac{3}{4}$; $\varphi(x) = x^3 - \dfrac{11}{5} x + C x^2$, se $\lambda = \dfrac{3}{2}$; nessuna soluzione se $\lambda = -\dfrac{3}{4}$.

6. $\varphi(x) = \sin x$, se $\lambda \neq 1$; $\varphi(x) = C_1 \cos x + C_2 \sin 2x + \sin x$, se $\lambda = 1$.
7. $\varphi(x) = -\dfrac{x^2}{2} + \dfrac{3}{2} - \tanh 1$, se $\lambda = -1$; $\varphi(x) = \dfrac{1}{\alpha^2}\left(\dfrac{(\alpha^2+1)\cos \alpha x}{\cos\alpha + \alpha \sin\alpha \tanh 1} - 1\right)$, se $\lambda < -1$ $(\alpha^2 = -\lambda - 1)$; $\varphi(x) = \dfrac{1}{\alpha^2}\left(\dfrac{(\alpha^2-1)\cosh \alpha x}{\cosh\alpha - \alpha \sinh\alpha \tanh 1} + 1\right)$, se $\lambda > -1$ $(\alpha^2 = \lambda + 1)$.

Esercizio 6.13. Discutere la resolubilità delle seguenti equazioni integrali al variare dei parametri reali α, β, γ. (Krasnov *et al.*, 1977, p. 89-91).

1. $\varphi(x) = \lambda \displaystyle\int_0^1 xt^2 \varphi(t)\, dt + \alpha x + \beta$.
2. $\varphi(x) = \lambda \displaystyle\int_{-1}^1 xt\, \varphi(t)\, dt + \alpha x^2 + \beta x + \gamma$.
3. $\varphi(x) = \lambda \displaystyle\int_0^1 (x+t)\, \varphi(t)\, dt + \alpha e^x + \beta x$.
4. $\varphi(x) = \lambda \displaystyle\int_0^{\pi/2} xt\, \varphi(t)\, dt + \alpha x + \beta \sin x$.

Risposta:

1. L'equazione omogenea associata ha $\lambda = 4$ come numero caratteristico e $\varphi(x) = x$ come funzione propria associata. L'equazione omogenea aggiunta ha numero caratteristico $\mu = 4$ e funzione propria associata $\psi(x) = x^2$. Pertanto (Fredholm, 3), l'equazione non omogenea data ammette soluzioni se e solo se $\int_0^1 (\alpha x + \beta)x^2\, dx = 0$, ossia se $3\alpha + 4\beta = 0$.
2. Ammette soluzione con α, β, γ qualsiasi, per $\lambda \neq \dfrac{3}{2}$; ammette soluzioni con $\beta = 0$ ed α, γ qualsiasi per $\lambda = \dfrac{3}{2}$.
3. Ammette soluzioni con α e β qualunque, per $\lambda \neq -6 \pm 4\sqrt{3}$; si ha una soluzione se $(e + \sqrt{3} - 1)\alpha + \left(\dfrac{1}{2} + \dfrac{\sqrt{3}}{3}\right)\beta = 0$, per $\lambda \neq -6 + 4\sqrt{3}$, mentre deve essere $(e - \sqrt{3} - 1)\alpha + \left(\dfrac{1}{2} - \dfrac{\sqrt{3}}{3}\right)\beta = 0$, per $\lambda \neq -6 - 4\sqrt{3}$.
4. α e β qualunque per $\lambda \neq \dfrac{24}{\pi^3}$; deve essere $\pi^3\alpha + 24\beta = 0$ per $\lambda = \dfrac{24}{\pi^3}$.

6.1.5 Soluzione numerica di un'equazione di Fredholm

La soluzione numerica delle equazioni integrali occupa un intero, importante capitolo dell'analisi numerica. Nel caso delle equazioni di Fredholm, notevoli contributi furono dati dallo stesso Ivar Fredholm (1866-1927). Il metodo di Fredholm per la soluzione numerica delle equazioni integrali (che da lui stesso prendono il nome) si basa sostanzialmente sulla riduzione di tali equazioni ad un sistema di n equazioni algebriche (lineari). Nel caso di una equazione a nucleo separabile, tale riduzione è sempre possibile ed esatta, nel senso che il sistema di equazioni lineari è equivalente all'equazione integrale di partenza, come abbiamo visto. Nel caso di un nucleo qualsiasi, non necessariamente separabile, tale riduzione è approssimata, e l'approssimazione può essere migliorata sostanzialmente aumentando il numero n delle equazioni.

Pensando ad un'equazione integrale in termini operatoriali [nel senso della (6.3)], l'approssimazione di Fredholm consiste nel ridurre l'operatore $\mathcal{K}$ ad una matrice con un numero finito (n) di righe e di colonne, che opera quindi in uno spazio finito-dimensionale. Può essere interessante rilevare, a tal proposito, che le ricerche di Fredholm erano contemporanee a quelle di Hilbert e degli altri grandi matematici che diedero fondamentali contributi alla definizione degli spazi funzionali ad infinite dimensioni. Cito da Boyer (1980, p. 711):

> In un certo senso, un'equazione integrale può essere considerata come l'estensione di un sistema di n equazioni [algebriche lineari] in n incognite ad un sistema di infinite equazioni in infinite incognite [...]. Nelle sue ricerche sulle equazioni integrali, effettuate fra il 1904 e il 1910, Hilbert non fece esplicitamente riferimento a spazi di infinite dimensioni, ma sviluppò il concetto di continuità di una funzione di infinite variabili. In che misura Hilbert abbia formalmente costruito lo "spazio" che più tardi verrà chiamato col suo nome, è un punto su cui si può discutere, ma è certo che le idee fondamentali erano già presenti nelle sue ricerche e che la loro ripercussione nel mondo matematico fu grande.

Per maggiori dettagli, vedi Krasnov *et al.* (1977), Logan (1997), Kolmogorov e Fomin (1980), ed anche Fröberg (1985).

Un primo metodo di approssimazione

Consideriamo l'equazione di Fredholm di seconda specie non omogenea:

$$\varphi(x) - \lambda \int_a^b K(x,t)\,\varphi(t)\;\mathrm{d}t = f(x), \tag{6.15}$$

e supponiamo di essere interessati ai valori di una sua soluzione $\varphi(x)$ soltanto in un insieme discreto di $N+1$ punti

$$a = x_0 < x_1 < \ldots\ldots < x_{N-1} < x_N = b.$$

Indichiamo con $\varphi_i = \varphi(x_i)$ i valori della soluzione in tali punti, e poniamo anche $f_i = f(x_i)$. Sostituendo $x = x_i$ nella (6.15) si ha allora:

$$\varphi_i - \lambda \int_a^b K(x_i,t)\,\varphi(t)\;\mathrm{d}t = f_i.$$

Possiamo approssimare l'integrale che ancora figura nell'ultima equazione mediante la regola di Simpson (del trapezoide):

$$\int_a^b g(t)\,\mathrm{d}t \simeq \frac{b-a}{2N}\left[g_0 + 2\sum_{j=1}^{N-1} g_j + g_N\right] \equiv \mathcal{S}_a^b[g;N], \tag{6.16}$$

dove $g_j = g(x_j)$. Posto $K_{ij} = K(x_i, t_j)$, si ha allora:

$$\varphi_i = f_i + \lambda\frac{b-a}{2N}\left[K_{i0}\varphi_0 + 2\sum_{j=1}^{N-1} K_{ij}\varphi_j + K_{iN}\varphi_N\right] \tag{6.17}$$

$$\equiv \mathcal{G}[\varphi_i]. \tag{6.18}$$

Tale ultima equazione può essere vista come un sistema di N equazioni (algebriche, cioè non più integrali) lineari nelle N indeterminate φ_i, e potrebbe essere risolto con i metodi ordinari (ad esempio, col metodo di Cramer, ammesso che la matrice dei coefficienti sia invertibile etc).

Per grandi N, tuttavia, tale procedimento richiederebbe grandi risorse di calcolo. Possiamo allora guardare alla (6.18) come ad una legge che, data una approssimazione $\varphi_i^{(k)}$ per $\varphi(x)$, ne restituisca un'approssimazione "migliore" $\varphi_i^{(k+1)}$, definita per iterazione come:

$$\varphi_i^{(k+1)} = \mathcal{G}[\varphi_i^{(k)}]. \tag{6.19}$$

Rimarebbe da provare che:

- $\lim_{k\to\infty} \varphi_i^{(k)} = \varphi_i$, ossia che il procedimento converga effettivamente, e converga alla soluzione esatta, al limite per $k \to \infty$;
- il procedimento converga a φ_i indipendentemente dalla scelta iniziale $\varphi_i^{(0)}$.

Ci limitiamo ad osservare che tali circostanze sono vere se λ non è un numero caratteristico della omogenea associata alla (6.15), di modo che la sua soluzione sia unica.

Sotto tali ipotesi, partendo ad esempio da $\varphi_i^{(0)} = f_i$ (che si dimostra spesso essere una scelta opportuna, nel senso che è dettata dal problema stesso, e sovente consente di ottenere buone approssimazioni già dalle prime iterazioni), e iterando la (6.19) un certo numero di volte, si ottiene una approssimazione della soluzione della (6.15). Se fosse nota la soluzione esatta φ, un indice della bontà dell'approssimazione raggiunta è dato dal valore della norma:

$$\begin{aligned}\delta_k &= \| \varphi - \varphi^{(k)} \| \\ &= \left[\int_a^b |\varphi(x) - \varphi^{(k)}|^2\,\mathrm{d}x\right]^{1/2} \\ &\simeq \left\{\mathcal{S}_a^b[|\varphi - \varphi^{(k)}|^2; N]\right\}^{1/2},\end{aligned}$$

dove $\mathcal{S}_a^b$ indica l'approssimazione dell'integrale mediante la formula di Simpson, Eq. (6.16).

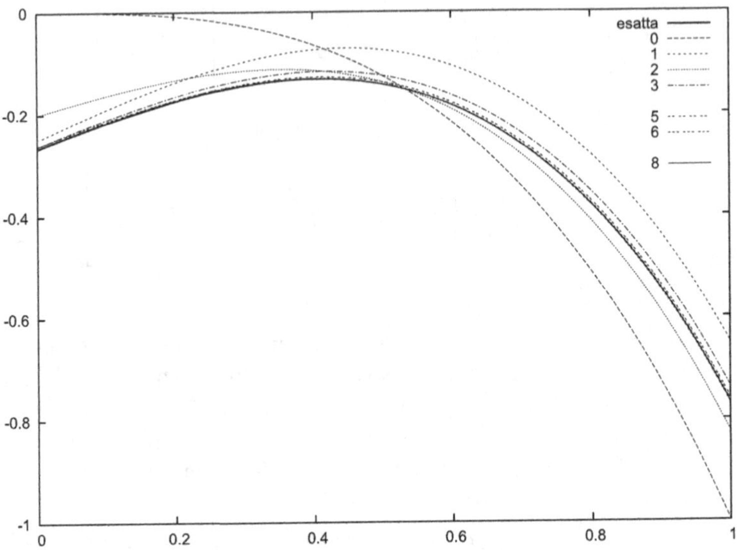

Fig. 6.2. Soluzione approssimata di un'equazione di Fredholm. Esercizio 6.14

Diversamente, ci si può contentare di valutare la "distanza" tra l'approssimazione raggiunta e la precedente:

$$\delta'_k = \| \varphi_i^{(k-1)} - \varphi_i^{(k)} \| \simeq \left\{ \mathcal{S}_a^b[|\varphi^{(k-1)} - \varphi^{(k)}|^2; N] \right\}^{1/2}.$$

Entrambe queste quantità dovrebbero tendere a zero, per $k \to \infty$.

Esercizio 6.14. Scrivere un programma per valutare in modo approssimato la soluzione dell'equazione:

$$\varphi(x) - \int_0^1 (1 - 3xt)\, \varphi(t)\, \mathrm{d}t = -x^3.$$

(Logan, 1997, p. 256.)

Risposta: Il nucleo è di Hilbert-Schmidt, simmetrico, e separabile, dunque è possibile risolvere esattamente l'equazione, che è possibile determinare con uno dei metodi noti. Risulta:

$$\varphi(x) = -x^3 + \frac{1}{2}x - \frac{4}{15}.$$

La Figura 6.2 mostra tale soluzione esatta ed il risultato delle iterazioni $k = 0, \ldots 8$ del procedimento approssimato descritto, con $\varphi^{(0)} = f$ ed $N = 2000$. L'iterazione si è arrestata quando $\delta_k'^2 < 10^{-6}$.

Metodo di Fredholm

Torniamo a considerare la (6.15). Mediante la suddivisione

$$x_j = a + jh, \qquad h = \frac{b-a}{n}, \quad j = 1, \dots n,$$

facendo sostanzialmente uso della regola di Simpson per il calcolo dell'integrale, la (6.15) si riduce al sistema lineare:

$$A\boldsymbol{\varphi} = \boldsymbol{f},$$

con

$$A = \begin{pmatrix} 1 - \lambda h K_{11} & -\lambda h K_{12} & \dots & -\lambda h K_{1n} \\ -\lambda h K_{21} & 1 - \lambda h K_{22} & \dots & -\lambda h K_{2n} \\ \vdots & & & \\ -\lambda h K_{n1} & -\lambda h K_{n2} & \dots & 1 - \lambda h K_{nn} \end{pmatrix}$$

e

$$\boldsymbol{\varphi} = \begin{pmatrix} \varphi_1 \\ \vdots \\ \varphi_n \end{pmatrix}, \quad \boldsymbol{f} = \begin{pmatrix} f_1 \\ \vdots \\ f_n \end{pmatrix}.$$

Il procedimento consiste nel risolvere tale sistema (mediante il metodo di Cramer), per grandi n, ovvero piccoli incrementi h. Indicando con Δ il valore del determinante di A e con Δ_{rs} il complemento algebrico dell'elemento di posto rs, si ha:

$$\varphi_s = \frac{1}{\Delta} \sum_{r=1}^{n} f_r \Delta_{rs}.$$

Tale espressione costituisce già un primo metodo di approssimazione della soluzione della (6.15).

L'analisi di Fredholm si spinge oltre, e consente di ottenere un'ulteriore espressione esatta in forma chiusa per la soluzione della (6.15) che contiene uno sviluppo in potenze di λ. Nel caso di λ "piccolo" (nel senso della teoria delle perturbazioni), si può fare uso di tale sviluppo, troncato all'ordine voluto, per ottenere una soluzione approssimata della (6.15).

Si pone intanto:

$$\lim_{n \to \infty, h \to 0} \Delta = D(\lambda),$$

detto *determinante di Fredholm*. Sviluppando Δ in potenze di λh, ci si convince che:

$$\Delta = 1 - \lambda h \sum_i K_{ii} + \frac{1}{2!} \lambda^2 h^2 \sum_{ij} \begin{vmatrix} K_{ii} & K_{ij} \\ K_{ji} & K_{jj} \end{vmatrix} - \dots$$

(confronta lo sviluppo del polinomio caratteristico di una matrice e la definizione di invarianti di una matrice, § 1.5). Passando al limite per $h \to 0$ ($n \to \infty$), ed osservando che $h \sum_i \to \int_a^b dt$, si trova:

$$D(\lambda) = 1 - \lambda \int_a^b K(t,t)\,\mathrm{d}t + \frac{\lambda^2}{2!} \iint_a^b \begin{vmatrix} K(t_1,t_1) & K(t_1,t_2) \\ K(t_2,t_1) & K(t_2,t_2) \end{vmatrix} \mathrm{d}t_1\,\mathrm{d}t_2$$

$$- \frac{\lambda^3}{3!} \iiint_a^b \begin{vmatrix} K(t_1,t_1) & K(t_1,t_2) & K(t_1,t_3) \\ K(t_2,t_1) & K(t_2,t_2) & K(t_2,t_3) \\ K(t_3,t_1) & K(t_3,t_2) & K(t_3,t_3) \end{vmatrix} \mathrm{d}t_1\,\mathrm{d}t_2\,\mathrm{d}t_3 + \ldots$$

Analogamente, per il limite di Δ_{rs}, si trova:

$$D(x,t;\lambda) = \lambda K(x,t) - \lambda^2 \int_a^b \begin{vmatrix} K(x,t) & K(x,t_1) \\ K(t_1,t) & K(t_1,t_1) \end{vmatrix} \mathrm{d}t_1$$

$$- \frac{\lambda^3}{2!} \iint_a^b \begin{vmatrix} K(x,t) & K(x,t_1) & K(x,t_2) \\ K(t_1,t) & K(t_1,t_1) & K(t_1,t_2) \\ K(t_2,t) & K(t_2,t_1) & K(t_2,t_2) \end{vmatrix} \mathrm{d}t_1\,\mathrm{d}t_2 - \ldots$$

ove $x = a + sh$ e $t = a + rh$. Inoltre, $D(x,x;\lambda) = D(\lambda)$. Detto

$$H(x,t;\lambda) = \frac{D(x,t;\lambda)}{D(\lambda)}$$

il *kernel risolvente,* si può porre la soluzione della (6.15) nella forma:

$$\varphi(x) = f(x) + \int_a^b H(x,t;\lambda) f(t)\,\mathrm{d}t. \tag{6.20}$$

Tale espressione è esatta se $H(x,t;\lambda)$ contiene tutti gli infiniti termini dello sviluppo in potenze di λ. Arrestando lo sviluppo all'ordine voluto, si ottiene un'approssimazione per $\varphi(x)$.

Osservazione 6.2. Nel caso di un nucleo separabile, è facile provare che il nucleo risolvente $H(x,t;\lambda)$ ammette sempre una rappresentazione analitica in forma chiusa.

Un metodo esplicito per costruire lo sviluppo in potenze di λ del nucleo risolvente ricorre alla soluzione per iterazione della (6.15):

$$\varphi^{(k)}(x) = f(x) + \lambda \int_a^b K(x,t) \varphi^{(k-1)}(t)\,\mathrm{d}t$$
$$\varphi^{(0)} = 0.$$

Si trova:

$$\varphi_1(x) = \int_a^b K(x,t) f(t)\,\mathrm{d}t,$$
$$\varphi_2(x) = \int_a^b K(x,t)\,\varphi_1(t)\,\mathrm{d}t = \int_a^b K_2(x,t) f(t)\,\mathrm{d}t,$$
$$\varphi_3(x) = \int_a^b K(x,t)\,\varphi_2(t)\,\mathrm{d}t = \int_a^b K_3(x,t) f(t)\,\mathrm{d}t,$$
$$\vdots$$

dove si è posto:

$$
\begin{aligned}
K_1(x,t) &= K(x,t),\\
K_2(x,t) &= \int_a^b K(x,v)K_1(v,t)\,\mathrm{d}v,\\
&\ \vdots\\
K_n(x,t) &= \int_a^b K(x,v)K_{n-1}(v,t)\,\mathrm{d}v,\\
&\ \vdots
\end{aligned}
$$

Per il nucleo risolvente si trova così lo sviluppo:

$$
H(x,t;\lambda) = \lambda K_1(x,t) + \lambda^2 K_2(x,t) + \lambda^3 K_3(x,t) + \dots .
$$

Si prova che tale serie converge se $\lambda <\| K \|^{-2}$.

6.2 Equazioni di Volterra

Un'*equazione di Volterra* è una equazione integrale di Fredholm il cui nucleo è tale che $K(x,t) = 0$ per $t > x$. Pertanto, le più generali equazioni di Volterra sono del tipo:

$$
\varphi(x) - \lambda \int_a^x K(x,t)\,\varphi(t)\,\mathrm{d}t = f(x), \tag{6.21}
$$

(equazioni di Volterra di seconda specie), o del tipo:

$$
\int_a^x K(x,t)\,\varphi(t)\,\mathrm{d}t = f(x) \tag{6.22}
$$

(equazioni di Volterra di prima specie). A parte la definizione formale che abbiamo appena dato, la differenza sostanziale fra le equazioni di Fredholm e quelle di Volterra è che la variabile x figura ad un estremo dell'integrazione.

Le equazioni di Volterra sono interessanti (anche dal punto di vista fisico), in quanto ogni problema di Cauchy per un'equazione differenziale lineare (ODE con condizioni iniziali) può essere ricondotto allo studio di un'equazione integrale di Volterra. Quest'ultima, rispetto al problema di Cauchy, ha il vantaggio di inglobare le condizioni iniziali, come abbiamo già osservato per le equazioni di Fredholm e le condizioni al contorno, ed è utile anche per la costruzione numerica della soluzione, ad esempio, per iterazione.

6.2.1 Equazione di Volterra per il problema di Sturm-Liouville

Mostriamo esplicitamente tale affermazione nel caso dell'equazione di Sturm-Liouville (§ 6.3). Partiamo dall'equazione:

$$[P(x)u']' + Q(x)u = F(x).$$

Effettuando le derivazioni richieste, supponendo che non sia $P(x) = 0$ identicamente, dividendo per $P(x)$, e ridefinendo opportunamente le funzioni (coefficienti e termine noto) che intervengono nell'equazione, si ha:

$$\begin{aligned} u'' + p(x)u' + q(x)u &= f(x), \\ u(a) &= u_0, \\ u'(a) &= u_1, \end{aligned}$$

che abbiamo supplementato con opportune condizioni iniziali. Risolvendo rispetto a u'' ed integrando una prima volta fra $x = a$ ed x, si ha:

$$\begin{aligned} u'' &= f(x) - p(x)u'(x) - q(x)u(x), \\ u'(x) - u_1 &= \int_a^x [f(t) - \underbrace{p(t)u'(t)} - q(t)u(t)]\, \mathrm{d}t. \end{aligned}$$

Integriamo il secondo integrale per parti:

$$\int_a^x p(t)u'(t)\, \mathrm{d}t = p(x)u(x) - p(a)u_0 - \int_a^x p'(t)u(t)\, \mathrm{d}t,$$

con cui:

$$u'(x) - u_1 = -p(x)u(x) + p(a)u_0 - \int_a^x \{[q(t) - p'(t)]u(t) - f(t)\}\, \mathrm{d}t.$$

Integriamo un'altra volta e riordiniamo i termini come segue:

$$\begin{aligned} u(x) - u_0 = [u_1 + p(a)u_0](x - a) &- \int_a^x p(t)u(t)\, \mathrm{d}t \\ &- \int_a^x \mathrm{d}s \int_a^s \mathrm{d}t \{[q(t) - p'(t)]u(t) - f(t)\}. \end{aligned}$$

Per l'ultimo integrale, utilizziamo il risultato del seguente:

Lemma 6.1. *Se $F \in C(a, b)$ è una funzione continua di (a, b), allora:*

$$\int_a^x \mathrm{d}s \int_a^s \mathrm{d}t F(t) = \int_a^x \mathrm{d}t (x - t) F(t).$$

Dimostrazione. Posto $G(s) = \int_a^s \mathrm{d}t F(t)$, integriamo per parti l'integrale a primo membro, prendendo $1\, \mathrm{d}s$ come termine differenziale:

$$\begin{aligned} \int_a^x G(s) \cdot 1\, \mathrm{d}s &= [sG(s)]_a^x - \int_a^x sG'(s)\, \mathrm{d}s \\ &= x \int_a^x F(t)\, \mathrm{d}t - \int_a^x sF(s), \end{aligned}$$

da cui la tesi, cambiando s in t nell'ultimo integrale. □

Si ha pertanto:

$$u(x) - u_0 = [u_1 + p(a)u_0](x-a) - \int_a^x p(t)u(t)\,\mathrm{d}t$$
$$- \int_a^x \mathrm{d}t(x-t)\{[q(t) - p'(t)]u(t) - f(t)\},$$

che è appunto un'equazione integrale di Volterra di seconda specie, con kernel:

$$K(x,t) = -p(t) - (x-t)[q(t) - p'(t)]$$

e termine noto:

$$\tilde{f}(x) = [u_1 + p(a)u_0](x-a) + \int_a^x f(t)\,\mathrm{d}t.$$

Esercizio 6.15. Determinare l'equazione di Volterra equivalente al problema di Cauchy:

$$u'' - \lambda u = f(x), \qquad x > 0,$$
$$u(0) = 1,$$
$$u'(0) = 0.$$

Risposta: $u(x) = 1 + \int_0^x (x-t)f(t)\,\mathrm{d}t + \lambda \int_0^x (x-t)u(t)\,\mathrm{d}t.$

6.2.2 Equazioni di Volterra di convoluzione

Nel caso in cui il nucleo $K(x,t)$ dipenda soltanto dalla differenza $x - t$, la generica equazione di Volterra di seconda specie diventa:

$$\varphi(x) - \lambda \int_0^x K(x-t)\varphi(t)\;\mathrm{d}t = f(x).$$

Poiché l'integrale al primo membro è una convoluzione, passando alle trasformate di Laplace,

$$\mathcal{L}[\varphi(x); s] = \Phi(s),$$
$$\mathcal{L}[K(x); s] = \kappa(s),$$
$$\mathcal{L}[f(x); s] = F(s),$$

e facendo uso della formula (5.12) relativa alla trasformata di Laplace di una convoluzione, si trova

$$\Phi(s) = F(s) + \lambda\kappa(s)\Phi(s),$$

da cui

$$\Phi(s) = \frac{F(s)}{1 - \lambda\kappa(s)},$$

e quindi, antitrasformando,

$$\varphi(x) = \mathcal{L}^{-1}[\Phi(s); x].$$

6.3 Funzione di Green per l'operatore di Sturm-Liouville

Abbiamo già introdotto un problema di Sturm-Liouville. Precisiamo cosa si intende per *operatore di Sturm-Liouville.* Sia

$$\Omega = \{y \in C^2([a,b]) \ : \ \alpha_1 y(a) + \alpha_2 y'(a) = 0, \\ \beta_1 y(b) + \beta_2 y'(b) = 0, \},$$

con α_1 e α_2, e β_1, β_2 costanti non contemporaneamente nulle ($\alpha_1^2 + \alpha_2^2 \neq 0$, $\beta_1^2 + \beta_2^2 \neq 0$). Siano inoltre $p(x)$, $q(x)$ funzioni di $C^2(a,b)$. L'operatore di Sturm-Liouville relativo a tali funzioni è definito come:

$$L[y(x)] = -[p(x)y']' + q(x)y(x), \qquad \forall y(x) \in \Omega, \quad \forall x \in [a,b].$$

L'insieme di definizione di tale operatore include le condizioni (omogenee) al contorno che devono verificare le funzioni su cui esso agisce.

Un *problema di Sturm-Liouville* consiste nel determinare autovalori ed autofunzioni dell'operatore L in Ω:

$$L[y(x)] = \lambda y(x), \qquad y \in \Omega,$$

ovvero nel determinare la soluzione dell'equazione differenziale con condizioni omogenee al contorno:

$$L[y(x)] = f(x), \qquad y \in \Omega,$$

ove $f \in C^1(a,b)$.

La teoria insegna che se $\lambda = 0$ *non* è autovalore di L, ossia se l'equazione (omogenea associata) $L[y(x)] = 0$ non ammette soluzioni distinte dalla banale, allora esiste ed è unico l'operatore inverso L^{-1}. L'operatore inverso di un operatore differenziale è un operatore integrale,

$$L^{-1} \cdot = \int_a^b G(x,t) \ \cdot \ \mathrm{d}t,$$

il cui nucleo $G(x,t)$ prende il nome di *funzione di Green.*

Si trova

$$G(x,t) = \begin{cases} k y_1(x) y_2(t), & a \leq x \leq t \leq b, \\ k y_1(t) y_2(x), & a \leq t \leq x \leq b, \end{cases} \tag{6.23}$$

ove $y_1(x)$, $y_2(x)$ sono soluzioni l.i. di $L[y] = 0$, tali che y_1 verifichi (soltanto) la condizione omogenea al contorno per $x = a$ ed y_2 (soltanto) quella per $x = b$. La costante k va determinata in modo che le derivate parziali di G presentino i seguenti salti quando si attraversa la diagonale del quadrato $[a,b] \times [a,b]$:

$$G'_x(t+0,t) - G'_x(t-0,t) = -\frac{1}{p(t)}, \tag{6.24a}$$

$$G'_t(t,t+0) - G'_t(t,t-0) = +\frac{1}{p(t)}. \tag{6.24b}$$

Esercizio 6.16. Determinare la funzione di Green e risolvere il seguente problema:

$$\begin{aligned} y'' + y &= x, \\ y(0) &= 0, \\ y\left(\frac{\pi}{2}\right) &= 0. \end{aligned}$$

Risposta: Secondo la notazione precedente, si ha $p(x) = -1$, $q(x) = 1$, $f(x) = x$. L'equazione $L[y] = 0$ ha integrale generale $y(x) = A \sin x + B \cos x$. Imponendo entrambe le condizioni al contorno, si trova $A = B = 0$, cioè la soluzione identicamente nulla. Segue che L non ammette l'autovalore nullo, ed il problema assegnato ammette quindi un'unica soluzione (esiste la funzione di Green).

Le autofunzioni tali che $y(0) = 0$ sono del tipo $y_1(x) = A \sin x$. Le autofunzioni tali che $y(\pi/2) = 0$ sono del tipo $y_2(x) = B \cos x$. Segue che la funzione di Green è

$$G(x,t) = \begin{cases} k \sin x \cos t, & 0 \le x \le t \le \frac{\pi}{2}, \\ k \sin t \cos x, & 0 \le t \le x \le \frac{\pi}{2}. \end{cases}$$

La costante k si determina imponendo ad esempio la (6.24a). Si trova:

$$G'_x(t+0,t) - G'_x(t-0,t) = -k \sin^2 t - k \cos^2 t = -k = 1,$$

con cui:

$$G(x,t) = \begin{cases} -\sin x \cos t, & 0 \le x \le t \le \frac{\pi}{2}, \\ -\sin t \cos x, & 0 \le t \le x \le \frac{\pi}{2}. \end{cases}$$

Il problema assegnato è allora equivalente all'equazione integrale:

$$y(x) = \int_0^{\pi/2} t G(x,t)\, \mathrm{d}t = x - \frac{\pi}{2} \sin x.$$

Esercizio 6.17. Risolvere i seguenti problemi servendosi della funzione di Green (Krasnov *et al.*, 1977, p. 106).

1. $y^{(4)} = 1$, $y(0) = y'(0) = y''(1) = y'''(1) = 0$.
2. $xy'' + y' = x$, $y(1) = y(e) = 0$.
3. $y'' + \pi^2 y = \cos \pi x$, $y(0) = y(1)$, $y'(0) = y'(1)$.
4. $y'' - y = 2 \sinh 1$, $y(0) = y(1) = 0$.
5. $y'' - y = -2e^x$, $y(0) = y'(0)$, $y(\ell) + y'(\ell) = 0$.
6. $y'' + y = x^2$, $y(0) = y(\pi/2) = 0$.

Risposta:

1. $y(x) = \frac{x^2}{24}(x^2 - 4x + 6)$.
2. $y(x) = \frac{1}{4}[(1 - e^2) \log x + x^2 - 1]$.
3. $y(x) = \frac{1}{4\pi}(2x - 1) \sin \pi x$.
4. $y(x) = 2[\sinh x - \sinh(x-1) - \sinh 1]$.
5. $y(x) = \sinh x + (\ell - x)e^x$.
6. $y(x) = 2 \cos x + \left(2 - \frac{\pi^2}{4}\right) \sin x + x^2 - 2$.

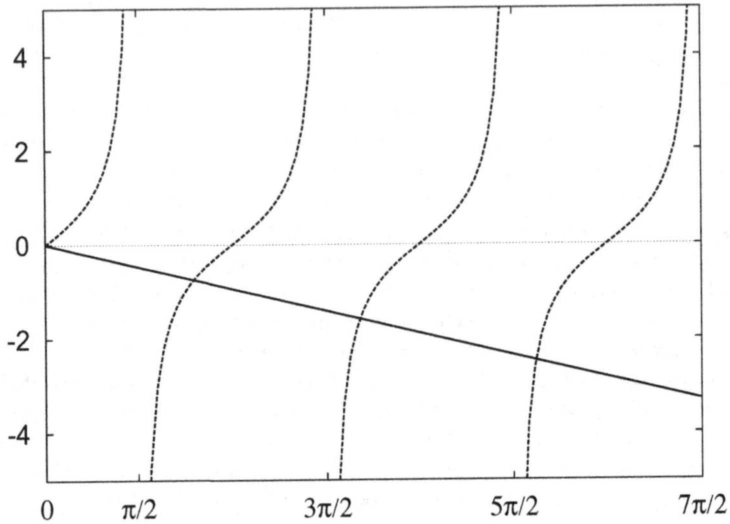

Fig. 6.3. Soluzione grafica del problema agli autovalori per l'Esercizio 6.18

Esercizio 6.18. Dato il problema di Sturm-Liouville

$$y'' + \lambda y = 0, \qquad \lambda > 0$$
$$y(0) = 0$$
$$y'(L) + \beta y(L) = 0, \qquad \beta > 0, \quad L > 0:$$

1. Trovare gli autovalori.
2. Trovare le autofunzioni e normalizzarle.
3. Sviluppare una funzione $f(x)$, $0 < x < L$, in serie di tali autofunzioni.

Risposta: L'integrale generale dell'equazione differenziale è $y(x) = A\cos\sqrt{\lambda}x + B\sin\sqrt{\lambda}x$. La prima condizione implica $A = 0$, mentre la seconda condizione implica $B(\sqrt{\lambda}\cos\sqrt{\lambda}L + \beta\sin\sqrt{\lambda}L = 0$. Affinché si abbiano soluzioni distinte dalla banale ($A = 0$, $B \neq 0$), posto $\xi = L\sqrt{\lambda}$, deve accadere che:

$$\tan\xi = -\frac{\xi}{\beta L},$$

da risolvere graficamente, disegnando il grafico del primo e del secondo membro come funzioni di ξ, ed escludendo la soluzione $\xi = 0$ ($\lambda = 0$). (Vedi la Fig. 6.3.) Graficamente, si vede che $\xi_n \simeq (2n+1)\frac{\pi}{2}$. In tali punti, $\tan\xi$ diverge. Più precisamente, $\tan\xi$ presenta un polo semplice per $\xi = (2n+1)\frac{\pi}{2}$ con residuo uguale a -1. Segue che $\tan\xi \approx -1/[\xi - (2n+1)\frac{\pi}{2}]$, e quindi:

$$-\frac{1}{\xi_n - (2n+1)\frac{\pi}{2}} \simeq -\frac{\xi_n}{\beta L},$$

da cui:

$$\xi_n \simeq \frac{1}{4}[(2n+1)\pi + \sqrt{(2n+1)^2\pi^2 + 16\beta L}].$$

Gli autovalori sono $\lambda_n = \xi_n^2/L^2$, con autovettori:

$$\varphi_n(x) = B_n \sin\frac{\xi_n x}{L}, \qquad n = 1, 2, 3, \ldots$$

Imponendo che $\int_0^L \varphi_n^2(x) = 1$ si trova:

$$B_n^2 = \frac{\xi_n}{L(2\xi_n - \sin 2\xi_n)} = \frac{2\beta}{\beta L + \cos^2\xi_n},$$

ove si è fatto uso della condizione $\tan\xi_n = -\xi_n/\beta L$. In particolare, tale espressione consente di mostrare che $\lim_{n\to\infty} B_n^2 = \frac{2}{L}$, in quanto $\xi_n \to (2n+1)\frac{\pi}{2}$, asintoticamente per $n \to \infty$. È possibile anche mostrare la forma alternativa:

$$B_n^2 \frac{2(\lambda_n + \beta^2)}{L\lambda_n + L\beta^2 + \beta}.$$

Gli autovettori normalizzati sono dunque:

$$\varphi_n(x) = \sqrt{\frac{2\beta}{\beta L + \cos^2\xi_n}} \sin\frac{\xi_n x}{L}, \qquad n = 1, 2, 3, \ldots$$

Tali funzioni formano un sistema ortonormale e completo nello spazio delle funzioni di $C(0, L)$ che inoltre soddisfano le condizioni omogenee al contorno, e la generica funzione f di tale spazio può essere sviluppata come

$$f(x) = \sum_{n=1}^{\infty} c_n \varphi_n(x),$$

dove

$$c_n = \int_0^L f(x)\varphi_n(x)\,\mathrm{d}x = \sqrt{\frac{2\beta}{\beta L + \cos^2\xi_n}} \int_0^L f(x) \sin\frac{\xi_n x}{L}\,\mathrm{d}x.$$

I termini asintotici ($n \gg 1$) di tale sviluppo sono del tipo di uno sviluppo in serie di Fourier.

Esercizio 6.19. Risolvere il problema:

$$\begin{aligned}
&g(x)\frac{\partial u}{\partial t} = \frac{\partial}{\partial x}\left[\kappa(x)\frac{\partial u}{\partial x}\right] + h(x)u, && 0 < x < L, \quad t > 0,\\
&u(0,t) = 0, && t > 0,\\
&u(L,t) = 0, && t > 0,\\
&u(x,0) = f(x), && 0 < x < L,\\
&|u(x,t)| < M, && 0 < x < L, \quad t > 0.
\end{aligned}$$

Risposta: Se si interpreta u come una temperatura, l'equazione descrive la propagazione del calore lungo una sbarra di lunghezza L. La funzione $\kappa(x)$ ne definisce la conducibilità termica (non costante) al punto x, $g(x)$ è il calore specifico moltiplicato per la densità, ed il termine $h \cdot u$ è un termine di irraggiamento (legge di raffreddamento di Newton).

Procedendo per separazione delle varibili, ossia assumendo $u(x,t) = X(x)T(t)$, si trova:

$$\begin{aligned} \dot{T} + \lambda T &= 0 \\ [\kappa X]' + (h + \lambda g)X &= 0 \\ X(0) &= 0 \\ X(L) &= 0. \end{aligned}$$

Per $X(x)$ si trova pertanto un problema di Sturm-Liouville, per il quale determinano autovalori λ_n ed autofunzioni $X_n(x)$, normalizzate in $[0, L]$. Per la parte che dipende dal tempo si trova invece $T(t) = ce^{-\lambda_n t}$ e quindi, per il principio di sovrapposizione,

$$u(x,t) = \sum_{n=1}^{\infty} c_n e^{-\lambda_n t} X_n(x),$$

dove la condizione $u(x,0) = f(x) = \sum_n c_n X_n(x)$ consente di determinare i coefficienti dello sviluppo come:

$$c_n \int_0^L X_n(x) f(x) \, \mathrm{d}x.$$

6.4 Temi d'esame svolti

Esercizio 6.20 (Compito d'esame del 7.01.2000). Risolvere col metodo della funzione di Green il seguente problema con condizioni al contorno:

$$\begin{cases} y''(x) - \mu^2 y(x) = f(x), \\ y(0) = y(1) = 0 \end{cases}$$

dove $\mu \neq 0$ e $f(x) \in C[0,1]$ sono assegnate.

Risposta: Si trova:

$$G(x,t) = \begin{cases} \dfrac{\sinh \mu x \sinh \mu(t-1)}{\mu \sinh \mu}, & 0 \leq x \leq t \leq 1, \\ \dfrac{\sinh \mu t \sinh \mu(x-1)}{\mu \sinh \mu}, & 0 \leq t \leq x \leq 1, \end{cases}$$

con cui la soluzione si può esprimere come $y(x) = \int_0^1 G(x,t) f(t) \, \mathrm{d}t$.

Esercizio 6.21 (Compito d'esame del 2.07.2001). Data l'equazione integrale

$$x(s) = \mu \int_{-1}^{1} st x(t) \, \mathrm{d}t + \alpha s^2 + \beta s + \gamma.$$

1. Dire per quali valori dei parametri μ, α, β, γ essa ammette soluzioni.

2. Determinare queste soluzioni, applicando due dei metodi studiati.

Risposta: Il nucleo $K(s,t) = st$ è di Hilbert-Schmidt, separabile, simmetrico. Poniamo inoltre $f(s) = \alpha s^2 + \beta s + \gamma$. Studiamo l'omogenea associata:

$$x(s) = \mu s \int_{-1}^{1} tx(t)\, \mathrm{d}t \equiv \mu A s,$$

$$A = \int_{-1}^{1} \mu A t^2\, \mathrm{d}t = \frac{2}{3}\mu A,$$

da cui $\mu = \frac{3}{2}$, $A \neq 0$.

Segue che, per $\mu \neq 0$, l'omogenea associata non ammette soluzione distinta dalla banale. Pertanto, per il teorema dell'alternativa, l'equazione assegnata ammette una ed una sola soluzione, $\forall \alpha, \beta, \gamma$.

Per $\mu = \frac{3}{2}$, l'omogenea associata ammette infinite soluzioni distinte dalla banale, del tipo $x_1(s) = As$. Per il terzo teorema di Fredholm, allora, l'equazione assegnata ammette soluzioni se e solo se $\int_{-1}^{1} x_1(t) f(t)\, \mathrm{d}t = 0$. Risulta: $\int_{-1}^{1} t(\alpha t^2 + \beta t + \gamma)\, \mathrm{d}t = \beta\frac{3}{2} = 0$ se e solo se $\beta = 0$, $\forall \alpha, \gamma$. In tal caso, la soluzione dell'equazione assegnata non è unica.

Determiniamo adesso tali soluzioni, quando esistono. Sfruttiamo dapprima il fatto che il nucleo sia separabile, e procediamo col metodo di sostituzione.

Se $\mu \neq \frac{3}{2}$, la soluzione è unica, ed è del tipo $x(s) = A\mu s + \alpha s^2 + \beta s + \gamma$. Sostituendo nell'espressione per A, si trova:

$$A = \int_{-1}^{1} tx(t)\, \mathrm{d}t = (A\mu + \beta)\frac{2}{3},$$

da cui $A = 2\beta/(3 - 2\mu)$, e quindi, semplificando:

$$x(s) = \alpha s^2 + \frac{3\beta}{3 - 2\mu}s + \gamma, \qquad \forall \alpha, \beta, \gamma,\ \mu \neq \frac{3}{2}.$$

Per $\mu = \frac{3}{2}$ e $\beta = 0$, la soluzione sarà sempre del tipo $x(s) = \frac{3}{2}As + \alpha s^2 + \gamma$. Sostituendo nell'espressione per A, si trova stavolta un'identità, a significare che la scelta di A è arbitraria. In questo caso le (infinite) soluzioni sono pertanto:

$$x(s) = \alpha s^2 + \tilde{\beta} s + \gamma, \qquad \forall \alpha, \tilde{\beta}, \gamma,\ \mu = \frac{3}{2}.$$

Sfruttiamo adesso il fatto che il nucleo sia di Hilbert-Schmidt.

Ad esempio, nel caso $\mu \neq \frac{3}{2}$, le funzioni caratteristiche sono del tipo $x(s) = As$. Imponendo la condizione di normalizzazione, si trova $\tilde{x}(s) = \sqrt{\frac{3}{2}}s$. Si trova inoltre $\langle f | \tilde{x} \rangle = \sqrt{\frac{3}{2}} \int_{-1}^{1} t(\alpha t^2 + \beta t + \gamma)\, \mathrm{d}t = \sqrt{\frac{2}{3}}\beta$. Servendoci infine dell'espansione della soluzione in termini delle funzioni caratteristiche, si trova:

$$x(s) = \alpha s^2 + \beta s + \gamma - \mu \frac{\sqrt{\frac{2}{3}}\beta}{\mu - \frac{3}{2}} \sqrt{\frac{3}{2}} s,$$

che si riduce alla soluzione già trovata col metodo di sostituzione, dopo avere effettuato le opportune semplificazioni.

Nel caso $\mu = \frac{3}{2}$ si procede in modo analogo.

Esercizio 6.22 (Compito d'esame del 30.01.2002). Determinare, al variare del parametro λ, la funzione di Green dell'operatore di Sturm-Liouville:

$$\begin{cases} f''(x) - f(x) &= 0, \\ f(0) - f'(0) &= 0, \\ f(L) + \lambda f'(L) = 0. \end{cases}$$

Risposta: Per $\lambda = -1$, non esiste la funzione di Green. Per $\lambda \neq 1$, la funzione di Green esiste ed è unica, e con metodo standard si trova:

$$G(x,t) = \frac{1}{2(1+\lambda)} \begin{cases} e^{x-L}[(1-\lambda)e^{t-L} - (1+\lambda)e^{-t+L}], & 0 \leq x \leq t \leq L, \\ e^{t-L}[(1-\lambda)e^{x-L} - (1+\lambda)e^{-x+L}], & 0 \leq t \leq x \leq L. \end{cases}$$

Esercizio 6.23 (Compito d'esame del 10.06.2002). Data l'equazione integrale

$$f(s) = e^s - s - \int_0^1 s(e^{st} - 1) f(t)\,\mathrm{d}t : \tag{6.25}$$

1. Specificare la natura del nucleo.
2. Approssimando tale nucleo con il suo sviluppo in serie di Taylor (rispetto a t) sino al secondo ordine, risolvere la corrispondente equazione integrale.
3. Tenuto conto che la (6.25) ha la soluzione $f(s) = 1$, mostrare qualche criterio per valutare l'errore della soluzione approssimata trovata nel punto 2.

Risposta: Senza dover necessariamente ricorrere alla formula di Simpson per valutare approssimativamente l'errore, ci si può contentare di valutare la $\sum_i |f_i^{\text{esatta}} - f_i|^2$ in alcuni, anche pochi, punti nell'intervallo $(0,1)$, ad esempio 0, 0.5 e 1.

Esercizio 6.24 (Compito d'esame dell'11.9.2002).

1. Determinare il problema agli autovalori per l'operatore $A \cdot = -i\dfrac{d}{dx} \cdot$, in $\mathcal{D}(A) = \{f(x) \in C^1[a,b],\ f(a) = f(b) = 0\}$.
2. Determinare le proprietà generali dello spettro discreto dell'operatore: $H \cdot = -\dfrac{d^2}{dx^2} \cdot + V(x) \cdot$, in $L^2[a,b]$, con $\mathcal{D}(H) = \{f(x) \in C^2[a,b],\ f(a) = f(b) = 0\}$, ove $V(x) \in C[a,b]$, $V(x) > 0$. Dare un'interpretazione fisica dei risultati.
   Suggerimento:

$$\left\langle i\frac{d}{dx} f(x) \middle| i\frac{d}{dx} f(x) \right\rangle = \left\langle f(x) \middle| -\frac{d^2}{dx^2} f(x) \right\rangle ;$$

$$Hf(x) = \lambda f(x), \quad \lambda = \frac{\langle f(x) | Hf(x) \rangle}{\langle f(x) | f(x) \rangle}.$$

Esercizio 6.25 (Compito del 2.10.2002). Discutere al variare dei parametri μ, α, e γ la risolubilità dell'equazione integrale:

$$\varphi(s) = \mu \int_0^{2\pi} \cos(s-t)\,\varphi(t)\,dt + \alpha s + \gamma.$$

Con quali metodi a voi noti essa potrebbe essere risolta?

Risposta: Servirsi dei teoremi di Fredholm per discutere la risolubilità dell'equazione. Osservare che il nucleo è simmetrico e separabile.

Esercizio 6.26 (Compito del 28.03.2003). Risolvere col metodo della funzione di Green il problema:

$$\begin{cases} \dfrac{d^2 f(x)}{dx^2} + f(x) = \sin x, & 0 \le x \le \dfrac{\pi}{2}, \\ f(0) = f\left(\dfrac{\pi}{2}\right) = 0. \end{cases}$$

Risposta: La funzione di Green associata all'operatore di Sturm-Liouville definito dal primo membro della prima equazione e dalle condizioni omogenee al contorno esiste, è unica, ed è:

$$G(x,t) = -\begin{cases} \sin x \cos t, & 0 \le x \le t \le \frac{\pi}{2}, \\ \sin t \cos x, & 0 \le t \le x \le \frac{\pi}{2}. \end{cases}$$

La soluzione del problema assegnato si può allora trovare come:

$$\begin{aligned} f(x) &= \int_0^{\pi/2} G(x,t) \sin t\,dt \\ &= -\cos x \int_0^x \sin^2 t\,dt - \sin x \int_x^{\pi/2} \cos t \sin t\,dt \\ &\vdots \quad \vdots \\ &= -\frac{1}{4}(2x - \sin 2x)\cos x - \frac{1}{4}(1+\cos 2x)\sin x \\ &= -\frac{1}{2} x \cos x, \end{aligned}$$

dopo le opportune semplificazioni. Verificare esplicitamente che la soluzione trovata verifica l'equazione e le condizioni al contorno assegnate.

Esercizio 6.27 (Compito del 9.09.2003). Risolvere l'equazione integrale:

$$f(s) = \int_0^1 s[\sin(st) - 1] f(t)\,dt + s + \cos s$$

approssimando il nucleo dato con uno degenere. Tenendo conto che la soluzione esatta è $f(s) = 1$, dare una stima dell'errore della soluzione trovata.

Esercizio 6.28 (Compito dell'1.10.2003). Risolvere con il metodo della funzione di Green il seguente problema:

$$f''(x) - f(x) = -2e^x$$
$$f(0) - f'(0) = 0$$
$$f(\ell) + f'(\ell) = 0.$$

Risposta: La funzione di Green si trova essere $G(x,t) = -\frac{1}{2}e^{-|x-t|}$, in termini della quale la soluzione si esprime come $f(x) = \int_0^\ell G(x,t)(-2e^t)\,dt$. Calcolando l'integrale, risulta $f(x) = e^x(\ell - x) + \sinh x$. Notare come, in questo esercizio, la funzione di Green non dipenda esplicitamente da ℓ. Vi dipende però implicitamente, in quanto l'insieme di definizione per $G(x,t)$ è $(x,t) \in [0,\ell] \times [0,\ell]$.

Esercizio 6.29 (Compito del 9.2.2004). Dato il problema

$$\begin{cases} y'' + \lambda y = 0, \\ y(0) \quad = 0, \\ y(1) \quad = 0, \end{cases} :$$

1. Determinare gli autovalori e le corrispondenti autofunzioni normalizzate.
2. Sviluppare in serie di Fourier di queste autofunzioni la funzione $f(x) = x$ $(0 \leq x \leq 1)$.

Esercizio 6.30 (Compito del 5.7.2004). Classificare e risolvere la seguente equazione:

$$\varphi(x) - \lambda \int_0^\pi \cos(x+t)\varphi(t)dt = 0.$$

Risposta: Cfr. Esercizio 6.11.

Esercizio 6.31 (Compito dell'11.10.2004). Discutere, al variare dei parametri μ, A, B, n, m, la risolubilità dell'equazione:

$$f(s) = \mu \int_0^\pi \cos(s+t)f(t)dt + A\cos ns + B\sin ms.$$

Risposta: Si tratta di un'equazione integrale a nucleo simmetrico, separabile. Se $A = 0$ e $B = 0$, oppure $A = 0$ ed $m = 0$, l'equazione è anche omogenea. Supponiamo inoltre che n ed m siano interi non negativi (se m fosse negativo, basterebbe cambiare segno a B). Nei casi in cui esista, la soluzione è del tipo $f(s) = \mu\alpha\cos s - \mu\beta\sin s + A\cos ns + B\sin ms$. Svolgendo gli integrali, lo studio della soluzione si riduce allo studio delle soluzioni del sistema algebrico in α e β:

$$\left(1 - \frac{\mu\pi}{2}\right)\alpha = A\frac{\pi}{2}\delta_{n1} - B\frac{m(1+\cos m\pi)}{1-m^2} \equiv c$$
$$\left(1 + \frac{\mu\pi}{2}\right)\beta = A\frac{1+\cos m\pi}{1-m^2} + B\frac{\pi}{2}\delta_{m1} \equiv d.$$

In particolare, si trova:

Se $\mu = \frac{2}{\pi}$, l'equazione ammette infinite soluzioni $\forall \alpha$ se e solo se $c = 0$. Quest'ultima condizione si verifica ad esempio se $A = B = 0$ e quindi $\beta = 0$; oppure se $n \neq 1$, $B = 0$, e quindi $\beta = \frac{1}{2} A \frac{1+\cos n\pi}{1-n^2}$; etc.

Se $\mu = -\frac{2}{\pi}$, l'equazione ammette infinite soluzioni $\forall \beta$ se e solo se $d = 0$.

Se $\mu \neq \pm\frac{2}{\pi}$, l'equazione ammette un'unica soluzione della forma data, con $\alpha = \frac{c}{1-\frac{\mu\pi}{2}}$ e $\beta = \frac{d}{1+\frac{\mu\pi}{2}}$.

Esercizio 6.32 (Compito del 9.12.2004). Risolvere l'equazione integrale

$$f(s) = \mu \int_0^{2\pi} \sin(s+t) f(t) dt + \sin s,$$

ove μ è un parametro.

Risposta: Si tratta di un'equazione integrale a nucleo simmetrico, separabile, non omogenea. Usando uno dei metodi noti, per $\mu \neq \pm\frac{1}{\pi}$, l'equazione ammette l'unica soluzione $f(s) = \frac{1}{1-\mu^2\pi^2} \sin s + \frac{\mu\pi}{1-\mu^2\pi^2} \cos s$, altrimenti non ammette soluzione.

Bibliografia

Accascina, G. e Villani, V., *Algebra lineare* (ETS, Pisa, 1980).

Ashcroft, N. W. e Mermin, N. D., *Solid State Physics* (Saunders College Publ., Fort Worth, 1976).

Ayres, Jr., F., *Theory and Problems of Matrices.* Schaum's Outline Series, Metric Editions (McGraw-Hill, Singapore, 1974).

Beckmann, P., *(A history of)* π (St. Martin's Press, New York, 1971).

Bernardini, C., Ragnisco, O., e Santini, P. M., *Metodi matematici della fisica* (Carocci, Roma, 1998).

Boyer, C. B., *Storia della matematica* (Mondadori, Milano, 1980).

Brand, L., *Differential and Difference Equations* (Wiley & Sons, New York, 1966).

Caldirola, P., *Lezioni di Fisica Teorica* (Viscontea, Milano, 1960).

Challis, L. e Sheard, F., Physics Today **56**, 41 (December 2003).

Cingolani, S. (a cura di). *Scienza e musica*, volume 87 de *Le Scienze Quaderni* (Le Scienze, Milano, 1995).

Cohen-Tannoudji, C., Diu, B., e Laloë, F., *Quantum Mechanics*, volume 1 (Wiley & Sons, New York, 1977).

Cohen-Tannoudji, C., Diu, B., e Laloë, F., *Quantum Mechanics*, volume 2 (Wiley & Sons, New York, 1977).

Crawford, F. S., *La fisica di Berkeley. Onde e oscillazioni* (Zanichelli, Bologna, 1972).

Doxiadis, A., *Zio Petros e la Congettura di Goldbach* (Bompiani, Milano, 2000).

Ebbinghaus, H., Hermes, H., Hirzebruch, F., Koecher, M., Mainzer, K., Neukirch, J., Prestel, A., e Remmert, R., *Numbers (Zahlen)*, volume 123 de *Graduate texts in mathematics* (Springer, Berlin, 1991).

Fano, G. e Corsini, F., *Algebra lineare e serie di funzioni ortonormali* (Zanichelli, Bologna, 1976).

Frigo, M. e Johnson, S. G., (2003). *FFTW: The Fastest Fourier Transform in the West.* ver. 3.0-beta2, `http://www.fftw.org`.

Fröberg, C.-E., *Numerical Mathematics* (Addison-Wesley, Redwood City, CA, 1985).

Gardner, M., Scientific American **236**, 110 (1977).

Giusti, E., *Analisi matematica 2* (Boringhieri, Torino, 1990).

Goldstein, H., *Meccanica classica* (Zanichelli, Bologna, 1990).

Gordon, K. S., Int. J. Math. Educ. Sci. Technol. **26**, 631 (1995).

Greiner, W. e Reinhardt, J., *Field Quantization* (Springer-Verlag, Berlin, 1996).
Hardy, G. H. e Wright, E. M., *An Introduction to the Theory of Numbers* (Oxford University Press, Oxford, 1980).
Herstein, I. N., *Algebra* (Ed. Riuniti, Roma, 1989), 2 edition.
Infeld, E. e Rowlands, G., *Nonlinear waves, solitons and chaos* (Cambridge University Press, Cambridge, 1992).
Itzykson, C. e Zuber, J. B., *Quantum Field Theory* (McGraw-Hill, New York, 1980).
Knuth, D. E., *The TEXbook* (Addison-Wesley, Reading, MA, 1993).
Kolmogorov, A. N. e Fomin, S. V., *Elementi di teoria delle funzioni e di analisi funzionale* (Ed. Riuniti - Ed. Mir, Roma - Mosca, 1980).
Krasnov, M., Kisselev, A., e Makarenko, G., *Équations Intégrales* (Ed. Mir, Moscow, 1977). French translation.
Landau, L. D. e Lifšits, E. M., *Meccanica quantistica* (Ed. Riuniti - Ed. Mir, Roma - Mosca, 1991), 2 edition.
Lang, S., *Algebra lineare* (Bollati Boringhieri, Torino, 1988).
Lay, D. C., *Linear algebra and its applications* (Addison-Wesley, Reading, MA, 1997).
Lebedev, N. N. e Silverman, R. R., *Special functions and their applications* (Dover, New York, 1972).
Livi, M., *La sezione aurea. Storia di un numero e di un mistero che dura da tremila anni* (Rizzoli, Milano, 2003).
Logan, J. D., *Applied Mathematics* (J. Wiley & Sons, New York, 1997).
Messiah, A., *Quantum Mechanics*, volume 2 (North Holland, Amsterdam, 1964).
Negele, J. W. e Orland, H., *Quantum Many-Particle Systems* (Addison-Wesley, Redwood City, CA, 1988).
Pagli, P. (a cura di). *Insiemi, gruppi, strutture*, volume 92 de *Le Scienze Quaderni* (Le Scienze, Milano, 1996).
Penrose, R., Eureka **39**, 16 (1978).
Quilichini, M. e Janssen, T., Rev. Mod. Phys. **69**, 277 (1997).
Singh, S. e Lynch, J., *Fermat's Enigma: The Epic Quest to Solve the World's Greatest Mathematical Problem* (Bantam, New York, 1998).
Smirnov, V. I., *Corso di matematica superiore*, volume 4 (parte II) (Ed. Riuniti - Ed. Mir, Roma - Mosca, 1985).
Smirnov, V. I., *Corso di matematica superiore*, volume 3 (Ed. Riuniti - Ed. Mir, Roma - Mosca, 1988).
Smirnov, V. I., *Corso di matematica superiore*, volume 2 (Ed. Riuniti - Ed. Mir, Roma - Mosca, 1988).
Sommerfeld, A., *Partial Differential Equations in Physics*, volume 6 de *Lectures on Theoretical Physics* (Academic Press, New York, 1949).
Spiegel, M. R., *Variabili complesse.* collana Schaum (ETAS libri [oggi McGraw-Hill], Milano, 1975).
Spiegel, M. R., *Trasformate di Laplace.* collana Schaum (McGraw-Hill, Milano, 1994).
Tazzioli, R., *Riemann. Alla ricerca della geometria della natura.* I grandi della scienza (Le Scienze, Milano, 2000).
Zachmanoglou, E. C. e Thoe, D. W., *Introduction to Partial Differential Equations with Applications* (Dover, New York, 1989).

Indice analitico

UNITEXT – Collana di Fisica e Astronomia

Atomi, Molecole e Solidi
Esercizi risolti
Adalberto Balzarotti, Michele Cini, Massimo Fanfoni
2004, VIII, 304 pp., euro 26,00
ISBN 978-88-470-0270-8

Elaborazione dei dati sperimentali
Maurizio Dapor, Monica Ropele
2005, X, 170 pp., euro 22,95
ISBN 978-88-470-0271-5

An Introduction to Relativistic Processes and the Standard Model of Electroweak Interactions
Carlo M. Becchi, Giovanni Ridolfi
2006, VIII, 139 pp., euro 29,00
ISBN 978-88-470-0420-7

Elementi di Fisica Teorica
Michele Cini
1a ed. 2005. Ristampa corretta, 2006
XIV, 260 pp., euro 28,95
ISBN 978-88-470-0424-5

Esercizi di Fisica: Meccanica e Termodinamica
Giuseppe Dalba, Paolo Fornasini
2006, ristampa 2011, X, 361 pp., euro 26,95
ISBN 978-88-470-0404-7

Structure of Matter
An Introductory Course with Problems and Solutions
Attilio Rigamonti, Pietro Carretta
2nda ed., 2009, XVII, 490 pp., euro 41,55
ISBN 978-88-470-1128-1

Introduction to the Basic Concepts of Modern Physics
Special Relativity, Quantum and Statistical Physics
Carlo M. Becchi, Massimo D'Elia
2007, 2nd ed. 2010, X, 190 pp., euro 41,55
ISBN 978-88-470-1615-6

Introduzione alla Teoria della elasticità
Meccanica dei solidi continui in regime lineare elastico
Luciano Colombo, Stefano Giordano
2007, XII, 292 pp., euro 25,95
ISBN 978-88-470-0697-3

Fisica Solare
Egidio Landi Degl'Innocenti
2008, X, 294 pp., inserto a colori, euro 24,95
ISBN 978-88-470-0677-5

Meccanica quantistica: problemi scelti
100 problemi risolti di meccanica quantistica
Leonardo Angelini
2008, X, 134 pp., euro 18,95
ISBN 978-88-470-0744-4

Fenomeni radioattivi
Dai nuclei alle stelle
Giorgio Bendiscioli
2008, XVI, 464 pp., euro 29,95
ISBN 978-88-470-0803-8

Problemi di Fisica
Michelangelo Fazio
2008, XII, 212 pp., con CD Rom, euro 35,00
ISBN 978-88-470-0795-6

Metodi matematici della Fisica
Giampaolo Cicogna
2008, ristampa 2009, X, 242 pp., euro 24,00
ISBN 978-88-470-0833-5

Spettroscopia atomica e processi radiativi
Egidio Landi Degl'Innocenti
2009, XII, 496 pp., euro 30,00
ISBN 978-88-470-1158-8

Particelle e interazioni fondamentali
Il mondo delle particelle
Sylvie Braibant, Giorgio Giacomelli, Maurizio Spurio
2009, ristampa 2010, XIV, 504 pp. 150 figg., euro 32,00
ISBN 978-88-470-1160-1

I capricci del caso
Introduzione alla statistica, al calcolo della probabilità e alla teoria degli errori
Roberto Piazza
2009, XII, 254 pp. 50 figg., euro 22,00
ISBN 978-88-470-1115-1

Relatività Generale e Teoria della Gravitazione
Maurizio Gasperini
2010, XVIII, 294 pp., euro 25,00
ISBN 978-88-470-1420-6

Manuale di Relatività Ristretta
Maurizio Gasperini
2010, XVI, 158 pp., euro 20,00
ISBN 978-88-470-1604-0

Metodi matematici per la teoria dell'evoluzione
Armando Bazzani, Marcello Buiatti, Paolo Freguglia
2011, X, 192 pp., euro 28,00
ISBN 978-88-470-0857-1

Esercizi di metodi matematici della fisica
G. G. N. Angilella
2011, XII, 294 pp., euro 26,95
ISBN 978-88-470-1952-2